Un imperio de ingenieros

Felipe Fernández-Armesto
y Manuel Lucena Giraldo

Un imperio de ingenieros

Una historia del Imperio español a través de sus infraestructuras (1492-1898)

taurus

Papel certificado por el Forest Stewardship Council®

Primera edición: marzo de 2022
Primera reimpresión: abril de 2022

Printed in Spain – Impreso en España

ISBN: 978-84-306-2447-8
Depósito legal: B-877-2022

Compuesto en MT Color & Diseño, S. L.
Impreso en Unigraf
Móstoles (Madrid)

TA 2 4 4 7 8

Rafael del Pino y Moreno,
in memoriam

ÍNDICE

PRESENTACIÓN

Pocos han sido en la historia de la Humanidad los imperios que han alcanzado las extraordinarias dimensiones de la Monarquía Hispánica. En el Imperio español gobernado por Felipe II nunca se ponía el sol. Considerando un período de tiempo suficientemente amplio puede sostenerse que el Imperio español fue el más extenso del globo a mediados del siglo XVII, y alcanzó su mayor dimensión a finales del siglo XVIII. Fue grande en tierras y en el control de los mares y del comercio que navegaba por ellos. Los viajes de Colón y Magallanes-Elcano supusieron hitos históricos relevantes, condiciones necesarias para abrir el comercio entre América y Eurasia. Junto con los descubrimientos, la reducción del riesgo de la navegación, el aseguramiento del tornaviaje y el fomento del intercambio de bienes, culturas y formas de vida, eran partes de un conjunto que puede ser calificado como uno de los grandes hitos de la historia de la Humanidad.

En esta aventura global debe destacarse la singularidad que supone administrar un imperio con la preocupación por dotar a sus territorios de infraestructuras físicas y sociales que contribuyeran de forma decisiva al crecimiento económico y, en definitiva, al bienestar de sus habitantes. Un conjunto de héroes, encarnados en militares, religiosos y administradores públicos y civiles colaboraron de forma eficaz en el proceso de desarrollo de los territorios descubiertos, en su evangelización, su administración y su defensa. Las acciones llevadas a cabo fueron impresionantes y contribuyeron a cambiar el mundo.

La leyenda negra, sutil e interesadamente manejada, en la mayoría de los episodios elegidos como ejemplos puede ser calificada como sesgada por incompleta e injusta por no reflejar la realidad con la debida precisión. Y es aún más injusta cuando, desde una perspectiva ideológica, se utiliza el ágora para esparcir dudas y falacias acerca del importante papel transformador que jugó la Corona española en tierras americanas sin que en tales ensueños se tome en consideración la justa réplica por parte de historiadores rigurosos debidamente apoyada en datos y argumentos adecuadamente elaborados de acuerdo con el método científico. No debe olvidarse que los exploradores españoles hicieron de aquellas tierras parte integrante de España y sus hombres fueron tan súbditos de la Corona como los nacidos en España.

El presente libro pretende aportar luz sobre la cuestión de la presencia de España en la América hispana y otros territorios ultramarinos. En absoluto pretende explicar todos los aspectos del Imperio español en América. Su objetivo principal es explicar la contribución de la ingeniería al desempeño de la monarquía española. El origen de esta obra se encuentra en la contemplación de una de las infraestructuras cuya autoría corresponde a los jesuitas que, junto con agustinos y franciscanos, entre otros, contribuyeron a difundir el estado del arte en los campos de las ciencias y las letras. La fecha y el lugar se sitúan en el día 10 de mayo del año 2001 y en la Universidad Nacional de Córdoba. En efecto, corría ese año cuando la Fundación Rafael del Pino organizó unas Jornadas Virreinales en tierras argentinas. Una parte de dichas jornadas se celebró en el Salón de Grados de la citada Universidad, que había sido la capilla jesuita de los españoles, en la antigua Córdoba del Tucumán. Durante uno de los descansos, Rafael del Pino y Moreno, el fundador de la Fundación que lleva su nombre, mi padre, empresario, ingeniero y navegante, visitó la fábrica del edificio universitario constatando su excelente calidad. Tal es la perfección de la obra que ha permitido su uso continuado desde la fundación de dicha institución por la Compañía de Jesús en el año 1613. En aquel momento y en aquel lugar surgió la idea de impulsar una investigación que pusiera en valor el papel de la monarquía española en la América hispana desde la perspectiva de la organización de sus infraestructuras económicas y sociales.

En cuanto a los autores, la elección no fue difícil. La Fundación había patrocinado dos investigaciones del profesor Felipe Fernández-Armesto. La primera, sobre la historia mundial de la exploración (*Los conquistadores del horizonte*, Oxford University Press, 2006; Destino, 2006) y traducida a catorce idiomas, recibió el premio de la Asociación de Historia mundial. La segunda, una historia de Estados Unidos pensada desde el Sur con la Corona española como impulsora de progreso, en lugar de desarrollar el argumento que tomó a los peregrinos puritanos como punto de partida, que era lo habitual (*Nuestra América. Una historia hispana de Estados Unidos*, Galaxia Gutenberg, 2014; New Directions, 2015).

Para llevar a cabo la obra que el lector tiene en sus manos la Fundación concedió sendas ayudas de investigación a los profesores Fernández-Armesto y Manuel Lucena Giraldo. Su título es sugerente: *Un imperio de ingenieros*. Habla de hombres polifacéticos que llevaron a cabo actividades muy diversas, todas ellas orientadas a fomentar el desarrollo económico, la obtención de beneficios y la mejora de las condiciones de vida de los habitantes de aquellas tierras. El subtítulo también es evocador: *Una historia del Imperio español a través de sus infraestructuras (1492-1898)*. Pero aun siendo las infraestructuras impulsadas decididamente por la Corona el hilo conductor del libro, este trata de más asuntos, todos ellos de indudable interés.

La obra destaca el importante papel de los ingenieros. También se refiere a la intensa actividad llevada a cabo por navegantes, militares, misioneros y, asimismo, por la iniciativa privada, tan relevante en algunos aspectos. Todos, cada uno desde su especialidad, trabajaron en beneficio de la construcción, administración y modernización del Imperio y del Nuevo Mundo. Las referencias fueron los vientos, las aguas, las piedras, el conocimiento y los hombres. En otras palabras: la navegación, la edificación, el progreso y la mejora de las condiciones de vida de los habitantes de aquellas tierras. No en vano, la navegación y las infraestructuras contribuyeron a la creación de riqueza y a la extensión de las redes comerciales, que ayudaron de forma decisiva a la articulación de mercados a corta y larga distancia y a diversificar los productos que podían venderse y adquirirse en los mismos. Complementariamente, la educación superior, por ejemplo, corrió a cargo de las órdenes religiosas. Muchas de aquellas infraestructuras todavía permanecen en pie y son utilizadas o contempladas por residentes o visitantes. Obras bien hechas, sólidas y bellas, que han trascendido vidas y generaciones.

El desarrollo del comercio fue el origen de nuevas inversiones, de gasto corriente y de fomento del trabajo y mejora de las condiciones de vida de los nativos de aquellas tierras y de todos los que, procedentes de todos los rincones del orbe, allí se radicaban. En definitiva, fue fuente de crecimiento económico y de progreso. Y de buena administración, tanto de los recursos de la justicia como de la seguridad. No se descuidó la salud de las personas y, de acuerdo con las instrucciones que en su día dio el emperador Carlos V, se fomentó la construcción de hospitales —que alcanzaron una cifra superior a mil— con el fin de atender a españoles y nativos. A tales hospitales deben añadirse los edificados en las misiones. Mención aparte, por su relevancia y efectos, merece la lucha contra la viruela.

España se había beneficiado de las vías de comunicación construidas por los romanos, y los ingenieros españoles, inspirados en aquellas maravillas, replicaron y ampliaron aquella labor en las tierras lejanas que administraban, mejorando sensiblemente las vías de comunicación existentes a su llegada, diseñadas para ser recorridas a pie y en condiciones tecnológicas preindustriales. En efecto, construyeron caminos y puentes susceptibles de ser transitados por carruajes con la correspondiente mejora de la eficiencia del transporte. Pero, además, edificaron canales, puentes de piedra o construidos sobre pontones, puertos, fortificaciones, minas, presas, acueductos, alcantarillado, obra civil… Asimismo, drenaron humedales, organizaron los correos, dispusieron la higiene de las calles…

Las citadas actividades de fomento fueron complementarias a las llevadas a cabo en las misiones, que, además, desempeñaron una importante labor de enseñanza, no solo en relación con las letras y las ciencias sino, también, en el campo de la agricultura y la ganadería, la construcción, la artesanía, la producción de bienes artesanales y la salud de las personas.

Acertadamente, el libro no termina en la época de las emancipaciones americanas y se extiende hasta el siglo XIX. En efecto, el trabajo creativo de los ingenieros nunca se detuvo. Demostraron tener una predisposición innata a incorporar los nuevos inventos que modificaron la forma de vivir y trabajar a lo largo de la centuria. En 1837 construyeron el primer ferrocarril español, La Habana-Bejucal. Cuarenta años más tarde se registró la primera llamada telefónica en territorio español, también en Cuba, y en el año 1880 se envió el primer telegrama desde Filipinas a España. Un reflejo de que aquellas tierras eran administradas como si formaran parte de una unidad indisoluble con las tierras de España.

En definitiva, el libro pone de manifiesto una parte importante de la labor de España en Hispanoamérica y otros territorios de ultramar. Una labor, apoyada en una permanente inversión en capital físico y capital humano, no exenta de grandes riesgos, que tomó cuerpo en una constelación de infraestructuras económicas, sociales y administrativas. Así se transformó el Nuevo Mundo en un mundo nuevo, más moderno y con unos mayores niveles de bienestar.

Para la Fundación Rafael del Pino ha sido un honor patrocinar la investigación que ha dado lugar al presente libro e impulsar su publicación.

María del Pino
Presidenta de la Fundación Rafael del Pino

I
INTRODUCCIÓN. HACIENDO FUNCIONAR EL IMPERIO

> Mirad, yo os he sorteado, como heredad para vuestras tribus, esos pueblos que quedan por conquistar (además de todos los pueblos que aniquilé), desde el Jordán hasta el mar Grande de Occidente.
>
> JOSUÉ, 23, 4

«¡Mira mis obras! —clamó Ozymandias, tal como lo imaginó Shelley—, ¡y desespera!». La llamada a la desesperación era irónica. El soneto de Shelley —quizá el más perfecto en sonoridad, cadencia y ritmo jamás ideado en inglés— apareció en 1818, cuando el Imperio español se hallaba en aparente colapso. Las ruinas románticas estaban de moda. La inscripción en el pedestal del faraón, destinada a intimidar a sus sucesores con la grandeza de sus logros, apenas «dos piernas de piedra enormes y sin tronco..., la mitad hundida, el rostro destrozado», era todo lo que quedaba de una imagen que alguna vez, presumiblemente, había enseñoreado los monumentos circundantes, «donde ahora la arena, solitaria y plana, se extiende hacia la lejanía».[1]

El propósito de Shelley fue exponer las pretensiones de tiranía y la evanescencia de los imperios.[2] Aunque una nueva versión del Imperio británico tomaba forma en la India, el modelo inicial del imperialismo inglés en la Edad Moderna se había derrumbado durante la década de 1780, con la pérdida de las Trece Colonias que se convirtieron luego en Estados Unidos.[3] Los esfuerzos imperiales de Francia en América del Norte se desvanecieron ya en 1763. Las guerras revolucionarias francesas y, tras ellas, las napoleónicas supusieron el final instantáneo de las posesiones que Francia había retenido en Santo Domingo, así como una prolongada agonía para los imperios holandés, español y portugués. En lo que respecta al «Imperio republicano», que amenazaba a los pueblos indígenas de gran parte de América del Norte, la perspectiva no resultaba en modo alguno agradable para todos. Durante la década de 1830, Thomas Cole pintó unas amenazantes series sobre «La maldición del Imperio» con el fin de disuadir a sus conciudadanos de perseguir tan sanguinario objetivo. Los Estados Unidos que imaginaba evolucionaban desde la simplicidad del salvajismo y la vida pastoral a la autoindulgencia traída por la «consumación del Imperio», y de ahí caían en una inevitable decadencia, como les había ocurrido a los romanos y como experimentaron sus sucesores modernos.[4]

Para los autores de este libro y, esperamos, para nuestros lectores, el mensaje de Ozymandias, uno de los nombres con los que fue conocido el faraón egipcio Ramsés II, transmite más que pura desesperación. Aunque el desierto, tal como el imaginario viajero de Shelley lo describió, recuperó el terreno ocupado por los edificios y las obras portentosas con las que el faraón quiso arrinconarlo, la estrategia de Ozymandias para concebir la ingeniería de un imperio fue seguramente la correcta. Si la civilización supone un proceso de modificación de la naturaleza para que sirva a objetivos humanos, el imperio lleva esta adaptación del entorno un paso más allá:[5] implica la reestructuración del paisaje con fines políticos, el establecimiento de infraestructuras para vincular comunidades dispares en una sola entidad política o, al menos, en un conglomerado, unitario o diseminado, aunque con lazos comunes de pertenencia y lealtad.

Según cuenta la leyenda, el mítico ingeniero Yu el Grande fundó el Imperio chino dragando ríos y sembrando la tierra de canales. Las inundaciones, que antes obstaculizaban la producción, remitieron. Las comunicaciones se multiplicaron a lo largo de los canales. La cuchilla de Yu cortó las crestas de las montañas, hizo rectos los caminos y planos los lugares ásperos. La historia resulta fantástica y además la secuencia es creíble, pues muchos episodios genuinamente históricos la reproducen. A pesar de que los conocimientos de Yu incluyeron la construcción de caminos y canales, su especialidad era la hidráulica, de modo que anticipó los imperios hidráulicos que Karl Wittfogel y Karl Butzer identificaron como nueva forma dominante de gobierno durante la Edad del Bronce.[6] La cabeza en forma de maza de un monarca egipcio del cuarto milenio antes de Cristo lo muestra excavando un canal, una franca identificación de la realeza con el control de los cursos de agua. Un juez justo, según un proverbio egipcio, era como «una presa para el sufriente, pues le resguardaba de ahogarse», mientras que, por el contrario, uno corrupto equivalía a una inundación.[7] El archivo de un contratista de Larsa, en Mesopotamia, llamado Luigisa, que ha sobrevivido cuatro milenios, revela la naturaleza de su trabajo. Tenía que medir la tierra para la construcción de canales, organizar a los trabajadores, su salario y provisiones, supervisar la excavación y el dragado de los sedimentos acumulados. La provisión de mano de obra era tarea clave —se necesitaron 5.400 trabajadores para cavar un canal y otros 1.800 en una ocasión para reparaciones de emergencia—. A cambio de tamaña responsabilidad, gozaba de un trabajo potencialmente rentable, pues controlaba la apertura y el cierre de las compuertas que abrían o cerraban el suministro de agua. Estaba obligado a cumplir mediante juramentos a riesgo de perderlo todo. «¿Cuál es mi pecado —se quejó uno de ellos a un funcionario superior cuando perdió el control de un canal—, que el rey me lo ha arrebatado y se lo ha entregado a Etellum?».[8] Las obras públicas, además de modificaciones del paisaje para la gestión del suministro de agua y las comunicaciones fluviales, incluyeron almacenes y hasta fábricas, como aquellas que yacen bajo el palacio de Cnosos en Creta, y, tal vez, inspiraron la leyenda del laberinto del Minotauro, junto a mercados y lugares de reunión, puentes y, por supuesto, templos.

Para los españoles de la Edad Moderna dedicados a concebir el imperio, que sabían poco de China o de la Edad del Bronce, el modelo efectivo era, evidentemente, el más sobresaliente de todos en ingeniería: Roma.[9] La ingeniería fue el arte máximo de los romanos. Ellos descubrieron la manera de fabricar cemento, lo que facilitó proezas constructivas sin precedentes.[10] En todos los lugares a los que alcanzaba el Imperio, los romanos y las élites que reclutaron como aliadas y confederadas invirtieron en infraestructura. Construyeron caminos, alcantarillas y acueductos. Junto a templos dotados por mecenas poseídos de fervor cívico y a expensas del presupuesto público, levantaron anfiteatros, murallas, baños públicos y puertas monumentales. El mayor palacio de justicia del Imperio romano estaba en Londres, y la calle más ancha en Itálica, al sur de España. Los colonos de Conímbriga, sobre la costa de Portugal, donde el rocío de sal corroía los suelos de mosaico, demolieron en el primer siglo de nuestra era el centro de la ciudad y lo reconstruyeron para que se pareciera a Roma. Esta exportó delicias mediterráneas —el patrón constructivo de villas y ciudades, junto con vino, aceite de oliva y cerámicas— a las provincias. Los romanos fueron también conquistadores brutales. Arrasaron ciudades, esclavizaron personas, diezmaron a los rebeldes y se deleitaron en ceremonias de triunfo diseñadas para la humillación de los enemigos derrotados. Sin embargo, establecieron una *pax romana* que podía diluir el resentimiento y la resistencia. Si hubieran imitado a Ozymandias y hubieran exclamado: «¡Mira mis obras!», el efecto habría resultado tranquilizador. Habrían mostrado los beneficios de la capitulación, o de la colaboración, en una empresa que fomentaba la prosperidad, extendía los límites del comercio y proporcionaba una relativa seguridad en el suministro de alimentos y la defensa imperial.[11] Los líderes provinciales visitaron Roma, hicieron juramentos de lealtad en los templos capitolinos, inscribieron leyes romanas en las puertas de sus ciudades y proclamaron orgullosos, como Pablo de Tarso: «*Civis romanus sum*», que significa «poseemos la ciudadanía romana».

En cierto sentido, la infraestructura fue el gran ingrediente secreto del éxito de los imperios antiguos, o al menos podría parecerlo. La ingeniería nunca ha dejado de hacer contribuciones fundamentales para el funcionamiento de los imperios. Si hacemos una comparación razonable, veremos, por ejemplo, que los imperios más exitosos del mundo han sido creaciones de ingenieros: no solo China y Estados Unidos han absorbido vastas comunidades por conquista u otras formas de adscripción, sino que han convencido a la mayoría de los pueblos sometidos para que se replanteen sus propias identidades. Podemos hablar de los hakkas o los peng-mins, los pawnees o los mandingas, los italianos o los polacos... Los que consideremos, todos acaban convertidos en «chinos» o en «estadounidenses», según el caso. Por supuesto, este éxito tiene límites. Los tibetanos, en su mayoría, junto a muchos musulmanes del occidente de China, rechazan semejante posibilidad, igual que existen secesionistas irredentos, nacionalistas puertorriqueños, o miembros de la «nación del Islam» en Estados Unidos. Sin embargo, es preciso reconocer que el éxito de ambos proyectos imperiales en esta materia no admite discusión. Especialmente si comparamos las trayectorias china y estadounidense con la mayoría de los imperios europeos modernos y observamos cómo la experiencia ultramarina erosionó en estos últimos la identidad metropolitana.

Estados Unidos ha mantenido lo que casi podríamos definir como una tradición de excelencia imperial en ingeniería.[12] En un territorio surcado por ríos anchos y repentinos, y vastos mares interiores, seiscientos mil puentes han hecho más por la unión que todos los generales vencedores en la guerra de Secesión, terminada en 1865. Muchos de ellos están ahora abandonados o deteriorados, víctimas de una visión de la iniciativa privada sin límites morales, que nunca se aplica en mantenerlos. Resultaría inconcebible que Estados Unidos pudiera existir sin ellos. Manhattan es una isla que asemeja un puercoespín, atravesada por los puentes de Brooklyn, abierto en 1883, y el de George Washington, en 1931, con 1.800 y 1.500 metros de largo, respectivamente. El puente de las Siete Millas, inaugurado en 1912, conecta la Florida continental con los cayos. En 1868, el puente de Harpersfield, que cruza el gran río en Ohio, fue el primero con soportes de hormigón armado. Los ferrocarriles, todavía más subestimados en la actualidad, extendieron con ímpetu el comercio y la civilización hacia el interior e integraron las costas, gracias a trabajos topográficos previos patrocinados por el Estado desde la década de 1840. Las universidades públicas, originalmente dotadas con fondos estatales, hoy en día padecen escasez de financiación, pero sus fundadores no perdonaron esfuerzo a la hora de dotar a Estados Unidos de las ventajas económicas que confiere una educación superior accesible para todos. Muchas ciudades estadounidenses, incluso actualmente, parecen organizadas alrededor de monumentos de majestad cívica y pública, universidad local o regional, Asamblea del Estado y alcaldía.

Parece existir una conexión entre infraestructura e imperio. Estos no son, salvo en un sentido muy general, como las máquinas: resultan demasiado humanos para que eso ocurra. Poseen, sin embargo, elementos que vinculan la infraestructura material y se lubrican mediante la política. La naturaleza exacta del vínculo entre imperio e ingeniería depende de cómo definamos los términos. Para nuestro propósito, bajo los conceptos «ingeniería» e «infraestructura», nos referiremos a obras públicas que contribuyeron a la creación de riqueza y crecimiento económico, facilitaron las comunicaciones, mejoraron la salud pública y facilitaron la defensa.

«Imperio» es una palabra más problemática. Hace unos años —debió de ser en 2006 o 2007— uno de nosotros se hallaba en Cambridge, Massachusetts, cenando con unos conocidos de ambos: David Armitage, reconocido autor de *The Ideological Origins of the British Empire*; Christopher Bailey, el aclamado historiador global que escribió *Imperial Meridian* y *El nacimiento del mundo moderno*; Leonard Blussé, cuyo libro *Strange Company* es uno de los más brillantes jamás escritos sobre el Imperio holandés, y Shruti Kapila, que todavía no había alcanzado su fama actual como historiadora. Enseñaba entonces un curso sobre historia global de los imperios. La conversación, de manera natural, se centró en los imperios, y de forma igualmente natural, surgió un desacuerdo casi completo, excepto en un punto: ninguno de los presentes, en eso coincidimos, fue capaz de definir «imperio». El efecto podría parecer desalentador: allí había supuestos expertos sobre el tema en cuestión obligados a confesar que, literalmente, no sabían de qué estaban hablando.

La imposibilidad de la definición resulta una característica determinante de los imperios que haríamos bien en reconocer. Los historiadores de la Edad Moderna, etapa de florecimiento del Imperio español, usaban de manera habitual esta palabra para referirse a no menos de treinta formas de Estado, de características muy diversas: un gran conglomerado con administración uniforme, como el Imperio chino de los Qing; un Estado altamente descentralizado como Japón, en expansión pero compacto y homogéneo desde hacía tiempo; monarquías pequeñas y étnicamente diversas en el sureste de Asia, como la birmana y la jemer; enormes y dispares hegemonías tributarias, como la de Rusia en Siberia o la de los mongoles fuera de su dominio central; supremacías definidas por medio de la religión, como la de los safávidas o los otomanos; precarias redes marítimas, caso de la estructura dinástica de los Said de Omán, o de los nuevos imperios europeos que irrumpieron en los océanos Atlántico e Índico; territorios ganados por conquista y de corta duración, como el de los aztecas o el Imperio de Mwene Mutapa en África oriental, incluso el breve pero brillante Imperio transahariano de Moulay Hassan de Marruecos; dominios nómadas tradicionales, ejercidos sobre gentes aterrorizadas, caso de uzbekos o de comanches, y, por fin, conglomerados dinásticos de estados independientes, como los Habsburgo austriacos. El Imperio español —o «monarquía», como la mayoría de los españoles prefirieron llamarlo— resultó anómalo, a la manera en que lo fueron casi todos respecto a los demás.

Aunque el imperio resulte indefinible, el término denota la existencia de un Estado con un perfil reconocible, pero variable. De manera típica, un imperio es un Estado conquistador (aunque la obediencia se puede también negociar, o venir impuesta); suele ser grande, al menos en relación con sus predecesores y sucesores; aunque reúna grupos étnicos compactos, asimila diversas comunidades y culturas en un marco de identidad común cuando menos parcialmente compartida, al que añaden vínculos de lealtad, y en la mentalidad de sus propias élites, a menudo encarna valores de aplicación universal que le confieren legitimidad o justifican su expansión. La mayoría de las personas probablemente asumen que la fuerza es otra característica típica de los imperios. Resulta tentador suponer que deben ser poderosos para obligar a gentes subyugadas —y a víctimas— a someterse a sus designios. Esta suposición puede ser válida para imperios posindustriales, que dispusieron de recursos formidables para comunicar y hacer cumplir la voluntad de sus gobernantes. Los primeros imperios de la Edad Moderna, en cambio, carecieron de tales capacidades. De vez en cuando controlaron súbditos que tenían al alcance. Sin embargo, en lo que respecta a las periferias, apenas lograban alcanzarlas. Cuanto más grandes eran, más débiles resultaban sus fronteras. En regiones remotas de la monarquía española, las autoridades locales parecían exentas del control imperial debido al tiempo que requería la comunicación con la metrópoli. Según mandara el océano, llevaba entre 59 y 153 días completar un viaje por mar desde Cádiz hasta Veracruz.[13] Los escribanos que despachaban reales cédulas calculaban a ojo seis meses desde Madrid hasta México capital, tal vez diez hasta Santiago de Chile e incluso un año hasta Manila.

El rasgo más impresionante de la monarquía española —su enorme tamaño— era también fuente de debilidad, pues se extendía de forma tenue a lo largo de fronteras indefendibles en la práctica a través de rutas vulnerables, con recursos distribuidos de manera dispersa. Ningún documento evoca mejor la naturaleza del Imperio, tal vez, que una relación de méritos —expediente legal en apoyo de una demanda personal de recompensa y merced por los servicios prestados al monarca—, como la compilada en 1588 en Ormuz, en el golfo Pérsico, por el capitán portugués Jerónimo de Quadros, para ser remitida al rey Felipe II. El peticionario estaba a cargo de uno de los siete fuertes que se mantenían precariamente a lo largo de la costa meridional del Imperio safávida, una de las fronteras más peligrosas del mundo. Se trata de un documento voluminoso, lleno de testimonios que confirmaron el heroísmo implícito en los sacrificios del peticionario en el servicio a la Corona, en campañas arriba y abajo de las costas occidentales del océano Índico. La carta de presentación es reveladora. El autor comienza explicando que debe reconstruir su fuerte cada año después de las lluvias, «porque está hecho de barro». Manifiesta que su guarnición de siete portugueses y cuarenta mercenarios nativos resulta insuficiente para las tareas que les corresponden: ocupar y reconstruir la fortaleza, luchar contra los bandidos y asaltantes persas y proteger las caravanas que querían comerciar con Ormuz. Se queja de la dificultad de renovar sus provisiones de armas y resulta claro de inmediato que no se refiere a armas de fuego, sino a las flechas de las que dependía la vida de sus hombres. Por último, afirma que su más grave deficiencia es la falta de opio, que sus hombres exigen para continuar en marcha. Los paladines del Imperio enfrentaban dificultades tan extraordinarias que solo lograban afrontarlas con ayuda de narcóticos.[14] Para comprender los imperios modernos, a uno no le queda otro remedio que empezar por reconocer su característica más problemática: la debilidad.

Uno de los mayores problemas de la historia global radica en explicar el funcionamiento de los imperios preindustriales. Dada su fragilidad, ¿cómo eran capaces de ensamblar lealtades, galvanizar apoyos, obtener servicios, recaudar tributos o impuestos, liquidar resistencias, organizar instituciones de gobierno viables o procurar obediencia? ¿Cómo pudieron estos ogros inmensos y mal articulados sobrevivir a la competencia mutua y desafiar la caravana de la historia, que se encaminaba hacia los estados nación y la autodeterminación comunitaria? ¿Cómo resistieron en algunos casos e incluso, contra toda evidencia, lograron crecer? Sin dirigentes locales dispuestos a prestarse como *quislings* —traidores que no dudaban en servir a extranjeros— y sin colaboracionistas, el imperio era —y hasta cierto punto todavía es— imposible. Pero ¿cómo encuentran o fabrican estos *quis-*

lings? ¿Cómo se negocian y aseguran semejantes acuerdos y colaboraciones?

Nuestro argumento sostiene que el Imperio español presenta la mejor oportunidad para examinar estas cuestiones, no porque fuera un imperio típico, sino, por el contrario, porque fue especial en determinados aspectos. Hasta bien entrado el siglo XVIII fue el único gran imperio mundial continental y marítimo. Los Qing, los mongoles, los otomanos, el Imperio zarista y otros conglomerados menores se aferraron en gran medida a la vocación tradicional de los estados conquistadores: la expansión por tierra, a través del espacio contiguo, con el objetivo de controlar la producción de recursos fiscalmente explotables. Mientras tanto, surgieron nuevos imperios marítimos o, como Charles Verlinden solía decir, «entidades litorales» pegadas a costas, puertos y rutas de navegación.[15] A veces desarrollaron regiones costeras para cultivos comercializables, pero se concentraron más en el control de rutas muy rentables que en la producción. A gran escala, durante el siglo XVIII los imperios marítimos desplazaron sus centros de gravedad hacia los interiores continentales. Portugal, por ejemplo, incorporó las «novas conquistas» del interior de Goa en la India y continuó la colonización de Minas Gerais en el Brasil, iniciada a finales del siglo XVII, hacia la Amazonia. Los ingleses adquirieron las riquezas de Bengala, y mientras extendían sus colonias norteamericanas, antes confinadas al borde costero al oriente de los Apalaches, por el valle del Ohio. Los holandeses, que poseían experiencia a pequeña escala en entornos insulares del océano Índico y eran capaces de controlar la producción de bienes de valor elevado por unidad de volumen, se adentraron en Java. Para España, no había nada nuevo en aquella estrategia de dominio continental. El Imperio español había adquirido su carácter dual, marítimo y terrestre cuando Cortés conquistó México, entre 1519 y 1521, o incluso antes, a principios de esa década, cuando comenzó la apropiación de partes del istmo de Panamá.

Debido a su tamaño, el Imperio español también resulta un caso de estudio global adecuado. España dispuso del imperio más extendido del globo con la excepción quizá del holandés y, si acaso, por un breve periodo de tiempo, a mediados del siglo XVII, cuando sus avanzadillas se extendieron desde Dejima, en Japón, hasta Manhattan, y desde la estación ballenera de Spitzberg hasta la colonia de El Cabo, en Sudáfrica. En su apogeo, el Imperio español se esparcía desde Mallorca hasta Milán y desde el curso alto del río Missouri hasta el canal de Beagle, junto al cabo de Hornos. A causa de la tiranía de la distancia y la incertidumbre que suponía en el manejo del tiempo, parecía el más difícil de gobernar desde su centro.[16] Seguramente fue, además, el más variado en su momento en términos ecológicos, pues abarcaba los elevados Andes y grandes llanuras, todos los biomas posibles desde el desierto hasta el hielo. Finalmente, si tenemos razón, demostró más que cualquier otro imperio poseer vitalidad para hacer frente a su propia debilidad. La creación de un dominio tan grande y diverso a partir de un territorio de origen tan limitado y poco favorecido por la naturaleza como la península ibérica, en la cual cerca de un tercio es montañoso o árido, con una población tan reducida en comparación con la de rivales como Inglaterra (posteriormente Gran Bretaña) y Francia, constituyó un logro sin precedentes. Si acaso comparable hasta cierto punto con el caso de Portugal y Holanda o, a una escala mucho menor, tal vez, con el de Suecia y Dinamarca, pero en verdad inigualable.

Por último, es preciso señalar que resultan impresionantes los logros españoles en el sostenimiento imperial, en competencia con rivales cada vez más poderosos a medida que el tiempo transcurría y, además, poseedores de mayores recursos, en especial si nos fijamos en los problemas inherentes a la defensa de fronteras inmensas y al mantenimiento de comunicaciones con una tecnología preindustrial. Casi de golpe, en la primera mitad del siglo XVI, España se anexionó las áreas más productivas de la América continental: Mesoamérica, el istmo, la mayor parte de los Andes y los valles del Paraguay y del Paraná, sin oposición efectiva de sus rivales europeos. Las adquisiciones incluyeron —por acción de la providencia, según algunos testimonios contemporáneos— dos de los imperios más dinámicos y agresivos que existían entonces: el azteca y el inca. Cuando los rivales europeos iniciaron su propia expansión, no pudieron hacer otra cosa que picotear alrededor de las posesiones ganadas por los españoles. Las luchas internas los debilitaban, eran pocos y carecían por lo general del apoyo de soldados profesionales. Durante el resto de la centuria, las potencias rivales solo efectuaron incursiones esporádicas, vinculadas a acciones de piratería y corso, o revolotearon y aguijonearon los bordes del territorio español, cual insectos que irritan la piel de una gran bestia. Los publicistas isabelinos se enfurecieron ante la incapacidad de Inglaterra para desafiar el dominio español.[17] Hasta 1607 no se logró formalizar una presencia inglesa duradera en el Nuevo Mundo, cuando se estableció una frágil colonia en Jamestown, en Virginia. La existencia de colonias viables holandesas y francesas tomó aún más tiempo y, salvo en la costa de Guayana, nunca lograron establecerse con total seguridad. Mientras tanto, las armas españolas disfrutaron de un éxito casi uniforme en Europa: hasta la década de 1630 en el mar, y en la guerra terrestre hasta 1640. En América, las únicas pérdidas definitivas fueron las islas de Curazao, en 1634, ante los holandeses, y la de Jamaica, capturada por invasores ingleses en 1654. Durante aquel periodo, solo en dos ocasiones, los ingleses en 1589 y los holandeses en 1628, fueron capaces de interrumpir los convoyes navales de la Carrera de Indias, que vinculaban los fragmentos de monarquía a través del Atlántico. El golpe del holandés Piet Hein en 1628 fue la única ocasión en que la mayor parte de una flota y su carga cayeron en manos enemigas.[18]

Este extraordinario recuento de éxitos españoles transcurrió en medio de una contemporánea sensación de decadencia.[19] A partir de la década de 1590, la población española disminuyó notablemente en tamaño, en especial en relación con la de Francia, Inglaterra y las provincias holandesas, que se habían desgajado con agonía de la monarquía española y lograron la independencia efectiva hacia 1620. En el mismo periodo, los profetas de la fatalidad predijeron, erróneamente pero con sinceridad, el eclipse de la monarquía española, lamentando la aparente retirada del favor divino y la fragilidad de un imperio que, en principio, debería haber repetido la grandeza de Roma. Los ingresos procedentes del Nuevo Mundo que llegaban a la península cayeron casi ininterrumpidamente desde la segunda década del siglo XVII y no empezaron a recuperarse, de forma irregular, hasta la década de 1660.[20] El rendimiento tributario de Castilla, fuente principal de ingresos para el mantenimiento operativo de la monarquía, se resintió debido a la acción combinada de la baja demográfica y la crisis económica. Los costos de la guerra de los Treinta Años, a la que España se unió, aunque con cierta renuencia, en 1628, eran apenas soportables. Las lealtades provinciales y aristocráticas vacilaron —evidencia de una coyuntura crítica— porque la fortaleza institucional había dependido largo tiempo de la disponibilidad de una nobleza de servicio, así como del vigor de las clases guerreras y administrativas, animadas por ideales de apoyo a la Corona. En 1640 estallaron revueltas secesionistas en Cataluña, Andalucía, Nápoles y Portugal. Aunque solo la última tuvo éxito, la carga que supuso la lucha contra los rebeldes limitó la eficacia española en otros frentes bélicos, que eran numerosos. Comprendían la defensa del sur de las provincias holandesas sin un acceso fácil a los escenarios de la guerra y sin puertos adecuados para el embarque; el enfrentamiento a la alianza de franceses y alemanes protestantes a lo largo del Camino Español, la ruta militar que iba desde Italia hasta Flandes; la lucha por mantener confinados a los otomanos en el Mediterráneo y por defender a los enclaves norteafricanos; el mantenimiento de los enemigos musulmanes lejos de Filipinas, y, finalmente, la defensa de los reinos de las Indias, demasiado grandes para ser protegidos con seguridad y demasiado dispersos para ser guarnecidos con tropas estables a lo largo de sus fronteras interiores. Ninguna de estas aflicciones pudo detener, sin embargo, el crecimiento del Imperio español en el Nuevo Mundo. La expansión se reanudó hacia finales del siglo XVII, con la reocupación de Nuevo México —territorio que los españoles conquistaron en 1598, del cual se retiraron en la década de 1680 por acometidas indígenas— y con la sumisión del último reino maya independiente, en 1697.

Los asentamientos en Nuevo México dieron lugar a nuevas necesidades. Entre ellas, la apertura de comunicaciones hacia el Pacífico, el golfo de México y el valle del Mississippi, con la exploración de las grandes llanuras y la cuenca de Utah; la expulsión de intrusos franceses, y la pacificación del enorme arco de frontera continental situado al norte de los nuevos límites imperiales. Nuevo México parecía una colonia pobre, pero los asentamientos españoles eran como un imán para la gente de frontera, de modo que el botín y los sobornos de Roma atraían a los bárbaros cercanos, o la riqueza y el magnetismo de China fascinaban a los yurchenes o a los manchúes. La revolución que implicaba el uso del caballo cambió la ecología, la política y la economía de los indígenas. Entre los apaches, la riqueza del hombre blanco, de la que se apoderaron a veces mediante incursiones o rescates, fracturó los vínculos tradicionales de parentesco y jerarquía en favor de los líderes guerreros que se atrevieron a disputar el poder de los chamanes y jefes hereditarios. A diferencia de los indios pueblos, que eran sedentarios, los apaches, de identidad imprecisa, eran difíciles de reducir. Los comanches presentaron otros problemas. Con una economía basada en la caza del bisonte y una vida dependiente de sus monturas, reorganizaron su sociedad para la guerra mediante una confederación que resultó inasumible para los atomizados apaches y reunieron un mayor número de guerreros que todos los indígenas vecinos juntos. Al igual que las gentes de las estepas o los imperialistas del Sahel africano en el Viejo Mundo, los comanches pudieron controlar grandes franjas de territorio y aterrorizaron a sus habitantes, hasta convertirlos en tributarios o esclavos.[21]

La política imperial española oscilaba entre estrategias contradictorias. A veces intentaba que los «bárbaros» chocaran unos contra otros, jugando a la política bizantina; otras, los atraía hacia una sumisión o cooperación pacífica, a la manera en que actuaron los mandarines confucianos con los nómadas de las estepas. Era preciso conducirlos hacia la inactividad o forzarlos a aceptar la paz; también se les podía exterminar, al estilo de lo obrado por los colonos ingleses con sus indeseados nativos. Todas las opciones eran válidas cuando se trataba de mejorar la seguridad fronteriza en el norte, más allá del territorio apache y comanche, mediante la búsqueda de aliados. El Imperio de España se extendió por Texas y Arizona, mientras diversas expediciones se dispersaban por las llanuras con el fin de controlarlas, al modo de tentáculos que gradualmente las dominaban. Pinturas escondidas de artistas indígenas pawnees, por ejemplo, registraron una expedición realizada en 1719 de Nuevo México a Nebraska, cuyo objetivo fue separarlos de los franceses, que los tenían como aliados a sueldo. Las negociaciones fracasaron. Las pinturas muestran las desgracias de los españoles, que quedaron rodeados de indígenas hostiles con sus arcos y de agentes franceses que los jaleaban. Con los utes, en cambio, los esfuerzos españoles tuvieron éxito y en 1730 se forjó una alianza.[22]

Al principio Arizona era atractiva solo como escala en la ruta hacia el Pacífico. Los nativos, según los casos huidizos u hostiles, prolongaron la agonía de los misioneros que defendían la frontera. Sin embargo, a partir de 1732, los españoles se mantuvieron firmes, y para mediados de siglo el territorio constituía un puesto de avanzada seguro, a pesar del alto coste y la indisciplina que caracterizaba a los pobladores.[23] Texas, mientras tanto, exigía atención a causa de la necesidad de controlar a los apaches y de contener a los franceses establecidos al este. Ningún enemigo mostró ser manejable, y las misiones ofrecieron resultados equívocos, pues propagaron enfermedades mortíferas al mismo tiempo que lealtad a la Iglesia y a la Corona.[24] En la segunda mitad de siglo, sin embargo, la política de «atracción» ofreció resultados positivos, que se pueden admirar, por ejemplo, en el plan del asentamiento de 1754 en San Juan Bautista, sobre el río Grande. Entre calles con arcadas y procesiones de indígenas y españoles bien ordenadas, aparecen en una imagen escoltas armadas y músicos de acompañamiento, los pobladores de la misión en la plaza principal y cruces de celebración en las esquinas.[25] En 1778, el militar Bernardo de Gálvez proclamó que la política de atracción había hecho más para pacificar a los nativos y a un costo menor que la guerra, y que la dependencia se lograba más fácilmente mediante la entrega de regalos, como alimentos y herramientas, que con violencia.[26]

En 1786 España hizo la paz con los comanches y la frontera se fijó en el río Arkansas. La enemistad común contra los apaches fue una razón decisiva. El impacto fue inestimable. Otras comunidades nativas se unieron a la monarquía española o se retiraron de la guerra. Aquella pacificación hizo de la frontera de Arizona un lugar extraño. La población de Nuevo México dio un salto de 9.600 habitantes en 1769 a 20.000 hacia finales de siglo. A pesar de la nada gloriosa actuación de las armas españolas en la guerra de los Siete Años, el tratado que en 1763 puso fin a las hostilidades con Gran Bretaña amplió enormemente el territorio español al transferirle la mayor parte de la antigua Luisiana francesa. La enorme provincia, que había luchado para atraer colonos y arrojaba ganancias, las multiplicó de inmediato. Bajo administración española, la población se duplicó hasta los 40.000 habitantes y las exportaciones a través de Nueva Orleans se incrementaron. En Florida, durante el mismo periodo, la proximidad de territorios ocupados por Gran Bretaña expuso la frontera española a una constante presión y amenaza de colapso. Los indígenas, a pesar del soborno y la intimidación británicos, permanecieron sorprendentemente leales a España.[27] La pérdida de la provincia en el tratado de 1763 fue temporal. Los españoles la recuperaron en 1784.

Florida tenía valor para España no solo por su gente o sus productos. Era especialmente importante porque sus puertos jalonaban la corriente del golfo en el itinerario que iba del Caribe hacia el Atlántico. Del mismo modo, en la costa del Pacífico, California resultaba crucial porque custodiaba la ruta asociada a las corrientes oceánicas que iban de Filipinas a la Nueva España. El control se tornó crítico durante la segunda mitad del siglo XVIII, cuando el Pacífico —antes un «lago español»— fue disputado por británicos, franceses y rusos. En 1768 el visitador José de Gálvez decidió que España debía incorporar toda la California.[28] El proyecto se convirtió en otro gran éxito. Hacia 1780 una cadena de misiones llegó tan lejos que alcanzó San Francisco. Las fundaciones alejaron a los indígenas del nomadismo y crearon una nueva economía basada en la agricultura y la ganadería. El crecimiento fue espectacular. En 1783, la producción de grano se situó en 22.000 toneladas. En 1800 eran 75.000. Durante el mismo periodo, la cabaña de ganado se cuadruplicó. Las misiones abrigaban verdaderas industrias y producían cuero (exportado a Nueva Inglaterra), madera, materiales de construcción, implementos agrícolas, vagones, jabón y velas. Aunque España nunca logró reunir suficientes recursos humanos para extender la colonización más al norte, tuvo bastante éxito a la hora de mantener a raya a los intrusos rusos e ingleses, al sur del paralelo 42.

Mientras la colonización de California estaba en marcha, la guerra de la Independencia de Estados Unidos —que lanzó a la mayor parte de las colonias continentales de Gran Bretaña contra su madre patria— fue una oportunidad envenenada para una monarquía poco inclinada a validar una rebelión y preocupada de fortalecer a un nuevo vecino demasiado ambicioso. Incluso antes de intervenir directamente, como señaló un ministro, España resolvió hacer «todo lo que esté en nuestra mano para ayudar a los colonos».[29] Cuando la guerra terminó, parecía haber alcanzado todos sus objetivos. La amenaza británica había cedido y se hallaba en retirada, en Canadá y Belice. Florida fue recuperada. Luisiana y California parecían seguras. Las fronteras con las posesiones de los indígenas estaban, en buena medida, pacificadas. Aunque la mayor parte del crecimiento territorial se registró en América del Norte, en el resto del hemisferio, España alcanzó un balance comparable de éxitos. Los ajustes de las fronteras con Portugal habían implicado ciertas concesiones dolorosas, pero dejaron la temible colonia de Sacramento bajo control español. En el cono sur, el gran «parlamento» o pacto que el gobernador de Chile Ambrosio O'Higgins celebró en 1793, que reunió a un total de 261 jefes indígenas mapuches, extendió la frontera imperial tradicional al sur del río Biobío, en la Araucanía, hasta el cabo de Hornos.[30]

El Imperio español en América alcanzó su mayor tamaño en julio de 1796, cuando un agente español, John Evans, que representaba a la Compañía de Missouri, arrió la bandera británica y elevó la del rey de España en una aldea mandan, en Dakota del Sur, hacia el borde de las Montañas Rocosas.[31] Aunque servidor concienzudo de los intereses españoles, Evans no era un típico vasallo de los borbones, sino un nacionalista galés, nacido cerca de Caernarfon y bautizado metodista, que formaba parte de una conspiración para separar Gales de Inglaterra o, al menos, para fundar una nueva colonia galesa, lejos de la influencia inglesa, en el Nuevo Mundo. La inspiración de esta romántica empresa procedió de la leyenda caballeresca del príncipe Madoc, que supuestamente había conquistado un imperio en el océano en el siglo XII. Existía gente dispuesta a creer semejantes supercherías. En el reinado de Isabel I, cuya ascendencia era galesa, los planificadores de la guerra contra España invocaron el mito de Madoc para justificar ambiciones imperiales.[32] En el círculo de Evans, un mito adicional más elaborado mantuvo que existían unos indígenas norteamericanos de habla galesa, comúnmente identificados, sin razón alguna, con los mandanes, que constituirían evidencia de la empresa protagonizada por Madoc. Así, Evans, el último de los grandes exploradores del continente americano al servicio de España, vino a situarse en la tradición de quienes habían partido tras quimeras como el paraíso terrestre, la fuente de la eterna juventud, El Dorado, la ciudad de los Césares, el país de la canela, las ciudades de Cíbola o los dominios de las lujuriosas reinas amazónicas.

En las latitudes exploradas por Evans, el dominio español duró solo unos meses, y en gran parte del resto del hemisferio fue eficaz solo de manera dispersa. Sin embargo, resultó robusto y sorprendentemente duradero dondequiera que los españoles lograban diseñar una infraestructura que sirviera bien a sus súbditos (o al menos a sus élites colaboracionistas). Por supuesto, también operaron otras influencias, como veremos rápidamente. En primer término, estuvo lo que llamamos el «efecto del extraño»: la propensión de algunas culturas a valorar al foráneo en tan alta consideración como para reconocerle autoridad. Los españoles tuvieron la suerte de encontrar tales culturas en la mayor parte de Mesoamérica, donde era rutinario entre los mayas que los forasteros inauguraran dinastías. El fenómeno también se produjo en gran parte del mundo andino. En nuestras modernas sociedades occidentales, esta propensión es difícil de entender, pues nuestra actitud hacia los extraños se corresponde por el contrario con la de aquellos que resistieron a los españoles recién llegados. Desconfiamos de ellos, los rechazamos, los llamamos «ilegales», les imponemos cargas burocráticas o fiscales. Si los admitimos, les dejamos claro nuestro rechazo y normalmente les asignamos un estatuto social inferior y un trabajo degradante. En otros tiempos, sin embargo, en otras regiones del mundo, la gente no se comportaba así. Las reglas sagradas de la hospitalidad obligaban a las personas de ciertas culturas a recibir a los extraños con sus mejores regalos, bienes y hasta mujeres, incluso a tratarlos con deferencia. Cuando los españoles se vieron tratados de esa manera en ciertas partes de las Américas, se sintieron mayestáticos —y por buenas razones—. La antropóloga Mary W. Helms ha recogido muchos ejemplos de culturas en las que el valor de visitantes de lugares remotos aumenta con la distancia de la que parecen proceder, ya que portan consigo el aura del horizonte divino.[33] Esto no significa necesariamente que los confundan con dioses, pero explica por qué sus personas son consideradas especiales, incluso sagradas. Aunque tal concepto se encuentra lejos de la sensibilidad occidental, hasta el más duro y secular de los occidentales puede entenderlo, si tiene en cuenta cómo agregamos valor a los bienes en función de la distancia que atraviesan. En una tienda local de comestibles, partiendo de diferencias relativamente modestas en los costos de producción y entrega, el parmesano doméstico tiene un precio mucho más bajo que el importado de Italia, no solo porque quizá sea peor, sino porque es familiar. El exotismo del producto extranjero le confiere prestigio. Así ocurre, en muchas culturas, con las personas. En el pasado y en la propia cristiandad, los peregrinos se beneficiaron de un efecto parecido, pues adquirían prestigio ante sus vecinos si lograban volver a casa, en estricta relación con la lejanía de los santuarios que hubieran visitado.[34] Posponer la relación con el extraño, dentro de un contexto cultural adecuado, a menudo es una respuesta muy recomendable y racionalmente defendible. El extraño es útil como árbitro o juez, pues no está involucrado en conflictos de facciones o dinastías existentes y puede aportar una visión objetiva de asuntos en disputa. Por las mismas razones, los extraños sirven como guardaespaldas de primera clase, o resultan consejeros leales para gobernantes en ejercicio. Debido a ello, muchos intrusos europeos (incluso esclavos negros fugitivos, que a veces ascendieron a posiciones de poder en sociedades indígenas sin poseer de antemano ninguna de las ventajas comúnmente mencionadas como decisivas en el caso de los conquistadores) adquirieron preeminencia en la gestión política americana y asiática durante la Edad Moderna. El extraño a menudo resulta sexualmente atractivo, por razones evolutivas o por pura novedad. En el Caribe, Gonzalo Fernández de Oviedo observó que las mujeres nativas «eran muy castas con sus propios hombres, pero se entregaban libremente a los españoles», quizá una referencia a la hospitalidad sexualizada, habitual en tantas culturas.[35] En cualquier caso, el extraño representa de modo típico una excelente elección de pareja matrimonial para familias poderosas o gobernantes, pues tiene la virtud de estar al margen de cualquier asociación previa con rivalidades locales. Hasta el día de hoy, en todo el mundo, donde aún existen monarquías, los herederos se casan de manera habitual con extranjeros, o, cada vez con mayor frecuencia, con extraños a su círculo social, por la misma razón.

La proliferación de historias de reyes extranjeros en muchas partes del mundo —relatos de individuos a quienes las comunidades e instituciones políticas han confiado el trono tras venir de muy lejos, o tras regresar de un largo y lejano exilio— muestra el valor de los extraños como gobernantes. Incluso en Europa, numerosas dinastías reales remontan sus orígenes a fundadores foráneos, y las leyendas multiplican las versiones. Tales casos son muy frecuentes en el Pacífico y parte del sudeste asiático.[36] Ese toque mencionado del horizonte divino, además, hace que los arribistas llegados de lejos sean buenos candidatos para la santidad. Muchos conquistadores del Nuevo Mundo fueron realmente hombres santos, frailes que llegaban con poco o ningún apoyo militar y dirigían a sus adoctrinados con éxito sorprendente, aunque a veces precario. A otros los trataban como si lo fueran. Por lo general, los españoles eran percibidos como árbitros dondequiera que fueran bien recibidos. En la naturaleza del árbitro se halla la cualidad de obtener poder cada vez que su mediación es invocada. El uso de extraños como cónyuges en un matrimonio resultó de gran ayuda, pues permitió a los españoles alcanzar posiciones de honor, con acceso a servicios de los indígenas, desde dentro de sus propias sociedades. El mestizaje, que otros colonos europeos tendieron a evitar, forjó lazos entre españoles y nativos, al tiempo que multiplicó el número de individuos entre los cuales la monarquía española podía reclutar administradores, soldados y hasta sacerdotes.

Incluso cuando el efecto del extraño no funcionaba, o cuando se desgastó y disminuyó, una segunda posibilidad favoreció la dominación española: las enemistades tradicionales facilitaron la aplicación del principio «divide et impera». La caída de Tenochtitlán fue posible por una alianza indígena, en la cual tlaxcaltecas y huejotzincas, entre otros, desempeñaron papeles relevantes, y los españoles tuvieron, según criterios objetivos, un papel menor.[37] En el Perú, Pizarro dependió de sus aliados huaris y cañaris. Estos aprovecharon la ocasión para canalizar su animadversión hacia los incas, que hacía poco habían optado por consolidar su hegemonía aplastando la resistencia de sus enemigos mediante masacres de proporciones casi genocidas. El manuscrito de Huarochirí, compilado en San Damián, probablemente en la década de 1590, recuerda cómo los checas transfirieron su lealtad de los incas a los españoles porque los primeros habían renunciado a su promesa de bailar anualmente en su santuario principal. Nos hallamos ante un buen ejemplo de la manera en que funcionaban las relaciones políticas en los Andes prehispánicos, así como de una indicación del modo en que los resentimientos inflamaban una guerra intestina.[38] En Yucatán, los linajes pech, xiu y cocom, junto a sus aliados, estaban más ansiosos de continuar con sus viejas hostilidades que de oponerse a los españoles, a quienes intentaron manipular, a menudo con éxito, para ponerlos al servicio de sus propios intereses. Los peches, por ejemplo, se presentaron como «conquistadores mayas» y reclutaron a los franciscanos en su persecución contra enemigos xius en Maní, en 1562.[39]

La dinámica de las rivalidades indígenas nunca desapareció del todo. En los primeros meses de presencia española permanente en Mesoamérica, los enemigos de la hegemonía azteca desencadenaron dos terribles masacres: en Cholula, donde el propio Cortés admitió la matanza de tres mil personas, y en Tenochtitlán, donde, en ausencia suya, Pedro de Alvarado puso en peligro las tensas relaciones de los españoles con sus anfitriones aztecas al empeñarse en presidir la masacre de los nobles tenochcas durante la fiesta de Tóxcatl. De alguna manera, tales masacres resultan comprensibles como reacciones de una banda temerosa, ante cálculos imprevisibles, en un entorno desconocido, como recurso al terror en ausencia de cualquier otra fuente de seguridad. La razón principal pudo ser, sin embargo, que nativos aliados de los españoles las exigieron como una forma de venganza infligida a adversarios tradicionales. Abrumados por el gran número de guerreros tlaxcaltecas que los rodeaban, tal vez intimidados o seducidos por una intérprete nativa —la extraordinaria Malinche—, que estaba en posición de controlar todas las negociaciones, los españoles no tuvieron más remedio que aferrarse a sus aliados más poderosos.[40] Episodios similares ocurrieron a lo largo de todo el periodo de gobierno español. Incluso en 1828, cuando el Imperio había dejado de existir en la América continental, tuvo lugar una fiesta guerrera, en la cual los moquelemnes, que superaban mucho en número a sus «aliados» españoles, ahora mexicanos, persiguieron «enemigos» en las cercanías de San José, en California. Cuando los «auxiliares» nativos exigieron «justicia», lo que, según explicaron, para ellos quería decir el asesinato de sus prisioneros, la masacre de los hombres en el campo enemigo y la esclavitud de sus mujeres y niños, el comandante a cargo se mostró remiso a semejante brutalidad ilegal. Su sargento lo llevó aparte para advertirle que no existía ninguna posibilidad de incumplir el deseo de los moquelemnes y sobrevivir. «Si fuera mi propio padre —le dijo— yo mismo lo mataría».[41]

La historiografía latinoamericana ha oscurecido por lo general el funcionamiento real de las instituciones imperiales españolas al proyectar el mito de un mundo indígena en subversión permanente, una historia surcada por rupturas transformadoras, con nativos carentes de iniciativa por la combinación de derrota, choque cultural y colapso demográfico que habrían padecido. En realidad, notables continuidades, incluso la persistencia de odios históricos o el poder de algunas élites tradicionales, sobrevivieron a la acometida de los españoles. Como todos los imperios exitosos y duraderos, el de España constituyó la empresa conjunta de una élite que alcanzaba todo el Imperio, a la que se sumaron colaboracionistas locales y regionales en el ejercicio del poder.

Sin embargo, ninguna alianza es permanente y ninguna colaboración irrevocable. Aunque la dinámica de las sociedades indígenas favoreció el crecimiento inicial del Imperio español, hubo un aspecto que no podía dejarse de lado. La seguridad de las áreas centrales centroamericanas y andinas resultaba fundamental. Para mantener el pacto imperial en marcha, el nuevo orden administrado por España debía recompensar a los mejor dispuestos. Como ocurre con toda epidemia masiva, el desastre demográfico que afectó inicialmente a los reinos de las Indias benefició a los sobrevivientes al redistribuir a su favor los recursos existentes. También favoreció la introducción de nuevos productos. Los caciques indígenas podían convertirse en ganaderos. Las comunidades nativas podían crear empresas de tejidos de seda, de cuero o de cría de cerdos. Los campesinos podían cultivar la cochinilla en tierras antes marginales o inútiles, o cosechar cacao para la exportación. En muchos lugares, las misiones constituyeron ejemplos exitosos de empresa capitalista. En ellas, los indígenas «reducidos», a costa de soportar el paternalismo clerical o las expresiones avinagradas de un emisario de los dioses, pudieron compartir ciertos beneficios económicos. Ninguna de estas actividades fue posible hasta que los españoles introdujeron productos desconocidos o abrieron mercados apropiados. Todas las posibilidades de enriquecimiento confluyeron en el entramado de una economía expansiva, en la cual España reconectó a América con dinámicas globales. Al tiempo que los metales preciosos lubricaban el intercambio comercial, el tráfico interregional vinculó civilizaciones antes desconectadas y se proyectó hacia los océanos Atlántico y Pacífico. Carecieron de ventajas campesinos que aportaban una mano de obra forzada, peones sumidos en la dependencia en haciendas y nobles indígenas que no lograron adaptarse al ritmo de los cambios. Sin embargo, el escenario de prosperidad aglutinó a los grupos dirigentes indígenas y recién llegados en un marco de relaciones estrechas con beneficio mutuo.

Las tentaciones de la prosperidad fueron inseparables de las ventajas que ofrecían las obras públicas, especialmente en lo referente a comunicaciones, defensa y distribución de recursos vitales para la subsistencia. El Imperio español fue heredero de estados americanos originarios que, en ocasiones, realizaron prodigiosas y originales hazañas de ingeniería. Los grandes imperios indígenas —el gran espacio o *grössraum* azteca, el conglomerado inca, etc.— practicaron lo que, con petición de disculpas a Alfred W. Crosby, que acuñó el término en otro contexto, se ha llamado «imperialismo ecológico». Es decir, el aprovechamiento de la diversidad ambiental que abarcaron durante sus hegemonías para intercambiar productos de consumo a través de distintos entornos ambientales. En cierto modo, el sistema azteca funcionaba mediante el intercambio de bienes entre comunidades para asegurar que los productos de bosques húmedos, litorales y tierras bajas estuvieran disponibles en regiones áridas o montañosas y viceversa. Tenochtitlán, una metrópoli de montaña a orillas de un lago, a una altitud en la que no se daban muchos productos vitales, como algodón y cacao, presidía una estructura piramidal en la que circulaba el tributo, con ventajas para los señoríos militares dominantes. El inca, de manera más espectacular si cabe, dominó una ecología de impresionante diversidad a todo lo largo de treinta grados de latitud. Su Imperio se extendía desde la selva amazónica en el oriente hasta desiertos irrigables, pesquerías costeras e islas productoras de guano en el occidente, a través de elevadas cordilleras, en las cuales el pastoreo de llamas estabuladas sobre terrazas arables y en climas contrastados de lado a lado de cada valle dependía de la inclinación del sol y de la lluvia. Los gobernantes despachaban maíz, pescado, coca y productos forestales hacia las alturas, o patatas hacia abajo. Gran parte de la vida en el mundo inca se estableció a alturas excesivas para que se cultivara el maíz, pero este fue depositado en almacenes por encima de su zona de cultivo, donde podía alimentar a ejércitos, peregrinos y burócratas, a los que se suministraba cerveza con fines rituales. De modo sistemático, los incas promovieron el traslado forzoso de poblaciones hacia valles adecuados para el cultivo del maíz, involucrándose en lo que ahora consideramos ciencia patrocinada por el Estado. Hasta desarrollaron nuevas variedades, aptas para altos rendimientos.[42]

La modificación ecológica, por otra parte, estaba integrada en las tradiciones locales de muchos entornos alcanzados por los españoles. En los desiertos del Perú y el suroeste de América del Norte, con ríos como si fueran hilos de agua, o en los bosques lluviosos estacionales de América Central, acequias y canales proporcionaban drenaje, riego o, cuando era necesario, ambos, de modo sucesivo. También facilitaban un lugar para la práctica de la acuicultura. Las grandes ciudades, centros ceremoniales y complejos palaciegos de civilizaciones indígenas requerían sistemas para el abastecimiento de agua, como el canal de casi 2.500 pies de largo que servía a Machu Picchu.[43] También los requerían mercados como los que aparecen en el *Códice Mendoza*. En Tambomachay, cerca de Cuzco, acueductos, canales y cascadas fluían a través de terrazas a distintos niveles, para abastecer el llamado «baño del inca».

Sobre laderas de montañas que estallan como una erupción brutal a lo largo de la espina dorsal de las Américas, las terrazas sostienen todavía el suelo para el cultivo. En comunidades lacustres o litorales como Tenochtitlán, o en los ubicuos humedales de Tabasco, por ejemplo, o del Petén guatemalteco, la gente escarba la tierra. Las civilizaciones indígenas no usaban vehículos de ruedas, y la mayoría no tenían bestias de carga. Por eso los caminos típicos eran rudimentarios, senderos apenas compactados para el uso de transeúntes, mensajeros y soldados. Los incas, que podían hacer uso de llamas para transportar modestas cargas de bienes o equipos, eran sin embargo constructores excepcionales de caminos pavimentados. Mantuvieron una red de carreteras de unos treinta mil kilómetros, con equipos de corredores capaces de recorrer, en rutas favorables, 240 kilómetros al día. Entre Huarochirí y Jauja salvaban pasos a cinco mil metros de altura. Estaciones de parada jalonaban el sistema apenas mil metros más abajo. En esos casos, los trabajadores eran recompensados con fiestas y dosis de cerveza de maíz que les mitigaban el dolor. Los ejércitos encontraban cuarteles de descanso. Puentes prodigiosos enlazaban los senderos. El famoso Huaca-chaca («puente sagrado») se extendía a lo largo de 76 metros sobre cables tan gruesos como el cuerpo de un hombre, por encima de la garganta del río Apurímac, en Curahuasi. En el siglo XVII, según señaló un elocuente crítico de los desaciertos españoles, el indígena Felipe Guamán Poma de Ayala, el servicio, una obligación anual colectiva de las comunidades próximas, era más llevadero bajo los gobernantes incas que con sus sucesores virreinales. Los caminos surcaban su Imperio y le otorgaron un aspecto uniforme, que impresionó a los viajeros españoles recién llegados y ayudó a crear la impresión de que los incas habían sido homogeneizadores y centralizadores, pues poseían carreteras que eran como garras y mantenían el Imperio vinculado a una sola extremidad. En verdad poseyeron lo que podríamos llamar una firma original, un tipo de arquitectura que conformó estaciones de paso, almacenes, cuarteles y santuarios a lo largo de las carreteras y bordes de su Imperio. Tuvieron el hábito de estampar la tierra con edificios, testimonio de su presencia; una tradición que, por cierto, aprendieron de culturas anteriores, la huari y la tiahuanaco. En parte, la red de caminos fue diseñada con propósitos estratégicos, para acelerar la transmisión de órdenes y mandatos. Equipos de corredores los usaron para recorrer grandes distancias o trasladar a los ejércitos incaicos con relativa rapidez y eficiencia, arriba y abajo del enorme territorio del Imperio. La muy excavada estación de Huánuco Pampa fue equipada con almacenes para maíz y cerveza, capaces de refrescar un contingente de miles de soldados. También unieron lugares sagrados. La gestión del paisaje simbólico de los Andes, el mantenimiento de santuarios o la promoción de peregrinaciones formaban parte del valor que el Imperio inca añadía a las vidas de quienes moraban en sus dominios.[44]

Los colonizadores y administradores españoles, a pesar de las quejas de Guamán Poma, fueron incluso más constantes que las clases dirigentes indígenas precedentes en la construcción y el mantenimiento de infraestructuras. No tuvieron alternativa. Había más élites sujetas a vasallaje necesitadas de cuidado, más territorios que vincular, amplias fronteras que defender, ciudades que servir y un mundo más amplio con el cual comunicarse. Tuvieron que construir carreteras y explorar rutas marítimas y fluviales a destinos fuera del alcance o del interés de sus predecesores. Los historiadores han reconocido desde hace tiempo la importancia y la durabilidad de la ingeniería en la monarquía global española y le han dedicado muchos esfuerzos y una extraordinaria investigación. El presente trabajo habría sido imposible sin los esfuerzos pioneros del ingeniero de caminos donostiarra Pablo de Alzola y Minondo a finales del siglo XIX, cuando escribió *Las obras públicas en España*. O los de casi un siglo después, del también ingeniero de caminos Manuel Díaz-Marta, especialmente en *Ingeniería española en América durante la época colonial*, junto al también ingeniero y extraordinario mecenas José Antonio García Diego, a través de la Fundación Juanelo Turriano; las investigaciones de Nicolás García Tapia, cuyos estudios sobre ingeniería española en el Renacimiento resultan fundamentales; las obras del gran ingeniero de caminos Ignacio González Tascón, que se nos fue demasiado pronto, culminadas en su obra maestra, *Ingeniería española en ultramar*, editada en 1992; las aportaciones decisivas del historiador americanista Ramón Serrera Contreras, del geógrafo Horacio Capel y sus muchos discípulos, tantos de ellos iberoamericanos, disponibles en el extraordinario sitio web de GeoCrítica de la Universidad de Barcelona, biblioteca digital pionera y fundamental; *Historia de la ciencia y de la técnica en la Corona de Castilla*, dirigida por Luis García Ballester, José María López Piñero y José Luis Peset; *Técnica e ingeniería en España*, con Manuel Silva Suárez como coordinador; las extraordinarias aportaciones de Alicia Cámara Muñoz y Fernando Sáenz Ridruejo, o *Cuatro siglos de ingeniería española en ultramar. Siglos XVI-XIX*, exposición extraordinaria en el Archivo General de Indias y gran catálogo, coordinado con pasión y mérito por María Antonia Colomar e Ignacio Sánchez de Mora. Tampoco sería posible abordar nuestro tema sin las grandes posibilidades de investigación y publicaciones que otorgan tantas bibliotecas y archivos, en particular el Centro de Estudios Históricos de Obras Públicas y Urbanismo (CEHOPU), del Ministerio de Fomento de España, o la extraordinaria Biblioteca Virtual de la Ciencia y la Técnica en la Empresa Americana, de la Fundación Ignacio Larramendi, sin olvidar todos los libros, artículos y documentos a los que nos referiremos en las páginas siguientes.[45]

Todo este trabajo precedente, por excelente que resulte, nos deja ante una tarea que creemos vale la pena acometer. El foco de estudios anteriores se ha centrado en la historia de la ciencia y la técnica, de la ingeniería en particular. Encaja en conjunto en un marco historiográfico heroico: la lucha larga y todavía inconclusa por dar a conocer al mundo el gran despliegue de España, en aspectos cruciales como su lugar central en la historia de la ciencia y disciplinas afines durante la Edad Moderna, con un énfasis casi único en una epistemología empírica. Las investigaciones sobre la ingeniería en el Imperio español en ultramar se han ocupado de catalogar, describir y evaluar obras públicas y sus autores, o aspectos específicos, como defensa, urbanización y desempeño económico. Por usar el lenguaje del historiador británico Arnold Toynbee, estudian la ingeniería como respuesta a los retos ecológicos a los que la expansión global española debió hacer frente y a los que debió ajustarse mediante soluciones adecuadas en enseñanza, toma de decisiones o financiación.

Aunque no pretendemos dejar de lado ninguno de estos campos de interés, esperamos que nuestro énfasis en las infraestructuras como el verdadero andamiaje en el que se sustentó el Imperio español resulte convincente. Hemos tenido en cuenta de modo permanente los contextos políticos, y queremos contemplar su dimensión global en referencia a los problemas de funcionamiento que padecieron los imperios de la era preindustrial. Nuestro objetivo consiste en explicar la contribución de la ingeniería al funcionamiento de una monarquía-mundo. Visto así, casi podría ser considerado un trabajo de campo. A diferencia de los logros de Ozymandias, los ingenieros que ayudaron a construir el Imperio español han dejado gran parte de su obra intacta y visible ante nuestros ojos. A lo largo de la ruta 85 de Estados Unidos todavía se puede conducir por parte del Camino Real de Tierra Adentro, que va de México capital al lejano norte, hacia Nuevo México. Los peregrinos de la historia pueden hallar sus fragmentos, por ejemplo, al evocar la jornada del muerto de 1598, cuando Gaspar de Villagrá experimentó cincuenta días de desesperación y escribió «por escabrosas tierras anduvimos de alárabes y bárbaros incultos, los miserables ojos abrasados dentro del duro casco se quebraban».[46] Los senderos del patrimonio en Florida y Texas facilitan a los turistas experiencias similares a aquellas vislumbradas por los españoles que recorrieron puertos y misiones. Alrededor del mar Caribe, los navegantes pueden desplazarse en sus yates a través de docenas de fuertes formidables que todavía forman el «corralito de piedra» español.[47] Aún hoy puede uno pasear entre puentes y alamedas construidos para salud y disfrute de los vecinos, como hacía «La flor de la canela» en Lima, esa mujer que, al deambular a través del río Rímac, como recuerda la célebre canción de Chabuca Granda, llevaba «jazmines en el pelo y rosas en la cara». Esperamos evocar esa experiencia histórica: al menos, tenemos la intención de contarla.

II

LLEGAN LOS INGENIEROS. CREADORES DE INFRAESTRUCTURAS Y SUS OBRAS

> Desde los cielos hizo resonar su voz, para enseñarte; y en la tierra te mostró su gran fuego, y de en medio del fuego oíste sus palabras.
>
> DEUTERONOMIO, 4, 36

«Las instituciones se parecen a la eternidad». Con esta frase, Agustín Pascual, figura clave en la ingeniería de montes, inició el 30 de abril de 1876 su discurso de toma de posesión en la Real Academia Española. Pascual, en efecto, había «paseado por el tiempo» al comparar los viejos conceptos medievales de la legislación castellana, instaurados en los fueros y las partidas, con las nuevas ideas de la ciencia forestal alemana, la dasonomía, que relacionaba el cultivo del bosque con su potencial de explotación.[1]

Los imperios también se parecen a la eternidad, o al menos eso pretenden. Algunas veces son como los bosques, con sus largos ciclos de auge y declinación. Resultan llamados a la existencia por circunstancias imprevistas e insospechadas y, en una secuencia previsible, caen en decadencia a manos de quienes los promueven. Al igual que sucede con la economía, que, si hemos de creer a algunos teóricos, tiende a funcionar mejor si los gobiernos no intervienen, los imperios suelen ir acompañados en sus comienzos de espontaneidad, impredecibilidad e indeterminación. Así fue tanto en el caso español como en otros. Los historiadores cumplen después con su trabajo si son capaces de explicar la casualidad de su origen como causalidad, a partir de argumentos convincentes. En la historiografía tradicional los imperios arrancan con hechos épicos. Después de las grandes victorias, sin embargo, ¿qué ocurre? Lo que podríamos calificar como un momento de tecnología sucede al triunfo fundacional. Los ingenieros suelen aparecer tras la conquista, acompañados de funcionarios y cobradores de impuestos. Durante la mayor parte del periodo que analizamos, la tecnología representó, por una parte, el conocimiento, los procedimientos y los medios por los cuales los humanos transformaban el medio ambiente; por otra, la gestión de recursos. Con anterioridad al siglo XVIII era inconcebible que un occidental fuera presa de la idea romántica de una ecología virgen e inalterada, según la cual aquello sublime o pintoresco, de manera literal «digno de ser pintado», poseía valor sin una intervención humana que se lo otorgara. La tarea del ingeniero consistía en «remediar con el arte los defectos de la naturaleza».[2] El trabajo de los mortales, de los griegos en adelante, podía, si acaso, engrandecer el legado divino.[3] Hasta el siglo XIX los ingenieros no lograron reconocimiento social en dos tareas ligadas a la tecnología, creativas y de gestión, como profesionales capaces de llevar hasta sus últimas consecuencias los asombrosos y aparentemente imparables descubrimientos de la ciencia.

LAS «INDIAS» DE AMÉRICA EN PERSPECTIVA

«Los que no han pasado de Veracruz y Campeche [en México] dicen que la América es un infierno, que no se puede vivir del calor. Los que solo han visitado Chile y los Andes, publican que es una Groenlandia o Noruega, por el gran frío que han experimentado. Pero lo cierto es que hay de todos temperamentos».[4] Cuando el capuchino fray Francisco de Ajofrín atravesó el Atlántico en 1763, la posibilidad de confrontar el Viejo con el Nuevo Mundo, Europa y América, había dejado atrás la sorpresa y la comparación desmedidas habituales en el Renacimiento. Ya no se buscaba a qué se parecían una piña y un templo azteca, sino cuál era su equivalente europeo. Lo predominante eran la colonización urbana y la organización geométrica del territorio, al modo ilustrado. América no era una maravilla ni un espacio utópico. Sus reinos y provincias formaban una entidad reconocible, familiar, de la monarquía española.

El análisis del contexto global en el cual se desarrolló el Imperio español nos permite comprender el largo proceso que vinculó la mayor parte de América a un Occidente ampliado y expansivo. Hacia 1400, un observador desde el espacio, a pesar de la objetividad y la claridad atribuibles a quien mira desde lejos, hubiera dudado a la hora de determinar qué grandes civilizaciones de Eurasia iban a consolidar un dominio mundial. Tanto China como los reinos islámicos, situados entre Europa y Asia, habían alcanzado un sofisticado grado de organización sociopolítica y material. Tenían probada su capacidad para la expansión marítima y terrestre. Como señaló Samuel Johnson en su «novela filosófica» *La historia de Rasselas, príncipe de Abisinia*, publicada en 1759 y escrita en una semana para pagar el funeral de su madre, el mismo viento que había llevado a los europeos a invadir costas a Asia o África, establecer colonias o dictar leyes, ofrecía oportunidades de conquista en dirección contraria.[5] La Europa occidental marítima fue una advenediza en esa carrera. Poder y riqueza estuvieron concentrados en el Mediterráneo oriental, y hasta la toma de Constantinopla por los turcos en 1453, la tradición imperial romana, que tanto debía a sus ingenieros, permaneció en manos bizantinas. En torno al año mil, cuando París contaba con siete mil habitantes, había capitales islámicas que contaban su población por cientos de miles. Durante los siguientes cuatrocientos años, las tecnologías mejoraron a orillas del Atlántico, en especial en lo referente a arados y molinos, mientras que los métodos empresariales maduraban y emergían valores culturales favorables a la gestión de capital-riesgo y a la inversión en negocios marítimos. La peste negra de 1348 cambió el balance demográfico a favor del oeste y Europa dejó de ser «el patio trasero atrasado del Oriente Próximo islámico».[6]

Hacia 1400, si pensamos en el impresionante tamaño y la consistencia mostrada por la China imperial, la riqueza de sus ciudades, la competencia de sus ingenieros y artesanos, la calidad de sus bienes de consumo, la sofisticación de su arte y su pensamiento político, podemos apreciar hasta qué punto podía resultarles indiferente la diminuta constelación de urbes marítimas europeas, que les pillaba casi en las antípodas. El debate actual sobre la preeminencia china en aquella etapa analiza si poseían o no condiciones favorables para la fundación de un imperio global. Como sabemos, tan resplandeciente futuro tendría que esperar. El abandono de la expansión oceánica desde la década de 1420 y la multiplicación de esfuerzos en la defensa continental, con la Gran Muralla como símbolo, resultó una combinación fatal. La innovación técnica y el cambio social se detuvieron. En China se había activado lo que algunos economistas llaman una «trampa de equilibrio de alto nivel».[7] La productividad existente desincentivaba las innovaciones. Solo la fuerza ejercida desde fuera, ya en el siglo XIX, por las potencias industrializadas occidentales, rompería ese mecanismo.

Hacia 1450, en el extremo europeo de Eurasia, la combinación de oportunismo y esfuerzo empezaba a favorecer la expansión marítima, en especial en la península ibérica. Los comienzos fueron frágiles. El conflicto de ideas cuenta. En la medida en que el Imperio español representó con posterioridad para los demás europeos una iniciativa pionera que delimitó un modelo providencialista y católico militante fue al mismo tiempo precedente y referencia. Los historiadores suelen presentar el Imperio inglés como resultado impredecible de iniciativas particulares, desvinculadas de estrategia alguna.[8] La historiografía de las últimas décadas sobre el Imperio español, en cambio, apunta en la dirección opuesta, aunque la realidad histórica también estuvo caracterizada por la improvisación. Los precedentes del Viejo Mundo, a la hora de edificar ciudades, caminos, puentes, puertos, fábricas y minas, resultaron inadecuados para los escenarios en los cuales los ingenieros españoles tuvieron que trabajar tras la adquisición de un imperio. Ni Castilla ni Portugal iniciaron grandes operaciones atlánticas desde sus regiones de mayores recursos navales y comerciales, situadas en torno a Oporto y Bilbao. Esas ciudades, implicadas en el tráfico marítimo con la Europa del norte y en la pesca del Atlántico septentrional, con negocios sólidos, estables y previsibles, «dejaron las aventuras navales de mayor riesgo para las pobres gentes del sur. Solo cuando el comercio transoceánico ofreció dividendos, en el norte se lo tomaron en serio».[9] A partir de 1490, devino, nunca mejor dicho, la tormenta perfecta. El empeño por encontrar el camino hacia Asia por occidente se topó con el continente americano y lo reconectó con los demás. Cada uno de los intentos posteriores de ajuste de la frontera global llevó a los españoles más lejos, más allá, hacia lo desconocido. México fue «conquistado» por un hombre, Hernán Cortés, que se hallaba «a la espera», en abierto desafío de las órdenes que había recibido de sus superiores directos. El Perú sorprendió a sus conquistadores por la envergadura de sus riquezas. Adquisiciones territoriales posteriores resultaron, en cambio, muy pobres. Fantasías emanadas de la ficción, la fuente de la eterna juventud por aquí, la ciudad dorada por allá, tierras míticas de amazonas guerreras, gigantes, o los reinos bíblicos de la reina de Saba o el rey Salomón promovieron la anexión de vastos territorios del interior continental. Los conquistadores de Nuevo México estaban tan despistados que creían hallarse junto a las costas del océano Pacífico. La ignorancia geográfica que había impulsado a Colón inspiró a sus sucesores e imitadores. Los ingenieros se vieron abocados a convertir cada sorpresa en una oportunidad, cada una de esas fantasías en una frontera posible. Casi desde el comienzo se dedicaron de manera primordial a resolver problemas vinculados con ecologías ultramarinas inesperadas, no deseadas u hostiles, productoras de catástrofes inminentes. No tuvieron otro remedio que experimentar. Los equipos de ingenieros carecían de especialización y se dedicaban a todo lo imaginable en la profesión, a las necesidades que hubiera que resolver. A cambio, lograron reconocimiento en libertades y privilegios y se integraron en el cuerpo político de la monarquía española como una de sus corporaciones constitutivas. Durante el Renacimiento, los ingenieros no se solían formar todavía en escuelas. Su arte pasaba de padres a hijos dentro de linajes estructurados y gremiales. No había reglas características seguidas en cierto grupo social, como pudo ocurrir más adelante. La formación de un ingeniero era práctica y empírica. El aspirante «maduraba» bajo el control de un maestro y con la tutela del gremio. Aunque buena parte de su trabajo se relacionaba con la guerra, podían verse implicados en la reparación de un palacio tras un terremoto, el diseño de una trama urbana, la construcción de un reducto o la iluminación de una plaza pública para celebrar el nacimiento de una persona de linaje real. Por eso, en la Edad Moderna el término «ingeniero» aludió a múltiples funciones. Su polisemia incluyó tanto al maestro artesano como al especialista.

EL INGENIO DE LOS INGENIEROS

De acuerdo con las cifras sobre la formación y la carrera de los ingenieros en el siglo XVI español recogidas por Nicolás García Tapia, estos pueden ser clasificados en cuatro categorías: teóricos, artistas, soldados y ejercientes.[10] Entre los primeros, que constituían casi un 10 por ciento del total, hubo matemáticos, cosmógrafos, científicos de formación humanística y profesionales de gabinete cuya capacidad práctica comprendía poco más que medir tierras o trazar fronteras sobre mapas imaginarios. Los artistas, o tal vez sería más adecuado llamarlos artífices, que conjugaban por mandato belleza y utilidad, constituyeron una cuarta parte del total. En muchos casos fueron arquitectos versados en asuntos ingenieriles. El siguiente grupo, los soldados ingenieros, solía corresponder con personal naval vinculado a la construcción de embarcaciones o la fabricación de instrumentos, o con artilleros dedicados a la fundición y el diseño de armas, a la producción de pólvora y fortificaciones. También hubo ingenieros de minas que aportaron experiencia en excavación y levantamiento de puentes para atravesar ríos y barrancos. Parte de la élite de italianos que contribuyeron de manera extraordinaria a la infraestructura del Imperio, así como sus herederos españoles, de Felipe II en adelante, formaron parte de este grupo.

Más de una cuarta parte del total fueron ejercientes, es decir, niveladores, maquinarios, relojeros, cerrajeros, carpinteros, constructores, fundidores y mineros. Lo mismo calculaban la planicie de un terreno que preparaban artificios para elevar o descender agua, abrir una mina, subir un peso o disolver un metal. La categoría más nutrida fue la de ingenieros curtidos en la profesión de soldado y, por efecto, del casi permanente estado de guerra. Desde el siglo VIII, el «ingeniator» se había vinculado a ella. En el siglo XV, fue frecuente en España la denominación de ingeniero para quien se ocupaba de asuntos militares, pero también civiles: servían para todo. Según el *Tesoro de la lengua castellana o española* (1611), de Sebastián de Covarrubias, ingeniero es quien «fabrica máquinas para defenderse del enemigo y ofenderle», o «el que construye artificios con elementos móviles», también llamado «maquinario». El experto en norias de agua Francisco de Contreras actuó como ingeniero militar, igual que el arquitecto Cristóbal de Rojas, quien solicitó a Felipe II que le otorgase nombramiento en tal sentido mientras trabajaba en las defensas de Cádiz. La interconexión entre milicia e ingeniería fue crucial como parte de un fenómeno más amplio, el papel creciente de toda clase de técnicos en el funcionamiento de los estados en paz y en guerra, a fin de dotarlos de una mayor eficacia. El propio Rojas tuvo que pedir a Felipe II que le nombrase capitán de los ejércitos con el objeto de que los soldados a quienes dirigía en trabajos de fortificación le respetaran y obedecieran. También fueron muchos los militares metidos a ingenieros por necesidad o vocación. Fue el caso de Cristóbal de Zubiaurre, instalador de bombas hidráulicas para fuentes, huertas y jardines en Valladolid.[11]

Nuevas ideas científicas con aplicaciones en ingeniería transformaron el contexto de trabajo. Tradiciones escolásticas y herméticas dieron paso de modo gradual a lo que podría reconocerse como metodología «racional», empírica. A ambas orillas del Atlántico cambió el proceso por el cual el conocimiento se definía, se «formaba» o se «construía». Semejante impacto se puede observar en la historia de la ingeniería de dos modos: con el desmantelamiento de viejas ideas y con la demanda creciente de soluciones para problemas emergentes en escenarios de urbanización, producción y guerra.

Al comienzo del Renacimiento, el ingeniero tuvo una cierta asimilación al artista, por el carácter liberal de su trabajo, ajeno al oficio mecánico. Abraham de los Escudos, en calidad de tal, chocó con los regidores de Burgos porque se negó a pagar impuestos municipales, en razón de los privilegios reales que ostentaba. Le confiscaron los bienes y apeló a los Reyes Católicos, que ordenaron le fueran restituidos. Era de clase pudiente. Poseía propiedades, un caballo y un criado. El caso contrario resultó el de artesanos o prácticos que querían pasar por ingenieros o que arriesgaban propiedades y honra en obras públicas que excedían su capacidad. De la pobreza podían pasar a la miseria, e incluso ser encarcelados. Martín del Haya no logró que el agua llegara a unas fuentes en Burgos porque calculó el desnivel del terreno a ojo, a pesar de las críticas que le había formulado el matemático Andrés García de Céspedes. La supuesta primacía del conocimiento empírico sobre el aprendizaje reglado, un clásico de la historia de la tecnología, esconde con frecuencia rivalidades sociales. Otro ingeniero de Felipe II, Juan Francisco Sitoni, residente en Milán, pretendía descender del noble linaje escocés de los Seton. El tono altivo de su retórica aristocrática correspondía con semejante origen. Sin embargo, su trabajo era mediocre.[12]

La falta de personal cualificado y la abundancia de incompetentes se comprende en las circunstancias españolas, pues existía una demanda insatisfecha de ingenieros que atraía a pretenciosos y aventureros. En los dominios europeos de la monarquía existía además una aflicción común causada por la llamada «carcoma de las Indias», esa persistente tentación que llevaba a muchos a pensar que las oportunidades en el Nuevo Mundo estaban a la vuelta de la esquina y que emigrar era la alternativa idónea a tantas restricciones domésticas. El sueño de «hacer las Américas» resultaba tan seductor que casi cualquiera que se considerara mal premiado, o que se enfadara por algo, solicitaba que le dieran empleo en las Indias. Un caso típico fue el de Miguel de Cervantes Saavedra, veterano de la batalla de Lepanto y futuro autor del *Quijote*. Cuando estaba de regreso en Madrid, el 17 de febrero de 1582, escribió a Antonio de Eraso, del Consejo de Indias, con quien se había reunido en Lisboa, para agradecerle sus buenos oficios en el intento frustrado de encontrarle trabajo en América. Ocho años después, gracias a la intervención de su hermana Magdalena, pudo optar a un puesto en la Real Hacienda, en Cartagena de Indias, y a otro de corregidor en La Paz. Casi de manera instantánea le contestaron: «Busque por acá en qué se le haga merced».[13] Cervantes aireó su resentimiento mediante su afilada pluma. En 1613 publicó *El celoso extremeño*, una de las Novelas ejemplares, cuyo protagonista Felipe de Carrizales había dejado atrás Sevilla revestido solo de andrajos, camino de las Indias. En la obra, las tachó de «refugio y amparo de los desamparados de España, iglesia de los alzados, salvoconducto de los homicidas, pala y cubierta de los jugadores, añagaza general de mujeres libres, engaño común de muchos y remedio particular de pocos».[14] Aunque Felipe regresó convertido en indiano rico, se enredó enfermo de celos en un matrimonio de encantamiento con una moza joven, que por supuesto acabó por engañarle.

Los ingenieros muy cualificados no solían estar dispuestos a correr los riesgos de un viaje transatlántico. Aunque la falta de profesionales elevó el prestigio social de la profesión, los peligros ambientales y la distancia a la que se hallaban disuadían de considerarla un destino atractivo. La carencia fue tal que Felipe II tuvo que perdonar a Vincenzo Locadello, noble condenado por salteador de caminos en Milán, para que le sirviese como ingeniero en España.[15] La expulsión de judíos y de moriscos sin duda eliminó otra fuente de reclutamiento que había funcionado bien. En 1480, el mencionado Abraham de los Escudos figuró como «ingeniero de los reyes». Yuza, un «ingeniero moro» de Guadalajara, se ocupó del abastecimiento de agua a las fuentes de Valladolid.[16] Mientras el número de ingenieros en relación con las necesidades existentes en un imperio gigantesco se estancaba o caía, ¿dónde y de qué modo podía la Corona salvar semejante deficiencia?

La Iglesia fue un recurso fundamental. Como en tantas profesiones de utilidad pública en la monarquía española durante la Edad Moderna, en enseñanza, artes, administración y gestión política, el clero facilitó ingenieros capaces, entregados a la causa y de muy poco costo para el erario. Fue la vocación de servicio la que llevó a convertirse en excelentes técnicos a fray Alonso Sánchez Cerrudo, inventor del molino del monasterio de El Escorial, o a fray Juan Vicencio Casale, encargado de las fortificaciones en Portugal.[17] Muchos clérigos, misioneros en las Indias, devinieron en ingenieros, a mayor gloria de Dios. Como los franciscanos fray Francisco de las Navas, o el extraordinario fray Francisco de Tembleque, promotor del mayor acueducto del virreinato de la Nueva España por largo tiempo, el de Cempoala. El arquetipo de los frailes-ingenieros fue, sin embargo, fray Ambrosio Mariano Azaro de San Benito. De origen napolitano, estuvo en la victoriosa batalla de San Quintín contra los franceses en 1557. Después pasó por el Concilio de Trento, conoció la peligrosa Corte polaca, sufrió dos años en prisión acusado de un crimen del cual se proclamó inocente y se hizo ermitaño. En esa circunstancia, mientras se hallaba en Andalucía, lo conoció santa Teresa de Jesús. Esta lo convenció para que se hiciera carmelita descalzo. Tuvo a gala no cobrar por su trabajo cuando Felipe II acudió a su servicio como ingeniero hidráulico, lo que causó gran alegría al monarca (siempre corto de fondos), y le granjeó la lógica hostilidad de sus colegas.[18] El reclutamiento en los vastos dominios de la monarquía fuera de España resultó fundamental. La cima de la profesión, eso no lo discutía nadie, vinculada al favor real, estaba ocupada por la élite de técnicos procedentes de dominios italianos. Si Tiburcio Spanocci trabajó en 1581 en la traza de fortificaciones para el estrecho de Magallanes, Juan Bautista Antonelli, con quien colaboró en las defensas del Caribe, recibió de Felipe II, además de un gran sueldo de 1.800 ducados anuales, una tierra de labor en Murcia para que estuviera «entretenido» cuando se jubilara. Riqueza, rentas y posesiones las conseguían los menos. La fortuna, esa diosa inconstante del Renacimiento, actuaba a su libre albedrío. Otros, como el hidalgo toledano Blasco de Garay, pasaron tanta necesidad que tuvieron que vender su espada para comer. Carlos V le concedió luego una pensión de cien mil maravedíes. Había inventado un barco movido por paletas.

FRONTERA DE LA INGENIERÍA

Conquistadores, aventureros, frailes, ingenieros, arquitectos y cualquiera que se atreviera a cruzar el Atlántico se adentraba en un entorno desconocido e imprevisible. Los mejores recursos para la gestión de la incertidumbre procedían del sentido común y la experiencia. En 1793, el señor de Bezin, recomendado de la Corte de Francia, fue presentado en España de este modo: «Sus mayores ocupaciones han consistido en sitios de guerra. Es hijo de ingeniero, muy capaz, y antes de serlo trabajó con su padre, de modo que, habiendo empezado a entrar en la práctica desde mozo, parece que podrá ser útil al servicio del rey».[19] La experiencia, se suponía, facilitaba la labor en territorios con diferentes tradiciones constructivas, diferente personal, materiales y herramientas. En América, como descubrieron los españoles, no había caballos, mulos o bueyes para carga y tiro, no se conocía el hierro o la pólvora, la rueda no tenía empleo en transporte y la bóveda no se aplicaba en edificación. Los avanzados incas, tantas veces comparados con los romanos, habían construido una red de calzadas extraordinaria, sembrada de puentes de hamacas sobre precipicios que bordeaban cordilleras de vertientes inverosímiles. Sin embargo, las obras públicas requeridas en adelante eran distintas, de una escala sin precedentes en la región. Los materiales de construcción eran a menudo difíciles de encontrar. La diversidad de las culturas indígenas era enorme y la capacidad de interacción con ellas, imprevisible. ¿Podían ser operarios o peones en las recién fundadas ciudades indianas algunos indígenas «de guerra» cautivos que no eran sedentarios o, como los chichimecas del norte de México, definidos por otros nativos como «comedores de carne de perro»?

La mano de obra no especializada de las primeras obras públicas españolas en ultramar consistió en indígenas encomendados que pagaban tributo bajo un sistema de mitas o rotaciones que existía con anterioridad a 1492, así como en esclavos africanos o de otros orígenes. Con frecuencia, libertos o miembros de castas fueron contratados en función de su especialización laboral. En casos frecuentes, los manumitidos fundaron dinastías familiares, agrupadas más tarde en estructuras gremiales y cofradías. Entre los peones hubo penados y presidiarios, o los llamados «blancos de orilla», emigrantes pobres sin fortuna que trabajaban para comer. En las décadas iniciales del siglo XVI, era tanta la necesidad de operarios que incluso conquistadores como Hernán Cortés tuvieron que emplearse de peones. En Veracruz, cuenta el soldado y cronista Bernal Díaz del Castillo:

> Trazada iglesia y plaza y atarazanas, y todas las cosas que convenían para hacer villa, hicimos una fortaleza y desde en los cimientos, y en acabarla de tener alta para enmaderar, y hechas troneras y cubos y barbacanas, dimos tanta prisa que, desde Cortés, que comenzó el primero a sacar tierra a cuestas y piedras y ahondar los cimientos, como todos los capitanes y soldados a la continua, entendíamos en ello y trabajábamos por acabarla de presto. Los unos en los cimientos; otros en hacer las tapias, y otros en acarrear agua, y en las caleras, en hacer ladrillos y tejas y en buscar comida; otros en la madera, los herreros en la clavazón y, de esta manera, trabajamos en ello a la continua, desde el mayor hasta el menor y los indios que nos ayudaban.[20]

Las labores constructivas originaron un importante mestizaje étnico y cultural, que en México dio lugar a fenómenos como el tequitqui, la supervivencia del estilo indígena y su fusión con el europeo, al que dotó de una aureola nueva e inclasificable. En 1585, las obras de la catedral de México ocupaban a españoles, flamencos, esclavos africanos y nativos chichimecas y de otras procedencias. La primera piedra se había colocado doce años antes. Eran indígenas peones, aprendices, escultores y maestros artesanos a las órdenes de maestros de obra españoles, que disponían de al menos cuatro intérpretes para traducir sus ideas y negociar con autoridades nativas. Los indios picapedreros obedecían solo a «capitanes» salidos de sus filas. Hacían de intermediarios con españoles y criollos. Los chichimecas procedían del septentrión novohispano, mientras que los negros incluyeron esclavos criollos ya nacidos en México junto a otros recién importados de lo que hoy es Sierra Leona y Guinea. Estos podían ser «malencarados» y «recalcitrantes». Como un tal Pedro, de treinta años, «entre ladino y bozal», es decir, entre recién llegado de África y adaptado a América, un hombre tan familiar que tenía por costumbre abandonar el trabajo, «por ser casado e irse cada rato donde tiene a su mujer», para enfado de sus superiores.[21]

La provisión de mano de obra corría en paralelo a la azarosa búsqueda de materiales de construcción. En primer término, maderas, como las descritas por el ingeniero militar Francisco de Requena, destinado en Guayaquil en 1774, antes de adentrarse en la selva amazónica como jefe de la comisión de límites del Marañón. En su criterio, necesitaba bálsamo para bombas de achique, cañafístula para quillas, canelo para cinterías, pechiche para estructuras al aire libre, palomaría para arboladuras, guayacán para pernos y clavijas. Todas daban excelentes resultados, pues resistían las cinco peores plagas tropicales: abejones, broma, comején, polilla y carcoma.[22] Las imprescindibles maromas o sogas, fabricadas mediante el trenzado de hilos vegetales, permitían la existencia en el Perú de obras asombrosas, como puentes colgantes o de hamaca, pasarelas y tarabitas. La pita o maguey facilitaba la fabricación de hilos para suelas y sogas, que se usaban en puentes, redes y trampas. De las raíces se sacaba champú; de las hojas un quitamanchas y un cicatrizante, y, por supuesto, una bebida fermentada, el famoso pulque. No todas las maromas o cuerdas eran de pita. También se usaban bejucos o lianas de otra procedencia, como la famosa totora, para fabricarlas.

Las fijaciones se podían hacer de fuertes cueros vacunos, cuando el hierro importado de modo habitual de ferrerías vascas o catalanas no estaba disponible. Hubo fabricantes locales. Los misioneros capuchinos catalanes, asentados en el oriente de Venezuela a comienzos del siglo XVIII, contaron con una ferrería en funcionamiento hasta las guerras de la Independencia. El suministro de cal, básica como aglomerante para morteros y hormigones, se normalizó con dificultad. Si entre los aztecas su uso fue masivo, los incas no la conocieron. En el Perú, el primer horno de cal español fue el que construyó el cantero y alarife Toribio de Alcaraz, que estableció en 1545 un convenio con el regidor de Arequipa, Luis de León, para que le proveyera de mano de obra. La cal se extraía mediante hornos de rocas calcáreas que servían de materia prima, o se beneficiaban de conchas o madréporas marinas, como recordó el padre Bernabé Cobo: «En el valle de Chancay de esta diócesis de Lima, de unas barrancas de junto a la mar destila cierta agua que se va convirtiendo en piedra, de la que se hace cal tan blanca que la traen a esta ciudad para blanquear los edificios. En la provincia de Nicaragua y en otras provincias marítimas donde se carece de cal, la hacen de conchas de mar y esta excede en blancura a todas las otras».[23]

En Manila, la calidad de la cal fabricada con corales blancos y conchas de ostras fue tal que desplazó a la preparada con otros materiales. En Chile, el Perú y la Nueva Granada fue habitual hacerla con conchas, no con piedra calcárea. La cal de origen marino resulta visible todavía en las fortificaciones de Veracruz o de Acapulco, en cuyos hornos, señaló el viajero Alejandro de Humboldt, «se calcinan grandes masas de madréporas que se sacan del mar».[24] En Cartagena de Indias, ingenieros y albañiles usaron un cemento de coral triturado, mezclado con arena de la playa, al que añadieron una porción de sangre de toro para estructuras de alta resistencia. A simple vista se observan ladrillos y piedras que aparecen erosionadas, pero el mortero o la argamasa original continúa incólume. La cal marina, contó el padre Cobo, «se pone fuerte como un bronce».[25]

EN MANOS DE LA PROVIDENCIA

La extrema dificultad en los transportes, así como el alto costo de los materiales, impuso que se construyera con aquello que estaba al alcance. Así, en el lago Titicaca se usó adobe para los muros y para la arquería del atrio de las iglesias, mampuesto (piedra sin labrar) en los contrafuertes y cantería en el muro o en las torres de las fachadas. Las portadas fueron de ladrillo o piedra, los tejados de madera o teja y, posiblemente, se fabricaron con rollizos de paja de totora en los templos más humildes. Las viviendas particulares, una suerte de «babeles» domésticas, en las que convivieron linajes y familias extensas de blancos, indígenas y negros, todos mezclados, se construyeron con lo que había a mano. En la opulenta Panamá no existían grandes mansiones o palacios, la mano de obra era escasa o poco cualificada y los materiales de construcción, muy caros. Lo habitual eran las casas de madera cubiertas de teja. Algunas se levantaron de cal que se obtenía en concheros cercanos y un poco de piedra. El hierro de clavos y cerraduras era tan valioso que se reutilizaba de manera habitual. Maestros y operarios calculaban las varas cúbicas de paredes y preparaban «tablas, zapatas, alfajías, cuadrantes, cabezales, soleras, riostras, pies derechos, tornapuntas y crucetas; también basas de piedra para columnas y pilastras, y varas de piedra labrada para quicialeras, sillería y rafas».[26] Lo habitual eran las casas de dos pisos, en las cuales la planta baja hacía las veces de tienda o almacén, mientras que la de arriba era vivienda. Muchas estaban dedicadas al alquiler, muy provechoso a causa de la actividad comercial de las ferias y la estrechez del emplazamiento urbano. Los frentes eran pequeños (doce metros en promedio), y la altura, considerable. A comienzos del siglo XVII, Panamá tenía 332 casas de una sola altura, tejadas y con entresuelos, 44 pequeñas y 112 bohíos de paja. Solo ocho edificios eran de piedra: la audiencia, el cabildo y seis residencias de magnates locales.

En Quito, el proceso de construcción fue tan caótico al principio que el cabildo tuvo que indicar dónde se podía obtener barro para fabricar ladrillos de adobe, a fin de evitar que el casco urbano se volviera peligroso por la proliferación de agujeros excavados por los vecinos, entregados sin orden ni concierto a levantar edificaciones. En toda América, la casa con patio, el tipo más extendido en la arquitectura doméstica permanente del sur de España, tenía en el espacio particular funciones de tránsito, visibilidad y separación, similares a las de la plaza mayor en el ámbito público. Logró articular las manzanas urbanas con eficacia. Fueron habituales el corredor exterior y la edificación de patios sucesivos, lo que facilitaría el aumento de la superficie disponible y la densidad, así como la compactación del tejido urbano. En la señorial Lima, que contaba a comienzos del siglo XVII con unas cuatro mil casas, el visitante podía admirar quintas, mansiones con huerta o jardín provistas de patios y con galerías, casas urbanas de dos pisos con llamativos balcones, viviendas en hilera o residencias compactas alineadas frente a la calle, a veces precedidas por un patio. Por supuesto, había también modestos galpones, callejones o corralas levantadas con adobe, ladrillo, madera, algo de piedra y quincha, una estructura de madera trenzada con cañabrava y recubierta de barro, que poseía milagrosas (e imprescindibles) propiedades antisísmicas. Una urbe distinguida pero no capitalina, Tunja, en la Nueva Granada, contaba en 1610 con 251 casas en el centro, 88 altas y 163 bajas. Sus acaudalados encomenderos, rentistas que vivieron de tributos indígenas cedidos por un tiempo, decoraron sus casas con artesonados pintados, portones y escudos nobiliarios, como si se hallaran en estados italianos.[27]

La señorialización progresiva culminó un proceso de urbanización incipiente vinculado a la prolongación de la reconquista medieval peninsular en la frontera del Nuevo Mundo. Las obras públicas locales fueron responsabilidad de cabildos y ayuntamientos, según la tradición legal castellana. Las de mayor calado correspondieron a organismos de gobierno, audiencias que dispensaban justicia y supervisaban la administración, el Consejo de Indias y hasta el propio monarca. Desde comienzos del siglo XVI, los cuestionarios de las llamadas «relaciones geográficas», intentos periódicos de recabar información por parte del gobierno de la monarquía, promovieron un orden que delimitó jurisdicciones, conectó regiones y fijó la urbe indiana como eje de la colonización española. Entre 1530 y 1812, la Corona remitió a las autoridades ultramarinas reales cédulas e instrucciones que se interesaron por todo en al menos 33 ocasiones. Hay cuestionarios de menos de diez preguntas y otro de 355, remitido en 1604. Pidieron noticias sobre toda obra pública imaginable: fortalezas, caminos, límites, iglesias, hospitales, colegios, casas, jardines, patios o fuentes, molinos y puertos.[28] Con frecuencia las respuestas incluyeron mapas territoriales, distancias en leguas entre núcleos urbanos, rutas fluviales y hasta diseños de cordilleras y relieves, que apuntan una suerte de tercera dimensión cartográfica. Las obras de ingeniería se formalizaron mediante proyectos que requirieron colaboración disciplinada y esfuerzo compartido. Durante el siglo XVIII, las buenas prácticas se formalizaron en las «ordenanzas de ingenieros», que marcaron un procedimiento a seguir, aunque los datos tomados sobre el terreno continuaron siendo determinantes. La construcción de un puente, una escuela o una ermita, el socorro frente a una riada o un terremoto, reflejaban la fidelidad debida al rey y el temor de Dios que tenían sus vasallos repartidos en cuatro continentes. En este sentido, la historia de la ingeniería española entre los siglos XVI y XVIII posee una fuente de información fundamental en los llamados «arbitrios». Se trata de escritos con propuestas de intervención surgidos de la iniciativa individual, en torno a materias no solo diversas, sino inabarcables. Muchos se refieren a asuntos militares y fiscales, en la medida en que los aprietos de las guerras y las desventuras de las bancarrotas agobiaban a los sucesivos monarcas. Si el arbitrio o propuesta llegaba a alguna parte, tanto si se trataba de un traje de buzo como si era un artilugio para bombear agua de las minas, el arbitrista podía y debía esperar recompensa y que le hicieran merced. Aunque el arbitrista ha tenido mala fortuna literaria y reírse de ellos formó parte de la carrera de novelistas incipientes y pensadores malvados, se trata de un personaje clave en la historia de la tecnología española. Su figura evidencia la distancia entre los medios de los que disponía la monarquía y los recursos efectivos para desempeñar su gobierno. Las ideas y los planteamientos de los arbitristas constituyeron una materia prima fundamental en la formulación de la política ultramarina. Las Indias fueron siempre materia complicada y, a veces, pareció mejor no intervenir en la naturaleza cuando se trataba de abrir caminos, o poner en explotación vastas superficies maderables. Una fortificación natural de árboles impenetrables podía valer más que una playa abierta al enemigo. Ese fue el caso del delta del Orinoco y la Guayana hacia 1790, cuando se negó el permiso para la explotación de sus maderas, a fin de que una barrera vegetal sirviera de presunta protección contra un ataque extranjero.[29]

La importancia de una visión de conjunto de la monarquía española aparecía de continuo en los proyectos de obras públicas y en los protocolos para ejecutarlas. El título 16 del libro IV de la *Recopilación de leyes de los reinos de las Indias* (1681) recogió una real cédula de 1563 que ordenaba al gobernador del Perú Vaca de Castro: «Si fuese necesario que se hagan algunos caminos y puentes en esas provincias, informaos de qué es lo que podrán costar de hacerse y qué lugares y personas, así españoles como indios, han de gozar de ellos, y repartid a cada uno según el beneficio que recibiere». La impronta legislativa de este importante título muestra la preocupación real por evitar que los cabildos de las ciudades emprendieran obras públicas inútiles, injustificadas o, incluso peor, envueltas en corrupción o como excusa para el incumplimiento de ordenanzas laborales y de buen trato a los indígenas. En las ciudades que tuvieran Audiencia, organismos que combinaban funciones judiciales y administrativas, las obras debían ser autorizadas por su presidente. Uno de sus regidores era designado superintendente para vigilarlas, si el cargo no se podía atribuir a alguien de modo específico. El reparto de costos podía hacerse entre la Corona, los encomenderos que recibían tributo en trabajo o en dinero de los indígenas y las propias comunidades nativas. Hubo puentes de peaje o tasa que pagar para las personas y cargas que los utilizaban, o el llamado «derecho de sisa», un impuesto sobre los mantenimientos que se vendían. El cabildo de La Habana acudió a este procedimiento en 1562, tras fracasar el intento de cobrar un derecho de anclaje a las flotas que amarraban en el puerto y así financiar el acueducto: «No hay de donde mejor se pueda sacar que echando sisa sobre algunos bastimentos, que son en el vino, en el jabón y en la carne, y de todos se podrá sacar cada año una cantidad de 400 ducados».[30] Las tasas sobre grano, vino, aguardiente y vinagre para pagar obras públicas aparecieron en lugares tan distantes como México y Cuzco. La imaginación recaudatoria no tuvo límites. A mediados del siglo XVIII, para proveer de agua al pueblo y al santuario de Nuestra Señora de los Remedios, junto a la capital mexicana, fueron convocados ocho días seguidos de toros en la plaza de Santa Isabel. El beneficio financiaría la obra.

Más o menos satisfecha la provisión de fondos, esta demandaba un reconocimiento técnico del terreno. Abastecimientos de agua, desagües, caminos, puentes, edificios y fábricas exigían una nivelación fiable en orografías cuya irregularidad sonaba a fantasía, como señaló el conde de Floridablanca en 1777, en una ocasión en que intentaron explicarle que una terrible inundación había cambiado una montaña de sitio en la Amazonia. Lo primero era la definición de las cotas relativas y la orientación con la brújula para tener un «rasguño» o anteproyecto. Niveladores y agrimensores acompañaron a los conquistadores de América. Los primeros indicaban si era posible o no realizar una obra determinada; los segundos daban materialidad a la traza, ya que convertían el espacio rural y urbano en territorio expresado en números de peonías, caballerías, varas y pies.

Uno de los más famosos fue el experto en geometría y mensura de terrenos Alonso García Bravo. Tuvo la fortuna de acompañar a Hernán Cortés, intervino en el trazado de Veracruz y Antequera y acabó por convertirse en «el alarife que trazó la ciudad de México».[31] En el istmo panameño, tal vez reformó el trazado inicial de la primera ciudad asentada en Tierra Firme, Santa María la Antigua del Darién, fundada a finales de 1509 por Martín Fernández de Enciso, junto al río Atrato. García

Bravo participó en el trazado de Acla y todavía en 1528 formalizó al norte la fundación de Antequera, cuya plaza cuadrada se situó en un punto intermedio entre los dos ríos que cruzaban el valle, Atoyac y Jalatlaco, con los ejes inclinados unos grados para atemperar la influencia solar.

El uso de instrumentos facilitaba a constructores e ingenieros una capacidad de formalización de los proyectos que prefiguraba su capacidad técnica. Para medir distancias y altitudes en el siglo XVI se usaba el «nivel de tranco», una especie de gran compás con patas de madera terminadas en puntas metálicas. Se aconsejaba fabricarlo de madera de pino, y tenía una traviesa horizontal graduada. Del vértice superior colgaba una plomada, cuyo hilo indicaba el desnivel existente. Como el aparato podía llegar a medir más de cuatro metros de largo, podemos imaginar las dificultades de transporte y uso, determinado por la distancia abarcable entre las patas, veinte pies, poco más de cinco metros. La popularidad del nivel de tranco entre los alarifes fue extraordinaria. Otro instrumento usado para las nivelaciones era el «corobate» o «nivel de agua», descrito por primera vez en 1573 por el geómetra polaco Strumienski. Un depósito de agua con señales que indicaban el nivel aseguraba la horizontalidad del aparato, provisto de una alidada o regla con pínulas o anteojos en cada uno de sus extremos. Podía girarse sobre una plancha con brújula, lo que permitía medir ángulos y realizar triangulaciones. El corobate se usaba junto a una mira graduada, que era colocada a unos cuarenta metros. Se unía a ella mediante cuerdas, cadenas, lianas enceradas o cintas. A pesar de las inexactitudes producidas por los cambios de temperatura y los materiales a distintas alturas, hasta el siglo XVIII los proyectos de obras públicas se basaron en lo que era, al fin y al cabo, una medición con cordeles. Solo astrónomos y geodestas poseyeron las matemáticas sublimes necesarias para mediciones exactas, como la que realizó por triangulación el mexicano Joaquín Velázquez de León en la mejora del desagüe del valle de México entre 1773 y 1775. El sabio criollo demostró que la longitud del canal al intervenir por triangulación era de 52,63 kilómetros, en vez de los 52,38 kilómetros arrojados en la vieja medición por cordel.[32] En cualquier obra pública o privada la exactitud era una aspiración. Por eso existían técnicas de compensación que ajustaban los resultados. De la misma manera que los marinos científicos que dominaban la astronomía náutica hacían cálculos precisos para determinar el grado de error, creciente o decreciente, que poseían los relucientes cronómetros que llevaban a bordo, y para determinar la longitud en la que se hallaban, el nivel de agua se colocaba en medio de dos señales a igual distancia de cada una de ellas. La suma o diferencia de errores equilibraba el conjunto: «Compensándose los dos errores opuestos e iguales, se deduce neta la diferencia de nivel verdadero entre los puntos de las dos señales».[33] Incluso con anterioridad a que el teodolito perfeccionara el procedimiento, hubo mejoras en el diseño de los instrumentos que medían niveles. Su sustitución por burbujas de aire encerradas en un tubo de vidrio con agua, invento de 1666 del francés Thévenot, así como el uso de inclinómetros, capaces de medir ángulos con el horizonte en relación a un plano, o versiones sofisticadas del principio de cuadrantes, sextantes u octantes, resultaron decisivos.

PAPEL DE TRAPOS

La mayoría de los proyectos de ingeniería de la Edad Moderna que han llegado hasta nosotros lo han hecho en papel fabricado con trapos, sobre todo de lino. En el *Tratado del origen y arte de escribir bien* (1766), fray Luis de Olod señaló que los mejores papeles, enviados regularmente a América, procedían de Orusco (Madrid), Capellades (Barcelona) y La Riba (Tarragona).[34] La industria papelera española es de origen hispanomusulmán, con Játiva como núcleo destacado. La correlación entre diseño de obras y tamaño, formato y denominación del papel, se abrió paso con lentitud. Un manuscrito anónimo del siglo XVIII, *Arte de lavar un plano*, incluyó siete categorías, desde el «grande águila», de 24 por 35 pulgadas, hasta el cerlier, de 12 por 16, para cubrir todas las necesidades de los ingenieros, arquitectos y dibujantes. Eran papeles opacos, pues para calcos usaban los fabricados de cáñamo, y, según los usos, echaban trementina para el «de aceite» o resina si lo querían barnizado. Otros se hacían de tela, de maguey mexicano o de marion («ha de prestar muy útiles servicios a los ingenieros y arquitectos», señalaron en 1879), para hacer copias al ferroprusiato de fondo azul, con los dibujos resaltados en blanco.[35] Hasta finales del siglo XIX no hubo copias mecánicas, y lo habitual para planos y diseños era el uso de papel opaco de bastante gramaje, que se colocaba sobre un tablero humedecido con el fin de que no tuviera arrugas. Era preciso comprobar que el papel venía de fábrica bien encolado, pues en caso contrario la tinta no se absorbía o el trazo no fijaba bien. Goma de enebro, polvo de almáciga y cáscaras de huevo limpias, hervidas y molidas, aplicadas sobre la lámina, eliminaban el problema.

Los dibujos se hacían a lápiz y los trazos no deseados se borraban con una goma de miga de pan blanco, que llevase cocido varios días. Los lápices de colores de una pieza eran los más cotizados, pues si se fabricaban con varias el riesgo de rotura era mayor. Señala el manuscrito referido: «Para hacer el lápiz, se toma cinabrio o bermellón y agua de goma, albayalde y yeso blanco muy fino, y majándolo todo junto se forman después unas barrillas largas y redondas y sirven estas para dibujar». El asunto de las plumas que utilizar para pasar a tinta los diseños dio lugar a debates interminables. En 1778, el tratadista Gabriel Fernández opinó que las mejores se hacían con el extremo del ala derecha de las aves, de cuervo para tirar líneas delicadas y de cisne para márgenes o marcos. Otros preferían las de pato doméstico, de pavo y hasta de buitre. Las plumas debían ser duras, de forma redondeada, gruesas en el grado deseado, claras y transparentes, y proceder del ala derecha del ave, aunque algún tratadista, quizá zurdo, prefirió las de la izquierda. La fabricación en el Río de la Plata fue importante. En 1796 se exportaron por el puerto de Buenos Aires un total de 11.890 plumas de ganso, para escribir y dibujar.[36]

Dibujado el plano se procedía a lavarlo con colores, que se aplicaban con finos pinceles. El conocido «arte de lavar» exigía un manejo magistral de tintas, pinceles y técnicas de diseminación. Existían tres tipos de tintas negras: de estampa (negro de humo con goma arábiga), de la China (para trazos finos) y común. Las tintas de escribir o delinear se depositaban en recipientes de estaño. Cuando se iba a lavar un plano, el proceso de fabricación de tintas de colores era largo y complicado. Los tonos morados se obtenían de plantas, añil e índigo. El amarillo, por lo general, de minerales o resinas. Por su parte, el rojo procedía del cinabrio, el minio o la laca de Levante, o de materias primas americanas, achiote refinado, cochinilla o palo de Brasil. Los verdes salían de hojas de lirios con alumbre, o de cal o vinagre con tartratos cálcicos y potásicos añadidos.

La progresiva asimilación de la práctica al protocolo, o si se prefiere la asimilación del sentido común al procedimiento reglado, afectó a los proyectos de ingeniería para obras, mapas y planos. Durante los siglos XVI y XVII no existió homologación en las representaciones de escalas, colores, signos o tipologías. Compases y reglas eran muy diferentes. En 1568 se intentó que la vara castellana fuera la única medida reconocida. La orientación hacia el norte y la presencia de alguna escala o pitipié, así como el uso del amarillo para indicar «obra proyectada y no realizada», se generalizó poco a poco. Para que existiera un protocolo hubo que esperar a la fundación de cuerpos científicos y técnicos con sus academias vinculadas: ingenieros militares en 1711, academia de matemáticas en 1720 y guardiamarinas —oficiales de la Real Armada— en 1717.

Las primeras ordenanzas de ingenieros militares, sancionadas por Felipe V en julio de 1718, contienen 28 artículos con criterios sobre el levantamiento de mapas y planos o memorias descriptivas. Los mapas debían ser más anchos que altos y orientarse con el norte de la brújula en el borde superior del plano. Las escalas debían figurar en leguas españolas, leguas francesas, millas de Italia y varas castellanas. Con signos especiales se mostraban la calidad de los caminos, carretiles o de herradura, los usos del suelo labrado o inculto, los bosques, las lagunas, los ríos navegables o no en el sentido de la corriente y los puentes de fábrica o madera, los pontones y las barcas, colgantes y volantes. Lo mismo ocurría con las ciudades, sobre las cuales se reglamentaba la información que se fuera a mostrar, según fuera villa y corte, ciudad capital o villa, murada, abierta, lugar, castillo, sitio real, venta, monasterio, molino, atalaya o «quintas y todo género de casas de campo».[37]

En 1803, unas nuevas ordenanzas prescribieron la inclusión de datos de longitud en los mapas, o de cuadrícula, con grados y minutos divididos de diez en diez. A los 75 signos convencionales se añadieron normas de uso de colores, cartelas, marcos y sombreados, cortados (definidos) o endulzados (desvaídos). La obra *Arte de lavar un plano* propuso que los arsenales fueran en cinabrio o bermellón, los canales en añil, las fuentes en carmín y los puentes en colores «próximos a los naturales». En 1849 la publicación de una colección de signos convencionales por parte de tres profesores de la Academia de Ingenieros del Ejército, Antonio Sánchez, Ángel Rodríguez y Francisco de Albear, quien trabajó en el acueducto de La Habana, muestra que el nivel de homogeneidad era menor del deseado: «No existiendo una colección adecuada de estos signos, resulta, como sucede en España en el día, que cada corporación y, aún en estas, cada individuo inventa o adopta la que mejor le parece. La redacción o inteligencia de los planos se dificulta, el trueque o confusión de los signos inducen a veces a errores de trascendencia».[38] Como novedad, los autores propusieron la señalización de los recién aparecidos caminos de hierro: los ferrocarriles.

EL CENTRO DEL SISTEMA: LA BUROCRACIA IMPERIAL

El papel crucial de la ingeniería en la puesta en marcha y la consolidación de un imperio como el español procedió de su énfasis en las infraestructuras. En una etapa preindustrial, sin una delimitación clara de las áreas de competencia y jurisdicción ni una división clara entre lo que era del rey y del Estado, el Gobierno y la Administración, el desarrollo de los fines y procedimientos de los cuerpos técnicos fue determinante para la fijación del poder monárquico. Como en otros casos, los monarcas españoles intentaron con poco éxito establecer orden mediante una práctica intervencionista. Resulta significativo que tres años antes del descubrimiento de América, el 22 de agosto de 1489, los Reyes Católicos se dirigieran a la villa de San Sebastián para quejarse de que «las casas y los edificios que había en ella antes de que se quemase eran de madera y hechas sin orden ni regla».[39] Había que edificarlas de piedra aunque los vecinos no quisieran, pues hubo incendios en 1278, 1338, 1361, 1397, 1433 y 1489. La voluntad de implantar un orden alcanzó el negocio de las Indias en 1504, con la fundación de la Casa de Contratación. Esta surgió de la necesidad de superar las turbulencias colombinas, reflejo a su vez de las expectativas traídas por la inesperada aparición de América en el horizonte occidental y global. Al igual que los vecinos de San Sebastián, que no querían hacer lo que según los monarcas les convenía, los navegantes, comerciantes y pobladores de la frontera antillana se resistieron a cualquier tipo de regulación.

El encuentro entre Europa y las Américas expuso una larga serie de hechos inconvenientes para las elegantes teorías a las que hasta entonces se concedía autoridad, por eso se intentó que hubiera control y dirección en el errático y retador negocio ultramarino.[40] A partir del modelo portugués de la Casa de Indias, o de la Casa de Guinea y Mina, la Casa de Contratación radicada en Sevilla en 1504 fue lonja de negocios, departamento del Gobierno, ministerio de comercio, escuela de navegación y aduana. Al poner en relación los elementos de la navegación atlántica, la Casa facilitó el establecimiento de prácticas cartográficas y la coordinación de los mapas. El objetivo era contar con un auténtico padrón real de las Indias, un mapa que sería corregido, enmendado y reformado una y mil veces, pues la mera práctica no era suficiente: «Había tanto mar y tanta tierra que ya no bastaba con saber navegar por estima, con saber echar el denominado punto de fantasía o con construir una carta de marear sin latitudes observadas».[41] Los navegantes debían mirar al cielo, leer el lenguaje de los astros y, en especial fuera del entorno de visión de la estrella polar, encontrar rutas que les permitieran sobrevivir en un océano inhóspito. La «oficina hidrográfica» de la Casa de Contratación tuvo un papel determinante en el juego de influencias que introdujeron la tecnocracia en el gobierno marítimo junto a otros elementos legislativos, ejecutivos o judiciales. En su multiplicidad de objetivos, el principal fue ajustar lo que se encontraba en ultramar a la presunción de lo que existía. La observación de lo nuevo, tantas veces insólito e inimaginable, fue, sin embargo, lo que se impuso. La experiencia directa pasó a ser determinante. Una cédula de 1527 ordenó:

> Cualquiera que quisiese ser piloto probase por testigos si había navegado seis años a las Indias, si había estado en Tierra Firme y en la Nueva España y en La Española y en Cuba, y que tuviese su carta de marear y supiese echar en ella y dar razón de los rumbos y tierras, y de los puertos y bajos más peligrosos, y de los resguardos que se deben dar, y de los lugares adonde se podían abastecer de agua, leña y de las otras cosas necesarias en tales viajes, que tuviese un astrolabio para tomar la altura del sol y cuadrante para el norte, y que supiese el uso de entrambas cosas, con el conocimiento de las horas que son en cualquier tiempo del día y de la noche.[42]

Con las naves que arribaban a Sevilla llegaban personas, mercancías, objetos, ideas y emociones que irradiaban hacia los cuatro vientos. La rápida diseminación de su influencia institucional resulta palpable si pensamos que, en origen, la Casa fue una reunión forzosa de factores, veedores y navegantes prácticos, que administraban rutas marítimas vinculadas a un ramillete de islas y un trozo de «tierra firme». La misma palabra «América» no existía, pues la inventaron Martin Waldseemüller y Matthias Ringmann tres años después de su fundación para homenajear a Américo Vespucio desde su lejano lugar de observación en

Saint Dié. En 1524, cuando se fundó el Consejo Real y Supremo de Indias, cuyo núcleo inicial se compuso de juristas y teólogos, en otra adaptación institucional a un escenario imprevisto, Carlos V se había convertido en emperador, la primera vuelta al mundo de Fernando de Magallanes y Juan Sebastián Elcano había tenido lugar, el Imperio azteca había desaparecido para convertirse en parte de la Nueva España y nadie dudaba, como señaló el cardenal Gattinara a Carlos V en 1519, de que «Dios os ha puesto en el camino hacia una monarquía universal».[43] Bajo autoridad del Consejo («la cabeza y la mente que han de gobernar todo el orbe de las Indias»), durante el reinado de Felipe II, entre 1556 y 1598, su entramado de burócratas, mercaderes, juristas, marinos y cosmógrafos puso en comunicación a 41 obispados, 15 audiencias y 35 gobernaciones americanas con la mente y persona del rey. Las interrelaciones surgidas entre ellas mismas y con España fueron igualmente sustanciales.[44]

Con independencia de la propia Corte, ¿existió mayor ingenio, mejor máquina que una embarcación a vela, hasta la Revolución Industrial? Las naves fabricadas y pertrechadas en Vizcaya o Santander para alcanzar las Indias o el Pacífico y regresar para contarlo constituyeron el mejor exponente de la ingeniería del siglo XVI. Juan Escalante de Mendoza señaló en *Itinerario de navegación de los mares y tierras occidentales* (1575) que los venecianos poseían grandes carracas, buenas para la guerra; los franceses, navíos de reducido tamaño para salir de puertos pequeños y de poco calado; los flamencos, urcas planudas para canales de poca agua con carga pesada; los ingleses, navíos pequeños y maniobreros; los portugueses, poderosas naos para navegar hasta la India occidental y hacer la guerra, y, finalmente, los castellanos tenían un poco de todo, naos grandes y pequeñas para «todo el mar del mundo».[45] Es sabido que carabelas de línea fina y velas triangulares, naos de velas rectangulares y calado considerable, o polivalentes galeones con espolón, triple aparejo, casco estrecho, galería y artillería de respeto (suficiente) surtieron los convoyes que dominaron la ruta de las Indias. Sus hábiles capitanes, pilotos y maestres de «altura y escuadra» eran capaces de ir al otro lado del océano, frente a los de «costa y derrota», dedicados solo al cabotaje. El mando de un barco puede ser comparado con el gobierno de una ciudad.[46] Por eso parece apropiado recordar que el Imperio español, un imperio de barcos, lo fue también de ciudades.

ASENTAMIENTO URBANO

«A los nueve años del reinado de Moctezuma crecieron tanto las aguas de esta laguna mexicana que se anegó toda la ciudad y andaban los moradores de ella en canoas y barquillas, sin saber qué remedio dar ni cómo defenderse de tan gran inundación».[47] Como recordó en estas líneas el cronista fray Juan de Torquemada, la ecología que hallaron los conquistadores de México cuando se acercaron a Tenochtitlán, la capital azteca, distaba de ser favorable. Para dominarla, como ocurría en Europa, se requería el concurso de ingenieros. Quizá para acompañar su segunda «carta de relación», enviada desde México a Carlos V el 30 de octubre de 1520, Hernán Cortés remitió un plano de la ciudad con calzadas y el albarradón o muro que la protegía de inundaciones. La reparación de los suministros de agua y la previsión de defensa ante la siguiente acometida inspiraron proyectos de canales, acequias y desagües, algunos con nombres de santos, como el albarradón de San Lázaro, concluido en 1556. Su invocación no resultó suficiente, pues las inundaciones se repitieron en 1580, 1604 y 1607. La terrible incursión de las aguas el Día de San Mateo de 1629, «que universalmente anegó toda la ciudad, sin reservar de ella cosa alguna, cuyo cuerpo fue tan grande y violento en la plaza, calles, conventos y casas de esta ciudad que llegó a tener dos varas de alto», produjo la muerte de unos treinta mil indios, redujo el número de vecinos españoles a cuatrocientos y la mantuvo inundada hasta 1634, con la única excepción de la plaza mayor, la del Volador y la de Santiago Tlatelolco.[48] Los atribulados capitalinos atribuyeron su salvación postrera a la intervención de la Virgen de Guadalupe.

Había que concebir un proyecto de desagüe, pero mientras tanto se propusieron medidas tan desesperadas como el arbitrio del escribano del cabildo, Fernando Carrillo, según el cual cada vecino propietario de una casa debía levantar alrededor de ella una calzada de mampostería, de modo que las calles se convirtieran en acequias, como si fuera Venecia.

Las ciudades, que todavía suponen la evidencia más clara de la presencia española en ultramar, fueron la institución fundamental de la colonización. El carácter de prolongación de la reconquista medieval, orientada en la península a la formación de núcleos urbanos de resistencia, capaces de autoabastecimiento y autoprotección, explica la aparente facilidad con la que se consolidaron los emplazamientos, tantas veces imaginarios en su origen, que los conquistadores españoles con todo desparpajo llamaron desde el comienzo «ciudades». Estas sirvieron dos propósitos. En una primera etapa, al modo de una embarcación avanzada sobre una playa extraña, fueron lugar de aprovisionamiento, descanso, centro de decisión y fiscalización de la empresa indiana. A partir de la conquista de México en 1521 se convirtieron en núcleo de estabilización e irradiación de la colonización española, símbolos de su poder y alcances, y también en laboratorios a gran escala para los ingenieros. Las obras públicas fueron testimonio de su intervención, como indicó el jurista español Juan Solórzano Pereira en 1648, anticipándose más de medio siglo al inglés John Locke, que señaló algo parecido para el caso inglés. Ambos relacionaron conocimiento y aplicación, lo que pasaba en Europa con lo que ocurría en América y viceversa.[49] La distancia, sin embargo, nubló su visión, como les ocurrió a tantos de sus sucesores en la era de la Ilustración. Ambos políticos y pensadores, finalmente, padecieron cierta miopía ante los efectos de la distancia, que en cambio fueron determinantes para sus sucesores. Como escribió el benedictino Benito Jerónimo Feijoo en su *Teatro crítico universal* (1726-1740): «Padece nuestra vista intelectual el mismo defecto que la corpórea en representar las cosas distantes menores de lo que son. No hay hombre, por gigante que sea, que a mucha distancia no parezca pigmeo».[50] Feijoo pensaba en la dificultad de valorar culturas remotas con justicia. Para los propósitos que nos ocupan, sus palabras sirven como recordatorio de la necesidad de recuperar el pasado y de evaluar con detenimiento los trabajos y los días de quienes fabricaron la infraestructura de la monarquía global española.

III
EL ANDAMIAJE DEL OCÉANO. ESTRUCTURA Y NAVEGACIÓN EN LAS RUTAS ATLÁNTICAS Y PACÍFICAS

> Tú te abriste camino por las aguas,
> un vado por las aguas caudalosas,
> y no quedaba rastro de tus huellas.
>
> SALMOS, 77, 19

El concepto «imperios de ultramar», creado por John H. Parry, gran historiador del «fish and ships» (el famoso pescado con «pataches» británico), como mantuvieron con guasa sus estudiantes de Harvard, fue muy utilizado en los años sesenta, en referencia a los nuevos estados imperiales fundados durante la Edad Moderna, en su mayoría desde la costa atlántica europea.[1] España fue uno de ellos, si bien mostró llamativas diferencias.

Según los parámetros habituales, el Imperio portugués que se formó en los siglos XV y XVI resultó modélico. En vez de invertir recursos preciosos en la adquisición de territorios tierra adentro, los portugueses solían dejar el beneficio de los productos que buscaban en manos de los productores existentes, o de pequeños grupos de colonos especializados que residían en ultramar de modo temporal. Pimienta de Malabar, canela de Ceilán, nuez moscada y macis de Ternate y Tidore continuaron su producción bajo el control de sultanatos locales. El suministro de esclavos de África, salvo unas pocas incursiones de saqueadores portugueses, quedó para estados depredadores y mercados regionales tradicionales. Oro africano y plata japonesa continuaron siendo adquiridos de mercaderes intermediarios que los gestionaban, y el palo de Brasil procedía de cosechadores que solían emplear trabajadores nativos. Incluso nuevos productos, como la caña de azúcar, que se convertiría en el más importan-

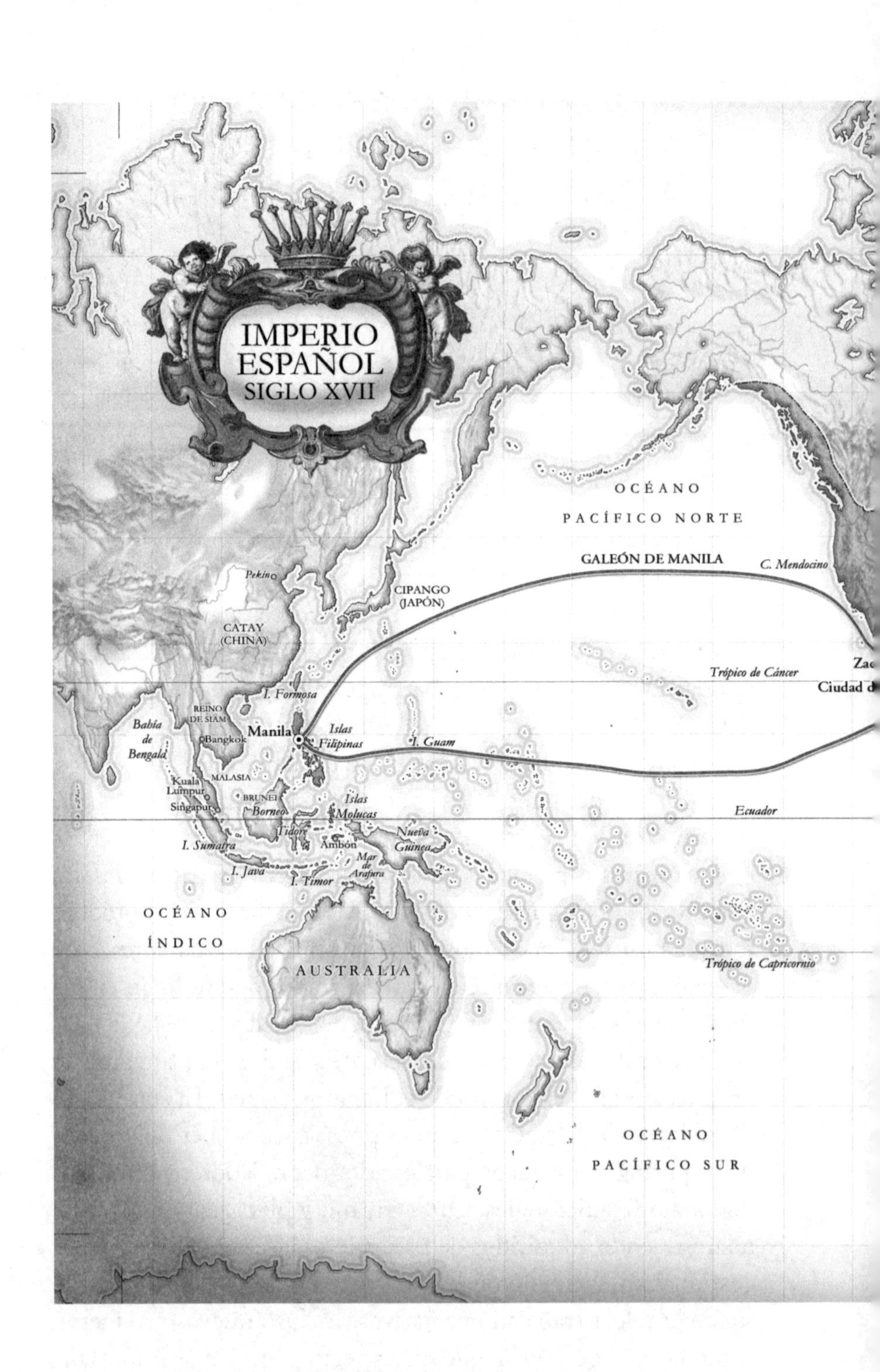

IMPERIO
ESPAÑOL
SIGLO XVII
OCÉANO
PACÍFICO NORTE
GALEÓN DE MANILA
C. Mendocino
Pekín
CIPANGO
(JAPÓN)
CATAY
(CHINA)
Trópico de Cáncer
I. Formosa
REINO
DE SIAM
Bahía
de
Bengala
Bangkok
Manila
Islas
Filipinas
I. Guam
MALASIA
Kuala
Lumpur
Singapur
BRUNEI
Borneo
Islas
Molucas
Ecuador
Tidore
Ambón
Nueva
Guinea
I. Sumatra
Mar
de
Arafura
I. Java
I. Timor
OCÉANO
ÍNDICO
AUSTRALIA
Trópico de Capricornio
OCÉANO
PACÍFICO SUR

Mar del Labrador
Península del Labrador
I. Terranova
I. Feroe
NORUEGA
SUECIA
ESCOCIA
Mar del Norte
Mar Báltico
Moscú
IRLANDA
INGLATERRA
Londres
Varsovia
OCÉANO ATLÁNTICO NORTE
París
FRANCIA
Viena
Venecia
ITALIA
Roma
ESPAÑA
PORTUGAL
Lisboa
Madrid
NÁPOLES
IMPERIO OTOMANO
CARRERA DE INDIAS
Sevilla-Cádiz
Mar Mediterráneo
SIRIA
Bagdag
Damasco
El Cairo
EGIPTO
I. Canarias
La Habana
Veracruz
I. Cuba
I. Puerto Rico
I. La Española
ARABIA
ÁFRICA
Cartagena de Indias
-Panamá
GUINEA
NIGERIA
SIERRA LEONA
CAMERÚN
ETIOPÍA
Santo Tomé
Príncipe
GABÓN
Mombasa
Melinde
Golfo de Guinea
CONGO
BRASIL
I. Ascensión
Gran Comora
Lima
I. Santa Elena
ANGOLA
MOZAMBIQUE
Región de Sofala
Madagascar
Potosí
Cabo Frío
NAMIBIA
OCÉANO ATLÁNTICO SUR
Buenos Aires
Cabo de Buena Esperanza

te de Brasil, solo requerían una tenue colonización, confinada a franjas costeras, lo que inspiró una frase ingeniosa escuchada con frecuencia de labios del gran historiador belga Charles Verlinden, el primero en mantener que el Atlántico resultaba un área apropiada para un estudio histórico: «Los "imperios de ultramar" deberían llamarse mejor "imperios costeros"».[2]

Era una denominación apropiada. En lugar de colonizar regiones interiores para controlar la producción, como habían practicado los antiguos imperios, este nuevo y exitoso método de expansión imperial marítima daba importancia al control de puertos y rutas oceánicas a fin de monopolizar los intercambios de mercancías valiosas. Tampoco era totalmente innovador. Los precedentes en la Antigüedad incluyen redes de comercio fenicias y griegas que vincularon comunidades costeras por todo el Mediterráneo. En la Edad Media los imperios veneciano y genovés, o el condado de Barcelona, reprodujeron un modelo similar. Aunque su naturaleza y extensión son materia de controversia, el «Imperio» de los Chola del siglo XII unió sus bases en la India con puertos del sureste de Asia. Los imperios marítimos de la Edad Moderna tampoco fueron solo europeos en origen. En el siglo XVII, la red omaní, que recuerda a la de Barcelona por la conexión informal y en gran parte dinástica de comunidades remotas que tenían poco en común en lo referente a instituciones, alianzas e identidades, fue impresionante mientras duró, pues logró apoderarse de buena parte de las actividades portuguesas en África oriental, con bases en el sur tan alejadas como la isla de Zanzíbar.[3]

En realidad, los historiadores tienden a calificar el fenómeno de la expansión imperial marítima como nuevo, porque nunca antes se había visto a una escala tan amplia, una y otra vez, con cruce de espacios entre océanos y continentes alrededor del mundo. También hay que tener en cuenta que normalmente los imperios costeros se consideraban típicos de Europa, pues la iniciativa de conectar litorales a larga distancia provino precisamente de estados radicados sobre la fachada marítima europea. Durante los siglos XVI y XVII, los imperios de Francia, Inglaterra, Portugal y Holanda, junto con iniciativas parecidas pero de menor escala puestas en marcha en el siglo XVII desde Dinamarca, Suecia y el ducado de Curlandia, en el Báltico, sin olvidar los intentos imperiales fallidos de Escocia, todos siguieron este modelo de asentamiento marítimo o costero. Franceses, ingleses, holandeses y portugueses no comenzaron imitando a España. Sin embargo, desde finales del siglo XVII, o ya en el XVIII, pretendieron expandirse como ella por los interiores continentales.[4]

El Imperio español se ajustó solo en parte al modelo de imperio costero. Por una mezcla de suerte y planificación (esta última no siempre de procedencia española, sino debida a colaboradores nativos o aliados), España llegó a poseer el primer gran imperio global en tierra y mar, pues aunó características terrestres y marítimas. Pudo controlar rutas valiosas por mar y, al mismo tiempo, adquirió espacios interiores inmensos y dominó producciones que transportaban sus convoyes navales. La primera presencia española permanente en el continente americano se produjo en Castilla del Oro, como fue bautizado el istmo panameño y parte de Tierra Firme a partir de 1513. Resultó provisional y fragmentaria. El cambio mayor está bien fechado: aconteció en 1521, cuando los españoles se convirtieron en imprevistos sucesores de la hegemonía azteca en la mayor parte de la antigua Mesoamérica, apenas una generación después del primer viaje de Colón. Futuras ampliaciones gigantescas de las fronteras acontecieron durante las décadas que transcurrieron entre 1530 y 1570, con la adquisición de la mayor parte de los Andes, la región del Río de la Plata y territorios considerables en las Filipinas y parte de América del Norte. En cierto sentido, España también poseía ya un imperio territorial en Europa, resultado de la herencia de Carlos V, emperador del Sacro Imperio Romano Germánico, también conocido como Carlos I de España, que empleó dinero y mano de obra española para defender sus dispersas posesiones, desde Sicilia hasta Frisia y desde el Franco Condado hasta Moravia. En su abdicación, que tuvo lugar en 1556, dejó los Países Bajos a su hijo, Felipe II. El eje del Imperio en Europa fue el Camino Español, que servía para transportar ejércitos de Milán a Maastricht.[5] Incluso España en sí misma (basta con echar una ojeada al mapa) constituye un inusual reino atlántico, pues tiene mucho territorio continental en relación con un litoral relativamente pequeño, debido a la escisión de Portugal, que parece un fragmento arrancado de la periferia peninsular. Madrid, capital durante la mayor parte del tiempo que duró el imperio global español, está tan lejos del mar como resulta posible imaginar.

A pesar de ello, es imposible comprender España de otra manera que no sea como una nación marítima, o a la monarquía global española como otra entidad que un imperio ultramarino. La península ibérica emerge hacia el océano como escapando del continente europeo. El océano tiene una presencia casi tan destacada en la literatura española como en la inglesa u holandesa, e incluso más, bajo cualquier criterio, que en la francesa o italiana.[6] Los sabores del mar no están nunca lejos de los paladares españoles. Madrid, tan distante de la costa, posee el mayor mercado de pescado de Europa. La precocidad española, en comparación con el retraso relativo de imperios europeos rivales, que es gracias a la cual los conquistadores se apoderaron de inmensos territorios en las costas más lejanas, dependió de las comunicaciones marítimas. Las rutas que atravesaban el Atlántico y el Pacífico eran el esqueleto, por así decirlo, sobre el cual el Imperio continental puso el músculo. La infraestructura clave de la monarquía se esparcía por los océanos. Parte de la materia vital que dio vida al Imperio español procedía del exterior del sistema de navegación establecido por España. El contrabando de otras potencias introducido desde sus colonias americanas y africanas, así como los esclavos transportados mediante acuerdos con asentistas, o por traficantes directamente desde puertos africanos, supusieron contribuciones vitales. El cabotaje local y regional jugó un importante papel de apoyo al tráfico transoceánico. Algunos comerciaban a gran escala, como los que llevaban legalmente plata peruana a Panamá o cacao de Caracas a Veracruz. Otros traficaban en flotillas de embarcaciones pequeñas o en navíos llamados «registros sueltos», incluso en canoas tradicionales de una tipología usada desde antes de la llegada de los españoles al Nuevo Mundo. Iban arriba y abajo, surcando las costas del Atlántico. Un documento que capturaron unos piratas ingleses en 1595 subraya lo importante de ese tráfico de cabotaje, modesto pero imprescindible. Un cargamento de maguey, cerámica, pescado de Santa Marta y media docena de melones, que «con las arribadas nos los comimos o se pudrieron», era transportado en una canoa, «que si no está en Cartagena de Indias se tiene mala espina de ella, nuestro Señor lo remedie».[7] Lo importante fue que el sistema de navegación que enlazaba a España con los extremos occidentales y orientales de la monarquía global respondía a una operación calculada al milímetro, en el contexto de lo que hoy llamaríamos «economía planificada», bajo control burocrático y real protección. A escala menor, las rutas de navegación discurrían entre puertos particulares por estrechos corredores, definidos por vientos y corrientes.

DESCIFRANDO LOS VIENTOS

Colón pudo definir con notable detalle las grandes líneas de las comunicaciones transatlánticas durante sus primeros viajes de ida y regreso, en 1492 y 1493. Se ha desperdiciado mucha energía en debatir qué fue lo que realmente halló y en qué términos. Resulta apropiado, obviamente, señalar que «descubrió el Nuevo Mundo al Viejo» al comunicar mediante la rápida publicación de sus hallazgos, primero a los habitantes de las islas Azores y de la península ibérica, y más tarde al resto de la cristiandad, que existían tierras en el Atlántico más allá de lo que sus contemporáneos conocían por vía de la experiencia o conocimiento registrado. Los argumentos contenidos en diversas reclamaciones, según las cuales los pobladores existentes ya habían «descubierto» América, deben ser evaluadas a la luz de otro principio. Hasta donde sabemos, ninguno de ellos tenía la menor idea de que habitaba un supuesto «Nuevo Mundo», una vasta masa de tierra distinta de las demás que componen la superficie de la Tierra. De hecho, la mayoría de las poblaciones indígenas conocía poco más que fragmentos del hemisferio que habitaban, y nada de fuera de él. En este sentido, podemos señalar que Colón también puso en marcha un proceso de alumbramiento de su propio mundo a los indígenas americanos. El descubrimiento indiscutible y de verdad importante fue, sin embargo, el de las rutas que por primera vez unieron América y Eurasia de manera segura, susceptibles de explotación comercial y facilitadoras del intercambio de formas de vida y de cultura que han configurado desde entonces la historia global. Ante semejante cuestión, cabe preguntarse: ¿cómo fue posible?

El famoso Bob Dylan, el popular cantante ganador del Premio Nobel de Literatura, hubiera señalado, al igual que en casi todo lo que se refiere a la comunicación marítima, que «la respuesta está en el viento». La historia del mundo escrita de manera convencional tiene demasiado aire caliente, pero le falta viento. Durante la mayor parte de nuestro pasado, vientos y corrientes han configurado la matriz de los intercambios culturales a gran escala y a larga distancia. Ni siquiera la industrialización nos ha podido liberar completamente de la influencia del viento, aunque los motores a vapor y de combustión interna han reorientado gran parte del tráfico comercial hacia vías terrestres. El viento sopla por donde quiere, y antes de la era industrial, resultaba decisivo —incluso determinante— a la hora de establecer límites a las aspiraciones de viajeros y comerciantes, conquistadores y colonizadores, misioneros y mercaderes. Solo se podía ir donde te llevaban vientos y corrientes, y solo a la velocidad que permitieran, con la mucha o poca seguridad que otorgaran.[8]

Por esta razón, los sistemas de vientos y corrientes de los océanos Atlántico y Pacífico limitaron y condicionaron —casi de modo absoluto— las características y los alcances de la monarquía global española. El sistema del Atlántico Norte, el primero en ser explorado desde Europa, es casi circular y opera en la dirección de las agujas del reloj. Los alisios del noreste parten del Atlántico africano, alrededor de los 30 o 35 grados norte.

El aire frío se calienta y se eleva. El más fresco, que lo reemplaza en superficie, empuja hacia el sur. Tras calentarse en latitudes tropicales, cursa hacia el oeste, con más velocidad en invierno que en verano. Por encima, a unos 30 grados norte, las altas presiones situadas sobre el hemisferio occidental normalmente empujan el viento en dirección opuesta, del oeste hacia el este. A los 60 grados norte, más o menos, una serie de corrientes sobre el borde del Ártico se deslizan desde las costas de Escandinavia y a lo largo de Groenlandia hasta alcanzar Newfoundland, en Terranova. Estas corrientes, que fueron importantes para los navegantes nórdicos en la Edad Media y para el Imperio noratlántico de los daneses, apenas tuvieron influencia en el caso español. La corriente del Golfo, por su parte, conecta las zonas de vientos del este y del oeste, en el borde occidental del océano Atlántico. Por eso la monarquía española colonizó Florida, una provincia sin valor económico durante los siglos de la Edad Moderna, para asegurar sus puertos y rutas contra depredadores. A intervalos irregulares, asociados con cambios de presión atmosférica que se comprenden mal, los vientos del oeste, en primavera, pueden fluir en dirección opuesta.

Entre los sistemas atlánticos del norte y del sur existe una zona de vientos suaves y cambiantes, o de inercia atmosférica, como el relleno de un sándwich. Unos diez grados más al sur aparecen vientos que circulan de manera muy similar a los del hemisferio norte. Los alisios del sureste llegan hasta el hemisferio oeste por el sistema suratlántico, a unos 30 grados sur. Un poco al norte de esa latitud, llegan vientos de poniente, que cruzan otra vez el océano. Fuertes corrientes fluyen de norte a sur sobre la costa de Brasil y, por el contrario, de sur a norte en la costa de África. En el gran saliente que forma el oeste africano, aparece un efecto casi de monzón que puede arrojar los barcos contra la costa. En la extremidad sur del océano, con una intensidad enorme, a unos 38 grados sur, los «cuarenta rugientes» constituyen un corredor de vientos que rodea la Tierra y soplan siempre de oeste a este, en sentido opuesto a la rotación del planeta.

El Pacífico reproduce ese patrón del Atlántico incluso con mayor regularidad. Las rotaciones funcionan en la dirección de las agujas del reloj a ambos lados del ecuador. Lo peculiar del Pacífico radica en la fuerza de las corrientes que fluyen desde Japón, junto al borde norte, hacia el sur y hasta tan lejos como California. Resultaron vitales para la comunicación de la España imperial, porque conectaron el comercio desde Filipinas y China con América. Del mismo modo, la corriente de Humboldt, que empuja hacia el norte por la costa pacífica de Suramérica con más fuerza que la que fluye en la costa atlántica de África, resulta tan poderosa que, para apartarse de ella, la embarcación debe alcanzar mar abierto a fin de sobrepasarla. Las oscilaciones que invierten la dirección de vientos y corrientes en la mitad sur son mucho más frecuentes en el Pacífico, aunque igualmente imprevisibles. Se producen más o menos, sin regularidad, dos veces por década.

A los estudiosos modernos a menudo les sorprende el tiempo que les costó a sus predecesores descifrar el funcionamiento de los vientos. Gran parte de la explicación reside en la antigua y sostenida desconfianza de los marineros hacia ellos, que hoy ninguno comparte, con la única excepción de los que fluyen en costas abrigadas. Resulta muy sorprendente que haya vientos a favor a los que ya no teme ningún marino. A los navegantes de hoy en día, encantados de llevar el viento a su espalda, les sorprende saber que la mayoría de los viajes de exploración marítima anteriores al tiempo de Colón, excepto aquellos vinculados a los monzones, fueron hechos contra el viento. Por ejemplo, los antiguos navegantes griegos y fenicios lograron cruzar el Mediterráneo contra los vientos predominantes que solían soplar desde poniente. Los saltarines navegantes polinesios, que iban de isla en isla por el sur del Pacífico, se desplazaban contra los vientos del sureste. Las exploraciones transatlánticas de los escandinavos durante la Edad Media, facilitadas por las corrientes, transcurrieron dentro de un cinturón de vientos dominantes de poniente. Las razones por las que siguieron ese comportamiento, en apariencia contrario a la intuición, no es difícil de entender. Si se colocaban contra el viento, los navegantes tenían más posibilidades de volver a casa. Si navegas con el viento a favor en un sistema fijo, puede que descubras cosas impresionantes, pero ¿cómo vas a encontrar un viento a favor que te ayude a regresar para contarlo?[9]

La larga y complicada historia de la navegación en alta mar en el océano Índico, comparada con la del Pacífico o la del Atlántico, se explica por esta circunstancia. Donde sopla el monzón, uno puede estar de pie en la orilla y sentir cómo cambia la dirección del viento cada seis meses, de manera uniforme. Dondequiera que te lleve el viento, va a soplar en dirección a casa en algún momento. En sistemas de vientos fijos, como el existente en el Atlántico, los marinos carecían de semejante garantía. Si uno se encuentra en la costa atlántica de América del Norte y percibe el viento a la espalda de manera continua, se inhibe de salir a mar abierto y aventurarse lejos. Si nos halláramos en una posición equivalente en las costas europeas, el viento nos daría todo el tiempo en la cara, limitando así el alcance de cualquier posible viaje a mar abierto. En los cuarenta años que precedieron el primer viaje de Colón, fueron comisionados en Portugal por lo menos ocho viajes hacia el oeste de las Azores. Ninguno llegó muy lejos, mas aquellos que realmente querían dominar vientos y corrientes siempre hallaron alguna manera de superarlos. Podían buscar corrientes intensas hacia el norte, como hicieron los escandinavos, o aguardar los ocasionales vientos primaverales del este, como tuvo que hacer Juan Caboto camino de Newfoundland, en Terranova. Incluso podían esperar la voluble corriente de oscilación del Atlántico Norte, que a intervalos impredecibles invierte la matriz de los vientos. Eran opciones poco satisfactorias, en todo caso, pues conducían a destinos en los que no había nada provechoso, excepto bacalao, o sumían a barcos y tripulantes en un riesgo vital inasumible.

El gran mérito de Colón fue descubrir —la palabra parece adecuada— una aproximación distinta, con un viento favorable que empujaba desde las islas Canarias en el área de vientos del noreste. En su primer viaje estableció el rumbo hacia el oeste, porque seguramente creyó que las Canarias estaban a la misma latitud que los grandes puertos mercantiles chinos de Fujian, a los que pretendía llegar. Por eso no llegó a beneficiarse completamente de los alisios, si bien la ausencia de vientos en contra, en el caso de que podamos fiarnos de los testimonios contemporáneos, causó preocupación entre los tripulantes. Estos, por supuesto, no creían que el mundo fuera plano ni que se balanceara sobre su borde, pero tenían pánico de no encontrar un viento que les facilitara retornar a casa. La lectura de informes sobre rumores de amotinamiento, supuestamente escritos por Hernando, hijo menor de Colón, en el siglo XVI, evidencia la ansiedad que causaba emprender navegaciones por causa de los vientos.[10]

La experiencia del primer viaje había alertado al almirante de las Indias de las ventajas de dejarse llevar por ellos. Por eso, después de pensárselo, decidió retornar desde el Nuevo Mundo, a principios de 1493, poniendo rumbo al norte desde el Caribe, para así buscar los ponientes que soplan en el Atlántico Norte. El mismo año, cuando decidió retornar a sus «Indias», se posicionó para sacar toda la ventaja de los alisios del noreste. Siguió una ruta al suroeste y, tras navegar a toda velocidad, desembarcó en las Antillas, tras dejar de ver tierra solo durante treinta días. Viajes posteriores raramente mejoraron semejante hazaña. Mediante la explotación de los vientos a favor en ambas direcciones, Colón desveló el sistema eólico del Atlántico, que es casi circular y funciona en el sentido de las agujas del reloj. El único gran elemento que todavía no conocían era la corriente del Golfo. Esta proporcionó un acceso rápido desde las islas de las Antillas que España empezó a colonizar hacia el cinturón de vientos del oeste. En la etapa colombina esta corriente fue descubierta por el piloto Antón de Alaminos, y desde la segunda década del siglo XVI, quedó integrada en la ruta regular de ida y vuelta del Atlántico, que no fue mejorada durante la era de la navegación a vela. Incluso los ingleses, cuando se comunicaban con sus colonias en América del Norte, prefirieron usar esa ruta española por su velocidad y seguridad, en vez de la que había abierto bajo su bandera Juan Caboto, que iba y venía por latitudes situadas más al norte, en busca de vientos del este, primaverales e inestables.

El desciframiento de los vientos del Pacífico resultó todavía más difícil por la vastedad del océano, pero en cierto modo la experiencia previa del Atlántico lo facilitó. Excepto en los bordes del monzón del Asia marítima, los vientos del Pacífico, como hemos visto, son casi iguales a los del Atlántico. Soplan en dirección a las agujas del reloj por encima del ecuador, y contra las agujas del reloj por debajo de este, con una zona de depresiones y calmas en medio y los fieros «cuarenta rugientes» alrededor del globo, en el extremo sur. Por eso, uno hubiera esperado que los pilotos de la América española intentaran una estrategia similar a la del Atlántico, buscando una ruta de retorno mucho más al norte que la seguida a la ida. Esta teoría fue imposible de ignorar, pero la inmensidad del Pacífico les disuadió de ponerla en práctica. Desde la primera travesía oceánica de Magallanes y Elcano, en 1520, costó dos generaciones y un esfuerzo persistente descifrar el sistema de vientos y corrientes, a fin de establecer una ruta segura que uniera las avanzadas españolas en las Filipinas y los mercados vitales de China y Japón con México y el Perú, y que además asegurara el tornaviaje.

No fue difícil encontrar una ruta viable hacia el Extremo Oriente. En 1527, uno de los conquistadores de México, Álvaro de Saavedra, demostró que era posible llegar hasta las costas de Asia en unas semanas, aprovechando vientos predominantes del noroeste para evitar las calmas del norte. Sin embargo, cuando completó su viaje, no encontró manera de regresar. Una década después, su familiar Hernán Cortés, que se encontraba en Acapulco, envió una expedición de socorro al Perú en ayuda de su tío, nada menos que Francisco Pizarro. Al frente puso a Hernando de Grijalva, a quien se atribuye el descubrimiento del archipiélago de Revillagigedo, frente a las costas de México. Una vez cumplida la misión, Grijalva se adentró en el Pacífico en busca de unas islas en las que supuestamente existía mucho oro.

Llegó hasta los 29 grados latitud sur, pero no encontró nada. Los vientos contrarios retrasaron el regreso, la tripulación se amotinó y Grijalva resultó muerto. Parecía confirmarse que el Pacífico era un océano de una sola dirección y que solo se podía atravesar de este a oeste.

Los navegantes españoles iban a necesitar tres décadas más de experiencia antes de hallar una solución. En 1564, el más informado de todos era Andrés de Urdaneta. Para ser una figura tan importante en la historia del mundo, resulta lamentable que no sea más celebrado. Aunque dejó muchos escritos de su propia mano, fue muy escurridizo. Su carrera empezó en 1525, cuando era un adolescente fascinado por la cosmografía y tomó parte en el viaje que siguió a la primera vuelta al mundo de Magallanes-Elcano, puesto al mando de García Jofre de Loaysa. En su transcurso demostró independencia de criterio cuando desafió a sus superiores, y capacidad para sobrevivir tras un naufragio acontecido en el laberinto que constituye el estrecho de Magallanes. Urdaneta encontró al resto de la flota y rescató a los náufragos. Volvió a casa con una hija que tuvo con una concubina nativa en algún lugar de las Indias y un impresionante diario de viaje.

Pasó el resto de su juventud como piloto y mostró una animosidad creciente hacia toda forma de autoridad, quizá porque empezaba a discernir una vocación religiosa. En 1553 hizo votos como hermano agustino, y cuatro años después se ordenó sacerdote. Parece que encontró agradable la vida de los claustros. Cuando los oficiales reales le pidieron que retomase la exploración transpacífica, declinó hacerlo. En 1560 las órdenes del propio rey Felipe II le sacaron del retiro. «Aunque tengo ahora más de cincuenta y dos años de edad y mala salud —escribió—, teniendo en cuenta el gran celo de vuestra majestad en todo lo que se refiere al servicio de nuestro señor y a la extensión de nuestra santa fe católica, estoy listo a emprender las labores de este viaje, confiando solamente en la ayuda de Dios».[11] Bajo recomendación de Urdaneta, a fin de evitar posibles acusaciones referentes a que España se inmiscuía en aguas reservadas a navegantes portugueses, se declaró que el propósito del viaje era la evangelización de las Filipinas, no la explotación comercial.

«Confiados en la ayuda de nuestro señor —según rezaban las órdenes entregadas al comandante de la expedición, Miguel López de Legazpi—, se cree en confianza que fray Andrés de Urdaneta será persona clave en el descubrimiento de una ruta de retorno desde la Nueva España por su experiencia, sabiduría en el clima de esas regiones y otras cualificaciones».[12] Urdaneta entendió que la gestión de los tiempos era la clave del éxito. Resultaba vital salir de las Filipinas con el beneficio del monzón de verano y luego cambiar rápidamente el rumbo hacia el norte, para alcanzar la corriente de Japón y continuar en esa ruta, tan al septentrión como fuera necesario para aprovechar la corriente del norte del Pacífico, antes de cambiar el rumbo hacia el este y así retornar a casa. Si había fortuna en la partida de Manila, quizá era posible lograrlo. En noviembre de 1564, se pusieron en marcha desde la Nueva España. Urdaneta y sus acompañantes llegaron a las Filipinas en febrero y emprendieron el tornaviaje el 1 de junio de 1565. La búsqueda de vientos en dirección oeste arrojó a los barcos hasta los 30 grados de latitud norte. El viaje, de 11.000 millas, fue el más largo sin escalas documentado hasta entonces. Tardaron cuatro meses y ocho días en llegar a Acapulco. La tripulación estaba postrada por el agotamiento y el escorbuto. Alonso de Arellano, subordinado de Urdaneta, le precedió en México con dos meses de antelación, porque su embarcación se separó de la capitana a causa de una tormenta. El dominio del Pacífico se había conseguido con la misma táctica atrevida que en el Atlántico: navegando con el viento a favor.

OLFATEAR LA TIERRA

Cuando se descifró el sistema eólico del Atlántico y el Pacífico, los océanos resultaron navegables y explotables. En cierto modo, el viento conducía a los pilotos transatlánticos, los desplazaba de una a otra costa. Encontrar un puerto particular era sin embargo más difícil y requería de mayor precisión. Los tratados teóricos de algunos expertos académicos del siglo XVI confundieron a algunos historiadores modernos. Estos han llegado a creer que navegar por el océano equivalía a una empresa científica. Hay pocas evidencias de que los marinos españoles, «pilotos prácticos» que poseían experiencia y un don para la navegación, fijaban la ruta y guiaban las embarcaciones, tuvieran muy en cuenta las ideas de los llamados expertos, leyeran sus escritos o atendieran las lecciones que, desde principios del siglo XVI, fueron impartidas en Sevilla por mandato de la Corona. Aunque en una época de posición geográfica satelital como la nuestra resulta difícil imaginar el tener que encontrar una ruta sin GPS a través de miles de millas de mar abierto, aquellos marinos no necesitaban saber muchas matemáticas o astronomía para hallarla. Intuiciones bien entrenadas podían reemplazar la racionalización. Para gentes de mar que realmente conocen su medio, los océanos son como paisajes terrestres, más cambiantes pero reconocibles por la cadencia y la matriz de las olas, la dirección y el olor del viento, o la presencia de peces y pájaros. La dependencia de modernas tecnologías ha alienado a los navegantes occidentales de esta tradición de «pilotos prácticos», pero todavía se halla gente en la Polinesia con un infalible sentido de la posición en el mar. Incluso cuando no tienen instrumentos y están a centenares de millas de tierra.

La ciencia que el gran historiador marítimo Pierre Adam denominó «navegación astronómica primitiva» no dependía de la tecnología, sino de un buen ojo y sentido del tiempo.[13] Colón y su famoso imitador, Américo Vespucio, montaron un gran espectáculo con la manipulación de los instrumentos más difíciles de usar para encontrar un rumbo. En primer lugar, el astrolabio, que, al fijarse con el Sol o la estrella polar, da una lectura de latitud en una escala adyacente. En segundo término, el cuadrante, que parecía un astrolabio a menor escala, diseñado para uso en el océano. Su brazo fijo resultaba relativamente estable en comparación con la difusa línea de medición del astrolabio, que nunca permanecía fija el tiempo necesario a bordo de un navío cimbreante. Colón y Vespucio usaban los instrumentos solo para impresionar a los espectadores. No hay evidencia de que ninguno de los dos hiciese una lectura de datos en el mar, y menos aún que fuera precisa.[14] En un grabado del siglo XVI, Vespucio aparece como quiere que le contemplemos, manipulando los instrumentos y comunicándose con el cielo, como Jesucristo en el Jardín de Getsemaní, mientras sus «discípulos» —la tripulación ignorante— dormían cerca. La escena resulta increíblemente ficticia. Tampoco resulta procedente asumir, como hizo una escuela historiográfica, que Colón era experto en navegación a estima.[15] Es decir, que marcando un curso en la brújula, ajustando el rumbo y el tiempo mediante un reloj de arena, indicaciones astronómicas y una suerte de intuición personal a la distancia requerida, la embarcación, sin más, le obedecía. Por el contrario, Colón y Vespucio dependieron de una forma arcaica de navegación astronómica modificada. Por la noche, cuando el cielo estaba despejado, calculaban el tiempo que tomaba el paso de las estrellas de referencia alrededor del polo y lo restaban de veinticuatro horas. Después determinaban las posiciones en una tabla de latitudes impresa según las horas del día. Sabemos que lo hacían así porque los errores en las lecturas corresponden con los que aparecen en las tablas.[16] Hasta avanzado el siglo XVII, un viajero transatlántico no podía tener confianza en que cruzaría el Atlántico con la ayuda de instrumentos de navegación, en vez de confiar en las intuiciones del piloto cuando este barruntaba el sol o las estrellas, o reaccionaba al movimiento de vientos y corrientes. Incluso cuando la longitud por fin pudo ser verificada mediante cuadrantes, o con sextantes, más precisos, que los reemplazaron en el siglo XVIII, la longitud permaneció en el nebuloso reino de las estimaciones imprecisas. Todo cambió cuando se desarrollaron los cronómetros seguros, según la patente inventada en Inglaterra por John Harrison durante la década de 1760.

Las cartas marinas fueron sorprendentemente lentas a la hora de reflejar los cambios. Ambos, Colón y Vespucio, prometieron proveer de cartas a los navegantes transatlánticos, pero no existe ninguna prueba de que alguno de los dos cumpliese tal promesa, a pesar de los recordatorios periódicos que les mandaban sus reales patrocinadores. Vespucio recibió los encargos de recoger información de los pilotos que retornaban de América y de mantener una carta actualizada del Atlántico, según parece, siguiendo sus propias recomendaciones. Si existió ese «padrón real», no debió de ser muy útil hasta mediados del siglo XVII, cuando la información obtenida en las costas empezó a aportar datos precisos sobre latitudes, distancias y sondas.[17] Mientras tanto, los marinos de toda la vida continuaron prefiriendo apuntes sobre navegación como los que usaban desde la Antigüedad y dejaron los mapas para los novatos. Sin poder averiguar la longitud o la latitud de manera correcta, incluso la velocidad o el rumbo que seguir, nadie conocía más que de modo aproximado dónde se hallaba una embarcación en mar abierto. Esa ignorancia de los pilotos fue una de las claves del humor sarcástico de Eugenio de Salazar, un exgobernador de las islas Canarias, pasajero a Santo Domingo en 1574, cuando se convirtió en oidor de la Audiencia. Después de un tiempo en el océano, América empezaba a oler:

> El piloto y gente marina comenzaron a olfatear y barruntar la tierra como los asnos al verde. A estos tiempos es de ver al piloto tomar la estrella, verle tomar la ballestilla, poner la sonaja y asestar al norte, y al cabo dar 3.000 o 4.000 leguas de él. Verle después tomar al mediodía el astrolabio en la mano, alzar los ojos al sol, procurar que entre por las puertas de su astrolabio y como no lo puede, acabar con él; y verle mirar luego a su regimiento y, en fin, echar su bajo juicio a montón sobre la altura del sol. Y sobre todo me fatigaba ver aquel secreto que quieren tener con los pasajeros del grado o punto que toman, y de las leguas que les parece que el navío ha singlado, aunque después que entendí la causa, que es porque ven que nunca dan en el blanco ni lo entienden, que es verlos preguntar unos a otros: «¿Cuántos grados ha tomado vuestra merced?». Uno dice: «Dieciséis»; otro: «Veinte escasos», y otro: «Trece y medio». Luego se preguntan: «¿Cómo se halla vuestra

merced con la tierra?». Uno dice: «Yo me hallo cuarenta leguas de tierra»; otro: «Yo ciento cincuenta», y otro dice: «Yo me hallé esta mañana noventa y dos leguas». Y sean tres o sean trescientas, ninguno ha de conformar con el otro ni con la verdad.[18]

PELIGRO EN EL MAR

Los vientos configuraron los barcos tanto como los imperios. En la medida en que las embarcaciones españolas en ruta transoceánica iban a favor del viento, fueron de vela cuadrada. Este aparejo fue el que usó Colón en su primer viaje, cuando, en una escala en las Canarias, transformó su única embarcación de vela mixta a cuadrada. A lo largo de la Edad Moderna los barcos de guerra y comercio se hicieron mayores y más rápidos, con aparejos más grandes y eficientes. La innovación crucial, impuesta por las condiciones del océano, apareció bastante pronto, con el desarrollo del galeón, durante el siglo XVI. La reducción de las superestructuras con las que cargaban los barcos de guerra produjo prototipos más ligeros y más ágiles. El alargamiento del casco incrementó el volumen sin afectar la velocidad, y el estrechamiento mejoró la agilidad, si bien este principio no fue compartido por todos los diseñadores de embarcaciones. Algunos valoraban más la estabilidad que la velocidad para la navegación en mar abierto. Hacia 1700, los galeones existían en casi cualquier tamaño de más de quinientas toneladas, pero era común que pudieran aproximarse a las dos mil. A partir de entonces, como las comunicaciones españolas no podían depender de una supremacía naval en competencia con las potencias emergentes del norte de Europa, especialmente de la Marina Real británica, resultó prudente a veces trasladar cargas importantes, como informes secretos y plata americana, desde los convoyes de galeones hasta barcos simples, rápidos y pequeños, los llamados «registros sueltos». La fabricación de galeones, a fin de cuentas buques de la Armada, influyó mucho en el diseño de los mercantes, que continuaron siendo de diversos tipos y eran concebidos ante todo para el transporte de grandes cargas. La razón era obvia: mientras hubiera galeones armados que los protegieran, no tenían por qué ser maniobrables ni rápidos como primera condición.

La navegación se multiplicó en el Atlántico de manera prodigiosa. En 1520 se superaron por primera vez las cien embarcaciones al año, y a partir de entonces solo una intensa piratería, corso o persecución severa pudieron reducirla, porque las Indias españolas aumentaron su producción y su demanda durante el resto del siglo. De manera típica, el número total anual de grandes barcos mercantes se hallaba entre veinte y treinta. Desde 1620 las cifras descendieron debido, por una parte, a la disminución de la seguridad en océanos azotados por las guerras, y, por otra, a fluctuaciones en la producción de plata y otros productos americanos. Además, la creciente autonomía de las economías del Nuevo Mundo las hacía capaces de producir más de lo que necesitaban para su autoabastecimiento.[19] En el Pacífico, la situación era diferente. En la costa occidental americana, España tenía menos territorios productivos o mercados grandes. La mayoría se localizaban en la región andina y se comunicaban con el Atlántico a través de Panamá o Cartagena, o mediante ríos que desembocaban en el Paraná, Orinoco o Río de la Plata. El Galeón de Manila navegaba anualmente, excepto cuando los desastres lo impedían. En todo caso, nunca eran más de cuatro cada año y se solían limitar a dos, debido a regulaciones oficiales diseñadas para evitar el vaciamiento de plata de las economías de México y el Perú.

Incluso con la ayuda de instrumentos y cartas, el cruce del océano a vela y el regreso —o tornaviaje— estaban llenos de peligros. En la primera flota que llegó al Caribe desde Europa, el primer viaje de Colón en 1492, la embarcación más grande, la nao Santa María, embarrancó en La Española y tuvo que ser abandonada. Durante el resto del periodo de la navegación a vela, las tormentas y la inescrutabilidad de la longitud, que arrojaban a los barcos de modo inesperado sobre costas, bajos y rocas, desembocaron en frecuentes naufragios. Aunque las embarcaciones españolas intentaban no llevar objetos de valor durante la temporada de huracanes, el tiempo en el Caribe es una caja de sorpresas, y cualquier persona que haya experimentado los huracanes que aparecen por allí todos los veranos y otoños y que se despliegan veloces por las costas desde México hacia Maryland, y a veces incluso más allá, con seguridad daba por descontado que habría muchos naufragios. Por supuesto, los navíos de la Edad Moderna estaban diseñados para capear las tormentas, y la mayoría de las desgracias acontecían en los viajes de retorno, cuando realizaban travesías muy rápidas con viento a favor y de repente se veían arrojados sobre las costas sin poder evitarlas. Un cálculo rápido de los naufragios registrados en el siglo XVI nos enseña que alrededor de cien de ellos tuvieron lugar cerca de las costas españolas, y otros cincuenta en la salida y entrada de las Azores. De las embarcaciones que partían de la península, apenas doce no lograron sobrepasar las Canarias. La Habana, puerto fundamental de las Antillas, registró unos cincuenta naufragios de barcos en arribada. A lo sumo, otros cincuenta se perdieron de manera inequívoca en otros lugares del Nuevo Mundo a causa de las tormentas.

La acción humana, a veces por avaricia o por irresponsabilidad, agravaba el peligro. Como el transporte de mercancías era caro y escaso, la tentación de sobrecarga de las embarcaciones era casi irresistible. Unos cuantos incidentes espectaculares pueden ilustrar este punto. En 1622, el galeón Nuestra Señora de Atocha, que retornaba a España desde La Habana aprovechando la corriente del Golfo, embarrancó en la costa de Florida. En 1969, los cazatesoros recobraron su carga por valor de seiscientos millones de dólares. En 1711, sobre la misma ruta, la Santísima Trinidad apenas había salido del puerto cuando un huracán la hundió. En octubre de 1641, un huracán tardío arrojó la Nuestra Señora de la Pura y Limpia Concepción, que llevaba casi tres veces el tonelaje apropiado, contra arrecifes situados en lo que hoy es República Dominicana. El naufragio obsesionó a varias generaciones de cazatesoros hasta 1978, cuando un equipo bien organizado saqueó en lo que quedaba del barco el equivalente a cuatrocientos millones de dólares. En 1593 y 1594, los viajes de los galeones de Manila fueron frustrados por fallos en la navegabilidad, por clima adverso y reparaciones tardías. En 1595, el San Agustín salió a reemplazarlos y reparar las embarcaciones, pero mientras se hallaba en la bahía de San Francisco, donde la tripulación estaba recogiendo provisiones camino de Acapulco, una tormenta repentina lo arrancó de su anclaje y nunca más apareció.

El tiempo era un enemigo imparcial. Los adversarios humanos, en cambio, podían atacar solo a los barcos españoles. Guerra, corso y piratería casi nunca dieron descanso a los marinos honrados. En cierto sentido, la piratería representa una forma primitiva de intercambio, sesgado más hacia un lado que hacia otro. Se puede entender que los piratas dejaran a España pagar los costos de la inversión para la puesta en producción del Nuevo Mundo si lograban arrancar un porcentaje de los beneficios a través de amenazas y violencia. Los que empezaban como piratas se desdoblaban en contrabandistas y, a menudo, cuando podían, aceptaban contratos y se convertían en corsarios para ganar dinero seguro o, como mínimo, para practicar un intercambio informal pero con licencia, en especial mediante el suministro de esclavos. Una parte de la piratería estuvo a cargo de marginados o automarginados de sus comunidades de origen, hermandades de isleños, mendigos del mar, «villanos de todas las naciones» y enemigos del género humano —*hostes generis humani*—, que formaban sociedades igualitarias y sin ley, con sus propios barcos, dirigentes tiránicos elegidos de modo precario y con una justicia brutal, hasta llegar a declararse «en guerra contra el mundo».[20] La mayoría de sus actividades se comprenden mejor como una forma de guerra irregular, en general contra la monarquía española, por parte de depredadores franceses, holandeses e ingleses. A veces eran un componente de operaciones bélicas regulares; otras, desafiaban las normas de la guerra para sacar beneficio de botines e incursiones. Como señaló John H. Elliott, «el comercio y la piratería fueron de hecho inseparables en el mundo sin ley del Caribe a finales del siglo XVII y comienzos del siglo XVIII; bucaneros, mercaderes y plantadores se convirtieron en cómplices intermitentes en la empresa de quitar al Imperio español sus riquezas».[21] Guerra y piratería eran de hecho inseparables, porque producían hombres que no servían para otra vida que la de la violencia, y, en caso de desmovilización, continuaban con sus hábitos anteriores. La Marina británica pudo emplear en tiempo de guerra unos cincuenta mil hombres, y desmovilizaba sobre treina mil cuando las hostilidades acababan. Piratas, corsarios y políticos se reclutaban y protegían entre sí. Las bandas de piratas se nutrían de despojos humanos de la vida en la costa, fugitivos de la justicia, esclavos desertores, deudores condenados o tipos huidos de sus propias familias.

En la medida en que las embarcaciones españolas que cruzaban el océano en la práctica estaban confinadas en corredores de vientos fijos, corsarios y piratas siempre sabían más o menos por dónde atacar. Archivos y museos de Europa y, en menor número, de Estados Unidos, están llenos de pruebas de intentos exitosos de depredación. Allí se conservan miles de documentos y artefactos capturados en el mar o mediante asaltos en tierra. Más llamativo resulta el éxito de las defensas españolas gracias a la fortificación de puertos, la mejora del armamento y la organización de flotas. La necesidad de lograr una mayor seguridad fue evidente desde 1522, cuando dos barcos con los primeros ricos cargamentos obtenidos en la conquista de los aztecas cayeron en manos de un corsario francés, Jean Flandrin, llamado por los españoles Juan Florín. La Corona, tras librarse de él, organizó inmediatamente una fuerza naval para proteger el comercio del Nuevo Mundo. Desde 1524, cuatro embarcaciones estuvieron disponibles anualmente para otorgar protección a los mercantes dispuestos a pagar por semejante servicio. Hacia 1526, los responsables españoles dedujeron que una estrategia de seguridad basada en la agregación resultaba inevitable, y ordenaron que los barcos que volviesen formasen convoyes «que conforme a los tiempos y ocasiones nos parecieran convenientes a la seguridad del viaje, con las fuerzas necesarias para defender los naos y bajeles y castigar a los enemigos».[22]

Desde 1569, la expansión de las Indias españolas, el crecimiento del tráfico mercantil y el gran aumento de la producción de plata requirieron la organización de dos convoyes anuales. El primero, la Flota de Nueva España, con su Armada de escolta, partía de Sevilla cada abril o mayo hacia Veracruz, donde confluían embarcaciones de América Central, incluidas las que llevaban el quinto real de plata, los impuestos sobre la producción de la mina de Zacatecas y otros reales de minas. Cada agosto, el segundo convoy, los Galeones de Tierra Firme, ejecutaba la misma operación, recalaba sobre la costa panameña en Portobelo o Nombre de Dios y, normalmente, se detenía en Cartagena de Indias para descargar mercaderías consignadas a lo que hoy es Venezuela, Ecuador y Colombia. Claro está que nada importaba más que la consignación de plata para la Real Corona. Aunque su monto nunca se aproximó ni remotamente al valor de lo recaudado por Hacienda mediante impuestos, sobre todo en el fiscalmente productivo y explotado reino de Castilla, la plata marcó una enorme diferencia psicológica en la viabilidad de la monarquía española. Tan pronto como llegaba, los banqueros prestamistas podían sentirse seguros y los fondos que mantenían al ejército en el campo y a la Marina en el océano continuaron disponibles. Los galeones continuaban su patrullaje del Caribe durante el invierno, custodiaban tesoros que se acumulaban en los puertos y protegían el comercio interior. En marzo, ambos convoyes se reunían en La Habana para formar uno solo, con la suma de sus barcos de comercio y guerra, y retornar a España. Algunas embarcaciones individuales podían hacer el viaje —especialmente si tenían comunicaciones urgentes que transmitir—, pero la amenaza de un ataque convertía en raros esos periplos solitarios. Algunos años casi no hubo ninguno, y nunca fueron más de cincuenta en una sola anualidad.

El sistema de escoltas era costoso y lento. Involucraba capital privado durante largo tiempo y forzaba a la Corona a gastos enormes. Pero funcionaba. Parece increíble visto en retrospectiva que los enemigos de España casi nunca consiguieran perturbar los convoyes. Solo una vez capturaron uno casi entero:

fue en 1628, cuando el holandés Piet Hein, un perro del mar que concibió un asalto al Caribe español dentro de la guerra de las Provincias Unidas contra España, acechó a la Flota de Nueva España mientras se acercaba a La Habana. Su victoria representó el triunfo de la sorpresa. Aunque los Galeones de Tierra Firme lograron evadirle, capturó a casi toda la Flota —cinco galeones y dieciséis mercantes—, con las bodegas casi intactas. Su botín fue tan grande como para sostener el esfuerzo bélico holandés, y todavía es celebrado en una rima que varía según versiones y todos los niños holandeses cantan:

Piet Hein, Piet Hein,
Zijn naam is klein.
Zijn daden bennen groot:
Die heeft gewonnen de zilvervloot!

[Piet Hein, de «corto» apodado,
y grande fama, alargado,
por haberse ya ganado
la plata en flota transportado.][23]

El episodio fue tan conocido por resultar, en la práctica, irrepetible. Los españoles nunca se hallaron con la guardia baja otra vez hasta 1656, cuando la guerra contra Inglaterra excitó las ambiciones del almirante Blake e intentó bloquear Cádiz. Mantuvo la flota de escolta refugiada en el puerto durante un año, pero el mal tiempo lo obligó a abandonar el intento a principios de septiembre, justo cuando los Galeones de Tierra Firme, que habían esperado en La Habana una escolta que nunca llegó, se barruntaban en la distancia. Habían escapado de una patrulla inglesa cerca de La Habana, pero según parece no reconocieron las embarcaciones de Blake como enemigas. Desde la acometida de Hein, las tripulaciones españolas preferían combatir hasta la muerte o hundir sus barcos, lo que fuera antes que entregar su precioso cargamento. Después de una larga batalla, el buque insignia del virrey del Perú, que retornaba de las Indias, se incendió, y lo mismo le ocurrió a otro gran mercante. Tres buques españoles escaparon juntos. Los ingleses lograron dos presas con unas 45 toneladas de plata. Al año siguiente, las iniciativas de Blake no lograron resultado alguno, pero lo peor fue entonces para España, ya que la mayoría de la carga se perdió. En adelante, solo navíos rezagados de las flotas caerían alguna vez en manos enemigas.

Los barcos son difíciles de mantener intactos en el océano, y el enorme territorio de la monarquía española constituía en la práctica una frontera indefendible, susceptible de ser atacada si los saqueadores concentraban sus fuerzas, pues la defensa española se hallaba dispersa. Por eso, corsarios y piratas podían realizar acciones depredadoras con más eficacia al caer sobre ciudades portuarias y embarcaciones atracadas que en mar abierto. Los ataques no siempre producían beneficios. En 1708, un embate inglés cerca del puerto de Cartagena de Indias precipitó el hundimiento del San José, uno de los barcos cargados con un tesoro más que considerable. El pleito internacional consiguiente enfrentó al Estado español con cazatesoros que pretendían desconocer el derecho y el patrimonio y arrasar un yacimiento arqueológico. Secuestros y saqueos de las costas resultaron a menudo mejores recompensas para los piratas. El terror era una buena táctica para quienes vivían de rescates y sobornos. Entre cientos, un famoso episodio aconteció en 1683, cuando una flotilla holandesa de trece embarcaciones y más de 1.300 hombres tomó rehenes en Veracruz, a los que fueron decapitando de uno en uno cuando las autoridades españolas rehusaron pagar rescate. La misma banda (o lo que quedaba de ella tras sanguinarios conflictos internos) repitió el método años después en Campeche. Los corsarios españoles, que también los hubo, respondieron del mismo modo. Por ejemplo, debido a sangrientas incursiones en las islas inglesas y holandesas del Caribe, Juan Corso fue, en su día, más celebrado o calumniado que sus equivalentes ingleses y holandeses Henry Morgan y Laurens de Graaf. Corso fue el archiexponente de la ausencia de cuartel en el mar y la ausencia de piedad en asaltos a tierra.

En cierto modo, el Pacífico era mejor área de caza para corsarios y piratas que el Atlántico. Había menos barcos y estaban menos protegidos, porque era más difícil acceder a un océano gigantesco y remoto. Desde el establecimiento de la Capitanía General de Filipinas en 1570 y hasta bien entrado el siglo XVIII, el Pacífico fue un «lago español», en parte porque nadie más lo quería.[24] Solo cuando pescaban ballenas, cuando buscaban otros productos del océano, por motivos científicos, o cuando las posibilidades de intercambio con la emergente costa pacífica de la América española crecieron, otras potencias se animaron a competir por la supremacía, y España hizo frente a un desafío. Mientras tanto, cualquiera que entrara en el Pacífico sobrepasando el cabo de Hornos, el estrecho de Magallanes o el cinturón de las tormentas que aguardaba a cualquiera que entrase desde el suroeste, podía darse un paseo con esperanza de total impunidad. Drake fue capaz de robar dos cargamentos gigantescos durante su circunnavegación alrededor del globo en 1578 y 1579. En 1587, Thomas Cavendish, cuando intentaba repetir la fiesta, se apoderó del Santa Ana junto a Baja California. En 1709, Woodes Rogers, rescatador de Alejandro Selkirk (náufrago inspirador según la visión romántica de la soledad humana del reputado modelo de Robinson Crusoe), logró un rescate en Guayaquil y capturó el Nuestra Señora de la Encarnación. El comodoro Anson, en un acto de guerra, capturó el Covadonga en 1743, antes de que pudiese volver a Manila desde Acapulco. Diez años después, George Compton invadió el Pacífico según los códigos de la piratería brutal e indiscriminada, pues masacró en tierra a toda la tripulación del San Sebastián, en la isla de San Clemente, sobre el canal de California. Para entonces, los navegantes británicos y franceses se hallaban dispersos y estudiaban estrategias globales, desarrollaban programas científicos e identificaban recursos naturales. Mientras la expansión británica y rusa sobre América del Norte y Siberia, respectivamente, atrajo imperios rivales a las costas, el crecimiento de los territorios españoles incrementó las oportunidades mercantiles.

La supremacía española naval declinó en todo el mundo. Después de 1630, España nunca volvió a ser la gran potencia que había sido en el siglo XVI. Desde la segunda mitad de la centuria siguiente, holandeses, franceses e ingleses impusieron sus cañones en el mar, pero las defensas españolas continuaron siendo eficaces y el balance en los encuentros navales entre victorias y derrotas continuó favoreciendo a España. Una canción inglesa —puede que sea una modificación de una melodía sobre una tormenta que acaba en desastre, de finales del siglo XVII— lamenta, en una versión que uno de los autores recuerda haber oído en su niñez, la historia en apariencia ficticia del buen barco Benjamin, que sufrió las consecuencias de haber atacado a la monarquía española. Trata de una singladura —«saliendo hacia España, para ganar oro y lograr plata»— que conlleva la muerte de casi quinientos hombres cuando retornaban a casa, en Blackwall:

Oh, hijos míos, oh, oh,
allí lloraban las madres por sus hijos
y las viudas compungidas por sus seres queridos
que murieron en el arriesgado Benjamin-o.[25]

A pesar de la solidez del sistema de convoyes, lo cierto es que era insostenible. Resultaba demasiado costoso, demasiado ineficiente para una era en la que el mercado libre desafiaba al mercantilismo y el capitalismo subvertía las bases de las economías dirigidas. Para colmo, Sevilla, con su acceso fluvial lleno de sedimentos, había dejado de ser un cuartel general apropiado para idas y venidas de grandes barcos. En 1717, Cádiz reemplazó a Sevilla. Cuando la guerra con Gran Bretaña se reanudó en 1739, los convoyes eran inoperables. Todos los barcos armados eran necesarios para la defensa de las costas españolas. La Corona decidió que cada uno se las tenía que arreglar por su cuenta. Los mercantes saldrían de los puertos hacia y desde el Nuevo Mundo, asumiendo el riesgo. Durante cierto tiempo, el comercio se desplazó fuera de los itinerarios usuales, hacia la desembocadura del Río de la Plata o alrededor de Suramérica, directamente hacia Chile, el Perú o las Filipinas. Los convoyes retornaron hacia mediados de siglo por solicitud de los mercaderes de México y el Perú, pero no por mucho tiempo. La teoría del libre comercio había conquistado a los dirigentes españoles, así como a los *bien-pensants* de la mayoría de la Europa ilustrada. En 1765, una real orden abrió nueve puertos peninsulares al tráfico directo con Cuba, Santo Domingo, Puerto Rico, Trinidad y Margarita. En 1778, una ampliación de la medida liberalizadora incrementó el número de puertos autorizados a trece en España y a 24 en América, si bien por otra década más Venezuela continuó reservada al monopolio de la Real Compañía Guipuzcoana del Cacao. Los efectos de la liberalización de puertos fueron modestos. Durante las dos décadas siguientes, Cádiz exportó más de tres cuartos del valor total de los bienes que se transportaron a América desde España. Ningún otro puerto pudo llegar al 10 por ciento. En cuanto a las importaciones desde América, el dominio de Cádiz fue incluso mayor, más del 84 por ciento pasó por su puerto.[26]

EXPERIENCIAS A BORDO

Los peligros representados por naufragios, guerras y piratería fueron insuficientes para disuadir a pasajeros y viajeros transatlánticos, tanto españoles como de otros orígenes. Ello no nos debe conducir a ignorar las condiciones abominables en las que tuvieron que transportarse. La longitud de los viajes, de por sí, asustaba. El primer trayecto, desde la boca del Guadalquivir, en Sevilla, hasta las Canarias, llevaba una media de doce días. Colón fue capaz de hacerlo en seis en su primer viaje y en siete al año siguiente, pero esa velocidad casi nunca se alcanzaba en las pesadas embarcaciones que le siguieron. Unos treinta días eran lo normal para la siguiente escala, desde las Canarias hasta el Caribe. Al llegar a las Antillas se tomaba un laborioso itinerario por el norte hacia Santo Domingo, Puerto Rico o La Habana. El Caribe resultaba, en perspectiva, todavía más intimidante que el Atlántico. La arribada a Veracruz añadía una media de 23 días al viaje. Si el destino era Panamá, había que contar con 116 días.[27] El tornaviaje exigía una suerte excepcional si se quería lograr la marca jamás superada de 35 días, lograda ya en 1494. En 1591, hubo un viaje de La Habana a Cádiz que tomó solo 37 días. Lo usual en la segunda mitad del siglo XVI y la primera mitad del siglo XVII, según la media de los 53 convoyes estudiados por Pierre y Huguette Chaunu, fue un tiempo medio de 67 días. Claro que las condiciones cambiantes podían causar que algunos periplos se apartaran mucho de la norma y llegaran hasta los 162 días en 1553, o los 98 en 1611.[28]

Las enfermedades a bordo eran abundantes, especialmente el escorbuto, además de las debidas a desnutrición y deshidratación en los viajes largos, todo ello empeorado a causa de la falta de higiene hasta un extremo inhumano en embarcaciones de la trata negrera. El viaje de Manila a Acapulco resultaba una injuria para la salud. Eran más o menos cuatro meses en el mar, sin reposición de suministros. Podían llegar a ser ocho meses si las condiciones eran adversas. Las embarcaciones cruzaban latitudes espantosamente frías o tórridas como el infierno. Eran depósitos de infecciones. Dependiendo del tamaño de la flota, entre 300 y 600 personas emprendían el viaje todos los años. Se esperaba que un número de cien morirían en el camino; 150 fallecimientos no eran tan raros. En un viaje extraordinario acontecido en 1657, una epidemia de alguna enfermedad infecciosa mató a todos los tripulantes de un barco, 450 personas, cantidad a la que hay que añadir la mitad de otro barco que llevaba 400.

El escorbuto era un enemigo que tenía tan poca piedad como los piratas, y era casi tan difícil de afrontar como las tormentas. Debilidad, dolor en el pecho y problemas de respiración eran los primeros síntomas, seguidos por la inflamación de las extremidades, hipersensibilidad al tacto y al dolor, encías retraídas y podridas o dientes flojos. Estas aflicciones «iban a más» en las víctimas, como describió a mediados del siglo XVIII el promotor de diversas exploraciones Henry Ellis, «hasta que la muerte se los llevó, por disentería o hidropesía».[29] En los viajes que duraban más de dos meses, la falta de vitamina C solía afectar a un número significativo de tripulantes. Los viajeros españoles, sin embargo, tenían la ventaja del acceso a muchos puertos en los que las embarcaciones de otras naciones eran intrusas y, por lo tanto, sus intentos de conseguir productos frescos estaban sometidos al azar. Los médicos españoles en el Nuevo Mundo tuvieron además el privilegio de observar el escorbuto y aprendieron de los remedios de la etnobotánica indígena. Hacia 1560, el franciscano fray Juan de Torquemada describió vívidamente el horror que suponía atender a hombres en agonía, que no soportaban ser tocados ni vestidos y que, a pesar de ser incapaces de masticar, siempre querían ingerir comida sólida. Recomendó un remedio indígena consistente en un par de ingestas de piña salvaje, pues «Dios nos dio esta fruta de tal virtud que trata la inflamación de las encías y ayuda a fortalecer los dientes y los limpia, al tiempo que expulsa la infección y el pus de las encías». Ya en 1569, el marino Sebastián Vizcaíno, que reconoció buena parte de la costa californiana, anotó que en los viajes transpacíficos «no había medicina ni cura humana contra la enfermedad, y si hay alguna es la comida fresca y abundante».[30]

El día del embarque era de mucha labor y poco entretenimiento. Entre los pasatiempos disponibles, el juego estaba prohibido, aunque es dudoso que esta limitación fuera respetada, excepto por fanáticos leguleyos, que en todo caso se hubieran abstenido de practicarlo. La pesca se cultivaba, por supuesto, mas no solía dar beneficio. La sodomía conllevaba pena de muerte.[31] Aparte de tocar instrumentos musicales y conversar, el único pasatiempo era la devoción religiosa, solo interrumpida por unas comidas miserables. Durante los años de navegación a vela no hubo muchos cambios. Por eso la apreciación más vívida de lo que implicaba cruzar el océano durante todo el periodo nos la refiere el ya mencionado Eugenio de Salazar. Describió así las primeras sensaciones a bordo: «He embarcado por mis pecados. Nos han metido en una cabina de tres palmos de alto y cinco de ancho, en la cual, cuando sentimos la fuerza de las olas, se nos revuelve el estómago tanto que todos —padres e hijos, viejos y jóvenes— nos pusimos de diferentes colores». Los suministros se guardaban junto a los pasajeros. «Hay tantas cuerdas y tantos aparejos aquí y allá que parecemos todos gallinas y capones camino del mercado, envueltos en redes. Hay árboles en esta ciudad, no del tipo que desprenden resina saludable y aceites aromáticos, sino de los que son mugrientos y tienen sebo que apesta». De manera sorprendente, Salazar anota que esto al piloto no le molesta: «Víle con grande autoridad sentado en su tribunal, y de allí, hecho un Neptuno, pretende mandar al mar y a sus ondas; no he visto bellacos que tan bien sirvan y tan bien merezcan sus soldadas como estos marineros».[32]

El paso del tiempo no se marcaba con el sonido de campanas, sino con las melodías cantadas por unos niños. El trabajo de uno de ellos era mirar el reloj de arena que medía el tiempo en «vasos»; cada uno de media hora. Incluyendo los adicionales, cada barco tenía varios relojes, para saber exactamente qué hora era, ya que la medición del paso del tiempo resultaba esencial para calcular la velocidad del barco y, por tanto, la precisión de la navegación a estima. Un canto tradicional anunciaba cada vuelta del reloj. Después de la primera media hora de cada turno, por ejemplo, anunciaban:

Se ha ido un vaso.
El siguiente que empiece ya.
Más arena va a bajar
si Dios quiere.
A mi Dios vamos a rezar
para estar a salvo en nuestro viajar,
y a su madre, Nuestra Señora, que reza por nosotros,
para salvarnos de la tempestad y la repentina borrasca.

Durante la noche, un niño cambiaba las llamadas con otros miembros del turno, para asegurarse de que estaban todos alerta. Al séptimo turno del vaso, el que estaba vigilándolo cantaba un aviso para el siguiente, de modo que estuviese preparado para el cambio. Después de ocho vasos, o de cuatro horas, gritaba: «¡Al cuarto, al cuarto, señores marineros! ¡A cubierta, a cubierta, caballeros, marinos de buena fe! ¡A cubierta, rápido, a cubierta! ¡Todos los del reloj del señor piloto, es hora! ¡Despertad! ¡Despertad! ¡Despertad!». Los marinos importantes del turno, esenciales para la seguridad del barco, incluyendo el chico que miraba el reloj de arena, se turnaban en intervalos de cuatro horas. Había cantos de «buenos días» y «buenas noches», el primero al amanecer y el segundo tras el encendido de la linterna del barco, cada uno acompañado de una oración adecuada:

Bendita sea la luz tan buena,
y bendita sea la Santa Cruz,
y bendito sea el señor de la verdad,
y la santa Trinidad.
Benditas sean nuestras almas, que Dios las salve,
y bendito sea el Dios que nos las dio.
Bendita sea la luz del día,
y Dios que con ella nos ilumina el camino,
en el amanecer del día.

Por la noche existía mayor esperanza de un viaje seguro, que se podía propiciar así:

Se ha dispuesto el reloj.
El vaso ya corre,
salvos estamos en el mar
si Dios lo permite.[33]

El cambio de turno, el canto de los chicos, hacía que la vida en el barco se pudiera conformar de acuerdo con ritmos predecibles. Otros instantes determinados eran la diaria comida común y los servicios de rezo. Las comidas interrumpían, pero apenas aminoraban el aburrimiento. Solo se podía encender un pequeño fuego en la galera, porque existía un peligro terrible de incendio. Casi nunca se servía comida caliente, excepto a enfermos.

Eugenio de Salazar, maestro del humor lúgubre, describe el servicio de comida de los oficiales superiores, sentados a una mesa con un triste mantel salpicado de «pequeñas montañitas de galleta descompuesta», que parecían «montones de estiércol». Un grumete anunciaba la comida con otra cancioncita:

¡A la mesa! ¡A la mesa! ¡Capitán, señor y maestre y buena compañía!
¡La mesa está puesta y la comida está hecha!
¡Agua como de costumbre para el capitán, señor y maestre y buena [compañía!
Larga vida al rey de España,
en la tierra y en nuestra patria.
El que le ofrezca guerra,
¡ojalá que pierda la cabeza!
El que no diga «amén»,
¡ojalá no beba nunca más!
¡A la mesa, con prisas!
El que no venga no comerá.[34]

Los oficiales de menor rango, incluso el oficial de artillería, trabajo a menudo despreciado, se sentaban con los marineros del común sobre el suelo y se dedicaban a pelar huesos «como si hubiesen estudiado anatomía en Guadalupe o en Valencia», mientras que capitanes de la guardia y responsables del registro confrontaban en su escritorio portátil cuentas y libros mayores para estampar firmas de verificación. La dieta era patética. El relato de Salazar sobre la conversación en la comida, que se componía en especial de expresiones de deseo sobre las frutas y los vegetales de casa que tanto se echaban de menos, se explica demasiado bien a la vista del menú, compuesto de proteínas secas y conservadas con sal: «Un hombre dice: "Oh, ¿no hay nadie aquí que tenga uvas blancas de Guadalajara?"; otro: "¿Hay alguien que tenga un plato lleno de cerezas de Illescas?"; otro: "Me gustaría tener unos pocos nabos de Somosierra", y otro: "Un manojo de achicoria para mí y un cogollo de alcachofa de Medina del Campo". Y todos murmuran sobre su suerte y gruñen por la falta de cosas que no pueden tener donde están. Si quieres beber en medio del mar puedes morirte de sed, porque te servirán tu agua por onzas, como si estuvieras en botica, incluso si estás saciado de carne seca y comida salada. Pues la señora del mar no moverá un dedo para que tengas carnes o pescados que no estén guardados en sal. Todo lo demás que uno come está podrido y apesta como bota de morisco».[35]

Para la mayoría de los tripulantes, el rezo solía ser más bienvenido en mar que en tierra. El océano en la era de la navegación a vela era un espacio particularmente dominado por Dios, pues la vida parecía tan precaria y contingente que dependía de la merced divina. La misa no se podía celebrar en los barcos. Las regulaciones lo prohibían de modo tajante, porque las vueltas y revueltas podían causar que las hostias con las que se celebraba la eucaristía se cayesen, e incluso se precipitasen por la borda. No había provisión regular de sacerdotes. Como mencionó Eugenio de Salazar, el maestre del barco era «el cura», y el grumete, «el pequeño acólito». La flota española del Atlántico creía firmemente que Dios prefería los rezos que procedían de boca de niños de pecho e infantes. De ahí que los grumetes elevaran cantos de inocencia hacia las alturas. La salve y el avemaría se cantaban al pie del mástil todos los días, al amanecer y al atardecer. El énfasis mariano de estos servicios, especialmente en días ordinarios, cuando no se cantaba el credo, resulta comprensible. Stella Maris, la estrella del mar, era para los marineros la devoción más querida de la Virgen. Facilitaba el encuentro entre la religión tradicional y propiciatoria de los marineros con uno de los cultos más universales de la Iglesia católica. El servicio matutino seguía los cantos del amanecer, que consistían en un padrenuestro y la salve. En el barco de Eugenio de Salazar un solo niño los declamaba, sin participación de los congregados. Seguía otro cántico de «buenos días», justo antes de que cada uno se dispersase para cumplir con los trabajos del día. El oficio de la noche era más sofisticado. En los días ordinarios, el ritual empezaba cuando un niño traía un farol nuevo a cubierta y cantaba la plegaria vespertina: «Amén y Dios, danos una buena noche. Que nuestro barco tenga buen pasaje y un viaje seguro. Capitán, señor, maestre y toda la compañía». Dos grumetes empezaban a cantar el avemaría, quizá con menciones al padrenuestro y la salve. El altar estaba instalado con velas e imágenes, a lo mejor en un tríptico o altar portátil, y el maestre del barco gritaba en voz alta: «¿Estáis todos presentes?». Los hombres respondían: «Dios esté con nosotros». El maestre entonces cantaba: «Vamos a decir una salve hoy para que el viaje sea rápido. La salve nos hace cantar, un buen viaje nos logre traer». Después de la salve y la «Letanía de Nuestra Señora», el maestre anunciaba el credo, diciendo: «Vamos a profesar nuestro credo con el honor y la adoración de los santos apóstoles, que pidan por nosotros a nuestro señor Jesucristo, para que nos conceda un buen viaje». Un niño lo anunciaba cantando: «¡Digamos, nuestro Ave —salve—, por el barco y todos los que navegan en él!», a lo que respondían: «Que lo bendiga». El servicio acababa con el cántico nocturno habitual. Por parte de los esclavos, las peticiones se unían en una suerte de disrupción ruidosa, «una tempestad de huracanes de música» y «algún balbuceo o carraspeo», señaló Salazar, que se abatía sobre el conjunto de marineros. La actuación comunitaria tenía lugar en una circunstancia particular: si un cabrestante requería un giro o alguna maniobra podía beneficiarse de un ritmo acompasado, como el que favorecía un cántico. Salazar escuchó algunas canciones en las que se asumía que cualquier enemigo, viniera de donde viniese, era un moro. En el cálculo de la longitud del aparejo, a los hombres se les exhortaba a «mantener la fe» y «atrapar y matar musulmanes, paganos y sarracenos». Cuando habían terminado, debían gritar con asentimiento:

Oh, ellos niegan - la santa fe.
Oh, la santa fe - ¡la fe romana!
Oh, desde Roma – fluye la misericordia.
Oh, viene de Pedro - el grande y el bueno.

Si la cuerda del ancla era larga o se tardaba mucho en el despliegue de las velas, los cánticos se prolongaban tornándose más seculares en tono y contenido según transcurría el tiempo, y la improvisación se hacía más desesperada. Al final, pensamientos religiosos y bélicos cedían ante asuntos mundanos de los marineros, como el viento y el sol, el amor y la juventud:

O levante – se leva el sol.
O ponente – resplandor.
Fantineta – viva lli amor.
O joven home – gauditor!

[Desde el este – sale el sol.
Por el oeste – el atardecer esconde el sol.
Ey, chica mía – ¡que dure el amor!
Alégrate, compañero, mientras seas joven].[36]

Los cánticos podían degenerar en un paganismo cada vez más procaz y salvaje, según una alternancia casi litúrgica de versículo y contestación.[37]

RETROSPECTIVA Y PROSPECTIVA

La fragilidad del sistema marítimo de comunicación de la monarquía global española resulta sorprendente. En algunos casos, el Imperio sobrevivió ajustándose a las imperfecciones de los pasillos marítimos con sus vientos y corrientes, batidos por tormentas y asaltados por rivales, piratas y corsarios. El control de las periferias remotas nunca se pudo lograr mediante el envío de mensajes a través de miles de millas de océano. Para lograrlo, la monarquía dependió, por el contrario, de frecuentes cambios de personal administrativo y del castigo diferido de desfalcos y corrupciones. Aun así, esos mensajes, por ineficaces que resultaran en sus efectos en los lugares de destino, de alguna manera lograron su objetivo. El oro y la plata de las Indias no podían sostener el Imperio sin otros ingresos ni pagar la mayoría de los costos, pero robustecieron el crédito real.[38] Los cargamentos continuaron llegando a España, a pesar de todo. Hasta la crisis imperial de comienzos del siglo XIX, las mejoras en los embarques fueron lentas, pero las robustas embarcaciones de madera continuaron fluyendo como partículas por el sistema circulatorio de la monarquía. Tan solo durante la vida de las dos últimas generaciones anteriores a 1810, la navegación consiguió dar un paso adelante gracias al perfeccionamiento de los cálculos de longitud y a la consecuente multiplicación de cartas de navegación exactas. Los barcos consiguieron evitar arrecifes y bajos. La seguridad en el mar no mejoró de modo sustancial hasta que se estableció un sistema diplomático europeo en el Congreso de Viena en 1815, que mantuvo la paz con unas pocas alteraciones entre las distintas potencias y facilitó la cooperación en la lucha contra la piratería. Peligros y desastres nunca interrumpieron el comercio por mucho tiempo. El tráfico con las Indias, a principios de la Edad Moderna, no generó beneficios económicos en la línea que mantuvieron la teoría marxista y las expectativas insensatas de los mercantilistas, pero jamás se detuvo. Para el momento en que llegó la industrialización y revolucionó la explotación de los itinerarios marítimos, con la máquina a vapor y el revestimiento de hierro, el Imperio español era un vestigio de lo que había sido. Los caminos del mar, por supuesto, mantuvieron unido lo que quedaba de él. La duración del andamiaje del océano que España deslizó por mares y costas distantes, en comparación con lo que les aconteció a los imperios industrializados que lo sucedieron, parece, al cabo, más impresionante que su colapso final.

IV
ABRIENDO CAMINOS. COMUNICACIONES TERRESTRES

Preparad el camino del Señor,
allanad sus senderos.

MATEO, 3, 3

Caminos, canales y puentes facilitan imágenes muy sugerentes para entender lo que supone un imperio. Ponen en contacto mundos antes no relacionados y lo hacen de modo permanente. Entre los restos patrimoniales del Imperio romano que sobreviven en la Europa actual, calzadas y puentes aparecen como una presencia irrefutable del pasado. Roma estuvo allí. El paisaje de los territorios americanos que alguna vez fueron parte de la monarquía española contiene una herencia y una organización del territorio similar, con ciudades y pueblos vinculados por itinerarios principales y secundarios, terrestres y fluviales, hasta tal punto que las denominaciones se repiten. La cuadrícula urbana resulta omnipresente, desde California hasta Patagonia. «Caminos de los españoles» hay en toda América; puentes hay muchos todavía en uso.

Los españoles, por supuesto, no fueron los únicos que los concibieron o construyeron, ya que los caminos —eso es lo fascinante— integraron una diversidad de experiencias culturales y por tanto técnicas, europeas, africanas e indígenas. Fueron capaces de vincular lugares y culturas que habían sido inaccesibles entre sí. La obra pública representó un monumento al mestizaje y a la interacción cultural, voluntaria, forzosa, casual, oportunista, interesada o gratuita. Fue testimonio de la cohesión social que la había hecho posible y un triunfo del capital humano invertido en su creación.

En diciembre de 1700, Felipe de Borbón, nuevo pretendiente a la monarquía global española, se presentó en Irún, junto a la frontera con su Francia natal, para dirigirse a la capital. Tardó 25 días en llegar a Madrid. En el camino hubo corridas de toros (que encontró fascinantes), misas, tedeums y fiestas de bienvenida y de acción de gracias. En septiembre del año siguiente necesitó 23 días para llegar a Barcelona. Allí debía recoger a su prima de trece años, María Luisa de Saboya, a fin de contraer matrimonio con ella, que lograron consumar tres días después, según las crónicas, tras indecibles sufrimientos de ambos. El convoy regio estuvo compuesto de trescientas caballerías, con catorce coches y dos literas para el rey, más una carroza tallada y dorada, una litera, una silla de mano, dos carrozas de terciopelo y doce coches para la reina.[1]

La velocidad mejoró mucho durante el siguiente siglo. Hacia 1775, el viaje en carruaje de Madrid a Irún requería diez días y medio. En torno a 1850, había bajado a dos días y unas horas de diligencia, todo un progreso, justo en el momento en que los medios de tracción mecánica superaron a los de tracción animal y cambiaron la percepción humana del tiempo y la distancia.[2] Esta mejora exponencial en el transcurso de solo tres generaciones se fundamentó en cambios organizativos y de infraestructura caminera. Veremos a continuación de qué manera escenarios ecológicos, legado indígena y marco legal, en cada una de las redes regionales de caminos y canales, precipitaron una aceleración en la cronología del viaje en el sistema de comunicaciones de la América española. Durante el siglo XVIII, visto en conjunto, el ultramar hispano experimentó transformaciones más rápidas, existió mayor inversión y hubo resultados más notables que en la propia metrópoli peninsular.

DISTANCIA EN LA TEORÍA Y LA PRÁCTICA

La madre naturaleza tiene muchas maneras de afligir a los humanos: terremotos, huracanes, erupciones volcánicas, corrimientos de tierra, inundaciones, catástrofes atmosféricas y plagas. Pero la «tiranía de la distancia» fue una de las expresiones más efectivas y obstructivas de su poder en tiempos preindustriales. Con la única excepción del ingenio y la imaginación puestos por el ser humano en la fabricación de artefactos para matar al prójimo, solo ha dedicado más energía a contrarrestar sus efectos.

En Occidente, desde la Antigüedad grecorromana, el debate filosófico se ha ocupado, entre otros temas, del dominio del hombre sobre la naturaleza. En la actualidad, el asunto fundamental radica, por el contrario, en el daño antropogénico sobre el entorno natural. La cruda realidad ha sido, durante la mayor parte del tiempo, que las acciones de los seres humanos fueron limitadas o estuvieron mal planificadas. Sus huellas aparecían visibles en el paisaje, como cicatrices dispersas sin la coherencia que, se suponía, resultaba de la acción de las leyes de la naturaleza o el designio de la divina providencia.[3] La América española mostró el impacto de ambos en grado notable. Desde finales del siglo XV, los descubrimientos transoceánicos agudizaron la incertidumbre. El escenario ultramarino parecía una mezcla monstruosa de paraíso terrenal y peligro mortal. La apelación a la tradición romana fue sensata. En la década de 1520, Alonso de Castrillo recordó que, cuando Roma había ganado «el imperio del mundo entero», otorgó amparo a quienes acudían a ella. «Imperio» equivalía a «amparo», según su punto de vista. La comunicación y la compañía de la ciudad de Roma justificaban una existencia benigna, garantizada por la generosa concesión de ciudadanía a personas de todas las procedencias. Pensaba Castrillo que quienes se acercaban «en busca de habitación», de un lugar donde vivir, debían ser acogidos con premura.[4] En 1755, el jurisconsulto valenciano Tomás Manuel Fernández de Mesa alababa a los romanos, «a quienes nos proponemos imitar», como maestros en lo referente a materiales, hiladas, formas o anchura de las construcciones.[5] Las concepciones imperiales españolas fueron forjadas en principios y prácticas de la romanización, lo que implicó un énfasis en las infraestructuras. A ellas se añadieron las experiencias vividas en la cristianización de antiguos pueblos gentiles y las procedentes de la reconquista peninsular contra los moros, de la cual la conquista de América pareció a algunos observadores una suerte de prolongación natural.

Estos modelos animaron a los españoles a concebir como relativas y quizá como manejables las vastas distancias existentes dentro de su Imperio, en vez de absolutas e indominables. En su *Historia general y natural de las Indias* (1535), Gonzalo Fernández de Oviedo mantuvo que las hazañas de Hernán Cortés excedían a las de Julio César, por la asombrosa distancia de Europa en la que habían acontecido, lo que les otorgaban mayor mérito. Se podría decir que la colonización española en América comenzó con la construcción de calzadas fabricadas «a la romana» entre las ciudades que fundaban. La apertura o el acondicionamiento de caminos definió su permanencia y su capacidad de organización del territorio, lo que llamaron «disciplinar la distancia». En 1589, en su famosa *Elegía de varones ilustres de Indias*, el aventurero y soldado devenido en clérigo Juan de Castellanos glosó en verso las hazañas de los conquistadores. Estos atravesaban ríos y playas, senderos y cordilleras. En sus versos, indígenas y españoles se pierden mientras «vánse poblando nuevas poblaciones», «sin atinar a senda» y cruzan «por montañas sin camino».[6] El historiador y cronista de Venezuela José Oviedo y Baños alabó en 1723 la «hermosa capacidad de su distancia».[7]

Por supuesto, ignoró que esta fue fuente de conflicto permanente entre la Corona y los conquistadores. Oficiales reales y burócratas minusvaloraron sus hazañas o los acusaron, no siempre de manera justa, de exagerar sus méritos y arrogarse honores y recompensas que no merecían. Los clérigos figuraron entre sus críticos más hostiles y apasionados, en especial fray Bartolomé de las Casas, que recibió el nombramiento real de defensor de los indios y fue uno de los iniciadores de la acusación a los españoles de conductas de extrema crueldad y avaricia, la llamada «leyenda negra». A este respecto, el gobernador de La Española y conquistador Juan Ponce de León no logró justificar en tiempo y forma su conducta para enfrentarse a las acusaciones de sus enemigos, e invocó la distancia a la que se hallaba cuando señaló que «como los caminos eran largos, no pudo dar descargos».[8] Tras salir bien librado, tomó el camino de Florida, en busca de la fuente de la eterna juventud. Lo que halló, como sabemos, fue la muerte. En el naciente Imperio español, el debate sobre los «justos títulos» de la conquista española de América fue simultáneo a la organización de las comunicaciones. El derecho a la libre circulación y el comercio fueron considerados «naturales» para la humanidad, parte de lo que hoy consideramos «derechos humanos». Resultaban justificaciones no solo válidas, sino indiscutibles. Incluso los frailes indigenistas radicales estuvieron de acuerdo.

Desde lo que podríamos llamar una perspectiva teopolítica, la construcción de redes y vías de comunicación contribuyó a otorgar legitimidad al Imperio español. En 1569, fray Tomás de Mercado explicó que del pecado original emanaban la propiedad, la humana necesidad y la obligación de compartir y circular mercancías por este valle de lágrimas: «La necesidad no tiene ley, ni aun paciencia ni moderación. Venía uno a haber menester lo que tenía el otro. No pudiendo ni debiéndole despojar, empezaron a comerciar, en vez de soportar la desposesión o recurrir al robo».[9]

«Al comienzo del mundo todo se poseía en común», refirió el dominico Francisco de Vitoria y, al mismo tiempo, crítico de la conducta de los monarcas españoles durante el siglo XVI y testigo de sus hazañas. Existía un derecho a visitar a los demás y mantener contacto con ellos no afectado por el desarrollo ulterior del derecho de propiedad. Los españoles poseían un derecho natural a desplazarse, asentarse donde quisieran y comerciar en paz que otros cristianos, bárbaros o gentiles no podían discutir. En su *Mare liberum* (1609), el jurista neerlandés Hugo Grocio suscribió este argumento.[10] Como consecuencia del derecho a la comunicación (*ius communicationis*), Vitoria había sostenido la potestad de adquisición de domicilio en comunidades de españoles o de nativos, con idénticos deberes y privilegios para los ya residentes y los recién llegados. Este principio anunció la futura ciudadanía cosmopolita, mas erosionaba la pretensión española inicial de mantener separadas las repúblicas o las comunidades de españoles y de indígenas, en la suposición de que a estos últimos les afligirían grandes males y catástrofes como consecuencia del contacto. Los clérigos lascasianos presumían una suerte de corrupción automática de las inocentes almas y cuerpos indígenas. Desde las primeras décadas del siglo XVI, la separación de nativos y españoles fue imposible. Caciques y poderosos indígenas fueron un componente sustancial del dispositivo de gobierno monárquico, los matrimonios interraciales estuvieron en la base de la gobernabilidad de una sociedad multiétnica y la población de origen africano, esclava, libre o cimarrona, se fusionó enseguida en las urbes en crecimiento. Las relaciones interétnicas transformaron y desintegraron a las categorías socioétnicas y legales reconocidas. La mayoría de los españoles vivían rodeados de familiares, conocidos, socios, criados, esclavos o cocineros de origen indígena y africano.[11] ¿Cómo iban a evitar la comunicación mutua, si se alojaban juntos, se trasladaban en comitiva y se traducían unos a otros para crear relaciones de paz, patronazgo, trabajo, amor y vida sostenible?

En semejantes circunstancias, las ciudades no solo impusieron un sentido de vecindad y comunidad a sus moradores, sino que lo propagaron a través de vías y caminos hacia provincias circundantes, apenas delineadas en los mapas. En caso de que no aconteciera así, señaló Alonso de Castrillo, la humana conversación se tornaba miserable y mezquina, la compañía de otros se hacía fastidiosa y la vida en la ciudad también.[12] La incomunicación equivalía al triunfo de la barbarie.

La historia de la técnica está impregnada de un aire prometeico que ensalza pioneros e inventores heroicos, al tiempo que menosprecia el impacto de las circunstancias y el papel que juegan el plagio, el engaño, la fortuna e incluso el intercambio justo. Sin embargo, los ingenieros suelen poseer una gran cualidad personal: la curiosidad. En la América española, esta funcionó como un mecanismo adaptativo que multiplicó el valor inicial del capital humano. El intento de trasladar sin más la ingeniería europea a territorios ultramarinos no soportaba los primeros meses de estancia en el destino. Las particularidades ecológicas obligaban a los ingenieros a aprovechar al máximo su conocimiento práctico. Ingenieros militares experimentados en el campo de batalla y veteranos de obras públicas y privadas tuvieron mayor éxito que teóricos y académicos, menos proclives a la interacción con las condiciones y tradiciones locales. En lo referente a aspectos constructivos, encontraron fórmulas integradoras, desde la selección de materiales hasta el trasvase de técnicas nativas. Además, en la planificación, la topografía, el diseño y la cartografía de nuevos proyectos, los cambios se ajustaron a los distintos escenarios, lo que facilitó una síntesis creativa.[13] La naturaleza americana fue definida por aquello que la diferenciaba de la europea, y como tal fue representada. Prejuicios y precedentes fueron puestos en cuestión.[14] A finales del siglo XIX, el ingeniero Aníbal Galindo anotó con melancolía este tópico sobre Colombia en sus *Recuerdos históricos*: «El estado normal de las comunicaciones entre Bogotá y el río Magdalena es de una anormalidad crónica. Para que los buques lleguen a Honda, es preciso que llueva. Entonces no hay camino de tierra y la carga está demorada. Y para que haya camino de tierra y la carga no se demore, es preciso que no llueva. Entonces no pueden subir los vapores».[15] El entorno natural desafiaba la lógica mediante paradojas como esta, a la que se habían enfrentado antes los ingenieros españoles.

La épica inicial de los caminos en la América española no fue terrestre, sino fluvial. Durante las primeras décadas del siglo XVI, los conquistadores penetraron en islas y continentes por itinerarios mixtos, que enlazaban puertos o apostaderos costeros con rutas interiores y, en última instancia, les llevaban de nuevo a océanos y mares que, en su sueño más preciado, debían conducirlos hacia Asia y hacia las deseadas islas de la especiería. Todo resultaba gigantesco.[16]

Las planicies eran escasas y los animales de carga, exóticos y costosos. Los trabajos dedicados a hacer accesibles pendientes abruptas, a ampliar pasos o a evitar áreas pantanosas, de modo que los vehículos pudieran atravesarlas, fueron apremiantes.

El primer constructor de carros en la Nueva España fue un fraile gallego, Sebastián de Aparicio, que nació en Orense en 1502 y murió en Puebla de los Ángeles en 1600. Radicado allí desde 1533, se preocupó de la traza de caminos para el transporte de mercancías mediante carretas, tanto hacia Veracruz, en el sur, como hacia Zacatecas, en el norte. Esa ruta, el futuro Camino Real de Tierra Adentro, fundamental en el transporte de la plata novohispana, contaría con unos seiscientos kilómetros de longitud. En el siglo XVIII, se prolongó hasta unos tres mil kilómetros si el viaje comprendía Nueva Vizcaya, Sonora, Coahuila, Texas y Nuevo México, cuya capital continental, la vieja Santa Fe, fue fundada por los españoles en 1607 en el actual territorio de Estados Unidos. Poseyó dos importantes ramales que enlazaban con San Luis Potosí y Monterrey. Aparicio tomó el hábito de franciscano a la avanzada edad de 73 años. Continuó en el oficio de «carpintero de lo prieto» y enseñó a los indígenas la fabricación de ruedas y la domesticación de bueyes. En una imagen devocional propagandística para proponer su beatificación, el fraile bondadoso aparece descalzo sobre la tierra, delante de una carreta con dos bueyes y la vara en la mano, sobre un paisaje cultivado y armonioso, a pesar de que no parece haber inventado nada. El carro de dos ruedas y ocho radios en dos círculos a 45 grados se halla en representaciones de 700 años a. C. Otra estampa muestra su milagrosa intervención para salvar de la muerte a un arriero: «Caen del puente al río la carreta y bueyes / invoca el beato Aparicio a su patrón el apóstol Santiago / y no sucede desgracia».[17] Como veremos, solo en la pampa rioplatense las carretas lograron imponerse en las comunicaciones a larga distancia.

LEGADO INDÍGENA

La puesta en marcha de la red caminera española en América constituyó una yuxtaposición entre lo que existía y lo nuevo, resultado de una síntesis pragmática e inesperada. No solo los grandes imperios azteca e inca contaban con itinerarios asentados durante milenios de comercio, guerra y migración. Rutas terrestres y marítimas conectaban grupos humanos del Caribe con otros del norte suramericano, incluso si los beneficios económicos eran pequeños y el comercio limitado. El intercambio de fuerza de trabajo, cautivos, mujeres y objetos rituales atribuía un valor contable a, por ejemplo, cuentas de nácar, semillas de cacao, conchas y amuletos de oro.[18]

Las vías de comunicación indígenas habían sido diseñadas para ser recorridas a pie. No había animales de tiro; tan solo las llamas, esos originales y malgeniados animales, transportaban pequeñas cargas en áreas andinas. Todo parecía conspirar contra el movimiento circular de la rueda y la multiplicación exponencial del volumen transportado. Las pendientes eran excesivas. Las curvas parecían imposibles de tomar y, con frecuencia, existían muchos escalones o abruptos desniveles. No era raro que un camino tuviera un ancho de entre uno y tres metros, o que existieran escaleras de miles de peldaños, inútiles para ir a caballo o en mula.[19]

En Mesoamérica, cuando llegaron los españoles, algunos importantes caminos mayas estaban abandonados hacía siglos. Solían tener calzadas de unos 4,5 metros de ancho, y se levantaban entre 60 centímetros y 2,50 metros sobre el nivel del suelo. Fueron fabricados con materiales gruesos como grava, caliza y cemento de cal, para que drenaran bien el agua. Sus constructores utilizaron unos rodillos de piedra para compactarlos, pero el conocimiento de formas geométricas circulares no fue aplicado a ingenios móviles. Los aztecas, por su parte, extendieron desde el valle de México una red de calzadas que actuaban como barreras o albarradas, a fin de protegerlo de las inundaciones. En el sur continental, las culturas mochica y chimú habían concebido calzadas adaptadas al medio desértico. «Cada río-oasis estaba separado de los demás por franjas desérticas, sin agua y sin árboles. Para evitar que las calzadas desaparecieran, construían murallas de bloques de adobe de un metro de altura y después las recubrían de barro para que no se cayeran. Esto evitaba que la arena invadiera el camino».[20] Las vías incaicas, entre las cuales destacaron las que unían Cuzco con Quito por la sierra y la costa, poseían calzadas de rectas largas, apoyadas en muros de piedras gruesas sin aglomerante, con rampas de fuerte pendiente. Solían correr por altiplanos y evitaban en lo posible los valles profundos con ríos caudalosos que, en todo caso, cruzaban en balsas o salvaban mediante puentes de materia vegetal.

Dotados de un característico y explicable talante práctico, los españoles admiraron las vías de comunicación andinas. Los cronistas de las Indias que dejaron obras sobre el Perú, desde Pedro Cieza de León en adelante, interpretaron de modo correcto la perfección de los caminos incaicos como una expresión del poder omnímodo de sus gobernantes: «Este camino de los incas es tan hermoso como el de Aníbal en los Alpes, que pone admiración verlo», dijo Bernabé Cobo en 1653.[21] A veces eran tan anchos que podían admitir seis jinetes a caballo al mismo tiempo; fabricados con piedras sin argamasa, dotados de abundantes terraplenes para asentamiento y protección sobre barrancos y precipicios, causaban asombro. Un chasqui o correo, de Quito a Cuzco, podía tardar solo ocho días en recorrer más de 2.200 kilómetros. El camino de la costa parecía en algunos tramos «una calle muy ancha entre dos paredes de tapias». Tenía 24 pies de ancho, mientras que el de la sierra, más estrecho, era de veinte. A Cobo también le asombraron los tambos o almacenes: «Eran lo mismo que nuestras ventas o mesones, solo que se servían muy de otro modo, porque no los poseía ningún particular, edificándolos la comunidad del pueblo o de la provincia, y tenían obligación de preservarlos enteros, limpios y proveídos de sirvientes».[22] Halló antiguos caminos con estacas averiadas y las piedras rotas, los almacenes descuidados o arrasados por las aguas, lo que criticó con acritud.

La expedición conquistadora de Gonzalo Jiménez de Quesada hacia el interior de la Nueva Granada, en la actual Colombia, halló un artefacto en 1537 que les causó asombro: «Por la mayor parte los recibían de paz. Les dieron a entender a los indígenas que querían que les mostrasen por dónde en aquel río hallarían paso. Les enseñaron, no lejos de ellos, un puente tejido de bejucos, pendientes de los árboles más altos. Juan Rodríguez Gil subió para mirar las ligaduras y, pareciéndole bien las amarras, fuélas tentando, yendo poco a poco hasta llegar a la contraria banda, con gran tiento».[23] Desde 1550, aparecieron por doquier vados y pasos asociados a bodegas y puertos, en los cuales la Corona estableció con rapidez el pago de impuestos de alcabala, peaje y portazgo. Aunque los puentes fabricados de lianas y cuerdas fascinaran a los españoles, los que de verdad les hacían sentirse como en casa eran los fabricados en piedra. Además, era imposible adaptar esas viejas estructuras vegetales a los trenes de mulas o a los pesados carromatos, por su capacidad de carga.

GOBIERNO DE LA RUTA. LOS CAMINOS REALES

El régimen legal de los caminos en los reinos de las Indias fue una proyección del existente en Castilla. En el cuerpo legislativo medieval más importante, las *Partidas* de Alfonso X el Sabio, se ordenaba el mantenimiento de puentes y caminos por las villas: «Debe el rey mandar labrar los puentes y las calzadas, y allanar los pasos malos». «Apostura y nobleza del reino es mantener las calzadas y los puentes, de manera que no se derriben ni deshagan», señalaban.[24] En 1354, cuando las cabañas de ganados del reino de Castilla pasaron a estar bajo la protección de la Corona, las vías pecuarias se convirtieron en cañadas reales. Una ordenanza de 1487 estableció un impuesto sobre el transporte de productos como pan, vino o aceite, cuya recaudación iba destinada a la construcción de caminos y puentes, o a su ensanchamiento para el paso de carros. Estos eran cada vez más grandes, de dos y cuatro ruedas, incluso con llantas de hierro que exigían un firme resistente.[25] Los carreteros fueron protegidos con privilegios profesionales que limitaban la potestad nobiliaria sobre ellos. La mejora de la red de comunicación castellana fue constante. Entre 1580 y 1610 se edificaron en

Castilla 240 puentes, muchos con arcos de medio punto y tajamares hidrodinámicos en forma de huso para protegerlos de las corrientes de agua. Repertorios e itinerarios impresos mostraban la manera de viajar a villas y ciudades. La obsesión caminera afectó al propio Felipe II, dedicado a la edificación de una Corte y una capital dignas de tal nombre, así como a las obras públicas en todos sus dominios. La construcción bullía: el promedio de ocupación de las casas de Madrid pasó de cinco personas en 1563 a doce en 1597, lo que da una idea de la vertiginosa demanda inmobiliaria durante su reinado.[26] Pero América, el monarca lo sabía bien, representaba otra dimensión.

La trasposición de la legislación de Castilla al Nuevo Mundo fue imperativa, porque los reinos de las Indias fueron incorporados a ella en 1504 por Isabel la Católica. El derecho indiano surgió para situaciones que requerían una legislación diferente, con carácter especial o municipal, aun si el cuerpo legal de general aplicación y vigencia era el castellano. La iniciativa de construcción caminera era descentralizada y solía ser resultado de una propuesta o un arbitrio de vasallos individuales o corporaciones. Como podemos imaginar, al rey le proponían obras razonables y necesarias junto a locuras insensatas. El ofertante o proponente buscaba el reconocimiento de un mérito y el otorgamiento de mercedes y premios. El camino era un eje de desarrollo y articulación regional vinculado a la jurisdicción real. La *Recopilación de leyes de los reinos de las Indias* (1681), la más importante compilación legislativa española sobre ultramar, bajo el epígrafe «Caminos públicos», incluyó disposiciones sobre pastos, montes, aguas, arboledas y viñas, entre otras materias.[27] La idea central, como en Roma, era que el camino fabricaba el territorio.

Cuando se denominaba «real», expresaba una voluntad colonizadora permanente y era una herramienta de estabilización territorial. Las *Ordenanzas* de 1573, las más importantes en el impulso urbanizador español en ultramar, tuvieron los caminos muy en cuenta. Establecieron que las nuevas poblaciones debían tener «buena salida por mar y por tierra de buenos caminos y navegación, para que se pueda entrar fácilmente y salir, comerciar y gobernar, socorrer y defender». Los conquistadores que disfrutaban del reconocimiento como «adelantados», por hallarse en peligrosas fronteras, podían «dar ejidos, abrevaderos, caminos y sendas a los pueblos que nuevamente se poblaren».[28] Tras los balbuceantes inicios, la Corona española siguió una hábil política de externalización de la financiación y el riesgo, manteniendo a cambio un sólido control institucional. Su lema equivalía a «dejar hacer, dejar pasar», mientras que los vasallos autorizados y comprometidos con capitulaciones y contratos le «ganaban reinos y provincias».[29] El carácter local de la legislación indiana explica que una real cédula del 16 de agosto de 1563 (libro IV, tít. XVI, ley I de la *Recopilación* de 1681), la que dice: «Que se hagan y reparen puentes y caminos a costa de los que recibieren beneficio», se recoja con toda naturalidad como vigente todavía en el siglo XIX mexicano.[30] En las ordenanzas de intendentes de 1786 y 1803, de fuerte impronta ilustrada, aparecen el aseo y la limpieza de los pueblos, el buen orden de las casas y la mejor arquitectura de iglesias y edificios públicos como fuentes de felicidad para los vecinos. La comodidad y la seguridad de los caminos, la organización de ventas y paradas o el establecimiento de puentes que evitaran riesgos eran obligaciones de gobierno.

Dos siglos y medio atrás había quedado fijado que los caminos reales tuvieran doce varas (sobre diez metros), mientras que los municipales, los mineros o los mercantiles solían tener de ocho a diez varas, entre 5,4 y 8,3 metros. Estas tipologías se extendieron por doquier. En 1540, unos cien convoyes de mulas recorrían de manera simultánea el Camino Real entre México y Veracruz.[31] Siglos después, con gran perspicacia, el viajero y geógrafo Alejandro de Humboldt, que visitó la Nueva España en 1803, denominó esa ruta «Camino de Europa», por contraposición al «Camino de Asia», que enlazaba la capital hacia el occidente con Acapulco. Arterias transversales se vinculaban con otras que iban de norte a sur. El Camino Real de Tierra Adentro iba hasta Santa Fe de Nuevo México, mientras que el Camino Real de Chiapas enlazaba con Guatemala.

En la América meridional, el equivalente era el Camino Real de Lima a Caracas, que atravesaba la Nueva Granada y comprendía unas mil leguas. El militar y naturalista panameño Miguel de Santisteban lo recorrió entre 1740 y 1742, en plena guerra hispano-británica, llamada «guerra de la Oreja de Jenkins». Fue desde Lima por mar hasta Guayaquil, y luego por tierra hasta Bogotá. Luego descendió por el río Magdalena hasta la localidad de Mompós y regresó para arribar a La Guaira, puerto de Caracas, el 20 de abril de 1742, tras casi tres años de viaje. Aun así, emprendió con posterioridad diferentes tareas, pues Santisteban estudió la quina, realizó el preceptivo juicio de residencia que se hacía a todo funcionario al final de su mandato al virrey Solís Folch de Cardona y lo nombraron superintendente de la casa de moneda bogotana. La información que aporta en su diario manuscrito denota un gusto por la aventura no exento de picaresca.

El primer tramo, de Lima a Guayaquil en barco y hasta el pueblo de Yaguachi en balsa, de unos 1.350 kilómetros, le consumió cerca de un mes. Hasta Honda, el gran puerto interior del río Magdalena, recorrió algo más de 1.760 kilómetros y atravesó Riobamba, Quito, Pasto y Popayán. En Honda, él y sus acompañantes tomaron una canoa de dieciocho remeros o bogas que los llevó hasta Mompós, no lejos de Cartagena, en nueve días, siempre aguas abajo. El retorno a Honda, contra la corriente, les llevó en cambio veinte días. La tercera etapa, de subida a Bogotá, desde el nivel del mar hasta 2.600 metros, les llevó desde el 26 de mayo hasta el 7 de junio de 1741. El 21 de septiembre, Santisteban llegó a Caracas, lo que comprendió otros 1.360 kilómetros, que justificó con un sinfín de trabajos, comisiones y en verdad una curiosidad insaciable: el Camino Real, explicó, pasaba por Tunja, Pamplona, Mérida y El Tocuyo. Los viajeros se levantaban con el alba y caminaban hasta el mediodía, cuando tomaban el almuerzo y procedían a dormir una siesta. Según ellos, era para que las pobres mulas pudieran descansar.

Continuaban luego hasta el atardecer, con la incertidumbre de no saber si lograrían dormir en posada, en alguna casa cercana —lo que ocurrió en 42 de los 175 sitios en los que se detuvieron— o en las tiendas y pabellones portátiles que transportaban, si no les quedaba otro remedio. En ocasiones debían esperar a que remitieran los aguaceros o pasaran las horas del mediodía, de intenso calor. Una misa temprana, o la cortesía debida a anfitriones hospitalarios, explicaban retrasos y paradas. Las noches se pasaban en conversar, jugar a las cartas, fumar y comer. El menú habitual, cuenta Santisteban, se componía según el día de la semana de leche, aves, queso, carne de res o cabrito, arroz y pescado. El equivalente a un banquete comprendía, por ejemplo, «huevos, mole, frutas, jaleas de Quito, perniles y jamones de Lacatunga, roscas de Ambato, carnes, quinuas, tortas y arroz».[32]

Tras la partida, uno de los viajeros principales avanzaba junto a las mulas cargadas con el equipaje, flanqueado por varios guías o «prácticos». Si el camino era intransitable, había que acudir a los «batidores de azadón», que abrían paso. Los ríos se cruzaban con un guía local, mientras que los arrieros custodiaban que las recuas de mulas, con unas cincuenta cargas (de dos quintales cada una, 46 kilos), no sufrieran percances. Las noticias volaban, como ocurre hoy, e iban por delante de los viajeros. El flete o pasaje de Barquisimeto a Caracas resultó para Santisteban más costoso de lo normal, porque supieron que venían unos viajeros del Perú y les elevaron el precio; el valor del alquiler de los animales dependía de la ley de la oferta y la demanda. Los peligros a lo largo de la ruta eran imprevisibles. Para cruzar la tarabita o el puente de cuerdas de Estanques, cerca de Mérida, tuvieron que pagar un real por carga, «un escándalo de caro», anotó Santisteban. El viajero era reo de la necesidad y víctima del abuso. A veces le obligaban a usar determinados caminos para detenerlo a consumir en ventas escogidas, con operarios de la ruta o corruptos que se llevaban comisión, o le inventaban peajes y portazgos.

La legislación lo prohibía y debía prevalecer siempre la dirección más cómoda y ventajosa, en vez de itinerarios modificados. En fecha tan temprana como 1568, Felipe II ordenó a virreyes y gobernadores del Nuevo Mundo que se opusieran a «vecinos interesados en que los viajeros hagan noche y medio día en sus ventas y tambos», pues pretendía «que no se impida la libertad de caminar cada uno por donde quisiere».[33] Dos siglos después, los arrieros de México a Veracruz informaron de que la ruta debía continuar como hasta entonces y pasar por la localidad de Perote. Según denunciaron en petición de justicia y clemencia a las autoridades, el proyectado camino por Córdoba y Orizaba era una maniobra para perpetuar «la maldad de llevarnos la contribución de barcas que pagamos, pues no es creíble que los que se acogen al patrocinio de vuestra majestad, que Dios guarde, salgan mal despachados de sus pretensiones justas».[34]

CAMINOS EN LA NUEVA ESPAÑA

En contraste con lo que haría Francisco Pizarro en el Perú, al fundar Lima en el litoral costero en 1535, el conquistador de México, Hernán Cortés, optó en 1521 por establecer la capital sobre la antigua Tenochtitlán. En plena meseta y a 2.250 metros de altura, fue el centro del recién nacido virreinato de la Nueva España, cuyas rutas enlazaban con Veracruz en el Atlántico y con Acapulco en el Pacífico. La nueva urbe, «señora de ambos océanos», estaba llamada a convertirse en gran capital del Imperio español. El camino que partía de ella hacia el oriente tenía ochenta leguas y cruzaba por Puebla y Jalapa. Hacia el occidente, otro se dirigía a Chilpancingo. Hacia el sur, la ruta partía hacia Guatemala por Oaxaca y hacia el norte se encaminaba por Durango hacia Santa Fe, con ramales a San Luis Potosí, Monterrey, Guadalajara y Valladolid. A diferencia de lo que ocurría en vastas regiones de América del Sur, no había grandes ríos ni posibilidades de itinerarios mixtos, terrestres y fluviales.

Veracruz fue el puerto clave de la región por su papel en el comercio atlántico. A partir de 1564, junto a Nombre de Dios, en Panamá, Cartagena de Indias y La Habana, constituyó el sistema de la Carrera de Indias. A la llegada, viajeros y mercancías, tras arribar al abrigado pero insalubre puerto de Veracruz, partían a Jalapa y al interior cuanto antes, por un camino con angostos desfiladeros que ya los conquistadores consideraron escabroso. La práctica de la arriería con convoyes de mulas y la necesidad de que hubiera ventas y mesones para pernoctar, además de postas de descanso, obligaron a los virreyes a organizarlas. En 1673, el visitador carmelita fray Isidoro de la Asunción tardó un mes en hacer el trayecto e hizo paradas en Córdoba, Orizaba, Puebla y distintos pueblos indios. Las ventas eran un gran alivio. El capuchino toledano fray Francisco de Ajofrín, que estuvo en América de 1763 a 1766 recaudando limosnas para las misiones en el Tíbet, incluyó en su diario de viaje la orgullosa recomendación que encontró escrita en la pared de un mesón. «El que paga recibe lo mejor, pero tiene que pagar suficiente», decía:

Pan, gallinas, buen carnero,
queso, vino y aguardiente.
Hallará aquí prontamente,
el que trajese dinero,
bien sazonado el puchero,
tendrá en aquesta posada,
con más la paja y cebada,
para sus mozos atole,
pulque, tortillas, clemole,
sí señor, ahí que no es nada.[35]

Las mejoras en las rutas fueron constantes. Hacia 1800, el virreinato contaba con una red caminera impresionante de 27.325 kilómetros, 19.720 practicables solo para peatones y cabalgaduras y 7.605 aptos para carromatos y tráfico rodado.[36] En 1804, el consulado de comerciantes de Veracruz comenzó obras en el camino a Jalapa pese a la oposición de algunos prebostes capitalinos, acostumbrados a ejercer el monopolio de la ruta. Entre otras mejoras, dispusieron columnas indicadoras de altura y distancia, para solaz y admiración de los viajeros. El camino era «ancho, sólido y de un declive muy suave», en palabras de Alejandro de Humboldt, que con su entusiasmo habitual lo comparó con las rutas alpinas del Simplon y del monte Saint Denis.

Los trabajos de ingeniería fueron muy notables. El trayecto antiguo, angosto y empedrado en basalto, fue reemplazado, gracias al diseño del ingeniero Diego García Conde, por otro de mayor ancho y con supresión de subidas rápidas, lo que hizo posible el uso de carruajes para viajeros y cargas, además de cabalgaduras sueltas.[37] En 1800, el fervor patrio llevó a proclamar al tesorero del consulado de Veracruz, José Donato de Austria: «Los caminos públicos presentan al viajero inteligente el agradable aspecto de largas y deliciosas avenidas, anuncian la hermosura de las grandes ciudades, que son como términos de ellas y pintan la majestad del Estado».[38] Los viajes en mula resultaban agotadores. A comienzos del siglo XIX, las recuas empleaban unos 22 días en ir de Veracruz a México, unas ochenta leguas, que podían alargarse hasta 35 días más en temporada de lluvias. La tarifa habitual era de once pesos por carga transportada. En la medida en que tres cuartas partes del camino se podían hacer en coches de tiro y carretas, con la cuarta restante a lomo de mula, el mes de trayecto previsto, por término medio, se podía reducir con las mejoras recientes a solo una semana, y era practicable en todas las estaciones del año.

En sentido opuesto, desde México hacia Acapulco, no parece haber existido un camino indígena, si bien hubo diversos itinerarios hacia el oeste y el suroeste. A finales del siglo XVI fue designado como terminal de la vital ruta del Galeón de Manila o la Nao de la China, que surcaba el Pacífico una o dos veces al año, por ser abrigado y defendible. La estacionalidad de las ferias, así como la irregularidad del tráfico, explican que desde la capital existiera solo un camino sin firme permanente, que atravesaba ríos, barrancos y pendientes peligrosas. El itinerario, que se realizaba a lomo de mula, iba por Ejido, Mazatlán, Zumpango, Chilpancingo y Cuernavaca, entre otras localidades. Los cruces de cursos de agua se efectuaban por vados estacionales, en balsa. A veces resultaban insalvables y obligaban a rodeos y retrasos enormes. Hacia 1800, un viajero empleaba trece días en hacer todo el trayecto, eso con suerte. El paso de los ríos Papagayo y Mezcala se efectuaba mediante un puente de mampostería en el primer caso y con una barca chata en el segundo. Esta debió de sustituir la vieja balsa de cañas dispuestas sobre calabazas secas que manejaban los indígenas, dependiente de la corriente, que si estaba crecida tocaba esperar a que menguase. La calzada fue protegida con paredes y pretiles de mampostería, las cuestas se suavizaron y las piedras que impedían la circulación de ingenios con ruedas, al menos en algunas partes, fueron eliminadas. Sin embargo, la imagen dominante continuó siendo que se trataba de un camino, señaló un emigrante español, que atravesaba «barrancos eternos, rodeando ríos y traspasando montañas, así que llega uno más muerto que vivo al término del viaje».[39]

A partir de 1546, el hallazgo de plata en las minas de Zacatecas («Madre del Norte»), Pachuca, Guanajuato y San Luis Potosí no solo impuso la construcción de una red de comunicaciones. Toda la expansión de la frontera agrícola y ganadera hacia el norte, el septentrión novohispano, se justificó por la abundancia de plata, «imán poderoso» que regaba el Camino Real de Tierra Adentro. En su primer tramo desde México, pasaba por San Juan del Río, Querétaro, Salamanca, León, Aguascalientes, Zacatecas, Fresnillo y Sombrerete. En 1555, la ruta hasta Zacatecas estaba terminada. Más tarde, tras alcanzar Durango, continuaba por las minas de El Parral, Chihuahua y El Paso, y de ahí a Santa Fe, en Nuevo México. Ramales secundarios se abrían en el horizonte hacia localidades dispersas del noreste texano. Las 440 leguas, más de 1.200 kilómetros, del camino de México a Santa Fe constituían un sistema vial en el cual los carruajes tenían dificultades solo en algunos tramos. Los viajeros iban en coches de caballos o a lomo de mula. Las recuas transportaban al norte insumos para las minas, hierro y mercurio, consumibles, alimentos y lanas de las fábricas de Querétaro y Puebla. Al sur retornaban con plata, cueros, sebo, vino de El Paso y harina. Tanto los grandes convoyes como los pequeños, de entre veinte y cuarenta mulas, estaban a cargo de arrieros indígenas o mestizos auxiliados por perros de servicio. A comienzos del siglo XIX, cada año el camino era recorrido por unas sesenta mil mulas. Cada una podía cargar unos 130 kilos, botín potencial de forajidos y asaltantes, siempre al acecho de viajeros indefensos y rezagados. Era la misma táctica utilizada en el mar con la Flota de Indias por piratas y corsarios.

Pese a la longitud de la ruta, lo peor estaba a la entrada o a la salida de la capital virreinal. El riesgo de inundaciones y la pérdida de cabalgaduras acechaba en invierno; la carencia de pastos y de descanso al llegar al altiplano de México desde el norte causaba muchas pérdidas. La obsesión de las autoridades por lograr que los caminos quedaran «transitables para ruedas» expresaba un deseo incumplido del todo de transformar los de herradura en carreteros. Pensaban, con toda la Ilustración detrás, que con caminos adecuados «el labrador aumentaría sus siembras, el criador sus ganados y el artesano sus manufacturas, logrando los consumidores la mejor, más copiosa y barata provisión para todo lo necesario y útil a la vida humana».[40] En Guadalajara se emprendieron en el siglo XVIII obras de mejora de los caminos a Sinaloa, Aguascalientes y Colima, en este caso para facilitar el transporte de algodón. Con el empedrado del firme y las obras en barrancas o vados, los ingenieros pretendían la organización de diligencias y la mejora del enlace con el viejo Camino Real de Tierra Adentro, solo superado en la era del ferrocarril. En 1804, el intendente Abascal informó que casi once mil personas trabajaban en carruajes de viajeros y recuas de mulas y asnos. Transportaban cereales a Zacatecas, leña y carbón producida por indígenas a Guadalajara, cerámica de Tonalá y pescado a la capital virreinal, sal y cocos de Colima —sobre el litoral Pacífico— a Guadalajara y las minas de plata. La mejora de los caminos era una exigencia de la producción de harina, pues la de origen local no podía competir en precio con la importada desde los recién nacidos Estados Unidos, procedente de La Habana o de Nueva Orleans, mucho más barata por el costo inapreciable del flete marítimo.

ARRIBA Y ABAJO DEL ISTMO CENTROAMERICANO

Hacia el sur, la Capitanía General de Guatemala tuvo el papel de aglutinador regional y de enlace con México. Desde allí, el camino, que era de herradura la mayor parte y en algún sector carretero, serpenteaba por Santiago Tlatelolco, Hueyotlipan, Zumpango y Antequera de Oaxaca. Luego se dirigía hacia el istmo por Hueyapan, la sierra de los Quelenes, la montañosa Chiapas, cruzaba el río Grijalba y continuaba hasta Atitlán. Allí atravesaba el lago para arribar a la capital, Guatemala, origen de itinerarios a la costa del Caribe y al golfo de Honduras para el enlace con los Galeones de Tierra Firme, o hacia Granada, en Nicaragua, en busca del Pacífico y de la Armada del Perú. Los peligros en esas rutas ante ataques de piratas y corsarios llevaron a la Corona a aconsejar el uso de caminos terrestres a Panamá y a Veracruz para comercializar el cacao, la plata o el añil de la región, por caro y penoso que resultara. La vía hacia Nicaragua y Costa Rica a través de selvas y pantanos se sirvió de un camino de herradura angosto y, según la estación, intransitable que iba por Petapa, Sonsonate, San Miguel, Choluteca, León, Managua y Nicoya. Los precavidos comerciantes, por lo general, no lo usaban, y subían sus mercancías en Puerto de Caldera o Puerto Coronado a bordo de embarcaciones que navegaban a Panamá, aunque siempre hubo quienes prefirieron la alternativa terrestre y las recuas de mulas.

La decadencia mercantil en la costa oriental del istmo centroamericano originó iniciativas de apertura de caminos. Uno de ellos pretendió conectar la nueva ciudad de Guatemala, levantada tras el terrible terremoto de 1773 que destruyó Santiago de los Caballeros, hoy Antigua, con el fuerte de San Fernando de Omoa, sobre el litoral del Caribe hondureño. Concluido en 1779, reducía la distancia del camino de herradura anterior y permitía la rodadura desde Omoa hasta Chaves. Unía la capital con Puerto Caballos por Esquipulas, San Pedro Sula y Copán. Una medida del impacto regional que supuso la tenemos en que el correo de La Habana llegaba dos meses antes por esta vía que si lo despachaban por la antigua de Veracruz. En 1808, el consulado de Guatemala andaba empeñado en la apertura de un camino para carruajes que conectara con el golfo de Honduras y que permitiera dar salida al cacao, al añil, al café, al azúcar, al tabaco y al algodón que producían. Quedó sin resolver la duda sobre el fondeadero en el litoral Caribe en el que debía terminar, Izabal o Santo Tomás, mas no el reclutamiento de mano de obra, pues los promotores propusieron que fuera como «un presidio volante, al que se destinarán todos los vagos, todos los ociosos y todos los delincuentes del reino, por más o menos tiempo, según gradúen sus sentencias los tribunales».[41]

Panamá fue la gran puerta de entrada al tráfico de larga distancia que llegaba a la región. El hallazgo del océano Pacífico o mar del Sur por Vasco Núñez de Balboa en 1513 inauguró su destino mítico como «ombligo del mundo y corazón del universo», frase repetida en los folletos turísticos. Seis años después, su verdugo Pedrarias Dávila fundó la capital sobre el Pacífico, como terminal tras el cruce del istmo desde el Atlántico. También fue base de partida de las conquistas que quedaban por completar en el sur americano: el Perú, Chile y la Nueva Granada. Desde 1564, la organización de la Carrera de Indias reconoció su importancia estratégica para los Galeones de Tierra Firme, que arribaban a Cartagena de Indias y a Nombre de Dios, y más tarde a Portobelo. El tedio y los peligros del paso del sur continental a través del estrecho de Magallanes y, desde 1616, del aterrador cabo de Hornos, aumentaron las necesidades de transporte y enlace interoceánico. El hallazgo de plata en Potosí en 1545 las multiplicó hasta cifras insospechadas. Los comerciantes limeños cargaban en el puerto del Callao sus productos, en especial la plata, que arribaba a Panamá, atravesaba el istmo y se mercadeaba en las ferias celebradas en la orilla opuesta, la atlántica, a la llegada de los galeones. Duraban entre diez y cincuenta días, y en ellas se podían adquirir, a cambio, productos venidos de España y Europa: aceite, vino, papel, hierro y pólvora, entre otros.

En aquellos días, el puerto terminal en el Caribe, Nombre de Dios, tenía unas 150 casas de paja encajonadas entre la playa y la selva, escaso calado y una rada abierta. Era tan insalubre que las mujeres parturientas eran enviadas a Venta de Cruces para que tuvieran allí a sus hijos y los criaran sin riesgo hasta los seis meses.[42] Portobelo, hacia el oeste, también tenía un clima malsano, pero su puerto natural era extraordinario, con calado y fácil de fortificar. Allí se trasladaron pobladores y la feria en 1598, lo que obligó a rehacer la ruta de enlace hacia el sur, con Panamá y el Pacífico. La vía directa, de unos 86 kilómetros, se usaba en estación seca. En la de lluvias (más bien diluvios, de mayo a agosto) se necesitaban ocho o nueve horas por mar hasta la desembocadura del río Chagres. Entonces venía un tramo que se sorteaba en fragatas a remo, que solían conducir 25 negros bogas. Eran 18 leguas hasta Venta de Cruces; por tierra, quedaban hasta Panamá cinco leguas más.[43]

Los relatos de viajeros y cronistas dejaron páginas inolvidables sobre la hostilidad de la naturaleza tropical allí. «En mi vida me vi en mayor tribulación», refirió en 1587 Celedón Favalis a su padre. «Me embarqué en Nombre de Dios y pensé mil veces perecer y acabar la vida. Estando ya medio ahogado, me sacaron más de veinte negros. Se me pudrió todo el vestido. Me mordió no sé qué sabandija. No hay criatura humana, sino micos y monos y caimanes sin número».[44]

Hasta Panamá se continuaba a lomo de mula, animal que resultaba más caro allí que el noble caballo, que de poco servía en semejantes rutas. A veces, el camino era tan estrecho que no cabían dos animales, cargados con unos 45 kilogramos y empujados en medio del fango por heroicos y profesionales arrieros de color. Un convoy habitual podía tener seiscientas mulas, conducidas por cuatrocientos arrieros, lo que da idea de la exigencia del paso y de los costos que implicaba. Fray Diego de Ocaña, que tuvo la suerte de atravesar el istmo en estación seca, tardó solo tres días de Portobelo a Panamá. Las cordilleras, barrancos, cenagales y pasos fluviales le parecieron casi infranqueables. «Más costo tienen las mercaderías en pasar de Portobelo a Panamá —señaló a comienzos del siglo XVII un viajero quejoso—

que en el resto de la ruta de Sevilla a Lima».[45] A pesar de ello, el 65 por ciento de la plata peruana que llegó a España entre 1576 y 1660 pasó por el istmo de Panamá.

Las mejoras en la infraestructura viaria continuaron a pesar de las fluctuaciones en la producción de plata y el tráfico transatlántico. Entre ellas, destacaron el traslado de la aduana de Cruces a Gorgona y la apertura de caminos alternativos por el Darién. El arzobispo-virrey de la Nueva Granada, Antonio Caballero y Góngora, todavía pensaba en 1788 que allí se podía construir «una breve senda que dé paso a un hombre a pie, un tránsito franco y llano para recuas y carros».[46]

VENEZUELA

La Capitanía General de Venezuela unificó en 1777 diferentes gobernaciones regionales antes dispersas. Su jurisdicción se caracterizó por dos elementos excepcionales. En primer lugar, la costa era escabrosa: una embarcación procedente de Europa tenía dificultad para hallar puertos adecuados y seguros. Ahí radicó, entre otros elementos, la importancia de Cartagena de Indias. En segundo término, la carencia de productos que hicieran viable el tráfico atlántico, como el oro y la plata, llevó a que fuera el cacao, tan demandado en la Nueva España, el fruto que facilitó la integración venezolana a la monarquía española. La remisión de subvenciones y fondos de tesorería llamados «situados», a regiones apartadas o necesitadas, sostuvo mientras tanto la escasa población local. Las embarcaciones que partían de La Guaira a Veracruz retornaban con plata en lastre, y esta permitía pagar sueldos y rentas o adquirir lo necesario en el exterior; pero Caracas no era Venezuela.

La falta de caminos permanentes y practicables entre el oriente, el centro y los Andes, tardó en resolverse. La conexión fluvial, con el río Orinoco como límite de un territorio interior apenas hollado, resultó determinante. En los llanos, las lluvias arrasaban los rastros de caminos y los jinetes se orientaban con la brújula. En época seca, las cargas del interior se transportaban por angostas veredas o «picas» hacia la costa, donde se hallaban los mercados y los consumidores.

La fundación del consulado de Caracas en 1793 favoreció la mejora de los caminos. Sus emprendedores miembros, llevados por un optimista espíritu fisiocrático, se ocuparon en primer término del acceso al puerto de La Guaira, conocido como «Camino de los españoles». El ingeniero militar Francisco Jacott les propuso una intervención limitada y eficaz con terraplenes, un empedrado poco profundo, lajas verticales para la consolidación de la senda, de unos siete metros de anchura, desagües y paradas de descanso.[47] Hacendados y comerciantes promovieron otros caminos a Capaya, Caucagua, Barlovento o La Victoria. En el caso de este último, los conflictos de competencias, así como la traza del camino por haciendas, ingenios de azúcar y hatos de ganado de particulares, cuyos propietarios no estaban dispuestos a ceder terreno y menos mano de obra, impidieron que se realizara. Lo mismo ocurrió con las vías planeadas hacia los valles de Aragua y Caucagua, a pesar de que sus ricas producciones no tenían salida al mercado.

El camino de 43 kilómetros entre Puerto Cabello y Valencia fue, en cambio, todo un éxito. Entre ambas localidades se realizaron obras de empedrado y mejora del trazado, así como el importante puente de Paso Hondo. El camino de Aguascalientes fue ampliado a fin de que lo usaran carros y carretas. El de San Felipe debía permitir la salida al mar de las haciendas del interior.[48] Al occidente de la Capitanía, la vieja ruta hacia Coro estaba a cargo de indígenas arrieros que no temían a la soledad de lugares tan desiertos como aquellos. En el oriente, la vía que uniría Cumaná con Barcelona debía facilitar el abasto de carnes, la conducción de caudales, el traslado de tropas y la correspondencia. En 1803, comenzaron las obras. La sustitución de los caminos de herradura para cabalgaduras o del transporte fluvial por vías y carreteras nuevas, capaces de absorber vehículos de ruedas de capacidad de carga multiplicada, quedó sin embargo pendiente.

LA NUEVA GRANADA, ENTRE DOS OCÉANOS

Para los tratadistas políticos, los caminos eran como las venas y las arterias del Imperio español. El tráfico era la sangre que posibilitaba su existencia.[49] La fragmentación geográfica era un designio divino. Si la naturaleza no presentaba obstáculos insuperables, se interpretaba que la providencia se manifestaba a favor. La percepción era la opuesta, donde todo parecía estar en contra, como en el territorio de la actual Colombia, que posee tres ramales de la cordillera andina y dos ríos gigantescos de norte a sur, el Magdalena y el Cauca. Allí no existía, como en los imperios azteca e inca, una autoridad centralizada, sino señoríos y cacicazgos independientes que, en el caso del altiplano central controlado por los muiscas, funcionaban al modo de una confederación. La colonización española del Nuevo Reino de Granada se consolidó a partir de la fundación de Santa Fe de Bogotá, en 1538. Cinco años antes, Pedro de Heredia había erigido Cartagena de Indias, urbe imperial y puerto fundamental en la ruta de los Galeones de Tierra Firme. Desde la costa del Caribe, los españoles y sus aliados nativos se aventuraron por el curso de los ríos, en especial el del Magdalena, que los condujo hacia el altiplano central. Otras vías fluviales les desviaron hacia Los Llanos, Orinoco y Amazonas, en busca del mito de El Dorado.

La historia inicial de la Nueva Granada contempla la transformación de una frontera marítima a otra fluvial. También puede interpretarse como un conflicto entre el hombre y la naturaleza. Primero pareció imponerse una organización territorial en sentido longitudinal, de este a oeste del continente. Fue promovida por el Consejo de Indias, los misioneros jesuitas y sus cartógrafos. Por otra parte, la geografía impuso una ordenación natural del territorio de norte a sur, en cuadrantes de longitud. A comienzos del siglo XVII, parecía que el río Orinoco, el cual buena parte de su curso corre hacia el occidente, sería el eje organizador del reino. La naturaleza se impuso a la voluntad humana. El altiplano central, productivo y densamente poblado acogió las instituciones de gobierno, y el río Magdalena facilitó el enlace con el puerto de Cartagena.

El occidente se articuló alrededor del río Cauca, que desemboca en el Magdalena, lo que reforzó la tendencia de la colonización de norte a sur. Los caminos terrestres fueron subsidiarios de las vías fluviales. Ejercieron el papel fundamental de conexión, por una parte, con los Andes venezolanos y Caracas; por otra, con el virreinato peruano, a través de Cali, Popayán, Quito y Lima. Las rutas transversales sirvieron para el enlace con los ríos, a los cuales los caminos en modo alguno podían sustituir. Un viaje completo de Cartagena a Bogotá tomaba 38 días. Desde Cartagena hasta la barranca del Magdalena se necesitaban cuatro días por tierra, que podían reducirse si estaba disponible el canal del Dique, abierto en 1650 y con funcionamiento intermitente. En Barranca se bajaba la carga de las recuas de mulas y se colocaba en bongos (piraguas hechas de troncos de árboles que se movían a remo) y champanes (bongos de gran tamaño protegidos por un tejado fabricado de cañas y hojas de palmeras). Desde ahí a Mompós se necesitaban cuatro días, y otros 26 hasta Honda, siempre contra corriente, para dificultad y padecimiento de bogas o remeros y viajeros. Una vez en tierra, las cargas se subían de nuevo a recuas de mulas y trepaban la cordillera andina por el empinado camino hacia Bogotá, que pasaba por Villeta. Podían tener por delante hasta ocho días más.

Una serie de iniciativas intentaron mejorar estas comunicaciones terrestres tan deficientes. En el área intermedia del curso del río Magdalena, el proyecto del camino del Carare pretendió sacar las ricas producciones de cereales del interior hacia el mercado cartagenero y evitar, al mismo tiempo, el tramo de navegación más peligroso. Con carácter periódico se estudiaba la posibilidad de conectar Bogotá con el occidente venezolano por Tunja, Pamplona y Mérida, o por el lago de Maracaibo. El optimista procurador Juan López señaló en 1543 que «por allí sin riesgo de cristianos ni de indios se puede este reino proveer de todas las cosas necesarias, así de caballos como de yeguas, vacas, cabras y ovejas, ropas, esclavos, herramientas de minas, a moderados precios y sin riesgos».[50] La creciente dificultad para encontrar indígenas remeros o bogas, a causa del declive demográfico y los conflictos, abrió paso a eficaces y organizadas cuadrillas de negros y mulatos libres.[51] El río Magdalena se mantuvo como la primera opción para los representantes reales debido a la extraordinaria importancia imperial de Cartagena y su suministro. En 1601, los habitantes de Maracaibo y de San Cristóbal insistieron en la apertura de una ruta alternativa hacia el lago, aunque sin éxito.

En una fecha tan tardía como 1762, en su famoso *Proyecto económico*, Bernardo Ward señaló: «No pretendo que se hagan caminos reales y calzadas a la antigua romana, ni que se pongan sillas de posta, pero pregunto: ¿es acaso imposible abrir paso por un pedazo de monte para la comunicación de un pueblo o de una provincia con otra? ¿Echar un barco a un río, poner en los despoblados grandes de treinta y cuarenta leguas, de trecho en trecho, aunque no sean más que cuatro chozas para abrigo de los caminantes y conveniencia del comercio?».[52] Este lamento parecía pensado para la Nueva Granada. Las alternativas de caminos y rutas desde el Pacífico también tuvieron un desarrollo desigual. Una embarcación que viniera con viajeros y carga desde Panamá podía arribar al puerto de Buenaventura. Allí tomarían el empinado camino de herradura hasta Cali y luego a Cartago, Ibagué y Tocaima, de modo que cruzarían tres cordilleras que alcanzaban tres mil metros de altura y entre las cuales bajaban para atravesar los enormes ríos Cauca y Magdalena, casi al nivel del mar. Arbitristas despistados (e inhumanos) señalaron que para evitar la contratación de remeros procedía encontrar porteadores que transportaran mercancías, e incluso a los propios viajeros, sobre sus hombros. ¿Dónde estaba la ganancia entonces para los que procedían del Pacífico? En teoría, un oportuno enlace del Camino Real de Pasto y Quito con Bogotá les otorgaría ventajas comparativas. En la práctica, los obstáculos eran enormes. No puede extrañar que, tras la fundación del consulado de Cartagena de Indias, en 1795, la mejora de los caminos fuera una obsesión.

En 1805, el consulado encomendó al comerciante José Ignacio de Pombo, librecambista, fisiócrata y antiesclavista, un informe sobre las comunicaciones del reino. Aunque se trataba de un encargo que en realidad Pombo se hizo a sí mismo, pues era la persona clave de la institución, el diagnóstico resultó tan visionario como devastador. Sus remedios pasaban por impulsar las obras en el deteriorado canal del Dique entre Cartagena y el río Magdalena y por la apertura de otra vía que uniera los océanos Atlántico y Pacífico por el río Atrato, al modo de un canal entre ambos. El efecto buscado era la integración del occidente del virreinato —Chocó, Popayán, e incluso Quito y Guayaquil— al área de influencia de Cartagena, sustrayéndolo de la influencia bogotana.

Se trataba de un proyecto irrealizable que, sin embargo, se basaba en una visión moderna de la geografía regional. Para Pombo, el virreinato de la Nueva Granada poseía dos centros: uno montañoso con capital en Bogotá y otro marítimo, pacífico y atlántico, con centro en Cartagena. «Nuestros caminos de tierra —señaló— son dilatados y malísimos, no conocemos el curso de los ríos ni nos aprovechamos del curso de sus aguas, y tampoco sabemos la verdadera situación y distancia de los pueblos».[53] Hombre práctico, Pombo creyó tener la solución: un grupo de comisionados partiría de Cartagena por mar para explorar las posibilidades de apertura de canales como el del Atrato y comunicar el interior. La esperanza de Pombo radicaba en que el sabio naturalista y cartógrafo criollo Francisco José de Caldas se encargara de ello, pero este rechazó la invitación. En 1806, el propio Pombo presentó un plan de seis caminos que ordenó según su relevancia económica. El primero, de Vélez a Opón, serviría para exportar harinas, azúcares, quinas y cobre; el segundo, de Girón a Sogamoso, daría salida a cacaos, algodones, añiles y lienzos; el tercero, de Zapatoca a La Colorada, daría apoyo a ambos; el cuarto iría de Zipaquirá a Carare, y los dos últimos unirían Guaduas con el río Negro y Puente Real con el Carare. Gracias a la influencia de Pombo, en 1810 había diversas obras públicas en marcha y estaba en ejecución el mejor plan caminero que la Nueva Granada había tenido nunca.

QUITO: COSTA, SIERRA Y SELVA

Los conquistadores que llegaron a Quito en 1532 sabían que iban a encontrar una sofisticada red vial. El antiguo camino del Chinchaysuyo, que vinculaba en tiempos incaicos sur y norte continental, les facilitó el acceso. La llegada de los españoles abrió la región hacia el mar. El interior era gobernado por la Audiencia de Quito, mas, como era habitual en los Andes, lo complicado era conectar las rutas de norte a sur con el litoral. Guayaquil, por ejemplo, un puerto vital, se comunicaba con Quito a través de tres rutas: por Babahoyo, Yaguachi y Naranjal. El mejor de los tres caminos de Guayaquil a Quito presentaba la famosa cuesta de San Antonio Tarigagua, que exigía siete horas de esfuerzo a viajeros y cabalgaduras. En Alausí, el itinerario hacia Guayaquil se cruzaba con el camino procedente del Perú, que pasaba por Loja, Cuenca, Riobamba, Quito y Pasto. Rutas similares ofrecían la posibilidad de cruzar desde un río navegable a otro. Arrieros españoles y criollos se hicieron expertos en el manejo de grandes recuas de mulas que cargaban con textiles y productos agropecuarios quiteños. En Guayaquil, completaban la carga con sal y pescado. Todo era transportado por mar hasta Lima, donde se intercambiaban por plata, vino, aguardiente de uva y aceite de Chile.

La ruta funcionaba seis meses al año, hasta que llegaban las lluvias. En verano se tardaban tres días de Babahoyo a Guaranda; en invierno, el mismo recorrido exigía entre 12 y 25 días. En 1736, los grandes marinos científicos Jorge Juan y Antonio de Ulloa salieron de Guayaquil el 3 de mayo y no llegaron a Quito hasta el 29. El viaje les tomó 26 días. La mencionada cuesta de San Antonio Tarigagua los dejó espantados: «Su pendiente es tanta que apenas pueden mantenerse en ella las mulas. Son tales las angosturas que no cabe el bulto de la cabalgadura, y tan continuos los precipicios que a cada paso se encuentra uno».[54] Aunque las propuestas de mejora de las comunicaciones del interior con Quito y Cuenca fueron constantes, Guayaquil se convirtió en puerto crucial para la navegación de cabotaje, en especial hacia Panamá, el Perú y Chile. En el norte de lo que hoy es Ecuador, la gobernación de Esmeraldas estaba aislada y solo se podía alcanzar por mar o por el camino costero que enlazaba con Guayaquil. El primer intento de construir un camino de herradura a Esmeraldas data de 1615. Como señaló el geógrafo carmelita Antonio Vázquez de Espinosa, «casi siempre está allí lloviendo».[55]

El enlace con San Miguel de Ibarra por tierra, o con los puertos de Limones o Tumaco y desde ahí por mar a Panamá, parecía ofrecer posibilidades. En 1656, la Corona firmó un contrato con un ingeniero italiano llamado Juan Vicencio Justiniani. La idea era que construyera un camino de tierra hasta Tumaco, con un ancho mínimo de diez varas en plano y de cinco en las laderas, con almacenes situados entre 14 y 19 kilómetros unos de otros, puentes de madera y una aduana en el río Mira. Sonaba muy bien, pero Justiniani pidió tantas compensaciones que se levantó un escándalo y no se hizo nada. No hubo iniciativas relevantes hasta 1734, cuando un brillante criollo natural de Riobamba y gobernador de Esmeraldas, Pedro Vicente Maldonado, cartógrafo y científico, decidió evitar la «vía desviada y retorcida que tiene condenado al reino». Al año siguiente, con el apoyo del presidente Dionisio de Alcedo y Herrera, Maldonado comenzó las obras. Con un total de unos 222 kilómetros, 115 por tierra y 107 por vía fluvial, el camino abierto a Esmeraldas llegaba hasta la confluencia del río Caoní con el Blanco, y desde allí el viajero continuaba hasta la desembocadura en el mar. Después de siete años de agotadores trabajos, Maldonado había vencido la difícil topografía de los Andes y una densa selva tropical. Con posterioridad, promovió la construcción de otra vía terrestre, desde Ibarra hasta un puerto en el río Santiago. Pocos comerciantes se atrevieron a transitar por él hacia el Pacífico y Panamá, pese a su utilidad para el transporte de textiles quiteños o del oro de los lavaderos de Barbacoas. Maldonado partió luego a Europa, donde se convirtió en una celebridad. Falleció en Londres en 1745. En 1756, el monarca Fernando VI comunicó a sus herederos que habían caído en la «real indignación» por no haber continuado con las obras y tener descuidado el mantenimiento de la concesión otorgada.[56]

DE TAWANTINSUYU AL VIRREINATO DEL PERÚ

En palabras del extraordinario historiador italiano Antonello Gerbi: «Los países pueden resumirse en un símbolo geográfico. Egipto es un valle, el Brasil una selva, la Argentina una pampa; Siberia una estepa, Inglaterra una isla, Panamá un istmo cortado y Suiza un puñado de montañas consteladas de hoteles». El Perú era para él un camino.[57] Otros historiadores pensaron que era tan diverso que no cabía en la definición. Era si acaso una suerte de monarquía austrohúngara de América del Sur.[58]

Constituido como virreinato en 1569, el Perú aglutinó todo lo que había alrededor, desde Panamá hasta la Patagonia, incluso las recién descubiertas islas Salomón en los límites del océano Pacífico con el Índico. En su área de ocupación central, los incas dejaron un legado de ingeniería inigualada en el continente, tanto por los asentamientos a diferentes alturas como por las infraestructuras administrativas, los centros ceremoniales, las estaciones de paso, las fortalezas militares, las casas de mensajeros y los depósitos. Los almacenes dispuestos a intervalos estratégicos permitían que el inca y sus ejércitos dominaran el territorio, o que los comerciantes circularan con sus productos. En 1532, el Imperio inca se acercaba al millón de kilómetros cuadrados, con 4.600 kilómetros de longitud de norte a sur. Poseía unos cuarenta mil kilómetros de vías terrestres, si bien muchas eran procedentes de imperios anteriores o sometidos a vasallaje.[59]

Existieron dos itinerarios fundamentales: el que sería llamado Camino Real de la Sierra, de 5.200 kilómetros, que iba desde Quito hasta Cuzco por Cuenca, Cajamarca y Jauja, antes de desviarse hacia el lago Titicaca, Cochabamba y Salta, en la actual Argentina; y el Camino de la Costa, de cuatro mil kilómetros de longitud, que comenzaba en Tumbes, al norte, y bajaba por Moche, Paracas, Moquegua y Copiapó hasta el río Maule, en Chile, siempre con el océano Pacífico cerca. Cada valle costero de relevancia solía contar con una ruta transversal que atendía la complementariedad de pisos ecológicos y facilitaba el tránsito de colonos o el intercambio de productos. En el valle de Cañete, por ejemplo, el camino era de piedra en muchos tramos. Los había desde el nivel del mar hasta alcanzar 4.700 metros.

El legado inca estaba presente en muchas de estas rutas, pero el Perú virreinal se había estirado hacia las costas para integrarse en itinerarios marítimos a través del Pacífico y el Atlántico. El verdadero Camino Real, se ha dicho con justicia, fue la Flota de Indias.[60] Por largo tiempo, Panamá y Buenos Aires constituyeron polos mercantiles peruanos. Lima, capital costera, sustituyó a Cuzco. Algunas vías troncales decayeron y aparecieron otras, conectadas con Potosí, como las que llevaban allí trigo de Chile o mulas de Tucumán. El emporio de Potosí, una urbe que hacia el año 1600 contaba con cien mil habitantes, de entre los cuales un buen número eran indígenas que cumplían el servicio de la mita o trabajo tributario, consumía bienes y servicios en cantidades enormes. Puentes y almacenes incas pudieron continuar en uso. Las viejas llamas (que los españoles llamaban «carneros» y que no soportaban herrajes ni aparejos), además de las mulas importadas, desafiaban las alturas andinas. Los convoyes que cruzaban el altiplano podían constar de entre quinientas y dos mil llamas. Ocho indígenas arrieros eran capaces de conducir hasta cien animales.

El inventario de los caminos desde el virreinato peruano comprendía en primer término el camino costero desde Lima hacia el norte para llegar a Tumbes. El segundo iba por la sierra hacia el norte, por Jauja y Cajamarca, para continuar hacia Quito, Pasto, Popayán y el río Magdalena, navegable hasta las cercanías de Cartagena. Por tierra, un tercer camino continuaba hacia Bogotá y Caracas. Otra ruta iba por la costa hacia el sur, de Lima a Ica, Nazca, Arequipa, Santiago y Valparaíso. El quinto camino iba por la sierra al sur, de Lima a Cuzco, La Paz,

Charcas, Potosí, Salta, Tucumán y Buenos Aires. Finalmente, caminos transversales unían Valparaíso con Buenos Aires y Asunción. En este caso se iba a lomo de mula hasta Santa Fe, y luego en embarcación por el río Paraná.

Potosí restauró, en parte, la importancia de Cuzco y de la sierra. Desde el puerto de El Callao, el mercurio producido en Almadén, en España, imprescindible para la extracción de la plata, comenzaba su penoso ascenso a lomo de mulas cargadas con costales de cuero. Había que recorrer 1.200 kilómetros desde el nivel del mar hasta casi cinco mil metros de altura. Existía otro yacimiento de mercurio en Huancavelica, al norte de Cuzco. Desde 1580, un camino terrestre iba por Oruro y La Plata. Un itinerario mixto llevaba el mercurio al puerto de Chincha en recuas de llamas o mulas, y de allí por mar hasta el puerto de Arica, donde se cargaba de nuevo a lomo de mulas para subir a Oruro y Potosí. La plata ya refinada, en forma de lingotes, piñas o amonedada, hacía la ruta inversa, al puerto de Arica, El Callao y Panamá, bajo custodia de la Armada del Mar del Sur. En este caso, el transporte consumía entre 38 y 43 días: quince de Potosí a Arica; siete u ocho de navegación a El Callao; de quince a veinte hasta Panamá. En el momento de máxima producción de las minas de Potosí, hacia 1640, la mitad de las exportaciones de plata americana salían de allí.

El tráfico de ganado, vacunos, bueyes y mulas se multiplicó. De 1610 a 1630 se internaban en el Alto Perú hacia Potosí, que «consumía» entre tres mil y diez mil mulas, según fueran los años. Salta era el centro de este singular camino ganadero al que confluían rebaños procedentes de Santiago, Tucumán, Buenos Aires y Entre Ríos. Cada febrero tenía lugar «la asamblea mayor de mulas que hay en todo el mundo».[61] En 1778, Salta todavía enviaba al Alto Perú cuarenta mil mulas al año, cifra mantenida en 1805, a pesar de las oscilaciones. El Camino Real de Buenos Aires a Lima transcurría por Saladillo, Córdoba, Tucumán, Salta, Jujuy, Tupiza, Potosí, Oruro, La Paz, Puno, Huamanga y Huancavelica. Tomaba noventa días llegar a Salta por sabanas y planicies. En ellas, cosa extraña al sur del continente, el uso de carretas era masivo. Sin embargo, al llegar a los Andes empezaba la subida y se imponían otra vez las recuas y el camino de herradura. El gijonés Alonso Carrió de la Vandera, autor del famoso *Lazarillo de ciegos caminantes*, salió el 5 de noviembre de 1771 de Buenos Aires en tres carretas, con dos escribanos y cinco mozos auxiliares. Tardaron 158 días en llegar a Salta. Allí cambiaron las carretas por ocho mulas de silla y siete de carga, pues la ventaja de avanzar en rodadura había concluido. Desde Jujuy hasta Potosí emplearon 47 días de viaje. Para llegar a Cuzco necesitaron 144 jornadas más. Hasta Lima consumieron otros 54 días. El viaje les había tomado dos años, incluidas las entretenidas paradas.[62]

EN LOS MÁRGENES

Durante el transcurso del siglo XVII, el desarrollo de Buenos Aires como puerto de contrabandistas implicó la desviación de la plata altoperuana por esa ruta e impulsó el interés en el oriente continental. La sostenida caída de la producción potosina desde 1650, junto a la demanda en la economía atlántica de nuevos productos —carne seca (tasajo), cacao, quina, tabaco y colorantes, entre otros—, requirieron nuevas redes de transporte. Desde ciudades como Charcas y Santa Cruz de la Sierra partieron nuevos caminos hacia las misiones selváticas jesuitas de Mojos y Chiquitos. En 1767, año de su expulsión, una ruta mixta fluvial y terrestre enlazaba Cochabamba con la misión de Loreto. En 1776, cuando se estableció el virreinato del Río de la Plata, Buenos Aires se había convertido en puerto fundamental para la monarquía global española. La incorporación de la mayor parte del Alto Perú reconoció el cambio en la importancia relativa de las comunicaciones con las vertientes atlántica y pacífica, así como la diversificación del comercio, antes dominado por la plata. No solo había señores de minas; también los había de azúcar o cacao. El magnetismo de Buenos Aires determinó el futuro de la región.

En América del Sur, el Río de la Plata continuó como el reino de las carretas. Buenos Aires, refundada en 1580, surgió como puerto vinculado al comercio legal y al contrabando. Fue cabecera competitiva de un enorme territorio interior con mucha demanda de transporte. Ya en 1611, el cabildo de la ciudad estableció un arancel de precio fijo para bienes fabricados por carpinteros. Una carreta «de un rayo», en referencia a las ruedas, costaba un peso; una cama costaba dos; una silla «de sentarse» valía cuatro, lo mismo que una ventana, por algún motivo no explicado. Hacia 1750, era común el uso de la carreta o el carretón de dos o cuatro ruedas, tirado por dos pares de bueyes, «al modo de las galeras de La Mancha», por lo general con una caja o barquilla de 4,18 metros de largo y 1,25 de ancho, por supuesto forrada en cuero, con una ventana delante y otra detrás.[63]

Sin ventas ni posadas en el camino, apenas con algunas cabañas o ranchos de ganado muy dispersos, el viaje por el interior continental se hacía muy duro. Para recorrer cien leguas, poco menos de quinientos kilómetros, se empleaba el doble de tiempo que en España, veinte días en lugar de diez. Incluso en el siglo XVIII, cuando aparecieron paraderos y ventas, las quejas de los viajeros sobre el mal trato, los alojamientos pésimos y la comida abominable fueron invariables.

La ansiedad de llegar a Asia y a las tierras de las especias explica la temprana exploración y colonización de la vertiente americana del Pacífico. Sin embargo, Chile, conocido como el «Flandes indiano», fue difícil de integrar en una red caminera, y la inmensidad y hostilidad de las regiones más meridionales retrasó su poblamiento y colonización. En 1602, a fin de «sustentar la tierra», el asentista portugués Pedro Gómez Reynel, que había llevado seiscientos esclavos a Tucumán y Charcas, recibió en compensación permiso para cambiar productos de Brasil por harina, sebo, carne seca, azúcar y palo tintóreo locales.[64] Aunque la plata quedó excluida del trato, abrió una nueva ruta comercial. La Corona, por si acaso, había ordenado la instalación de una aduana seca en el camino de Córdoba. El camino al piedemonte andino se desviaba luego hacia San Luis y hacia Mendoza, para adentrarse en Chile tras el paso de la temible cordillera. El Aconcagua, de casi siete mil metros, quedaba en las proximidades.

Hasta 1776, la provincia de Mendoza, en territorio de la actual Argentina, formó parte de la Capitanía General de Chile. La capital del mismo nombre fue fundada desde el lado chileno de la cordillera por el marqués de Cañete en 1559. Buenos Aires no existía. La utilidad de un camino tramontano era inconcebible. El desarrollo de la región del Río de la Plata durante la siguiente centuria cambió el escenario. En 1698, un viaje de casi 1.300 kilómetros de Buenos Aires a Mendoza consumía 47 días. Una caravana grande de carretas era tirada por 370 bueyes; cuatro por cada una, hasta aproximarse al centenar. Doscientas mulas llevaban personal auxiliar y de escolta.

Un jesuita napolitano, Antonio María Fanelli, calificó a las carretas como «presidios ambulantes», debido a lo mucho que se aburría en aquellas pampas interminables que le parecían como océanos, sin árboles ni alojamientos. Los viajeros sufrían el acoso del calor, del polvo y los insectos que les impedían dormir. El gran naturalista Félix de Azara narró en una ocasión que para impedir que los mosquitos lo atacaran y poder dormir algo se había tenido que sumergir bajo el agua de un charco cercano casi por completo. Los únicos antídotos para el aburrimiento se hallaban en los encuentros con el peligroso ganado cimarrón que vagaba por todas partes, el paso de vados impredecibles y las terribles tormentas. Dentro de la jurisdicción de Buenos Aires quedaban 434 kilómetros de camino, con nueve postas, para relevo de monturas y descanso de los viajeros. En dirección opuesta, la de Mendoza tenía 473 kilómetros, con siete postas, y en la de Córdoba había 78 leguas y ocho postas.

El tramo peligroso de verdad, en dirección a Chile, tenía 376 kilómetros y era el del paso cordillerano por Uspallata, La Cumbre, Piedras Paradas y la bajada a Santiago. Para superarlo era preciso dejar la «comodidad» de las carretas y tomar el camino de herradura. A las dificultades orográficas y climatológicas se sumaba el asalto periódico de «indios vagantes y bárbaros». En la cabeza de la recua colocaban una mula o una yegua que servía de guía, la «madrina», con un cencerro o campana cuyo sonido orientaba a las demás. Eran incontables las abruptas laderas, las cuchillas y los agudos precipicios. Las nieves dejaban paso franco para cargas solo entre noviembre y abril. Hombres y animales colgaban sobre los abismos. Fanelli describió su sufrimiento: «El camino, no más ancho que un palmo, forma una profundidad horrible. Corre un río impetuoso que espanta con solo mirarlo. El mirar las nieves nos lastimaba la vista hasta lagrimear. Solía decir a mis compañeros que, si al demonio le ofrecieran mil almas por el convenio de pasar la cordillera a caballo, rehusaría la oferta para no pasarla. Los fríos son tan excesivos que parten los labios y las mejillas de los pasajeros. Se hielan de tal manera las manos y los pies que parecen muertos, y hacen sacudir los dientes con tal ímpetu que, si alguno no tiene todo el cuidado que debe, se cortará la lengua con sus propios dientes».[65]

Catorce días después, el sufrido jesuita llegó a Santiago, que le pareció «tierra prometida o paraíso terrestre». Carrió de la Vandera recomendaba contratar, de Mendoza a Santiago, tramo de menos de quinientos kilómetros, a algún arriero chileno o a un peón práctico que, con mulas poco cargadas, tardase menos tiempo. Tenía que ser gente de montaña, pues los arrieros negros o mulatos no soportaban el frío. Los naturales de Mendoza eran famosos por su eficacia, comparable a la de los maragatos en España, quizá descendientes de moriscos, tan hábiles en el paso de Galicia a la meseta castellana. Había quejas de continuo. Si el tiempo era malo, los arrieros se retiraban y los viajeros quedaban a merced de robos y asaltos. Ese tramo de la ruta era conocido como el «terror de los viajantes». En 1790, el capitán general chileno Ambrosio O'Higgins promovió obras de mejora en el ancho de la calzada. Quebradas, laderas, esteros y ríos fueron luego más fáciles de cruzar. Quedaron construidas garitas o casuchas para abrigo y socorro, guarnecidas con carbón, bizcocho y tasajo. Sus nombres calificaban la dificultad de la ruta: la casa de Punta de la Vaca, la del Pie del Paramillo de la Cueva, la casa entre la Laguna del Inca y Las Calaveras, la

Cumbre, los Ojos del Agua o el valle de Aconcagua. En la dirección de Valparaíso, O'Higgins logró que los cien kilómetros que la separaban de Santiago fueran practicables para carretas y recuas, una obra muy celebrada. Hacia el norte, la ruta continuó igual de mala. El Camino de los Patos, que llevaba a San Juan, en el lado oriental de la cordillera, solo se podía usar dos meses al año, en febrero y marzo.

Hacia el sur, más allá de Concepción, las rutas marítimas cargaban con la responsabilidad de las comunicaciones imperiales. Lo mismo ocurría en el extremo norte de la América española, más allá de Nuevo México. En aquellas latitudes septentrionales, aparte del Camino de Santa Fe, que trepaba y serpenteaba a través de llanuras y desiertos, California dependía de la navegación a vela para permanecer conectada al resto del Imperio. También ocurría en Florida, donde los establecimientos españoles se concentraban en la costa. En el interior de provincias costeras, fuertes y misiones dispersas, núcleos mineros, aldeas precarias, ranchos y pueblos de indios construían y mantenían sus propios caminos. Lo mismo ocurría en islas dispersas del Pacífico y el Caribe, donde el comercio demandaba rutas hacia el interior para transportar sus productos hacia urbes y puertos costeros.

Cuba era una excepción debido a su extraordinario papel en el comercio, la producción mercantil, la estrategia y las comunicaciones imperiales. Como señaló Manuel Moreno Fraginals, «todo fue organizado por su majestad el azúcar». El aislamiento y el temor a ataques corsarios, que aprovechaban senderos y caminos abandonados o poco utilizados, dificultó el trazado de nuevas vías. Primero hubo un sendero abierto; luego, vinieron los arrieros con mulas que llevaban azúcares y mieles por caminos de herradura. La Habana proveía sus mercados en 1750 mediante carretas que traían productos del campo de unos treinta kilómetros a la redonda, o con mulas y caballos cargados de canastos. Desde 1780, existieron caminos carreteros en los cuales los animales transportaban cajas de 113 kilos, destinadas a ingenios costeros, primero pequeños y luego gigantescos. La *Guía de forasteros* de 1821 informó al público curioso que un total de 10.132 bestias servían con su trajín el abasto de la capital. De ella partía el Camino Real de Vuelta Abajo hacia el Occidente, Bejucal y San Antonio. El de Vuelta Arriba atravesaba la isla hasta Baracoa. Eran unos mil kilómetros hacia el Oriente. Resultaba «penoso e insoportable», pero al fin llegaba a Santiago y Guantánamo.

En 1786, preocupado por la imposibilidad del tráfico caminero seis meses al año a causa de las lluvias y las inundaciones, el entonces capitán general José de Ezpeleta envió una circular a fin de que vecinos y capitanes de partido asumieran las reparaciones de su propio peculio. No le hicieron el menor caso. En 1865, la Perla de las Antillas tenía 659 caminos, de los cuales solo 22 no tenían carácter local.[66] Los señores del azúcar cubanos prefirieron la navegación de cabotaje a los caminos reales y, como tantas otras veces, impusieron su criterio.

V
AGUAS TURBULENTAS. A LO LARGO Y A TRAVÉS DE VÍAS ACUÁTICAS INTERIORES

> Mío es el río,
> soy yo quien lo ha hecho.
>
> EZEQUIEL, 29, 3

El viernes 20 de julio de 1714, al mediodía se cayó el puente más hermoso del Perú y cinco viajeros se precipitaron al abismo. Se hallaba situado en el Camino Real de Lima a Cuzco, y por eso lo cruzaban a diario centenares de personas. Los incas lo habían fabricado siglos atrás con juncos entretejidos. Los visitantes se solían acercar a admirarlo.[1] Con este «posible accidente», presunto acto de la divina providencia, comienza la novela de Thornton Wilder *El puente de San Luis Rey*. El autor induce a fray Junípero, personaje detectivesco, a investigar a sus curiosos compañeros de viaje, por si pudiera tratarse de un asesinato. La obra evoca la atmósfera de la vida en un puente de la época virreinal; el único puente que permitió cruzar el río Apurímac databa de tiempos incaicos. Si no hubiera existido, caballos, carruajes y literas hubieran tenido que descender centenares de metros para sobrepasar el angustioso torrente, antes de remontar la empinada cordillera y continuar su camino. Wilder acertó al subrayar el efecto de igualación social creado por el puente, porque todos, del virrey y el arzobispo hacia abajo, tenían que cruzarlo a pie.

PASOS FLUVIALES HECHOS DE FIBRAS VEGETALES

Los tejidos entrelazados que Wilder mencionó en su novela evocaron el sistema de fabricación de los puentes andinos. Cuando los españoles llegaron a América, les sorprendieron y fascinaron los puentes suspendidos de maromas o cuerdas, al igual que los artefactos vegetales que usaban los viajeros para cruzar ríos y precipicios. La sorpresa tuvo que ser recíproca: podemos imaginar los intentos de los españoles por dar a conocer los puentes de piedra a quienes no conocían esa tecnología. Incluso entre los mayas, tan avanzados desde el punto de vista tecnológico, era desconocido el uso del arco con bóveda para distribuir la carga. Sus ingenieros imitaban a la naturaleza y cubrían espacios, o disponían puertas con dos muros o pilares unidos mediante dinteles.[2] La ligereza del tráfico a pie no les había obligado a innovar en lo referente a la construcción de puentes. Como ocurrió con tantos otros aspectos de la cultura hispana, del alfabeto romano a la religión católica, los indígenas vislumbraron de inmediato las oportunidades que se les abrían. En el caso de los puentes vegetales, sin embargo, los intentos de los españoles de reemplazarlos produjeron el efecto opuesto: su preservación. El Apurímac, en la encrucijada que une Lima y Cuzco, fue el río que desafió de manera más persistente las ambiciones de superar lo efectuado por los ingenieros incas. La distancia a salvar era de solo 44 metros. En teoría, un arco de piedra sencillo podía salvarla, pero en la práctica las dificultades eran casi insuperables. Según refirió el fraile jerónimo Diego de Ocaña en una peculiar descripción fechada en 1603, un ingeniero cuyo nombre no cita acababa de fabricar un extraordinario puente de madera:

> Está en el aire, porque están hechas unas cadenas de madera colgadas de una orilla a la otra, asidas de unos argollones de hierro. De estas cadenas hay por la parte de abajo tres y por la parte de arriba dos, las extremidades presas en la orilla del río y por debajo pasa [el agua]. Por aquellas tres cadenas que están abajo juntas, que sirven de suelo, están puestas unas tablas por donde pasan todas las recuas.[3]

Había que dar unos doscientos pasos para alcanzar la seguridad relativa de la orilla opuesta. En 1618 el ingeniero Bernabé

Florines retomó la necesidad de contar allí con un puente de piedra, y reconoció ante el virrey que el mejor emplazamiento era el usado antes de la conquista: «Si otro mejor hubiera en este reino, el inca lo hubiese usado y se tuviera noticia de él».[4] Era imprescindible, continuó, que las fibras vegetales fueran tan gruesas «como el muslo de una pierna». Por eso dependían de las disponibilidades de plantas locales: agave en muchos sitios, maguey o pita en la Nueva España y el Perú, y piquigua en Quito (*Heperopsis ecuadorensis*, *Araceae*).

Para el cruce de los ríos, el conocimiento del territorio siempre contaba. Lugar, lugar y lugar eran los tres requisitos fundamentales que tener en cuenta. En estación lluviosa, los diluvios no cesaban y saber dónde se hallaban los vados practicables era obligatorio para aquellos experimentados o «baquianos». En el Perú, hubo unos caballos llamados «chimbadores», animales de buen tamaño, adiestrados para cruzar a saltitos el curso, como señaló Alejandro de Humboldt: «Varias personas van montadas juntas, y si el caballo nadando hace pie de cuando en cuando, esta manera de vadear se llama pasar el río a volapié».[5] Con carácter estacional existían puentes flotantes de material vegetal, como uno que se hallaba en el lago Titicaca, de unos noventa metros de largo y fabricado con totora, material que era preciso renovar cada seis meses. En algunos lugares operaban barcazas, con fondo plano o chato, que solían estar ancladas a un estribo en una de las orillas. Eran lanzadas a favor de la corriente para que trazaran un semicírculo, y avanzaban jalonadas por las sirgas o los remos de los tripulantes. En Quito, solían ser de cinco o siete palos atados unos con otros, mayores en el centro que en los extremos. A falta de balseros, los pasajeros tiraban de la soga tendida para pasar de una orilla a otra. Maderas de balsa en Guayaquil, o de totora en el Alto Perú, facilitaban la construcción de este tipo de embarcaciones, que se podían atar unas con otras para formar puentes temporales de barcas. En esta tipología destacó un logro de la ingeniería imperial: los puentes fijos sobre pontones, como el que se planeó en 1774 sobre el río San Juan, en Matanzas.

Un método similar, vinculado con la tradición indígena, estuvo basado en el uso de una cesta suspendida de cuerdas, capaz de transportar hasta tres o cuatro personas sobre los barrancos. Según contó el cronista Inca Garcilaso de la Vega, tendían dos sogas atadas entre sus orillas y, a continuación, mientras un grupo deslizaba la canasta un tramo, el otro grupo, llegado el momento, tiraba de ella para que alcanzara la otra ribera, todo ello a fuerza de brazo humano. Podían cruzar por este sistema pavos y cerdos o ganado menor, pero no mayor —como caballos y mulas—, por lo cual los españoles dispusieron de tarabitas o cestas grandes con cables de cuero para su sujeción a plataformas o sillas de paso. Los aterrados animales pasaban por esta traumática experiencia en pasos que llegaban a 75 metros de longitud sobre precipicios de cincuenta. La conducción era uno de los trabajos más difíciles, mientras que las recuas se balanceaban por semejantes desfiladeros. Cada región denominaba a estos ingenios de paso de modo distinto. En Guatemala, tramoya o zurrón; en el Perú, oroya o huaro; tarabita o garrucha en la Nueva Granada. Allí fue muy conocida la «cabuya de Chicamocha», sobre el río de ese nombre, vital para las comunicaciones hacia Venezuela. Estuvo regentada por indígenas que confiaban en caballos para tirar de plataformas o de viajeros sujetos con una cuerda a su cola. Algunos indígenas, para pasar sin pagar, «pedían gancho» y cruzaban colgados, «a guisa de araña». En 1785, el alcalde de Chima, cerca de Tunja, ordenó a los gestores de las cabuyas de los ríos que impidieran el paso a pasajeros clandestinos: esclavos sin pasaporte o salvoconducto, criados e hijos de familia o mujeres cuyo estado marital ofreciera dudas.[6]

El Inca Garcilaso de la Vega, al escribir sobre su Perú natal con la visión distorsionada desde la localidad andaluza de Montilla, en la que disfruta del estatuto de celebridad local, refiere que al observar a los indígenas peruanos, «los arcos de bóvedas de cantería en los puentes que han hecho los españoles en los ríos les parece que todo aquel peso está en el aire».[7] El jesuita José de Acosta narró la inauguración de un puente en el peruano río Jauja hacia 1560: «Arco en sus edificios, no le supieron hacer. Cuando en el río de Jauja, después de hecho el puente, vieron derribar las cimbras [de madera que lo habían soportado] echaron a huir, entendiendo que se había de caer luego todo el puente, que es de cantería. Como lo vieron quedar firme y a los españoles andar por encima, dijo el cacique a sus compañeros: razón es servir a estos».[8]

DE LA CUERDA A LA PIEDRA

Una de las crónicas de viaje más espectaculares de la Carrera de Indias fue el *Compendio y descripción de las Indias occidentales*, del fraile carmelita jerezano Antonio Vázquez de Espinosa, que retornó desde América hasta España en 1622. Se puede leer como una novela picaresca o como un divertimento al modo del germano barón de Münchhausen. En una escena, un caimán devora a una indígena. La cacica ahoga con sus propios brazos a «una de esas bestias». El fraile contempla la pesca de ballenas, el bautismo de un joven cacique guaicurú, la magnificencia de los hospitales limeños y el desengaño de los españoles ante la pobreza del desierto de Atacama. Accede a la ciudad de Tucumán por una preciosa avenida de naranjos; en Guayaquil padece los ataques de feroces mosquitos. Los puentes, con los derechos de paso que demandan, constituyen el hilo conductor del relato. En Patate, ya en Quito, poseen un puente vegetal de crisnejas (sogas trenzadas) con «bejucos como mimbres». No ocurre así en Lima y en Arequipa, donde los puentes de piedra «pasan todo el río por solo un arco».[9] En México alaba los puentes por los que cruzan cada día tres mil mulas y las acequias congestionadas con más de diez mil canoas, cuyos bastimentos descargan en calles «derechas, anchas, desenfadadas». En Santa Fe de Bogotá, anota, los ríos San Francisco y San Agustín se salvan con dos puentes muy buenos.

La necesidad de comunicación era lo primordial. Los oficiales científicos de la Real Armada Jorge Juan y Antonio de Ulloa experimentaron los requerimientos medioambientales y las condiciones que imponían en la Audiencia de Quito. Su famosa *Relación histórica del viaje a la América meridional* (1748) describió cómo «atravesando cuatro palos bien largos fabricaban puentes de vara y media de ancho, con mucho peligro no menos de vidas que de caudales».[10] Haciendo gala de un criterio poco realista y demasiado general, argumentaron que los puentes de madera eran superiores a los de fibras vegetales, y los de piedra superiores a los de madera. En un extraordinario proceso de hibridación cultural, materiales y técnicas se desplegaban ante su mirada en función de las circunstancias. El mejor puente no era siempre el puente necesario o posible. Si las luces (apoyos de un puente en sentido horizontal) que se requerían eran pequeñas y el cauce fluvial estrecho, tenía sentido emplear losas de piedra yuxtapuestas o troncos de árboles apoyados sobre pilastras de piedra o madera; si era caudaloso y explosivo, un largo puente de sogas entrelazadas podía resultar idóneo. Economía y conveniencia quedaban bien servidas. En terrenos menos abruptos que los Andes, sin duda era una buena opción el puente de pontones de tradición militar, como los que abundaban en el famoso Camino Español, que iba de Milán a Flandes.[11] La edificación de puentes con pilares de piedra y el resto de la estructura de madera, barata y fácil de reconstruir, frente a los de cal y canto, que solían quedar arruinados en caso de terremotos, que eran tan frecuentes, fue habitual. En 1766 el ilustrado gobernador de Cumaná Pedro de Urrutia, al oriente de Venezuela, promovió la construcción de un puente de madera con fundamentos de piedra sobre el río Manzanares, a fin de que los vecinos no tuvieran que cruzarlo «por sus propios pies», o según contaron, en una canoílla que regentaba un avispado negro libre. Este además cobraba caro el servicio. Un terremoto tumbó el puente, pero como indicó el fiscal que investigó años después el incidente, «la ruina no arguye defecto alguno en su construcción, porque semejantes edificios experimentan ruinas y quebrantos, sin embargo, de su solidez y firmeza».[12] En 1772 Urrutia logró real permiso para celebrar juegos de gallos, y destinó el dinero recaudado a los arreglos pendientes. Su voluntad no tuvo límites: no dudó en remitir soldados del presidio a trabajar en la reparación, se apoderó de los sillares de piedra dispuestos para la construcción de la catedral e incluso se enfrentó con los miembros del clero cuando estos le reconvinieron por hacerlo.

A falta de equipamiento adecuado, o de materiales para basamentos, las imágenes de puentes ideales impresas en los libros que portaban los ingenieros venidos de Europa, tantas veces basadas en modelos romanos, podían inducir a error o dar lugar a modelos irrealizables en ultramar. Entre las dificultades para la construcción de puentes de piedra, la fijación de los cimientos era la mayor. Resultaba complicado encontrar materiales o personal capaz de levantar andamiajes de madera que soportaran la estructura mientras durara la construcción de los arcos. En trabajos modestos, varas y cañas podían servir como sujeción, mientras que en los mayores había que emplear madera, y mucha. En los proyectos más ambiciosos las grúas con contrapesos de piedra dotadas de ganchos de piedra, al estilo romano, permitían el levantamiento de sillares. En 1795, el siglo evocado por el novelista Wilder, un ilustrado español tan destacado como el conde de Cabarrús criticó las ideas de «perfección quimérica» y la parálisis que impedía la rápida ejecución de obras públicas imprescindibles: «Haced de cada pueblo lo que debe ser, una comunidad recíproca de protección y de servicios», señaló.[13] Los puentes eran parte de una economía moral, constituían un elemento de la felicidad pública y no admitían retraso. Su visión de la obra pública era política. Había que enfrentar reformas de inmediato para evitar el disparate que representaban las revoluciones.

De manera comprensible, los puentes de piedra se convirtieron en fuente de orgullo local y de competencia regional, pues se trataba de obras públicas que ennoblecían los lugares en los que se hallaban. La intensidad de las emociones que arrastraban se hace visible en los documentos de los ingenieros, que presumimos eran desapasionados. La Paz, establecida en 1548, tuvo su puente al tiempo que el importante convento de San Francisco. En el virreinato de la Nueva España, Puebla de los Ángeles tuvo un puente sobre el río Xonaca y un convento al otro lado, en el sitio llamado, sin mayor complicación, «Barrio del Alto». En 1555 comenzó su edificación bajo la dirección del corregidor Luis de León Romano, a quien Puebla debe también la fuente municipal de su plaza mayor. El puente medía 25 metros de largo y 8,4 de ancho, «con lo que pueden transitar por él cómodamente dos coches a un tiempo».[14] Estaba formado por tres arcos de piedra; el central tenía 4,15 metros de altura. Los laterales eran de medio punto, mientras que el central era compuesto y muy rebajado, de modo que la superficie del puente quedaba aceptablemente plana. El paso estaba empedrado y llevaba «pasamanos de mampostería», que debía prevenir accidentes de los peatones. El puente inicial mostraba en el centro un orgulloso blasón, y fue tan resistente que soportó los desbordamientos del río en 1697 y 1743, más una ampliación en 1878. Entre los añadidos posteriores, destacaron una cañería de agua para el convento, una alcantarilla, una cadena como pasamanos y una capilla devocional, muy necesaria para proteger la obra de las acometidas periódicas de las aguas y del descuido de los vecinos. En la mayor parte de los puentes, arrojaban basura a ríos y cauces, que se acumulaba alrededor de los apoyos y los ponía en peligro constante.

La llegada de viajeros procedentes de Veracruz a la señorial Puebla resultaba espectacular, a través de una avenida salpicada de palmas, una pequeña plazuela amurallada y un arco de entrada al patio del convento de San Francisco. Este colindaba con el barandal de mampostería del puente, así que tenían que cruzar el patio conventual y un segundo arco para acceder al puente y a la propia urbe. Muy cerca de allí hubo una capilla dedicada a la Virgen de los Dolores, para recordar quizá las penalidades sufridas por quienes lo cruzaban. En el mismo año de su construcción, en 1555, fue levantado otro puente, llamado «de las Bubas», por el hospital cercano dedicado a curar la sífilis, dolencia original del Nuevo Mundo. Desde 1726, este coexistió con un conducto de agua que cruzaba por su parte sur. Lo hicieron tender los jesuitas desde su Hacienda Amalucan hasta el Colegio del Espíritu Santo. Por el contrario, el puente de

Analco, que data de 1626, solo tenía «dos vigas de madera sentadas sobre unas piedras».

Concebido para uso particular y de peatones, fue reforzado en 1699 con «vigas y armazón de cal y canto». En 1770 quedó en ruinas. Fue sustituido por el de Ovando, que se financió con las ganancias de una corrida de toros. Los cinco puentes sobre el río San Francisco que llegó a tener Puebla fueron una excepción atribuible a su importancia y riqueza.

En otras regiones de la Nueva España, la difusión de puentes de cantería marcó la expansión de una frontera que comenzó con los frailes entendidos en obras y fue continuada por agrimensores e ingenieros especializados. No cabe, por tanto, sorprenderse de que fuera un marino natural de Campeche, José María de Lanz, quien acompañó en 1802 a Agustín de Betancourt en la fundación de la Escuela de Ingenieros de Caminos, Canales y Puertos en Madrid.[15] Entre sus ilustres predecesores se contaron fray Diego de Chaves, en Tiripetío, cuyo ánimo fue «que con comodidad pudiesen venir a misa los feligreses sin peligro de la vida, así como hicieron San Gonzalo en Amarante y Santo Domingo de la Calzada en España», y fray Andrés de San Miguel. Arquitecto, ingeniero hidráulico y geotécnico, nació en Medina Sidonia en 1577 y falleció en México en 1652. Fue enviado en 1644 a Lerma, para construir el convento del Carmen y un puente en Salvatierra que facilitara la comunicación entre Zacatecas y México. Lo terminó poco antes de fallecer. En una conmovedora cédula de reconocimiento remitida por Felipe IV tres años después, señalaba agradecido que el puente evitaba ahogamientos y salvaba haciendas de sus vasallos que se hubieran perdido por efecto de las turbulentas aguas. Además, señaló, antes «eran muchos los que se quedaban sin oír misa en días de fiesta ni sermones en los de cuaresma, y los que morían sin administración de sacramentos por la imposibilidad de pasar el río». El puente, de cal y canto, con catorce arcos y de 180 metros de largo más cuatro de ancho, pretiles de una vara, desagües y troneras, fundado sobre piedra viva, al escaso costo de diez mil pesos y construido en solo seis meses, fue reconocido como resultado de un milagro. Con un pragmatismo que los historiadores no suelen reconocer a Felipe IV, este reconoció sin pudor que, gracias a la obra, la recaudación del impuesto de alcabala para la hacienda había pasado de 60 o 70 pesos a 500.[16]

En el tramo del Camino Real que unía el Atlántico y el Pacífico, de Veracruz a Acapulco, la tarea de los constructores de puentes resultó fundamental. Fue un caso claro de ingeniería aplicada en «el remedio de los defectos de la naturaleza». El río de la Antigua, primer obstáculo cuando se viajaba desde Veracruz hacia el interior, se cruzaba en canoa, pese a la abundancia de peligrosos caimanes. En 1812 fue objeto de una obra extraordinaria, concebida por el arquitecto valenciano Manuel Tolsá y ejecutada bajo la dirección del gran ingeniero militar barcelonés Diego García Conde. El gran puente del Rey, de 218 metros, poseía siete bóvedas de cantería y un tablero de diez metros de anchura.[17] Más cerca de la capital, el «puente Grande», de un solo arco, o de varios construidos a finales del siglo XVIII en Nogales, La Angostura, El Gallardo y Santa Gertrudis, salvaba diferentes obstáculos. Hacia Acapulco, el mayor desafío eran los pasos de los ríos Papagayo y Mezcala. El brillante ingeniero militar Miguel Constanzó (1741-1814) planeó para el primero un puente de mampostería con doce arcos. Cuando estaba en construcción fue arrasado por las aguas. Para el segundo, el único recurso del que dispuso fue la instalación de una balsa móvil de madera, controlada desde las orillas con maromas o cuerdas. La mejora sobre las antiguas balsas indígenas de cañas y calabazos guiadas por nadadores expertos fue notable, pero insuficiente.[18] El optimismo de los ingenieros carecía de límites: en 1807, Francisco Antonio Ramírez propuso la construcción de un puente simple en San Salvador Atoyatempan, a las afueras de Puebla. Su diseño mostró un curso de aguas tranquilas que fluían por un paisaje idílico y frondoso. Algunas veces, utopías como estas se realizaron. El puente Grande de Zapotlanejo, junto a Guadalajara, de unos 170 metros, tuvo 26 bóvedas apoyadas en gruesas pilastras. Era muy ancho, más de siete metros. Fue fruto de la iniciativa privada.

AL SUR DE LA NUEVA ESPAÑA

En América Central y el Caribe, las soluciones fueron similares a las aplicadas en México. En Santo Domingo, por ejemplo, en 1610 existían dos puentes sobre el Ozama: uno de madera y otro de piedra. En Panamá el ingeniero militar Cristóbal de Roda incluyó en su plano de 1609 un puente de piedra de un solo arco sobre el río Algarroba y otro flotante, llamado «del Rey», sobre el río del Gallinero. En Guatemala sobresalió el puente «de los Esclavos», en Cuilapa, al sur de la capital, con sólidos rompientes, de modo que en invierno troncos y residuos no causaran su ruina. Tegucigalpa tuvo un puente de diez arcos sobre el río Choluteca. En Puerto Rico, cuando se ordenó en 1519 el traslado de los vecinos desde Caparra hasta San Juan, como parte de los preparativos se incluyó la construcción de dos puentes de madera. En 1786 se reedificaron en piedra y los problemas de cimentación en lecho pantanoso con manglares quedaron resueltos mediante una estructura de cantería con nueve bóvedas. En las Filipinas, el puente Grande en Manila, sobre el río Pásig, implicó problemas similares. Construido a partir de 1630, tuvo grandes pilastras de piedra sobre las que se colocaron vigas de madera para soportar los tableros de la calzada, diez arcos y un ancho de once varas. En 1814 se rebajaron los arcos y se añadieron farolas para la iluminación.

Desde el siglo XVI, en algunas regiones suramericanas la demanda de sustitución de los puentes de fibras vegetales por otros de piedra fue constante, aunque no siempre resultaba posible. No hubo virrey neogranadino que no recomendara a su sucesor la mejora de las comunicaciones. Los éxitos logrados en entornos menos hostiles incluyeron un puente de piedra sobre el río Magdalena en Honda y otro en Cali, en el camino hacia Quito. Desde mediados del siglo XVII, Santa Fe de Bogotá contó con un puente sobre el río Funza que no se plantó sobre el lecho, sino que reposaba en las orillas. Un éxito notable fue logrado por el ingeniero napolitano Domingo Esquiaqui. A pesar de que la afición a la flauta estuvo a punto de costarle la carrera militar, en la Nueva Granada, adonde llegó en 1770, Esquiaqui se encargó de la construcción del puente Micos, sobre el río Serrezuela, y, gracias al apoyo del virrey Ezpeleta, fue el ingeniero del puente del Común, así llamado por la contribución del cabildo para su edificación sobre el río Funza, a seis leguas al norte de Bogotá. Inaugurado en 1792, es una verdadera joya. Posee un arco grande y dos laterales pequeños, cinco plazoletas internas de 18 metros de ancho cada una y dos camellones o paseos, que remarcan su carácter regalista y cívico. Entre los arcos, existen cuatro estribos con tajamares rematados en ornamentos esféricos de estilo herreriano, un recuerdo de El Escorial, marca del del ingeniero que lo fabricó.[19] En Santa Fe de Bogotá, el puente de San Miguel sobre el río San Francisco fue construido de madera y, al ser destruido por una crecida, fue sustituido por otro de bóvedas de ladrillo y cantería. En 1664 fue reconstruido bajo la supervisión del fraile dominico Antonino Zambrano, y duró sin caerse hasta 1883, cuando por fin fue ampliado. En 1796 el puente del Topo, en Tunja, demandaba urgentes reparaciones. El de Medellín, sobre la quebrada de Santa Ana, de cal y canto con baranda de sillería, requirió una intervención completa. En 1806 el ingeniero militar Vicente Talledo remitió un cuestionario a las autoridades de Tunja en el que les preguntó, entre otras cuestiones, por los vados en tiempos de creciente, los puentes deteriorados y la ubicación de barquetas o pasos fluviales con sistemas de cabuyas y cuerdas.[20] Regiones limítrofes de la Nueva Granada padecieron aflicciones semejantes. En Caracas, situada sobre un valle rodeado de montañas, pendientes y barrancos que presentaba similitudes con el altiplano bogotano, el cabildo vivía dedicado a que los caminos estuvieran abiertos y los puentes, en servicio. Había cinco: en La Pastora, Trinidad, San Pablo, Punceres y La Candelaria. El procurador de la ciudad opinaba que necesitaba al menos 25. En la década de 1780, el puente de La Pastora se reconstruyó con una sola bóveda fabricada de ladrillos de pequeño tamaño, embutidos como las piezas de un abanico. Aquel mismo año, un ingeniero mulato («pardo libre»), Juan Domingo del Sacramento

Infante, que subrayó con orgullo ser empresario y servidor real, se ocupó de la reconstrucción del puente de la Trinidad. Muy lejos de allí, al otro extremo de la Nueva Granada, las comunicaciones de Quito dependían de un solo puente situado a siete leguas de la urbe, donde el maestro cantero Juan del Corral había levantado en 1607 una estructura de tres arcos sobre el río Pisque.

Al sur, en el Alto Perú, el puente de cantería sobre el río Pilcomayo, en el camino vital de La Plata hacia Potosí, tuvo que ser reconstruido varias veces por efecto de las riadas. En 1786, fue reedificado con siete bóvedas de unos diez metros cada una. En la propia Potosí la explotación minera demandó la construcción del canal de la Ribera, que dividió la urbe en dos sectores. Hasta once puentes pequeños de cantería sirvieron para que «los indios pasaran a sus ranchos». Otros cinco garantizaron la comunicación en tiempo de lluvias. Fue célebre el puente del Diablo, con un solo arco de casi veinte metros de luz, usado por las recuas de llamas que llevaban la sal imprescindible para el beneficio de la plata. A pesar de este y de otros notables casos de puentes de cal y canto con bóvedas, los de madera «sobre pilares firmes de piedra y argamasa» o los fabricados con cuerdas fueron habituales. En 1804 el intendente de Huamanga, Demetrio O'Higgins, impuso dos reales de impuesto sobre cada arroba de hojas de coca y cuatro sobre cada arroba de aguardiente, para financiar así un puente de piedra y evitar «los funestos sucesos que han acaecido en el pasaje del de sogas», que se caía periódicamente.[21]

Lima, metrópoli y corte de los virreyes del Perú, fue la capital de la costa peruana desde su fundación, en 1535. La expansión desde el lado izquierdo del río Rímac determinó la necesidad inmediata de puentes. En 1554 existían dos: uno de sogas y otro de madera. Diez años después se añadió uno de piedra de ocho arcos, pero en 1607 se lo llevó una riada. Aquel mismo año se comenzó uno que estuvo listo en 1610; todavía existe. Posee seis arcos de ladrillo sobre cimientos en piedra, con tajamares triangulares del lado de la corriente y circulares aguas abajo. El elevado costo, doscientos mil pesos, fue financiado con impuestos sobre el ingreso de botijas de vino, carneros, jabón y velas. El maestro de cantería Juan del Corral fue traído desde Quito para supervisar la obra, concluida en 1610 con una elevación del arco de acceso, que podría evocar el puente de San Marcos de León en España, y dos torreones en los extremos. El frontón sobre el pórtico incluyó escudos urbanos, y desde 1752 poseyó un reloj. Fue y es todavía lugar de paseo, encuentro y requiebro galante.

Arequipa, fundada en 1540 e inspirada en el modelo limeño, tuvo un puente real cercano a la plaza mayor, con una plazuela cercana. En 1549 una crecida del río Chili arruinó un puente de cuerdas de época indígena. Llevó tiempo sustituirlo, porque los caciques se opusieron a obras que afectaran sus campos de siembra. El acceso desde la ciudad era muy abrupto, y demandaba el levantamiento del terreno, a fin de que la calzada alcanzara el borde opuesto del curso fluvial. Una crecida la arruinó en 1549. En 1558, el cabildo logró celebrar un contrato para elevar otro puente con el cantero Bernardino de Ávila, alarife de la ciudad, que se asoció a su vez con el albañil Juan Blanco. Entonces llegaron los jesuitas y el prestigioso maestro alarife Gaspar Báez, traído de Lima para diversas obras y, entre ellas, el famoso puente. A causa de terremotos e inundaciones, hasta 1608 no se terminó la estructura. Faltaba todavía la barandilla. Consta que un indígena falleció al precipitarse sobre el cauce.

En Santiago de Chile la historia parece la contraria, pues los sucesivos puentes de cantería, arruinados por crecidas en 1748 y 1763, fueron sustituidos por otros de madera, cuyas posibilidades de reparación eran inmediatas. En los años setenta el ingeniero militar José Antonio Birt, que había estado destinado en Nueva Granada y el Perú, trabajaba en una estructura duradera de piedra. La caída de un caballo le causó la muerte antes de que pudiera terminar un puente de nueve arcos. Fue completado gracias al apoyo del capitán general e ingeniero militar Joaquín del Pino, mediante tajamares, encauzamientos del peligroso curso fluvial y dos arcos más. El viaje desde Buenos Aires hasta Santiago continuaba siendo una aventura, en especial entre San Luis y Mendoza, por el cruce del río Desaguadero, cuyo nombre ya lo dice todo. En 1778, el vecino de esta última ciudad Manuel Videla contrató la construcción de un puente con el artífice Gregorio Ramos, que no empezó los trabajos, ya que, según dijo con sinceridad, miedo y vagancia, todo al tiempo, «encontraba difícil la obra». Un puente de madera solventó el paso de modo temporal, pero en 1785, el ingeniero, literato y minerólogo barcelonés Francisco Serra Canals propuso a las autoridades la construcción de uno de cantería, con tres bóvedas y poca inclinación de la calzada, como «un lomo de asno poco pronunciado».[22] En 1804, año en que falleció, el virrey Joaquín del Pino se quejó del incumplimiento de la contrata. Los fondos ya gastados habían salido de una contribución pagada por los carreteros y trajinantes del camino de Mendoza.

MÁS ALLÁ DE LOS RÍOS, ENTRE OCÉANOS. SUEÑO Y REALIDAD DE LOS CANALES

Portaba en su canoa siete loros, dos kinkajúes, un pájaro momótido, dos aves guanes y ocho monos. Los tenía colocados en una cesta de mimbre o, en el caso de los monos más pequeños, les dejaba corretear y aposentarse traviesos, para hilaridad de la tripulación, en los pliegues del hábito de fray Zea, el capellán franciscano que acompañaba la expedición. Sin embargo, el viajero Alejandro de Humboldt siempre estaba dispuesto a sumar ejemplares a la colección de especies acumulada en su viaje a través de la América española, entre 1800 y 1804. Por esa razón, mientras navegaban por el río Orinoco, el gran sistematizador del conocimiento científico de su tiempo aceptó encantado la oportunidad de adquirir a vendedores nativos una guacamaya morada que no paraba de protestar, así como un tucán travieso. Este desarrolló un carácter fuerte y encontraba placer en acosar a los monos.

Estamos a mediados de mayo de 1800. Junto con el huidizo acompañante científico de Humboldt, Aimé Bonpland, y sus auxiliares nativos, además de toda la comitiva, que incluía doce o trece personas, partieron a explorar el caño Casiquiare, paso natural de una amplitud de 1.200 metros y unos 326 kilómetros, que conecta el Orinoco con la cuenca tributaria del Amazonas a través del río Negro. Semejante extravagancia de la naturaleza, el mayor canal natural del mundo, atraviesa raudales y rocas superficiales, o fluye entre orillas empinadas tan cargadas de vegetación que durante los primeros días los exploradores no encontraron dónde desembarcar. Los mosquitos eran tan despiadados que era imposible dormir a bordo a causa de la hinchazón de manos y pies por los aguijonazos de las picaduras. La canoa o curiara podía transportar poca comida, y los tripulantes no tenían manera de mantener el suministro. En la noche del 20 de mayo, cuando se acercaban a la famosa reunión de las aguas con el río Negro, una lluvia de meteoros ocupó toda su atención: era la orina de las estrellas, según fue calificada por los auxiliares indígenas. Habían logrado acostumbrarse a los aullidos nocturnos de los jaguares, mas por la mañana descubrieron que su perro, que había eludido todos los peligros e incluso se había atrevido a nadar entre caimanes, había desaparecido. No cupo duda alguna sobre su destino. Sufrimientos y sacrificios parecían valer la pena. Habían establecido un registro y habían dibujado un mapa de la impresionante captura fluvial, que Humboldt daría a conocer con singular éxito. El Casiquiare había sido una gran autopista para los viajes de los habitantes de las cuencas fluviales vecinas durante siglos.[23]

La expedición ilustra una paradoja: aunque las Américas están bien provistas de canales naturales navegables, el Imperio español padeció una deficiencia grave de comunicación ribereña. La mayor parte de los ríos que habían facilitado el comercio indígena a larga distancia antes de la llegada de los españoles eran inaccesibles o inutilizables la mayor parte del tiempo. El Mississippi resultaba excepcional por las condiciones que ofrecía para la navegación; estuvo en manos españolas solo desde 1763 hasta 1802, si bien en ese periodo se cuadruplicó el valor de su comercio, comparado con el que existió antes, bajo control francés. El Missouri, aunque era considerado una entrada privilegiada hacia el noroeste remoto, no era utilizable. Cuando John Evans empezó a navegarlo en 1796, le llevó cerca de cien días regresar, y eso con la corriente a favor. Viajó desde su destino más lejano en el país de los mandanes hasta el cuartel general de la compañía del Missouri, en San Luis. El río Grande apenas parece haber sido navegado por comerciantes antes del siglo XIX. Las otras grandes arterias fluviales y lacustres a larga distancia situadas en la mitad norte del hemisferio —Mackenzie, San Lorenzo, Ohio, los Grandes Lagos— quedaban por fuera total o parcialmente de las fronteras españolas. En la mitad sur hemisférica, el sistema formado por el Amazonas y el Orinoco parecía ser de escasa utilidad. Miguel de Ochagavía, «el Colón del Apure», conquistó en 1647 su último tributario andino y celebró la hazaña con un verso tan defectuoso como elusivo:

Llegué, vi, conquisté y retorné revestido de gloria.
Desde el Orinoco – cristales hendidos y el miedo disipado.
A Dios dedico, en agradecimiento, esta mi maravillosa historia;
A ustedes, mis lectores, les entrego los beneficios del comercio.[24]

En algunos casos, ríos navegables fueron considerados inútiles por su inaccesibilidad, como el Esmeraldas, inabordable desde Quito hasta que Pedro Vicente Maldonado construyó un camino que salvó las 46 leguas que los separaban. La tarea quedó finalizada en 1741 para satisfacción del Consejo de Indias, cuyo informe reconoció su voluntad de servicio y perseverancia. En las obras de mejora, Maldonado había resuelto las dificultades que implicaban las empinadas alturas del Pichincha, la espesura selvática o la violencia e irregularidad de los cursos de agua que salpicaban la región. Con su propio peculio y determinación, informaron, había logrado la apertura de un camino capaz en cualquier época del año entre Quito y puestos terrestres sobre el río Esmeraldas, sin vados o puentes insalvables para trenes de mulas.[25]

Los únicos sistemas regionales que funcionaron de manera continua entre los siglos XVI y XIX fueron los que vincularon las estribaciones andinas de Quito y Nueva Granada, a través del río Magdalena, con el puerto caribeño de Cartagena, junto al complejo fluvial alrededor de la región del Río de la Plata. Aunque, como señala su propio nombre, esta fue en parte el destino final para el metal precioso extraído en Potosí; nunca tuvo una conexión permanente con Buenos Aires. El río Pilcomayo era demasiado inestable, y los nativos del Chaco demasiado indomables. Cuando España y Portugal delimitaron de nuevo sus fronteras en Brasil mediante el tratado preliminar de San Ildefonso de 1777, algunos cursos fluviales fueron ubicados en lugares incorrectos; otros, ni siquiera existían.[26]

En la medida en que la explotación de los ríos tenía unos resultados económicos limitados, la inversión en la mejora de la navegación fluvial fue escasa. Con frecuencia consistió en la construcción de embarcaderos en núcleos poblados y en cruces o bifurcaciones entre diferentes rutas, o en el dragado de orillas para facilitar la arribada de embarcaciones. Las rutas interiores fundamentales para la comunicación entre los diversos territorios ultramarinos españoles solían ser terrestres, y cursaban por los ejes de las cordilleras, o cruzaban montañas o desiertos. Recuas de admirables y sacrificadas mulas deambulaban entre valles encajonados mientras bajaban hacia los océanos. Ante ese panorama, no puede extrañar que fuera deseable, en teoría, aunque difícil de llevar a la práctica, la construcción de canales.

En economías preindustriales, en las cuales no existían sistemas para llevar bienes en grandes cantidades a largas distancias por tierra, excepto a base de músculo y en vehículos de ruedas, las comunicaciones fluviales interiores siempre atrajeron interés e inversiones. Los siglos XVII y XVIII constituyeron en Europa la edad de oro en la construcción de canales. El proyecto de navegación del río Volga, de Pedro el Grande de Rusia, lo conectaba con el Don y el Kabona como parte de un plan destinado a unir el mar Negro y el Caspio. Luis XIV patrocinó el canal *du Midi*, terminado antes de finales del siglo XVII para acercar el Atlántico y el Mediterráneo y sustentar la frontera recién establecida. Federico el Grande de Prusia impulsó la vinculación del Elba con el Havel. La historia de la Revolución Industrial británica suele comenzar con el relato de la construcción de la formidable red de canales dieciochescos que precedió y favoreció la llegada de los ferrocarriles.

Los ecos de semejantes iniciativas en la América española incluyeron al menos un canal completo y una serie de grandes proyectos y realizaciones para otros. Nos referimos al canal del Dique, surgido entre la trinchera navegable del río Magdalena y el puerto de Cartagena de Indias, así como al cruce ístmico que hoy constituye el canal de Panamá. El primero se entiende mejor en el contexto de la difícil comunicación del interior de la Nueva Granada con el Atlántico. Hacia 1650, resultaba obvio que el río Orinoco no servía como salida de las tierras altas del interior andino hacia el océano; era necesario encontrar una manera de aprovechar el cercano río Magdalena. Pedro Zapata de Mendoza, infatigable gobernador de Cartagena, desplegó una estrategia múltiple que incluyó la construcción de fortificaciones y del canal, así como la expulsión de intrusos del Darién. Cuando comenzaron las obras, en marzo de 1650, reunieron a casi dos mil peones, sobrestantes y oficiales. Fue una verdadera carrera contrarreloj, pues la excavación debía concluir antes de la temporada de lluvias. Indígenas y esclavos fueron reclutados para los trabajos, junto a quinientos presos y piratas cautivos. Los hacendados locales fueron obligados a ceder sus peones bajo amenaza de fuertes multas si se oponían. Los capellanes y un hospital de campo atendieron la salud temporal y espiritual de los operarios con manifiesto éxito, si hemos de creer al gobernador, quien informó que solo fallecieron dos de ellos, a pesar del clima tórrido y la dureza de los trabajos. El primer tramo del Dique desde el océano hasta Mahates comprendía unos cuarenta kilómetros de lagunas, y desde allí hasta el río Magdalena había otros ochenta kilómetros, con áreas pantanosas.

Al principio los resultados fueron muy satisfactorios. El canal se completó a una velocidad sorprendente. Según indicó el escribano del cabildo, el 20 de agosto de 1650, «entre las 4 o 5 de la tarde, al parecer según el sol, vi que la gente que trabaja en el Dique y río Nuevo rompieron la tierra que estaba en la boca del dicho Dique sobre la orilla del río Grande de la Magdalena, y habiéndolo hecho entró un gran golpe de agua y corrió con gran violencia por el dicho río Nuevo abajo según su corriente».[27] El gobernador Zapata estaba muy satisfecho de haber mantenido el costo en solo cincuenta mil pesos, de los cuales la ciudad aportó diez mil, «tan corto precio que disminuye la grandeza de la obra». Los beneficiarios la alabaron como «digna de romanos». Tomaba entre tres y cuatro días cruzar todo el canal. En su primer mes de operación, fue utilizado por más de treinta embarcaciones pequeñas, que transportaron vinos y licores, jabones y ceras, hierro, brea y ollas. La superioridad de la ruta canalera quedó demostrada, pues el costo por unidad transportada fue la mitad del que tenían las recuas de mulas que sustituyeron. En el viaje de retorno hacia Cartagena, los productos del interior más transportados a la plaza fueron harina y azúcar. En dirección opuesta, vino, aceite, jabón, cera, licores, carne salada y queso, textiles, brea y utensilios de cocina constituyeron la mayor parte.

El mantenimiento, sin embargo, resultó inasequible para quienes proveían la financiación, y además, los dueños de recuas de mulas, así como los opositores al gobierno de Zapata, hicieron todo lo posible por bloquear el canal. En escritos anónimos o de autores supuestos fue acusado de toda clase de excesos, entre ellos de ser «pendenciero» y «burlador de mujeres». Tras su relevo, el canal decayó con rapidez debido al depósito de sedimentos en la desembocadura y al vandalismo de los dueños de mulas y otros aprovechados. En 1679 solo era navegable medio Dique, el tramo occidental, desde Matumilla hasta Mahates. Hacia 1720, se utilizaba de modo estacional. El resto solo era practicable tres meses al año, cuando la crecida de aguas del Magdalena facilitaba su apertura.

En 1724 el comandante de Galeones de Tierra Firme, Francisco Cornejo, junto con el gobernador y el ingeniero jefe de la plaza, Juan de Herrera Sotomayor, realizaron una visita para detener el deterioro en que se hallaba el canal. Herrera Sotomayor pensaba que la ruta completa del canal del Dique podía ser restaurada en breve plazo con nuevas ideas. En su opinión, procedía fabricar unas esclusas «como las que hacen en Holanda y Francia». Se trataba de una ilusión, resultado del optimismo que hemos hallado con tanta frecuencia en los ingenieros del Imperio. El resultado de sus gestiones fue un nuevo intento de resolución de problemas técnicos y financieros. Las obras comenzaron enseguida, y en 1726, después de cinco meses de trabajo, lograron la reapertura. El cabildo había cedido a los inversores privados el derecho de arrendamiento sobre el canal por diez años a fin de compensarlos y, en manos privadas, la obra prosperó. El precio de algunas mercancías en Cartagena bajó hasta un 300 por ciento. Sin embargo, al acabar el arrendamiento, el mantenimiento fue abandonado y la historia se repitió. En 1748, el canal había retornado a su triste condición de cierre —o apertura— temporal. Entonces, el prominente ingeniero militar Ignacio Sala, que había participado en las labores de canalización del río Guadalete en Andalucía, fue designado gobernador de Cartagena. Sala alumbró un nuevo proyecto basado en la reforma de la entrada de agua desde el río y en la eliminación de ciénagas y arroyos que quitaban velocidad a la corriente. Inconvenientes políticos y guerras periódicas mantuvieron paralizado el expediente. En 1788, por fin, el arzobispo-virrey Antonio Caballero y Góngora organizó una poderosa coalición a favor de una intervención ambiciosa junto a José Celestino Mutis, celebrado director de la Real Expedición Botánica y uno de los grandes sabios de la Ilustración americana, y al criollo Pedro Fermín de Vargas, entusiasta de toda clase de reformas. Los intereses creados de los criollos, que habían mantenido el canal clausurado, ahora luchaban por abrirlo. En 1791, el cabildo cartagenero cedió sus derechos al canal en favor de la Corona. El virrey involucró nada menos que al ingeniero militar que desempeñaba la jefatura de la plaza, el renombrado Antonio de Arévalo. Junto a sus ayudantes, Arévalo estuvo aquí y allá dedicado a tareas de reconocimiento y cartografía. En 1794 solo estaba abierto un tramo del canal al oeste, de unos cuarenta kilómetros. Más allá se abría un estrechamiento hasta Sanaguare, de unos veinticinco kilómetros, que se veía interrumpido en el periódicamente impracticable caño de Flechas. El resto solo se podía usar cuando el río Magdalena lo inundaba con las lluvias del invierno. El importante comerciante criollo José Ignacio de Pombo trazó un cuadro lamentable de la situación del canal:

> Lejos de parecer una apreciable obra de arte, sobre cuya conservación debe velar la industria y cuidado del hombre, parece más bien una obra informe de la naturaleza o abandonada. Llenas de maleza y monte sus márgenes, con mil estorbos y tropiezos en su cauce, sucias y con grandes yerbales sus lagunas, descuidadas y perdidas la mejor parte de sus aguas y reducida su navegación, con todos estos inconvenientes, a solo una cuarta parte del año en lo más principal e interesante del canal, es el estado lastimoso que tiene. Provienen estos males, unos del descuido y otros de la construcción del Dique.[28]

El dinámico Pombo no perdía el tiempo con quejas. Arévalo había entregado al virrey el plan más completo de restauración que se había preparado nunca. Era preciso hacer un nuevo acceso sin compuertas, reforzado con piedra. La altura de la boca del canal quedaría cinco pies bajo el nivel de la mayor bajante del río Magdalena. Así, el cauce siempre tendría agua. También era preciso mejorar las cunetas y el drenaje. Las obras, con el apoyo constante del consulado cartagenero, se pusieron en marcha en 1806.

ORÍGENES DEL CANAL DE PANAMÁ

Según señaló Ignacio González Tascón, autoridad en ingeniería española de la Ilustración, el canal del Dique, tal y como quedó configurado tras las reformas propuestas por el ingeniero militar Antonio de Arévalo, fue «el mayor logro» en construcción de canales en la América española.[29] El otro gran proyecto de canal, el de Panamá, sin embargo, no se logró realizar hasta un siglo después del colapso del Imperio español en América. Las primeras noticias de una posible ruta para una obra de esta naturaleza que atravesara el istmo de Panamá datan de los reinados de Carlos V y Felipe II. En 1534 y 1567, informes sobre su posible realización, tanto en Panamá como en Nicaragua, resultaron desalentadores.[30] En este último caso, el conquistador metido a gerente Gaspar de Espinosa insistió en que debía ser posible construir un canal a través de las escasas cuatro leguas de tierra que existían entre el lago de Nicaragua y el mar. Sin embargo, la obra resultaría tan accesible, o al menos tan tentadora, tanto para advenedizos y piratas como para los navíos españoles. Por la misma razón, parecía que incluso ampliar el tamaño del puerto sobre el Atlántico al final de la ruta transístmica era contraproducente. Cuanto más grande el puerto, más difícil de defender.[31]

Cuestiones prácticas de asombrosa complejidad técnica y logística, junto a costos enormes, pospusieron el proyecto. La limitación del volumen de tráfico también desincentivó cualquier iniciativa. En la década de 1730, este fue recuperado cuando el francés Charles de La Condamine y sus compañeros atravesaron el istmo panameño camino de Quito en su expedición para medir un grado de meridiano en el ecuador y sugirieron que la laguna de Chagres podría ser el eje de un futuro canal interoceánico. Cuando en 1744 llegó un informe sobre tal iniciativa, resultó desfavorable a causa de la diferencia entre el nivel del mar de ambos océanos y el terreno tortuoso que existía entre ellos. Un canal sería «de arriesgada salida e imposible entrada».[32]

Durante cierto tiempo, los sueños canaleros se trasladaron hacia el norte, a México, donde en el valle central, alrededor del lago de Texcoco, el sistema de conducción de aguas previo a la conquista continuaba en uso. En 1774, el virrey Antonio María de Bucareli, que llegó a la Nueva España como un huracán reformista, ordenó levantar una información sobre las posibilidades de enlace de vías fluviales interiores, de modo que se valorara la creación de una ruta interoceánica. El resultado fue negativo. El proyecto no era una imposibilidad, mas los costos serían demasiado altos y la utilidad, poca.[33] La distancia más corta desde el golfo de México al Pacífico, a través del cuello de botella representado por el área terrestre de Santo Domingo Tehuantepec, donde correría en el futuro un ferrocarril transístmico de más de 120 millas en el punto más estrecho, se juzgó demasiado larga para un canal.

A medida que la atención general viraba hacia Nicaragua y Panamá, el asunto de la seguridad adquirió más importancia, hasta convertirse en crucial en un mundo cada vez más competido por la rivalidad entre imperios. El Pacífico no fue más un «lago español», una imagen —por otra parte— debatible.[34] Expediciones científicas, pesca de ballenas, el atractivo de productos de los mares del sur, proyectos coloniales y estrategia geopolítica atrajeron flotas francesas, británicas y rusas. La rebelión iniciada en 1776 en la mayor parte de las colonias británicas en la América continental precipitó a la monarquía española a intervenir en la guerra a favor de los rebeldes.[35] El peligro que implicaba la recuperación o el reemplazo por parte de Francia de los territorios que había tenido que ceder a España en Luisiana tras 1763 era grave. En semejantes circunstancias, si se construía un canal interoceánico, ¿podría España retener el control del Caribe y establecer un monopolio de su uso? Si Gran Bretaña o Francia consideraban posible el proyecto, ¿podría alguna de estas potencias ir a la guerra para ponerlo en marcha o apoderarse de los beneficios?

Entre 1778 y 1779 el alférez real José de Inzaurrandiaga inspeccionó el terreno desde Cartago en Costa Rica hasta Panamá y la ruta por la vía del lago de Nicaragua en 23 días. Tardó un poco menos de lo habitual. Sus informes, en línea con la imagen heroica de las narraciones de grandes viajes del periodo, se centraron en las dificultades y los obstáculos: clima abominable, terreno indomeñable, oportunidades escasas de abastecimiento e indios poco confiables.[36] En 1781, el capitán general de Guatemala, el enérgico Matías de Gálvez, poco después promotor de grandes obras públicas en México, comisionó un nuevo estudio sobre las posibilidades de construcción de un canal desde el lago de Nicaragua hasta el Pacífico. El agrimensor Manuel Galisteo realizó un meticuloso estudio de los problemas que supondrían las variaciones de altitud a lo largo y ancho de la ruta. Así, mostró que el canal tendría que sobrepasar los 39 metros que separaban el lago de Nicaragua del Atlántico antes de salvar otros 132 metros adicionales de ascenso a la cota potencial más alta de la ruta, para luego ajustar su descenso hasta el nivel del mar en el Pacífico, 170 metros más abajo. Sus hallazgos fueron una buena noticia técnica y una mala noticia política. Los oficiales reales españoles quedaron convencidos de que, incluso si extranjeros se apoderaban de la región o se empeñaban en venderla, no tendrían manera de asegurar que el proyecto fuese rentable.

El trasfondo inevitable de estos acontecimientos y de las esperanzas y temores que suscitaban en lo referente al crecimiento del comercio internacional atrajeron inversores privados al proyecto canalero americano. En 1785, un antiguo ingeniero militar francés, Nicolas de Fer, trató en una conferencia en la Academia de Ciencias parisina las perspectivas de un canal interoceánico. Su plan se aproximaba a la fantasía. Propuso la construcción de una sola esclusa gigante para igualar la diferencia en el nivel oceánico entre el Atlántico y el Pacífico. Luego se aproximó al Gobierno español y presionó sin descanso al conde de Aranda, en ese momento embajador en París. Desde el punto de vista español, el proyecto de De Fer entrañaba un riesgo. Sin embargo, quizá dejándose llevar por el entusiasmo hacia los grandes canales característico de la Europa y la Francia prerrevolucionarias —de hecho, se debatieron al mismo tiempo proyectos de canales en Suez y en Panamá— Aranda le otorgó su apoyo.[37] También Juan Bautista Muñoz, experto oficial del Gobierno español para asuntos cartográficos e históricos americanos, respondió con entusiasmo. Un canal en Panamá, opinaba, podría justificar la inversión realizada y suscitaría «la emulación y envidia de todas las potencias» por ser la empresa «mayor, más gloriosa y más útil del mundo». Le encontró, sin embargo, dos defectos. Aunque fuese el producto de un trabajo académico exhaustivo, De Fer se había basado de manera exclusiva en fuentes existentes, en muchos casos con varios siglos de antigüedad. Lo peor de todo era que no conocía el terreno. El perspicaz informe de Muñoz incluyó una profecía fatal: un canal exitoso se convertiría en objeto de deseo de potencias rivales.[38]

Obviamente estaba en lo correcto. En 1780, durante las hostilidades con España desencadenadas por la guerra de la Independencia de Estados Unidos, Gran Bretaña había mandado una flota para la conquista de Nicaragua. La expedición fue un fracaso, por la defensa insuperable de los trópicos que suponía la combinación de un clima pendenciero y el mosquito portador de la malaria. Pero el marino Horacio Nelson, capitán en ese momento, expresó con convicción que el istmo podía ser «el Gibraltar de la América española», al controlar las comunicaciones entre Atlántico y Pacífico, del mismo modo que Gibraltar las dominaba entre Atlántico y Mediterráneo. «Si lo capturamos —concluyó— cortaremos la América española en dos». Mientras tanto, proyectistas ingleses revivieron un plan ya debatido durante el fracasado intento escocés de colonizar el Darién a finales del siglo XVII, con un canal que desembocara en el golfo pacífico de San Miguel.

En 1787 Thomas Jefferson, que en ese momento era representante de Estados Unidos en París, escribió a su correspondiente en Madrid solicitando información sobre los documentos que había empleado Muñoz. En su opinión, el canal era «perfectamente predecible». Tres años después, Francisco de Miranda, espía y precursor, siempre atento a promover la independencia de la América española, ofreció al Gobierno británico, a cambio de su apoyo, el derecho a abrir el canal. Cuando fue rechazado, realizó la misma oferta a los nacientes Estados Unidos.

El conde de Fernán-Núñez, sucesor de Aranda en la Embajada española en París entre 1787 y 1791, perspicaz militar y diplomático, remitió a la Corona un parecer informando del proyecto de Matías de Gálvez. Reconoció que el canal sería «un gran avance en el comercio de Europa y el mundo», mas por la misma razón aconsejaba no abrirlo. Carecía de sentido que España asumiera el costo de una obra solo para beneficio universal. Tenía miedo no solo de la avaricia de los rivales de España, sino del «interés egoísta» de los territorios americanos de la monarquía. En una imagen que parece prestada de la *Commedia dell'arte*, América asemeja «una bella mujer que se ha convertido en posesión de un hombre viejo que la cuida, mira y provee lo mejor que puede», alguien «cuyas necesidades y deseos están tan lejos del poder de su protector para satisfacerlos» que, a fin de no disgustarle, cierra la puerta y se ocupa de que los admiradores de fuera no consigan nada. Fernán-Núñez, sin embargo, llegó a una conclusión reconfortante: un canal podía resultar incluso más difícil de defender que el Camino existente a través de Panamá. Las consideraciones de rivalidad geopolítica que detenían la implicación de España en la construcción de un canal tendrían efectos similares de contención para las ambiciones de otras potencias. El conde utilizó el caso para proponer una reforma de la ley internacional, y se atrevió a pedir, con explicable prudencia, que las potencias, de modo colectivo, garantizaran la distribución del territorio y la libertad de navegación en el mundo. «En estos días —escribió— el espíritu del comercio es lo que más cuenta y los intentos de los gobiernos por extender el dominio de sus propios súbditos resultan incompatibles con los principios del libre comercio».[39]

Invocados los apetitos mercantiles, dos propuestas más elaboradas salieron a relucir. En 1788, un consorcio remitió al conde de Floridablanca un memorial y solicitó permiso para construir un canal entre océanos por Nicaragua. Los inversores aceptaban a cambio de su capital resarcirse con los beneficios futuros que obtuvieran.[40] El autor de la propuesta, el ingeniero de minas Joaquín Antonio Escartín, apeló a las clásicas ideas ilustradas de progreso. Aunque estudios anteriores habían considerado inconveniente el canal, las evidentes dificultades podían superarse con tecnologías probadas en Francia y en España. Para

Escartín, la construcción de canales implicaba un acto político. El mero balance de ganancias y pérdidas carecía de sentido. Se trataba de una fuente de majestad, como las hazañas de los antiguos ingenieros romanos. Una herramienta con la cual los españoles podían perfeccionar «la gloria del Imperio heredado de sus ancestros». En cierto sentido, tenía razón: el ingeniero sirve al Imperio, igual que al avance económico y a la formación de capital humano. Escartín se dio cuenta, por supuesto, de que tenían que salirle los números. Creía, o más bien suponía, que los costos de la obra serían de entre treinta y cuarenta millones de libras tornesas (quizá de cinco a siete millones de euros actuales) y que se lograrían beneficios «considerables» para España con el tráfico mercantil, así como un «inestimable avance de los proyectos y del poder de la monarquía». El canal sería un imán para el comercio. «El tráfico de China, Japón e incluso la India podrían caer completamente» bajo el control de la Corona española. Filipinas se transformaría en el futuro gracias a las nuevas oportunidades industriales y agrícolas, que harían de la lejana Capitanía un territorio tan rico como China. Del mismo modo que otros proyectistas imaginaban utopías ultramarinas a través de lentes de color de rosa, Escartín señaló que la región del lago de Nicaragua, su ruta elegida, resultaba excepcionalmente saludable y productiva, muy superior a la región «pantanosa, irregular y enfermiza» del istmo panameño.

El segundo proyecto, presentado en 1790 por un grupo inversor franco-español liderado por Martín de la Bastide, tuvo puntos en común, si bien era más elaborado y consistente en su visión de la nueva era de prosperidad que aguardaba al Imperio español.[41] Bastide era tan exagerado como Escartín en lo referente a la «grandeza e importancia» de un proyecto que, se atrevían a decir con desparpajo, había sido insuficientemente apreciado por sus ignorantes antecesores. Estos «no se habían detenido a pensar lo suficiente sobre la manera de adelantar los trabajos de modo que tuvieran un final rápido y exitoso, o a elegir el mejor emplazamiento para un empeño tan considerable». Su ruta preferida, que iba directa a través del paso ístmico más estrecho, facilitaría el comercio existente y aumentaría su densidad, al tiempo que atraería parte del tráfico que circulaba entre Europa y Asia por el cabo de Buena Esperanza. De ese modo, vincularía el comercio de China y las Indias occidentales, dejándolo en manos españolas.

En 1811 Alejandro de Humboldt anunció su propia opinión sobre el asunto del canal. Si bien se inclinó por la ruta del lago de Nicaragua, la confianza que expresó en torno a su necesidad y viabilidad distó de ser entusiasta y se limitó a un análisis instrumental. En todo caso, su intervención llegaba demasiado tarde. Los movimientos de independencia de la América española se ponían en marcha con una violencia incontenible. El canal interoceánico se había convertido en un proyecto irresistible, pero su realización se hallaba más distante que nunca.[42]

VI
ANILLOS DE PIEDRA. LA FORTIFICACIÓN DE FRONTERAS

> Sé tú mi roca de refugio, el alcázar donde me salve,
> porque mi peña y mi alcázar eres tú.
>
> SALMOS, 71

«Nunca diré que he conocido a un rey mejor —escribió Philippe de Commines acerca de Luis XI de Francia—, porque, si bien oprimía a sus súbditos, nunca dejaba que otros lo hiciesen».[1] La protección contra enemigos externos es la única obligación ineludible de un Estado. La legitimidad política se puede medir por la diferencia entre la tributación —el precio que se paga por la contención de un tirano— y los impuestos —la herramienta por la cual sujetos y ciudadanos sufragan su defensa—. La seguridad de las fronteras resulta un objetivo irrenunciable. Sin embargo, su control por parte de la monarquía global española puede parecer contradictorio.

Por un lado, resultó impresionante, en la medida en que duró mucho tiempo y mantuvo y expandió sus fronteras, excepto en márgenes de importancia relativa, como las islas Antillas, ocupadas por Francia en 1635, o Jamaica, perdida a manos de invasores ingleses en 1654. Por otro lado, cabezas de puente que resultaron ser indefendibles fueron cedidas en Chesapeake durante el siglo XVII, o en Honduras en el siglo XVIII, donde intrusos británicos lograron poner pie en lo que hoy es Belice. Algunas misiones jesuitas fueron sacrificadas en Uruguay para lograr una paz general y a cambio de ciertos beneficios territoriales. Por supuesto, hubo fracasos temporales —en la defensa del norte de la isla La Española ante la acometida de invasores durante la década de 1660, o en parte de los dominios portugueses, durante la etapa de unión de las Coronas de España y

Portugal, de 1580 a 1640—. La pretensión de excluir a los holandeses de islas y costas desiertas en el Caribe fracasó. Las retiradas de otros territorios se produjeron por tratarse de lugares imposibles de gobernar, o por requerirlo la seguridad general, o por la obtención de ganancias como consecuencia de su abandono. A esta última casuística respondieron el norte de los Países Bajos y Portugal a mediados del siglo XVII, o el sur de los Países Bajos y los dominios italianos en el siglo XVIII. El balance global favoreció a España de una manera sorprendente, en especial si tenemos en cuenta la notable longevidad de su Imperio en la América continental, en comparación con rivales europeos e indígenas.

Las fronteras allí fueron siempre permeables a invasores y saqueadores. Como ocurrió en el Imperio romano, modelo permanente de los españoles, los límites terrestres fueron tan amplios e irregulares que resultaron imposibles de vigilar, mientras que las vastas fronteras marítimas nunca se pudieron patrullar de modo adecuado. La conformación del Imperio lo hizo demasiado disperso como para ser defendido a lo largo de sus límites interiores. Las fortificaciones constituyeron así una infraestructura esencial de la *pax hispanica,* al detener a invasores e intimidar a potenciales insurgentes. Con el paso del tiempo, el Imperio español acabó siendo, posiblemente, el más fortificado de la historia.[2]

Baluartes y bastiones absorbieron mucha atención y recursos. Hoy permanecen a veces arruinados, a menudo erguidos como fantasmas del pasado, con terraplenes que apuntan hacia el océano o que elevan sus murallas sobre suburbios y paisajes, como si esperaran el ataque de enemigos imaginarios por las troneras de las baterías. Constituyen una prueba evidente del poder y la prosperidad del pasado hispano. Humboldt, por ejemplo, en su famoso recorrido por la América española a comienzos del siglo XIX, contempló con el estremecimiento que hoy conmovería a un turista contemporáneo las ruinas de la fuerza de Santiago de Araya en el oriente de Venezuela. Volada de modo parcial en 1762 para evitar que cayera en manos británicas, los restos tienen un aire irreal, son evidencia tanto del genio del hombre como del poder de la naturaleza. De ahí que atrajeran a Humboldt en ambas facetas de su personalidad: el científico ingeniero de mente cuadrada y el irrefrenable romántico. Como un viajero por paisajes de la Antigüedad, observó: «Parecen obras sobrehumanas, comparables a las masas de rocas despedazadas que aparecieron cuando el planeta por primera vez tomó forma».[3] En la actualidad no hay visitante a Cartagena —la famosa «llave de las Indias» del siglo XVIII— que no quede conmovido por la evidencia del esfuerzo formidable que fue empleado en la construcción de las murallas costeras, de unos 7,62 metros de ancho, con un recubrimiento de piedra sobre armazón de madera de 1,8 metros de profundidad y una altura de unos 6,7 metros.[4]

La cuestión de la rentabilidad e incluso de la utilidad de aquellos «anillos de piedra» que protegieron al Imperio español continúa sin embargo abierta a debate. El mantenimiento de la monarquía dependió ante todo de la lealtad, o como mínimo de la resignación de sus súbditos, según intentamos mostrar a lo largo de este libro. Como todas las demás piezas de la infraestructura del Imperio, las fortificaciones poseían un efecto psicológico, incluso en el caso de que protegieran mucho menos de lo que debían. Los habitantes de la América española invirtieron emocional y materialmente en un sistema defensivo. A pesar de que los responsables políticos en España y —con menor capacidad de decisión— en los dominios americanos y filipinos tendieron a dar prioridad a la defensa del comercio y de las rutas de comunicación antes que a los núcleos poblados, la mejor razón para formar parte de esta monarquía, al menos desde el punto de vista de las élites indígenas y criollas, pudo ser el acceso ventajoso a sus grandes rutas mercantiles globales, protegidas de piratas y competidores. En este sentido, las fortificaciones resultaron fundamentales.

UNA CARGA QUE SOBRELLEVAR. LOS LENTOS Y DISUASORIOS COMIENZOS DE LA FORTIFICACIÓN

Las dificultades existentes para el levantamiento de defensas eficaces fueron formidables. Era preciso superar dos enormes desequilibrios: el primero, el existente entre la escala de la labor requerida y el volumen de trabajo necesario; el segundo vino motivado porque las ambiciones de los constructores no coincidían con los límites impuestos por sus capacidades. Un grabado incluido en una de las ediciones iniciales del primer reporte de Colón sobre sus descubrimientos ilustra cómo nació el Imperio español, bajo unas expectativas increíblemente poco realistas. En la imaginación del grabador, que reflejaba las fantasías del propio Colón, unos artilugios elevaban bloques perfectos de piedra, mientras tomaban forma las murallas y torres de una ciudad ideal. La imagen resultaba fabulosa; la realidad lo era mucho menos. La primera fortificación que Colón construyó en La Española fue una empalizada (en la cual la guarnición entera halló la muerte a causa de una masacre perpetrada por indígenas), fabricada a toda prisa con las maderas de su nao principal hundida por un descuido, la Santa María. La segunda fue fabricada con tierra, y siguió diseños tradicionales de los expertos nativos taínos. El cuartel general de Colón, su «casa fuerte» en la inhabitable y malsana capital con la que dotó a la isla, bautizada como Isabela, era apenas un chamizo improvisado de menos de cien metros cuadrados, con una pequeña torre en una esquina.[5] La fortificación que construyó el sucesor de Colón como gobernador de La Española para vigilar la producción de oro se localizó en el interior, en Concepción, y fue más sólida. La superficie alcanzó 47 por 24 metros y fue levantada con paredes de ladrillo de dos metros de ancho y torres gemelas, si bien la guarnición nunca superó los treinta hombres.

Continuó siendo más fácil, evidentemente, trazar defensas en un papel que construirlas sobre el terreno. Los planes bosquejados en 1526 anticipaban una sólida fortificación de Tierra Firme, mejor en algunos aspectos que la que se llegó a construir.

Fortificaciones autorizadas por la Corona podían elevarse sobre las costas y señorear las ciudades principales del interior, sin infligir daño o pérdida a la población indígena, una condición tan general que por sí sola corría el riesgo de convertir los mencionados planes en fantasía. Los intratables caribes quedaron excluidos de tan benignos propósitos. En la isla La Española se levantarían tres fuertes. La capital, Santo Domingo, quedaría protegida por una cadena tendida en el puerto entre dos torres defensivas. Otros fuertes se levantarían en Cuba, Puerto Rico y Guadalupe. En la Nueva España, México capital, Puebla y Antequera de Oaxaca tendrían fortificaciones para protegerlas, al igual que en Veracruz, donde la isla de San Juan de Ulúa guardaba la bahía. Un diálogo manuscrito del siglo XVI tardío sostuvo la fantasía de la inexpugnabilidad de San Juan de Ulúa, aunque entonces la defensa consistía tan solo de una torre cuadrada de la que estaba construida una cuarta parte.[6] Hacia el sur se levantaría una torre que competiría con el volcán de Santiago de Guatemala, además de tres fortalezas en Nicaragua y dos más en Tierra Firme. El litoral sur del Caribe sería defendido en Santa Marta y Cartagena, con otro fuerte entre medias. Habría cinco más en ubicaciones del interior, tan lejanas como el oriente de Venezuela. Habría cuatro fortalezas más en Nueva Toledo, en Chile, y cinco para vigilar el Río de La Plata, que apenas se empezaba a colonizar.[7]

El plan era visionario no solo por su extensión, que excedía los límites de la ocupación española efectiva en aquel momento, sino por el potencial de transmisión de poder monárquico que poseía. Excepto en ciertas regiones de los Andes y Mesoamérica, las sociedades indígenas no parecieron interesadas en hacer la guerra mediante fortificaciones. En años recientes, la fotografía aérea, complementada con excavaciones, ha revelado la insospechada extensión de fortificaciones urbanas en la Mesoamérica indígena, incluyendo empalizadas de kilómetros de largo que se remontan a tiempos de los olmecas (1400-300 a. C.), o los tres kilómetros amurallados que formaron una especie de ciudadela en Monte Albán, conectada con barricadas que «sellaban» el entorno.[8] El Mirador, una de las ciudades más antiguas y formidables de los mayas, tenía murallas de unos cuatro metros de altura. Las de Becán, del mismo periodo preclásico, alcanzaban los cinco metros.[9] Terraplenes defensivos rodeaban Tikal, y las murallas de tierra que protegían la llamada «ciudad de los naranjos» se extendían por más de 1.300 metros. Antes de la conquista, las ciudades allí solían tener algún tipo de muralla, aunque para el siglo XV europeo ciertas estructuras sencillas, como las que todavía se pueden ver hoy en Tulum, podían servir en apariencia más para demarcación que para defensa.[10] Los centros poblados andinos también poseyeron a veces murallas formidables. Chan-Chan necesitaba torres de defensa, por su situación a baja altitud, mientras que Kuélap las requería de menor envergadura, porque estaba construida encima de una montaña. Sus ingenieros la revistieron de piedras a mediados del siglo VI, puede que para demarcar una zona sagrada.[11] Algunas de las estructuras más impresionantes, construidas en apariencia para la protección de valles enteros de la acción de saqueadores, estaban por supuesto en ruinas o apenas eran visibles cuando llegaron los españoles, si bien noventa millas de muralla antigua de origen aún desconocido serpenteaban a lo largo del curso del río Santa, al norte del Perú. Ingenieros incas edificaron murallas según la misma tradición, dirigida a la demarcación de tierras sagradas. Aunque parecen haber preferido confiar en el terreno como defensa natural, construyeron por lo menos veinte fuertes para la defensa de su frontera norte, y Cuzco estaba resguardada por la gran fortaleza de Sacsayhuamán, con bloques de piedra que pesaban hasta cuarenta toneladas, apiladas a alturas inimaginables.[12]

En términos rigurosos, es obvio que en América no hubo precedentes de los métodos españoles de fortificación. Por esta razón puede que no resulte tan sorprendente que el futuro ambicionado por los españoles, tan poco realista en la materia, llevara siglos para ejecutarse y lo lograra de manera imperfecta. En la práctica, las autoridades fueron reactivas, pues en un comienzo tendieron a esperar que ocurriera un desastre antes de invertir en fortificaciones, o respondieron a incursiones y saqueos sin tiempo para plantearse si era posible prevenirlos. En la década de 1550, Pedro Menéndez de Avilés propuso la fortificación de todos los puertos importantes en un exhaustivo informe sobre la defensa imperial.[13] Era difícil que proyectos tan ambiciosos se pudieran llevar a cabo. Hasta los años ochenta, las fortificaciones españolas en América, si es que las había, fueron rudimentarias, pero es preciso reconocer que no resultaban por lo general ineficaces para el cumplimiento de su propósito. El incremento de depredaciones e insolencias por parte de piratas y corsarios mostraron que era preciso hacer algo más al respecto.

El estímulo vino de la guerra con Inglaterra que comenzó en la década de 1570. En 1573 Francisco de Toledo, virrey del Perú, propuso la fortificación de los puertos de Guayaquil, Paita, Santa, Callao y Arica, en anticipación de posibles incursiones inglesas al Pacífico. El Consejo de Indias no lo consideró necesario.[14] A partir de 1576, la compilación de información sistemática ordenada por la Corona española mediante las *Relaciones geográficas* facilitó datos preliminares, esenciales para organizar una completa defensa. Abarcó la distribución de población y riqueza, la información del terreno y la ubicación de fortalezas prehispánicas. Hacia 1580, «una pila de peticiones como un mamut de grande», en expresión del historiador Ray Broussard, demandaba el establecimiento de fortificaciones.[15]

En 1586, después de que el inglés Francis Drake conmocionara al mundo con su viaje corsario por el Pacífico y una serie de saqueos atrevidos y triunfantes, desde Vigo hasta Nombre de Dios, Santo Domingo y Cartagena, la Corona dio el primer paso para contar con un plan de protección de las costas de la monarquía española y, a tal efecto, fueron comisionados los mejores ingenieros italianos para estudiar todos los puntos vulnerables. Bautista Antonelli, la figura más conocida del momento, recibió el encargo de las Indias. Dejando aparte el puerto de Cartagena, propuso mover el terminal portuario del istmo panameño desde Nombre de Dios hasta Portobelo, así como el establecimiento de una fortaleza en la boca del río Chagres, justo donde el puesto de vigilancia de San Lorenzo adorna en la actualidad la península que emerge cuando nos acercamos a la desembocadura. El plan de Antonelli para Puerto Rico mostró su atención al detalle. Había que bloquear el canal, aunque los locales lo consideraban demasiado estrecho para el paso de cualquier asaltante, así como restaurar la fortaleza según los principios de la ingeniería moderna, mediante la formación de tres líneas de defensa fortificadas. Su objetivo para La Habana, que ya era el punto de encuentro más importante de la navegación transatlántica, incluyó el reemplazo de las edificaciones existentes por otras de piedra, así como la protección del puerto mediante fuego cruzado procedente de fuertes arpilleras.

La Corona autorizó la ejecución de estos planes, pero antes quiso ensayar una opción más barata y directa, la invasión o intimidación de Inglaterra hasta lograr su rendición. En 1588, la Armada llamada «Invencible» se hizo a la mar. En cierto modo, justificó aquella ambiciosa estrategia según la cual dejar al descubierto la debilidad de las defensas inglesas era crucial, mas una tormenta brutal la dispersó y le causó muchas pérdidas. Las que se relacionaban con el material eran fáciles de reemplazar, pero el fracaso de la Armada vino a ser para España una suerte de batalla de Flodden (1513), en la que se perdieron el rey Jacobo IV y la nobleza escocesa frente a los hábiles ingleses, mandados por la entonces reina regente Catalina de Aragón. La mayor parte de una «juventud dorada» sucumbió en el naufragio de la galeaza napolitana Girona, que transportaba a la más prometedora nobleza del reino, con los futuros dirigentes de la guerra por parte española. El desastre, al menos, convenció al rey Felipe II de que era necesario invertir todo lo que señalasen sus ingenieros expertos en la protección del Imperio.[16]

El plan de Antonelli fue aprobado al completo, a pesar de su gigantesco presupuesto de 150.000 ducados y del inmediato y silenciado fracaso inglés de la Contra Armada, frente a La Coruña y Lisboa.[17] Unas tormentas destruyeron las primeras obras de emergencia realizadas en Cartagena en 1588. En noviembre del mismo año ordenaron a Antonelli viajar desde España para ocuparse de la construcción de defensas en Puerto Rico, Cuba, Veracruz y Panamá, acompañado de un equipo de ingenieros y canteros. Enfermedades, la obstrucción rutinaria de intereses locales y oficiales reales, azares de la navegación y, sobre todo, la lentitud de las obras los retrasaron. A pesar de todo, en 1599, cuando retornó a España, Antonelli había construido catorce fuertes que defendían todos los puertos más importantes del Nuevo Mundo, incluso San Juan de Puerto Rico, Cartagena, Veracruz y Panamá, con los bastiones de Santiago y San Felipe, que protegían la aproximación a Portobelo. También encontró tiempo para supervisar en 1596 la defensa de Nombre de Dios contra el ataque de Drake, esta vez con éxito, pues resultó en la muerte del corsario y la retirada de los ingleses. En 1598, una de las fortificaciones defensivas de Puerto Rico cayó presa de un ataque inglés. Las mejoras fueron exitosas contra la siguiente acometida, por parte de asaltantes holandeses, en 1625. Programas similares de fortificaciones en España y en las islas Canarias complementaron los de Antonelli. Los barcos que se perdieron en las aciagas tormentas de 1588 fueron reemplazados por otros más resistentes, flexibles, mejor armados y eficientes. Los resultados de aquel esfuerzo alumbraron un Imperio español más formidable que nunca y ayudaron a que el comercio transatlántico fuera sorprendentemente seguro. No pudieron, en cambio, garantizar la seguridad contra enemigos que eran libres de concentrar sus fuerzas en cualquier punto de las enormes costas y caían al asalto sobre pueblos y ciudades una vez superadas las defensas de los puertos.

ESCASEZ DE MATERIAS PRIMAS Y MANO DE OBRA

Los recursos financieros y humanos siempre fueron difíciles de obtener, incluso tras 1580, cuando la monarquía española se pudo concentrar en la defensa y la insolencia de los piratas y los peligros de la guerra hicieron inevitable una respuesta política. En 1649, el hijo de Antonelli, Juan Bautista el Mozo, representante activo de la que fue quizá la más importante dinastía de ingenieros de la historia de España, murió en Cartagena de Indias, rodeado de fuertes a medio hacer y apenado porque el retraso en el pago de salarios impedía que los peones concluyeran las obras.[18] La construcción solía demandar más trabajadores libres y peones de los disponibles, más esclavos y convictos de los que les podían asignar. Entre 1770 y 1802, el número de esclavos en los trabajos de las fortificaciones de Cartagena pasó de ser 166 a 6, el de condenados a trabajos forzados de 365 a 208 y el de trabajadores libres se mantuvo estable o aumentó, con un promedio anual de 227 trabajadores.[19] En 1795, también en Cartagena, el ingeniero director Antonio de Arévalo, a cargo del mantenimiento de las murallas, listó apesadumbrado a los trabajadores incapacitados por edad y enfermedades: había uno que tenía más de ochenta años y era ciego, un septuagenario sufría deterioro de la visión y estaba «lleno de dolores»... La fuerza laboral incluía, indicó, «idiotas y paralíticos». Otros estaban debilitados por malnutrición, heridas o enfermedades sin nombre, o débiles y cegados por la senectud. Resulta difícil de creer que esclavos sanos, convictos y reclutados trabajaran con máxima eficacia. Hubo casos de restricciones de mano de obra que limitaron el volumen de los fuertes y los dejaron en la mínima expresión, con tan poca obra exterior como resultara posible.[20] El número de hombres disponibles para deberes castrenses en los cuarteles se incrementó, pero las fluctuaciones fueron inevitables y no tenía sentido alguno mantener en tiempo de paz el mismo pie de fuerza que en tiempo de guerra. En Atalaya, Río Lagartos, Yucatán, por ejemplo, una edificación de piedra capaz de acoger una guarnición de 250 hombres, que databa de un tiempo de prosperidad anterior, tuvo que ser adaptada para solo cincuenta o sesenta durante las reformas militares de mediados del siglo XVIII.[21] Ejemplos de este tipo fueron constantes, en especial en fuertes de frontera situados en los interiores continentales.

Los diseñadores de fortificaciones eran todavía más escasos que los soldados. El número de ingenieros disponibles en toda la América española durante el siglo XVII fue menos de una décima parte de los que había en España.[22] Algunos lugares remotos nunca recibieron la visita de profesionales.

Los locales improvisaban, a partir de evocaciones de cortes de madera vistos en los libros de su niñez, noticias o recuerdos congelados en el tiempo. Seguramente por esa razón el castillo de San Felipe del golfo Dulce en Guatemala todavía parece una torre medieval. Como la importancia de Santo Domingo disminuyó, la torre del homenaje, en los márgenes del río Osma, conserva un aire pasado de moda, con estructura cuadrada y altura almenada.

En 1771 el gran ingeniero Juan Martín Cermeño, que contemplaba el Imperio desde la opulencia renacida de Barcelona, culpó a la inacción de los criollos americanos de haber levantado las fortificaciones ahí «sin la solidez y precauciones que se ponían en Europa».[23] Probablemente fue injusto en la valoración de lo que suponían la falta de recursos y los problemas de escala, pero en un aspecto tuvo razón: entre las guerras y las incursiones de piratas y corsarios, era difícil mantener el esfuerzo que requería la construcción de murallas y fuertes.[24] Cuando el infame Henry Morgan saqueó Portobelo en 1668, la reacción inicial de los oficiales reales fue salir corriendo, trasladar la ciudad. Al poco se tomó la decisión de mantenerla y mejorar las defensas. El trabajo empezó a buen ritmo, mas fue abandonado en 1686. Seis años después, el marqués de la Mina demandó que las obras fueran terminadas para mantener el sitio en manos españolas, o que en todo caso fueran demolidas a fin de evitar que los ingleses las aprovecharan, pues iban a regresar, como en efecto ocurrió.[25]

Una defensa eficaz exigía materiales costosos, y llevaba generaciones, o hasta siglos en algunos casos, que se acumularan los recursos necesarios para dar respuesta a una emergencia que se pudiera producir, incluso en ubicaciones defensivas sensibles. San Agustín, por ejemplo, fundada en Florida en 1565 para oponerse a los intereses franceses y asegurar el acceso a la corriente del Golfo de las flotas que retornaban del Caribe hacia

España, era un emplazamiento estratégico vital. Hasta 1670, cuando la fundación de la colonia inglesa de Charleston obligó a los españoles a reconstruirla en piedra, solo quedó protegida por ocho empalizadas de madera.[26] El gasto para el bastión de San Marcos no fue aprobado hasta el año anterior. En Yucatán, a pesar del nivel de exposición a incursiones foráneas, la mayor parte del litoral fue defendida con medidas timoratas y de bajo costo, según una queja del ingeniero Juan de Dios González en un informe datado en febrero de 1766. Por entonces, la fortaleza de Omoa, pensada para controlar el contrabando de los indios mosquitos, estaba fabricada con madera y guano. Mérida estaba apenas protegida por nueve torres de observación.[27] Hubo impedimentos añadidos que frustraron a los ingenieros. Como en otros lugares, los misioneros franciscanos se opusieron a las medidas militares que según ellos podían desvirtuar la confianza indígena en la benevolencia española, multiplicaban el número de soldados licenciosos e impedían intentos de evangelización. En algunos sitios, como en Veracruz, en Guatemala, la amenaza de los nativos disipó con rapidez el idealismo misionero. En Mérida, los franciscanos se resistieron a la fortificación hasta 1669.[28]

Acapulco presenta otro ejemplo de plaza de valor incalculable en la cual una defensa eficaz, de modo extraño, tardó en organizarse. La «Grandeza mexicana» (1604) de Bernardo de Balbuena no deja ninguna duda de la querencia por la plaza, destino final en la Nueva España del comercio transpacífico:

En ti se junta España con la China,
Italia con Japón y finalmente
un mundo entero en trato y disciplina.[29]

Sus defensas fueron débiles hasta que el ingeniero flamenco Adrián Boot llegó en noviembre de 1615, procedente de México, donde había sido requerido para inspeccionar el desagüe del valle. Su nuevo encargo era construir un reducto para proteger Acapulco, pero rechazó la idea por insuficiente y en cambio recomendó que se levantara una fortaleza para una guarnición de setenta hombres. Las autoridades, a la vista de los costos y urgidas por el temor a incursiones de piratas holandeses, aceptaron la propuesta con cautela. Acapulco solo tuvo el fuerte levantado por Boot para su defensa hasta que, en 1776, tras un terremoto, se añadieron nuevas fortalezas. La edificación antigua duerme en paz, integrada en la urbe. Solo dos años después, la adopción de los principios del mercado por el reglamento de comercio libre dentro del Imperio español desvió el tráfico filipino hacia el océano Índico. Los terremotos y la creciente competición de otras potencias en el Pacífico habían disminuido el comercio y disuadieron a las autoridades de realizar mayores gastos.

Si Acapulco era un centro vital en el tráfico del Pacífico, en el Atlántico lo fue Puerto Rico, clave en el acceso a las Antillas y a América Central. Allí también la fortificación fue despacio. El mariscal Alejandro O'Reilly, irlandés perteneciente a una familia jacobita exiliada en España en la segunda década del siglo XVIII, a quien los rebeldes franceses de Nueva Orleans pondrían el mote de El Sangriento cuando puso orden allí, proyectó en 1765 añadir el castillo de San Cristóbal a las defensas, lo que se hizo en efecto seis años después. En la década de los noventa, el ingeniero Tomás O'Daly ejecutó el resto del plan, así que reconstruyó la fortaleza central en San Jerónimo con líneas modernas y cerró el Boquerón.[30] Si lugares tan fundamentales como Puerto Rico y Acapulco tomaron tanto tiempo en su fortificación, no es sorprendente que la Corona tuviese tantos problemas en lugares más remotos. En ningún lugar de Chile hubo mucha protección contra ataques navales, pese a los intentos en el reinado de Felipe II de proteger el estrecho de Magallanes. Carelmapu, Chacao y sus recintos anexos —Castro, San Carlos de Ancud y de Agüi, y sus correspondientes baterías— constituyeron un sólido conjunto.[31]

En Paraguay, a mediados del siglo XVIII, la extensión de la ocupación portuguesa hacia el valle del Paraná y la supresión de las misiones jesuitas, que habían guardado la frontera, reveló que se requerían defensas nuevas. El fuerte de San Carlos del río Apa y Borbón no se empezó hasta 1792, y fue terminado en 1806.[32] Montevideo siempre fue una ciudad guarnición con posibilidades de convertirse en otro indeseado Gibraltar, que custodiaba el Río de la Plata como la Roca «protegía» el Mediterráneo. Los diseños para la ciudadela del ingeniero militar Domingo Petrarca fueron frenados por disputas profesionales sobre la ubicación, problemas con el suministro de agua, falta de presupuesto, la muerte del propio Petrarca y el retraso en su reemplazo. La obra empezó en 1741 y dejó el suministro de agua al margen del área fortificada, la opción menos costosa. Un bastión mal edificado colapsó después de unos años; otro, en 1770. El circuito amurallado no fue completado hasta 1800. Los hipercríticos visitantes se hacían eco de opiniones sobre las deficiencias del diseño y los reparos para la defensa de la plaza. Sin embargo, John Constantine Davie la alabó, aunque según él la plaza era defendible solo contra indios y portugueses, no contra asaltantes británicos, pues en contraste con la mayoría de los fuertes situados al norte, las defensas de Montevideo hacia el interior eran más sólidas que hacia las costas.[33]

Como señaló en 1658 Francisco de Castejón, comandante de la fortaleza de San Juan de Ulúa, en el curso de sus esfuerzos para obtener fondos destinados a obras que consideraba vitales, «el mantener las plazas sin medios no es trabajo de hombres, sino de Dios».[34] Estaba embrollado por circunstancias que solían impedir el trabajo de los ingenieros, una disputa, en parte profesional y en parte personal, con un rival. Castejón estaba preocupado por que el fuerte quedase expuesto a un ataque. El ingeniero encargado, Marcos de Lucio, le rebatió y señaló que las demandas de Castejón eran innecesariamente costosas, y que el propósito del fuerte era defender el puerto, no la tierra firme. De Lucio creía que era vital que la plaza fuese compacta y defendible con una guarnición pequeña. El conflicto, intensificado en 1661 tras los efectos destructivos de un huracán, acabó con la muerte de Castejón en prisión, poco antes de que llegase la orden de dejarlo en libertad.[35] Por lo menos poco después, en 1692, el ingeniero alemán Jaime Franck completó la reforma de las defensas sobre la base de un nuevo proyecto, rectangular, que evocaba algunas ideas del fallecido.

CIUDADES CONTRA COMERCIO

La disputa entre Castejón y De Lucio reveló un dilema habitual: cómo equilibrar las necesidades de la defensa marítima y terrestre. En casi todas partes, la protección del comercio fue prioritaria sobre los asentamientos y núcleos poblados. Santo Domingo estuvo rodeada de murallas bastante pronto, gracias a los trabajos realizados desde 1543 y 1567.[36] Fue un caso excepcional. En las primeras incursiones de Antonelli quedó claro que los vecinos preferían defensas en las ciudades antes que en los puertos, un objetivo diferente a la tarea que le habían encomendado, y a las prioridades de la monarquía. Los habitantes de Cartagena le pidieron grandes murallas y cañones, en vez de baluartes para defender la bocana del puerto.[37] Nunca asumieron las defensas que había en los puertos como propias de la urbe, sino como una iniciativa real sobre la cual tenían poco que decir.[38] La priorización de las defensas de los puertos dejó a las ciudades cercanas vulnerables ante incursiones que, simplemente, evitaban las fortalezas y caían sobre los asentamientos terrestres. Cuando Lima fue rodeada con murallas, en 1690, la iniciativa provino de la certidumbre expresada por el ingeniero jesuita Juan Ramón Coninck, profesor de la Universidad de San Marcos y cosmógrafo real, de que piratas atacantes podían evitar la fortaleza de El Callao. En 1687, con el creciente peligro procedente del océano, se hizo cargo de la mejora de la defensa urbana. A lo largo de 920 hectáreas, Coninck mandó levantar un muro de adobe de 11.700 metros de longitud y hasta once de altura, al que dotaron de plataformas de fuego y quince baluartes. Los planes anexos incluyeron el cercado de campos de trigo próximos para garantizar los suministros alimenticios en caso de un largo asedio. Estuvo listo aquel mismo año, aunque nunca se produjo el temido ataque. Afortunadamente.[39]

En cierto modo, los vecinos mercaderes y las autoridades no tenían claro qué hacer frente a los asaltantes. Cuando el corsario inglés John Hawkins efectuó sus primeras incursiones en la década de 1560, encontró la manera de comerciar en Santo Domingo y Veracruz, si bien previamente había amenazado a los moradores, otorgándoles así una buena excusa para hacerlo.[40] A ningún intruso posterior le fue fácil evitar las restricciones imperiales sobre el intercambio mercantil, que eran una prioridad más de los gobernantes que de los gobernados. En cualquier caso, la protección comercial y de los núcleos poblados resultaron, al final, irremediablemente incompatibles. Toda fortaleza efectiva radicada en un puerto desviaba a los frustrados atacantes en dirección a alguna urbe cercana, pues buscaban un botín fácil de obtener.

Una solución fue hacer de la necesidad virtud y abandonar asentamientos indefendibles, para que no se pudiesen convertir en fortalezas enemigas. Antonelli se quejó de que Veracruz se hallaba expuesta, sin defensas y desarmada.[41] En 1590 dejó la plaza equipada con solo dos frágiles torres que unían un paño de muralla, extendida bajo su dirección hacia el interior del puerto. No había defensas terrestres. Como el tiempo transcurrió y la situación siguió igual, aquello fue interpretado como una suerte de ventaja paradójica: mejor dejarlo así. La voz más elocuente y militante en favor de las «ciudades abiertas», o de una «defensa por indefensión», fue la del estadista ilustrado español más reconocido, el conde de Aranda. Según su planteamiento, las ciudades bien fortificadas, si caían en manos enemigas, eran difíciles de recobrar. Además, pensaba que de ese modo se aprovechaban al máximo las ventajas comparativas de una defensa basada en recursos terrestres.[42] En consecuencia, por ejemplo, la fortificación de San Carlos de Perote, a tres días de camino hacia el piedemonte de la sierra central de México, fue construida durante el mandato del virrey Bucareli para defender la costa, como si pudieran protegerla con refuerzos despachados desde bases inaccesibles a los ataques marítimos.

Otro ejemplo de esta orientación estratégica, que devino en conservacionismo ecológico, fue la prohibición absoluta de cortar árboles en el delta del Orinoco a fin de mantener una cortina vegetal natural, que consideraron la mejor fortificación ante ataques enemigos. En La Habana hubo una situación similar de controversia sobre la eficacia de urbes fortificadas. Ya era el puerto más importante del Nuevo Mundo antes de que se construyese la primera fortaleza con bastiones angulares, como reacción a una incursión francesa que tuvo lugar en 1555.[43] Sus defensas fueron mejoradas a intervalos, sin acomodarlas a la enorme importancia de la plaza. En 1601, Cristóbal de Roda, sobrino de Bautista Antonelli y heredero de esa prominente dinastía de ingenieros, se manifestó contra los ingentes gastos que conllevaba proteger un lugar tan pequeño. Una muralla alrededor de la ciudad fue levantada con fondos locales, pero estuvo incompleta hasta 1740. El estímulo final que hizo de La Habana una plaza completamente segura fue la captura y la ocupación por parte de las fuerzas británicas en 1762-1763. Para lograrlo, emplearon una fuerza de asalto de 38.000 hombres, 28 navíos de guerra y 148 de transporte. Aunque estaban debilitados por una epidemia de fiebre amarilla acontecida en 1761, los defensores españoles se hallaban en estado de alerta. El rey Carlos III en persona les había transmitido la necesidad de estar «aguardando a los ingleses con el mayor ánimo». Desde el rompimiento de las hostilidades entre ambas potencias en 1761, la capital habanera fue reforzada con 153 cañones, más de 78.000 balas, 5.000 armas pequeñas, 400 barriles de pólvora y cerca de mil soldados. Los astilleros habían construido doce barcos de guerra y seis fragatas. El fuerte diseñado por Bautista Antonelli en la década de 1590 para controlar la aproximación desde el océano se hallaba en perfecto estado. Sin embargo, como ocurrió con Singapur en 1940, La Habana era lo que Churchill habría llamado «un barco de guerra sin posaderas». Todos los cañones apuntaban hacia fuera, y los ingleses tomaron una ruta fácil al desembarcar en las cercanías y rebasar las defensas del puerto.[44] Como Antonelli había profetizado, la posesión de la ciudad dependía del control de las alturas de La Cabaña, carentes de protección adecuada. Los británicos se apoderaron de ellas y la fortaleza de El Morro fue obligada a capitular.[45]

Cuando España recuperó la ciudad, La Habana fue por fin asegurada mediante fortalezas basadas en las teorías de Vauban, capaces de proporcionar fuego cruzado para proteger el puerto y también la ciudad. El castillo de San Diego de Atarés, de forma hexagonal y muy por encima de la urbe, fue completado en 1767. San Carlos de la Cabaña, de setecientos metros de ancho, sobre un área de 61 hectáreas cuadradas, fue terminado en 1774. Un túnel lo conectó con El Morro, lo que hizo posible el envío de refuerzos en ambas direcciones de manera segura. En el interior de las murallas y en la fachada de la capilla se instalaron preciosas molduras fabricadas en arenisca. El último fuerte, El Príncipe, perfeccionado con la adición de dos semibastiones proyectados hacia el exterior, fue construido en 1779.[46]

Campeche, en México, que hoy en día impresiona por la magnificencia de sus defensas, demuestra la misma flexibilidad de los ingenieros españoles, capaces de transformar una playa mercantil de los mayas en un puerto utilizable, si bien al comienzo no lograron proteger a sus vecinos de ataques externos. Quienes determinaban la necesidad de fortificar las costas de Tierra Firme subestimaron la relevancia de la ciudad y del litoral, a lo mejor porque al carecer de un puerto de aguas profundas parecía más importante para el cabotaje regional que para el comercio transatlántico. Con el paso del tiempo, los asentamientos urbanos fueron relegados sin más en favor de la vigilancia del comercio marítimo. En 1663, un asalto inglés sobre Campeche causó la demolición de buena parte del destartalado sistema de defensa, que fue reemplazado por un largo foso. Los planes posteriores para rodearlo con murallas fueron pospuestos por diferencias de opinión de los expertos sobre las características que debía tener. Un nuevo ataque en 1678 resultó devastador, y la ciudad pasó a ser considerada «indefendible» por el gobernador Antonio de Layseca en un informe de mayo de 1680, incluso con una hipotética guarnición de trescientos hombres. Los pobladores, informó Layseca, estaban tan traumatizados por incursiones anteriores que solo necesitaban ver la vela de un barco a distancia para agrupar a sus familias y rebaños y huir hacia las montañas. Los asaltantes retornaron en 1683 y 1685, cuando la propia urbe se dotó de un hexágono amurallado con reductos para la defensa del puerto, según un diseño de Jaime Franck.[47] La obra, mejorada después de su muerte por Luis Bouchard de Becour, fue acabada en 1709 y renovada en las décadas de 1770 y 1780 mediante una dotación de baterías fortificadas y colocadas de forma que podían cubrir todos los ángulos con fuego cruzado. Con anterioridad a 1717, la Corona permaneció remisa a ocuparse de la defensa de la región circundante, de modo que solo la franca amenaza que representaban los cortadores de palo de tinte ingleses y los furtivos que recogían caoba por los alrededores forzó una respuesta institucional. Hasta entonces, la laguna de Términos, un refugio estratégico potencial para embarcaciones de pequeño calado, fue ignorada por las autoridades españolas. No había razón que justificara su defensa.[48] Por fin, en 1727, en el extremo oriental de Yucatán fue edificado el fuerte de San Felipe de Bacalar, para una guarnición de 45 hombres, una respuesta a incursiones inglesas efectuadas tres años antes. Su demolición fue contemplada en 1746, y, tras una inspección por parte del gobernador Antonio de Benavides, fue desechada. Predijo que, sin una presencia permanente española, un enemigo podría apoderarse de la región con ayuda de súbditos indígenas de la monarquía poco leales, como zabos y mosquitos. Al igual que en tantas regiones periféricas, el territorio que no era posible colonizar quedaba expuesto a que intrusos lo aprovecharan y establecieran allí bases para futuras incursiones. Incluso en esas circunstancias, en la estrecha región de la península de Yucatán, de la cual Campeche era el centro, hubo poca protección ante posibles asaltantes. Veracruz acabó siendo el modelo de urbe «abierta» por antonomasia y no contó con murallas hasta que unos piratas franceses masacraron a la población en 1683. Las obras de defensa probablemente hubiesen sido consideradas demasiado caras si no hubiera sido por el descubrimiento de canteras locales. No hubo ningún asalto hasta la guerra de los Siete Años, iniciada en 1761, pero un informe del ingeniero Pedro Ponce fechado en 1764 menciona que las murallas solo tenían tres metros de altura, menos de la mitad de anchura, las batían las olas y eran incapaces de soportar artillería. El conde de Aranda, sin embargo, bloqueó todo plan de renovación que no asumiera sus ideas y que por tanto estableciera una guarnición en el interior a distancia segura del litoral.[49] Mientras la urbe continuaba en peligro, el puerto de Veracruz tuvo en cambio la defensa más formidable de todas las Indias: el fuerte de San Juan de Ulúa, sobre una isla que bloqueaba la bahía, justo en el sitio sobre el cual los ingenieros Castejón y De Lucio habían discutido sin sentido casi un siglo antes. De acuerdo con una real orden emitida en 1765, San Juan era «baluarte de las Antillas, protector del golfo de México y guardián de nuestras flotas».[50] En 1800, el nuevo virrey, Félix Berenguer de Marquina, mantuvo una sombría opinión sobre el estado general de la defensa imperial. Consideró que San Juan de Ulúa era inexpugnable, pero Veracruz estaba mejor y más defendida por la fiebre amarilla —contra la cual los ejércitos europeos no tenían inmunidad— que con caros edificios, aunque fueran a prueba de cañonazos.[51] Berenguer de Marquina tenía buenas razones para opinar así. Cuando las fuerzas realistas llegaron años después a suprimir la rebelión insurgente, murieron más soldados por la fiebre que por las armas llamadas «patriotas».[52] En el fuerte de San Juan de Ulúa, los soldados realistas permanecieron sin rendirse más tiempo que en cualquier otro lugar en la Nueva España, pues resistieron hasta 1825.[53]

A pesar de tantos problemas irresolubles, tanto para ocasionales espectadores actuales de las fortificaciones sobrevivientes como para quienes en su tiempo intentaron asaltarlas sin conseguirlo, los resultados en conjunto fueron asombrosos. La colocación de una muralla alrededor de los territorios españoles en ultramar era un proyecto tan imposible que recuerda la frustración de san Agustín cuando tuvo que elegir entre comprender la Trinidad o canalizar el océano. En verdad, la envergadura de los éxitos de la monarquía española en esta materia es más digna de mención que su fracaso final. A partir de 1776, a petición del rey Carlos III, un ingeniero militar de tanta experiencia como Agustín Crame, comandante de la fortaleza de San Juan de Ulúa, fue designado «visitador general de las fortificaciones de América». Crame puso en marcha una inspección completa de las defensas marítimas en el Caribe. Le llevó tres años el levantamiento de un plan detallado para las fortificaciones y las refortificaciones, mediante el refuerzo, el armamento y el suministro de todos los puertos fundamentales. El detalle más interesante de su trabajo fue la seriedad con la que las autoridades lo asumieron y cómo fue puesto en marcha —por etapas—, porque las recomendaciones de Crame iban llegando según iba realizando su visita sobre el terreno. Justo a tiempo, por cierto, para la intervención en la guerra de la Independencia de Estados Unidos, en la que España saldría triunfante frente a Gran Bretaña.

LÍMITES FRENTE A BÁRBAROS. CENTINELAS DE TIERRA ADENTRO

Las defensas marítimas, aunque tuvieron una lenta evolución, se transformaron según cambiaron los principios de la ingeniería. Antonelli introdujo la geometría de las líneas de fuego, consagrada en *Teoría y práctica de la fortificación* (1598) por Cristóbal de Rojas. Con posterioridad, entre finales del siglo XVII y comienzos del siglo XVIII, asimilaron los sofisticados diseños desarrollados en los Países Bajos españoles y en la Academia de Ingeniería de Barcelona, concebidos por el aclamado Vauban. Las fronteras terrestres nunca recibieron la misma atención: su extensión causaba que la seguridad integral fuera imposible. Las fortificaciones servían para minimizar el daño; no mantenían por sí mismas un estado de defensa. Por otra parte, los enemigos que se enfrentaron a España, incluso los imperios indígenas más poderosos, como los comanches y los mapuches en los siglos XVII y XVIII, no tenían interés en su extinción, pues obtenían importantes beneficios de rescates y saqueos. Los imperios europeos rivales estaban, por su parte, demasiado extendidos y desguarnecidos. En la frontera con Portugal, la mayor parte del tiempo fue posible llegar a acuerdos favorables al *statu quo*. En ciertas regiones de la Patagonia, hasta que llegó la paz con el gran «parlamento» de Negrete en 1793, cuando el capitán general Ambrosio O'Higgins se impuso a los jefes mapuches y logró que se unieran a la monarquía española en términos favorables que cumplieron con honor ambas partes, los bárbaros solo podían ser aquietados o tolerados. La fortificación en las Filipinas estaba casi completamente orientada hacia el mar.[54] La frontera imperial fundamental estuvo entonces en América del Norte, donde el Imperio se extendía sobre la porción más amplia del hemisferio, a través de grandes franjas de sabanas y desiertos, sin defensa natural posible, en regiones en las cuales los modos de vida nómadas y el pastoreo convertían la fijación de un límite permanente en una tarea imposible.

En la práctica, la fortificación comenzó no a lo largo de la frontera, sino en el Camino Real del norte, que iba desde San Felipe de los Reyes hasta la mina de plata de Zacatecas. Durante la década de 1570 se erigieron cinco empalizadas, a menos de un día de viaje unas de otras, con seis soldados de dotación en cada una. En los primeros días «dorados» de existencia del virreinato de la Nueva España, fray Toribio de Motolinía estaba sorprendido por la facilidad con que la plata podía ser transportada a lo largo del país por un hombre en una mula, «con tanta seguridad como en el camino de Benavente», en referencia a su pueblo zamorano en España.[55] Sin embargo, la extensión de la frontera hacia el norte, más allá de cualquier región dominada por los aztecas, hacia el mundo bárbaro, inauguró una era de saqueos y venganzas —«ojo por ojo y diente por diente»— marcada por las acciones de indígenas «hostiles». Durante la guerra chichimeca, que duró hasta 1600, el número de guarniciones subió hasta la treintena. Una cadena de fuertes de frontera o presidios, según los llamaron en reproducción de la tradición romana, que llamaba así a las fortificaciones que «presidían» el avance militar, se extendió hasta Durango, donde concluía el Camino. Más allá, como las cuentas de un collar, aparecieron otros presidios a lo largo de la Sierra Madre Occidental, guarnecidos de modo habitual con un máximo de catorce soldados.[56] Los fuertes probaron tener como mucho una eficacia marginal, si pensamos en los resultados de la política introducida por el marqués de Villamanrique, cuando fue designado virrey en 1585. Los chichimecas preferían recibir sobornos en mano que arriesgarse a lograr mayores recompensas en una guerra incierta.

Mientras tanto, en 1595, fue establecido en la remota Sinaloa el presidio de San Felipe, hasta que se fundó el presidio de Fronteras en 1689, el punto fortificado más remoto que existía en aquella esquina noroccidental del Imperio español. Hacia 1671, la dotación, que comenzó con quince soldados, había subido hasta 43. No parecían ser suficientes para el cumplimiento de las enormes tareas asignadas, que incluían tanto la pacificación de los indios de las cercanías y la vigilancia de la costa norte del golfo de California como el mantenimiento del orden en las misiones y los ranchos de Sonora y la Pimería Alta. «La tarea era formidable —mencionaron los historiadores Naylor y Polzer—, incluso para lo que era habitual en aquellos tiempos».[57]

Un documento precioso datado en 1646 en el presidio de Cerro Gordo, fundado el año anterior, ayuda a entender cómo se las arreglaban para afrontar los gastos de defensa de la frontera. La Real Hacienda pagaba mediante un situado o remisión a fondo perdido los salarios de los soldados, mas no los costos de la obra, ni la comida de las cuadrillas de peones. Eso lo financiaba la contribución de los comerciantes que usaban el camino de Durango. El impuesto usual era de doce pesos. Algunos que se quejaban de pobreza pagaban tan solo cuatro pesos, y otros sustituían el impuesto por un trueque, así que pagaban normalmente con seda u otro tipo de telas. Un contribuyente, que según indicó no tenía nada con qué pagar, sufrió el embargo de su vajilla de plata. Los vecinos más ricos de San Bartolomé entregaron provisiones en forma de maíz o trigo, en grano o harina. Cada uno a su turno firmaba haber cumplido, aunque uno declinó «porque no sabía cómo hacerlo». Por debajo del capitán que estaba al mando, los 24 soldados, entre los que se contaban vagabundos reconocidos, estaban armados con arcos y flechas.[58]

La expansión de los presidios hacia el norte de la Nueva España continuó durante el siglo XVII en un intento de impedir y vigilar las incursiones hostiles, de apoyar la expansión de la frontera desde Santa Fe de Nuevo México y finalmente de afrontar y revertir la rebelión de los indios pueblos. Estos habían obligado a huir a los pobladores españoles durante la década de los ochenta. Al igual que ocurriría con las defensas marítimas del Imperio, la frontera interior fue fortificada por partes, en respuesta a las amenazas externas. En 1680, fueron construidos el presidio de Nuestra Señora de la Limpia Concepción de El Pasaje y otros dos más en respuesta a la rebelión de los pueblos. El caos en la jefatura, con algunas fortificaciones dependientes directamente del virrey, y otras de los gobernadores regionales, terminó con el mando único del gobernador de Nuevo México, que fue establecido en 1682. Tres años después, fueron fundados tres nuevos presidios en Cuencamé y Gallo, con 25 hombres cada uno (más tarde se elevó este número a cincuenta), y en San Francisco de los Conchos, con al menos medio centenar de hombres de guarnición, a fin de proteger las empresas mineras recientemente establecidas de acometidas de nativos revoltosos. Con el paso del tiempo, los presidios se hicieron más espaciados y grandes, y por lo general contaron con treinta soldados de dotación. Desde 1700 subieron hasta cincuenta, si bien la planta militar completa no solía alcanzarse, entre otras causas porque algunos capitanes se embolsaban los salarios de soldados muertos o no reemplazados.[59]

Para la regulación de la vida en los presidios, en 1680 se fijaron ordenanzas que mostraron en su articulado aquello que no se cumplía. Las fortificaciones tenían que estar rodeadas de tierra despejada. Si se acudía a esclavos para levantarlas, estos debían ser bien habidos o proceder de alguno de los asientos o contratos de suministro que se firmaban con mercaderes autorizados. Todas las fortalezas debían tener un cura residente y un lugar para celebrar misa. Los oficiales militares y civiles no debían hacer ningún contrato privado con el Gobierno, y ningún presidio tenía permitido que se guardaran animales particulares, con exclusión de las monturas de dotación. Los juegos estaban demasiado extendidos para prohibirlos, así que los sargentos mayores eran responsables «del entretenimiento con el azar».[60] En El Paso, en 1684, los 27 soldados defensores debían disponer cada uno, según la normativa, de un mínimo de quince balas de mosquete, una libra de pólvora, arcabuz, espada, escudo, una chaqueta de piel y, como mínimo, dos monturas. Estos requerimientos generales normalmente se satisfacían, según constaba en las listas de inspección. Sin embargo, observadores imparciales y oficiales particulares se quejaban, y, por el contrario, condenaban los fallos en el cumplimiento de unos mínimos, lo que justifica cierto escepticismo. Las construcciones eran normalmente de adobe, con torres cuadradas en las esquinas y cerramientos anexos para los cuarteles, la capilla, la enfermería y la residencia del comandante. Algunas fortalezas poseían paredes externas reforzadas con palos o cañas entretejidos y recubiertos con barro, el conocido bahareque. Nayarit poseía torres de piedra. San Sabá, en la frontera comanche de Texas, se había reconstruido con piedras y escombros tras la terrible masacre de una misión franciscana cercana y el incendio del fuerte original acontecidos en 1758.[61] Presidios posteriores, levantados para contener la presión francesa sobre la frontera de Texas con Luisiana, o cerca de la costa del golfo, tuvieron de manera habitual bastiones en ángulo, con cimientos de piedra. Variaban en tamaño, tanto por las características del terreno como por las necesidades existentes. San Carlos tuvo un perímetro de 508 metros, mientras que El Príncipe solo contaba con 328 metros de largo.

La vigilancia de los críticos de los presidios implicaba que, de vez en cuando, fuera evaluado su funcionamiento. Los misioneros se quejaban mucho. A principios del siglo XVIII, en Sinaloa, los franciscanos levantaron las típicas acusaciones contra ellos: que si descuidaban la defensa en favor del lucro, que si empleaban las provisiones en las minas, que si «confiscaban gallinas para los capitanes», que si allí jugaban a las cartas, que no tenían al día la lista de inspección, que obligaban a los indígenas a trabajar para ellos o que los capitanes se llenaban los bolsillos con sueldos de los fallecidos.[62] Los planes propios de los misioneros explicaban esta animadversión. Los presidios, cuyas guarniciones se solían completar con toda clase de desesperados, perezosos e irresponsables —con toda franqueza la escoria del Imperio—, no podían confiar en satisfacer el comportamiento cristiano que, según estaba previsto por los misioneros, impresionaría favorablemente a los indios neófitos o potenciales conversos. Los informes oficiales, sin embargo, con frecuencia recogieron las quejas de los frailes. En 1724, por ejemplo, un reporte de Fernando Pérez de Almazán sobre el presidio de La Bahía, tras la rebelión de los karankawa el año anterior, señaló la responsabilidad de las autoridades por apropiaciones abusivas de armas y uniformes. Las tropas, reveló el escrito, apostaban los caballos, las armas y la ropa que poseían. Dejaban las armas sin limpiar. Quitaban los postes de las cercas para hacer fuego con ellos en sus hogueras. «Pienso —concluyó Pérez de Almazán— que podríamos hacer paredes que durasen si tuviéramos ladrillos, pero no hay piedra y la madera no dura».[63]

El año 1724 también fue el de las dos primeras visitas completas de comprobación del estado de la frontera. Pedro de Rivera, gobernador de Tlaxcala, tardó cuatro años en inspeccionar los 23 presidios interiores, bajo el mando del virrey marqués de Casa Fuerte, tras una propuesta suya. La economía fue su incontestable prioridad. La paz, en su opinión, hacía que algunas fortificaciones resultasen inútiles. La corrupción, especialmente la que se producía con la práctica de algunos capitanes de pagar a sus hombres con subsidios inflados en vez de con salarios reales, hacía que otras medidas fuesen ineficaces. Incluso con una paga completa, que solía ser de unos 450 pesos, los soldados no tenían para el equipo, el cual debían comprarse ellos mismos sin meterse en problemas. Si Rivera tenía razón, resulta difícil comprender por qué los niveles de reclutamiento se mantenían. Sus recomendaciones, en cualquier caso, acabaron en reducciones de salario según escalas que reflejaban lo remoto del destino: nunca superaron los 420 pesos. También sugirió la supresión de algunos presidios y la reducción de muchas guarniciones. Su informe al final sonó como una letanía de quejas: Nayarit «carece de todo lo necesario, así para su vestuario y alimento como para la prevención que corresponde a su defensa, siendo el número de soldados mucho menor que los que el rey paga, ni mereciendo el nombre de soldados». En lo que se refiere a Durango, Rivera informó que los soldados no tenían intención de enfrentarse al enemigo porque estaban demasiado ocupados en descansar con sus familias. En El Paje, donde encontró a los soldados «dados al ocio», redujo la guarnición a 33 hombres y dos oficiales. Después de reconvenir al comandante del fuerte en Santiago de Mapimí por tener su casa lejísimos, a setenta leguas, en Durango, señaló a los soldados de Cerro Gordo que «solo practicaban lo que les parecía». En Conchos, según Rivera, la salud de la guarnición era tan mala que eran incapaces de hacer nada.[64] En Fronteras había cincuenta hombres de tropa, pero ningún comandante. En Santa Fe de Nuevo México, una de las dotaciones más grandes, con cien hombres en armas, existían «abusos perniciosos» con un número extravagante de supuestos oficiales, promovidos por medio de corrupción. En Los Dolores, Texas, la guarnición estaba dedicada por completo al cultivo de la tierra. No había indios en la misión cercana. El fuerte, indicó, «es de tan poco valor que no merece ser llamado presidio».[65] Fue suprimido en 1729. En la frontera oriental con Luisiana, en Nuestra Señora de los Adaes, el registro nominal de cien soldados resultaba excesivo; había demasiados oficiales y poca tropa. El inspector opinó que, como los franceses bastante tenían con mantener su propio fuerte, solo necesitarían 25 hombres, en especial porque los indios de las cercanías eran amigos de España. La bahía del Espíritu Santo, con noventa soldados en nómina, era otra guarnición con demasiada dotación y escasa utilidad. Las guarniciones para las que Rivera tuvo palabras positivas fueron pocas. El Gallo estaba bien dirigido. Eran 39 hombres bajo el mando de un capitán cumplidor. En Janos no había abusos. Tampoco en Sinaloa y Béjar del río Grande.

Los pobladores de la frontera, sorprendentemente, estuvieron contentos con las perspectivas de ahorro que propuso Rivera. En cambio, el fraile Juan Agustín Morfi, cuyo apellido irlandés escondía de manera imperfecta a un tal Murphy, le rebatió y mantuvo que reducir las guarniciones equivalía a dejar la frontera indemne ante una invasión francesa en el caso de que hubiera otra guerra. Además, los soldados que permanecieran allí se quedarían sin tiempo de descanso ni «días francos», en su opinión imprescindibles para mantener la moral.[66] Los acontecimientos se encargaron de demostrar que los ahorros eran más fáciles de proponer que de ejecutar. En la década de 1740, los revoltosos indios yaqui obligaron a la construcción de nuevos presidios en Piti, cerca del cruce de los ríos San Miguel y Sonora con el de Ternate, sobre el curso alto del San Pedro. Una reforma de los presidios en 1741 se centró más en los excesos de los cuales los frailes se quejaban que en el intento de ahorrar fondos. Las autoridades acusaron a algunos soldados de las guarniciones de atacar a mujeres y niños en incursiones contra los indios paganes, «siendo esto tan impropio a la fe católica y contra la mente de Su Majestad», señaló el gobernador de Nuevo México.[67] Mientras tanto, en El Pasaje, el Gobierno resolvió el debate sobre el mantenimiento del presidio con lo que ahora llamaríamos «externalización». Así, descargaron esta responsabilidad sobre los hombros del conde de San Pedro del Álamo, cuya fortuna comprendía 213.000 cabezas de ganado, que ocupaban 1,2 millones de acres, dentro de una hacienda de 15 millones de acres, más de seis millones de hectáreas.

En otras fronteras del Imperio español ahorraron fondos con una estrategia que superaba las premisas de las reformas de Rivera con la supresión de presidios, pues los reemplazaba por «escuadras volantes». Hubo gran controversia para determinar si los puestos fijos eran mejores para el mantenimiento de la paz que las columnas móviles. Estas podían lanzarse por sorpresa contra los enemigos y conferir auxilio en lugares donde realmente había problemas. Durante la década de 1690 el debate estuvo en su apogeo, cuando Nuevo México se hallaba en un periodo de reasentamiento y la frontera se desplazaba con lentitud hacia el norte. Semejante dilema era falso. Los presidios eran necesarios para definir la frontera contra los imperios vecinos, el comanche y el francés. Las columnas volantes eran mejores para detener y capturar merodeadores. En cualquier caso, los soldados necesitaban el descanso de la vida de guarnición, y la mayoría de los intentos de clausurar los presidios de modo permanente duraron poco tiempo. En 1751, los de El Gallo, Cerro Gordo, el valle de San Bartolomé y Conchos fueron reemplazados por una escuadra volante, que «estaba en constante movimiento por toda el área».[68] Al mismo tiempo, en la frontera de Nuevo México, el aumento de la tensión llevó al establecimiento de Tubac en el río Santa Cruz, como respuesta a la rebelión que acaudilló en 1752 Onepicagua entre los pimas del norte.

Si los cuarteles resultaban imposibles de suprimir, también lo eran sus carencias. En 1761, Manuel Portillo y Urrisola, un tipo duro que se enfrentó al Imperio comanche y reemplazó la política de pagar rescates por otra basada en las represalias sangrientas, pasó a estar a cargo de la guarnición de Santa Fe. Encontró que, sin contar las armas individuales, solo había cinco rifles franceses y veintiún mosquetes, de los cuales apenas diez eran utilizables y todos estaban en mal estado.[69] A partir de marzo de 1766, justo tras la guerra de los Siete Años, cuando la monarquía española había terminado por ganar territorio a pesar del resultado mediocre de la lucha en los campos de batalla, el marqués de Rubí emprendió una inspección con propósitos aún más radicales que los de Rivera. Recorrió más de doce mil kilómetros en veintitrés meses, con el fin, señaló su mano derecha, Nicolás de Lafora, de «hacer que nuestras armas sean respetadas en aquellos remotos países».[70] Tras la adquisición española de todos los territorios franceses al oeste del Mississippi, la reorganización de la defensa de las fronteras formaba parte de la nueva estrategia. De modo menos obvio, también existía una frontera orientada hacia el otro lado del río, con el Imperio británico. La teoría del marqués de Rubí era transparente: los presidios ni debían ni podían servir para soportar asedios. Estaban ahí para impedir el paso a las tropas enemigas y despachar refuerzos donde se necesitaran. Su plan de defensa fronteriza estuvo cerca de la que sería una estrategia definitiva, consistente en la disposición de una cadena de presidios a lo largo del paralelo de los 30 grados norte, con extensiones hacia Nuevo México y Texas. La paz con un Imperio comanche estable y con sus vasallos, los caddo, podría garantizar estabilidad y además liberar a la monarquía de tener que vérselas con los intratables y desleales apaches.

Como había ocurrido durante la visita de inspección de Rivera, lo que hallaron fue criticado sin paliativos. El presidio de San Buenaventura les pareció «reedificado sin la mínima vigilancia por parte del gobernador de Nueva Vizcaya, situado en una posición tan ventajosa para el enemigo que este no podría haber sugerido nada mejor para su destrucción y exterminación», a cargo de los recalcitrantes apaches.[71] Las fortalezas de Janos, San Felipe y Santiago estaban bien ubicadas para el control de las entradas en la provincia de Gila, pero las guarniciones vivían en la pobreza y los edificios estaban decadentes. Desde allí, la distancia de sesenta leguas o de cinco días de viaje hasta Corodeguachi o Fronteras, en Sonora, era excesiva. La siguiente parada del inspector fue en Terrenate, el presidio de San Felipe de Jesús Guebabi, rodeado de pueblos desiertos. La guarnición estaba obligada a alimentarse con lo cosechado en una huerta situada a cinco leguas de distancia, en un lugar expuesto a las emboscadas. San Gertrudis del Altar, el presidio más occidental, debía ser trasladado. Se hallaba en un lugar con poca agua y sin pasto. Buenavista, el presidio radicado más al sur de Sonora, era demasiado remoto para resultar útil. La letanía continuaba con la devastación y las deserciones, pues los presidios estaban demasiado lejos para ayudarse unos a otros, lo que, desde el punto de vista de Rubí, era lo único que podía justificar su existencia. San Sabá debía ser abandonado por ser indefendible dentro de los dominios del Imperio comanche. Los Adaes estaba en mal estado y no había indígenas conversos en las misiones cercanas; tampoco valía la pena quedarse. Ni tampoco en San Luis de Ahumada o de Orcoquizac, mal ubicados, al estar en área pantanosa junto a la costa. San Francisco Javier, en la mesa de Tonatli, cumplía de sobra los requisitos para desaparecer, pues la región era segura y los indios, leales. El presidio de El Pasaje, que Rubí visitó en su viaje de ida, era como si no existiese. La guarnición no tenía nada que hacer, excepto la escolta de algunos viajeros de vez en cuando. Funcionaba como estafeta de correos. Incluso San Ignacio de Tubac, el presidio del militar, gobernador y explorador Juan Bautista de Anza, uno de los pocos que Rubí aprobó por estar bien gestionado, carecía de fondos y no tenía fortificaciones adecuadas.[72]

A largo plazo, cabe la posibilidad de que la política llamada de «pacificación» hiciera más por estabilizar las fronteras del Imperio que todas las artes de la guerra combinadas. De modo similar a los debates en China sobre cómo proceder con los «bárbaros», intentar civilizarlos según principios confucianos o someterlos por la fuerza, las inclinaciones españolas oscilaron entre puntos de vista contradictorios. Rubí y los gobernadores que estaban bajo su influencia preferían acabar la guerra contra los indios; otros preferían una estrategia de atracción y negociación. En 1778, Bernardo de Gálvez, un gran militar, argumentó que a través del comercio «el rey podría mantenerlos contentos durante diez años, al costo de un año de guerra».[73] Muchas poblaciones indígenas aceptaron con el paso del tiempo el reasentamiento en misiones, ciudades nuevas y establecimientos agropecuarios. Cuando hubo resultados positivos, eran de admirar. Por ejemplo, en el artístico diseño del asentamiento de San Juan Bautista a orillas del río Grande, en 1754, entre impecables informes aparecen diseños de procesiones de españoles e indios en comandita, con sus armas tradicionales y su música, camino de la plaza mayor, donde se reúnen con los pobladores de La Misión para erigir cruces de celebración en cada esquina. Un grupo de monjas y niños de la escuela de La Misión se suma a la fiesta.[74] Un soborno en forma de comida, licor, ropas, teteras de cobre y hachas había pagado el precio de la paz.[75] Había que obligar a los comanches a abandonar toda hostilidad. Cuando en 1779 Juan Bautista de Anza mató al famoso jefe Cuerno Verde en el campo de batalla y capturó lo que había obtenido con su pillaje, los jefes se dieron cuenta de que la cooperación con España al precio de enfrentar juntos al enemigo común, los apaches, era la mejor política.

Muchos de estos, por su parte, respondieron según el viejo dicho, «si no puedes vencerlos, únete a ellos». Como indicó Max L. Moorhead, un formidable historiador de la frontera, «campamentos de internamiento y pueblos protegidos en los presidios introdujeron a los indígenas de las tribus en una nueva forma de vida que al final tuvieron que seguir».[76] Los efectos eran lentos en su acumulación e imprevisibles respecto a los resultados. En julio de 1779, Teodoro de Croix, primer comandante de las provincias internas de la Nueva España, en el contexto de la guerra de la Independencia de Estados Unidos, recibió aliados indígenas mescaleros, que le solicitaron edificar pueblos bajo la protección de los presidios. Así, fundaron Nuestra Señora de la Buena Esperanza, casi a la sombra del presidio de El Norte. Lo despoblaron en 1780 a causa de una epidemia de viruela. La difícil relación mutua continuó hasta 1788, cuando abandonaron todo esfuerzo por asentarse. De nuevo, desde 1790 hasta 1795, un número sustancial de mescaleros, quizá hasta mil, se congregaron en El Norte, sin dedicarse a la agricultura, en muchos casos sin aposentarse mucho tiempo. A partir de 1786, en Bacoachi hubo un asentamiento inestable de chiricahuas. Hacia 1793, existían seis reducciones o pueblos indígenas anexos a los presidios, con unos dos mil residentes.

El concepto de presidio, en verdad, desarrolló otro significado en la recién colonizada California del Norte. La diferencia radicó en que allí el término quería decir algo diferente a lo que implicaba en la muy disputada frontera oriental: no tanto una posición defensiva, excepto en la ubicación clave de Monterrey, como un avance en la expansión de asentamientos. California fue, en muchos sentidos, el espejo occidental de Florida. España no ocupó ninguna de las dos regiones con la expectativa de una explotación material, sino con el propósito de evitar que fueran refugio de piratas y de navíos hostiles. Del mismo modo que la corriente del Golfo flanqueaba Florida y convirtió el control de sus puertos en esencial para el tráfico desde el Caribe hasta España, California era la guardiana de la corriente de Acapulco, que deslizaba los galeones de Manila hacia su destino final. Igual que Florida, California estuvo defendida más por misiones que por fortalezas. Solo existieron cuatro presidios en esa provincia, de los cuales tres —San Diego, San Francisco y Santa Bárbara— no se esperaba que tuviesen que enfrentar enemigos europeos. No estaban diseñados ni equipados para conflictos de gran escala. Estaban ahí para «que se viera la bandera», para apoyar las reclamaciones españolas y establecer soberanía, avisar a los nativos, asistir a los misioneros y facilitar un lugar de referencia a los colonos que se asentaran alrededor. San Diego, por ejemplo, apenas tuvo defensas desde su fundación en 1769. Después de unos enfrentamientos con los indios kumeyaay en 1775-1776, empezó a construirse alrededor del asentamiento una empalizada de madera más o menos cuadrada, reforzada con adobe, que tendría bastiones saliendo de las esquinas. En 1779 todavía estaba incompleta.[77] La guarnición parece haber estado dispersa por misiones cercanas hasta 1790, cuando un gran destacamento de tropas regulares suplementó e integró las fuerzas locales.

Monterrey, si nos atenemos a una descripción de su comandante, Pedro Fages, remitida al virrey en 1773, poseía una fortificación más contundente, con tropas regulares y acuarteladas de manera permanente, junto a los «chaquetas de cuero» o milicianos locales, cada uno en su dormitorio para evitar problemas. Una fachada ya tenía paredes de piedra y había sillares cortados, listos para reemplazar murallas temporales y cimientos de adobe y pino, «porque la humedad del sitio tiende a pudrir y destruir la madera». Los cañones de bronce se entreveían en los revellines, situados en las esquinas de la estructura rectangular. Fages describió el depósito de agua, la pocilga de los cerdos, los carros que mandó construir para transportar sal desde las ciénagas y las dependencias inútiles. La huerta quedaba a media legua, la letrina «a un tiro de mosquete» y el depósito de pólvora «a quince minutos caminando, al otro lado del estuario». Las únicas cosas que faltaban y sobre las que reclamaba urgente atención eran las campanas de la iglesia y «todo lo necesario para celebrar el santo sacrificio de la misa».[78]

Los presidios son hoy imanes para turistas. Un eco de la vida que allí transcurría se puede vislumbrar a pesar de todo en Santa Bárbara, una urbe impresionante, tan devota de su patrimonio español que incluso su iglesia unitaria protestante fue construida en estilo hispánico *revival*. Fue allí, en 1923, donde Charles Lummis mantuvo que las historias de amor de supuesta inspiración española les «daban mayor beneficio económico que el aceite de oliva, las naranjas e incluso el clima».[79] Desde su fundación en 1780, cuando Santa Bárbara estaba en la esquina más remota de la monarquía española y quizá en el margen más alejado de aquello que mucha gente en Europa y en América reconocía como el mundo civilizado, nadie capaz de ordenar su carrera militar se hubiera aventurado a pedir destino allí. Ahora, sin embargo, cuando la ciudad celebra anualmente su fundación con una gran fiesta denominada «Los viejos días españoles», los descendientes de los habitantes de los presidios son honrados como lo más cercano que Estados Unidos posee a una aristocracia. La gloria, dice el proverbio, se desvanece, pero quedan algunos recuerdos, que parecen crecer con el paso del tiempo.

VII
SOBRE EL LITORAL. PUERTOS Y ARSENALES

> ¿Quién cerró el mar con una puerta,
> cuando escapaba impetuoso de su seno?
> Y le dije: «Hasta aquí llegarás y no pasarás;
> aquí se romperá la arrogancia de tus olas».
>
> JOB, 38, 8-11

«Echaos a la mar y hablad de piratas, corsarios, contrabandistas, guardacostas, presas, salida y entrada en los puertos neutrales, cuarentena de los navíos procedentes del Levante, pesca de bacalao, arenques, coral, comercio activo, pasivo, mutuo, interno, externo, ilícito, asiento de negros, saludos de los navíos entre sí y a los puertos». En términos tan irónicos formuló José Cadalso en *Los eruditos a la violeta* (1772), cuyo subtítulo fue «Curso completo de todas las ciencias, dividido en siete lecciones para los siete días de la semana, publicado en obsequio de los que pretenden saber mucho estudiando poco», su crítica a los mediocres de carácter y corazón, inmunes al esfuerzo propio y ajeno, que mentían más que hablaban. El capítulo dedicado al derecho del mar y de gentes lo resumió, con humor, en una sola frase: «Hablad de las islas desiertas y pasos de los estrechos».[1]

El fin último de Cadalso era la justificación de los programas de reforma de la monarquía borbónica, que tuvieron tan profundas implicaciones en la infraestructura del Imperio. Militar ilustrado, remarcó que el poder sin moralidad equivalía a maldad y crimen. Su prematura muerte en 1782, a resultas de una herida sufrida en el intento de toma de Gibraltar a los británicos, apenas cumplidos los cuarenta años —cuando acababa de ascender a coronel de los Reales Ejércitos—, mostró la consistencia de una actitud personal que devino en heroísmo. No todos eran como él, por supuesto, mas representó un modelo de conducta más extendido de lo que se suele pensar. El servicio en las fuerzas armadas, la vocación por la ingeniería y la carrera en las reformas imperiales hallaron amplia resonancia en las vidas de miembros de lo que sería tentador calificar como «burguesías emergentes», clases medias tanto urbanas como rurales que oscilaban en sus aspiraciones entre la pluma y la espada.[2]

El marino más parecido a Cadalso fue quizá Jorge Juan y Santacilia, profesor de «matemáticas sublimes», constructor naval, espía, diplomático, vegetariano, peregrino y símbolo de los científicos ilustrados, cuyo trabajo en la América española le granjeó la admiración universal de los sabios.[3] Como Cadalso, padeció grandes decepciones. A ambos los consumió la ansiedad. Querían fortalecer el Imperio y transformarlo en una sólida nación española extendida en ambas orillas del Atlántico, pero el objetivo requería tiempo, y este, a medida que avanzaba el siglo XVIII, se terminaba.

PERSPECTIVAS MARÍTIMAS

No existe imperio global sin poder naval. Como señaló el más distinguido oficial español del momento, José de Mazarredo, a Carlos IV en 1801, «la Marina debe ser la máquina más bien montada de una monarquía. Máquina de máquinas».[4] Bien lo supieron los nuevos monarcas borbones, herederos de la tradición de los Austrias, a los que reemplazaron en el trono a pesar de lo mantenido por su propia propaganda, que intentaba distinguirlos de una supuesta etapa anterior de completa decadencia y oprobio. El mito, exagerado e injusto como era, que remarcaba la decrepitud de la anterior dinastía, tuvo un efecto benéfico al enfatizar lo que parecía novedoso y proyectado hacia el futuro. Como señaló Christopher Storrs, los Borbones heredaron una monarquía unida y dividida por los océanos que abarcaba, dotada de una extraordinaria resistencia.[5] Tan profundas eran las convicciones en la élite gobernante española del atraso en la defensa marítima y lo anticuado de los navíos en diseño, tamaño, capacidad y dotación que un nuevo lenguaje político se abrió paso. Las palabras adquirieron nuevos significados, desplegando metáforas náuticas sobre las tribulaciones de la vida, en especial políticas. Fray Juan de los Ángeles, con disgusto, como tantos moralistas del momento, criticó la concupiscencia material y describió con desprecio como

> parte una armada muy gruesa, pintadas las popas y las gavias, las velas nuevas, los faroles dorados, los estandartes tendidos, sus galeones de guarda, tanto grumete, tanto marinero, tanto soldado, tanto mercader, tocan trompetas y chirimías. ¿Adónde va esta ciudad de madera, estas casas apartadas unas de otras, esta isla errática, inconstante, tanta gente como va en ella, tan contenta, dos dedos apartada de la muerte, despreciando la furia del mar y de los vientos? ¿Qué pretenden? Riquezas.[6]

Imágenes marítimas de esta clase expresaban tanto riesgos como esperanzas. Una nave incendiada en medio del mar representaba tribulaciones cristianas. Frente al acomodaticio «quedarse en puerto», ciertos pensadores contemplaban los estuarios como pasadizos, y los océanos representaban el amenazador futuro que les aguardaba. Las operaciones de sondear, medir calado y echar el ancla tenían equivalente en la humana existencia. Para lograr un avance moral, igual que si se pretendía que un barco navegara a toda vela, uno debía librarse de rémoras y parásitos. Los puertos representaban refugios frente a la ambición y el orgullo. El final de la vida se debía pasar «al abrigo». A los justos, como a las naves, «no les duraba eternamente la tormenta sobre las cabezas».[7] El mascarón de proa de un buque representaba el rostro afilado de un poder marítimo. Las popas adornadas semejaban retablos consagrados a la madre de los cielos, la Virgen del Carmen.

Semejante lenguaje fue sometido a prueba durante las visitas a Cádiz, en 1694 y 1695, de flotas de herejes ingleses y holandeses, aliados por una vez con la monarquía española a favor del pretendiente de la Corona austriaca. La flota española en Italia tenía entonces 21 embarcaciones, y desplazaba casi 14.000 toneladas, con 8.197 hombres de dotación. Era una fuerza considerable. La capitana era el galeón Nuestra Señora de la Concepción y de las Ánimas, de 1.500 toneladas, con 92 cañones y 1.110 hombres a bordo. La almiranta llevaba un nombre insuperablemente reparador, Nuestra Señora de la Esperanza. ¿De verdad el combate contra la decadencia representaba una causa perdida? La mezcla de curiosidad, resentimiento y miedo con que los españoles contemplaban a sus competidores así lo hacía parecer.[8]

Durante las primeras décadas del siglo XVIII, la monarquía española, un «imperio con ingenieros», se convirtió en un «imperio de ingenieros». La dinastía borbónica, tras una incierta etapa inicial, puso en marcha políticas pragmáticas, entre racionales y razonables. Felipe V logró en 1747 un régimen de jurisdicción uniforme y legalidad homogénea en sus heterogéneos dominios peninsulares. Al mismo tiempo, una élite que ahora calificaríamos como tecnocrática, conformó su reinado con políticas para el comercio y estrategias bélicas concretas.

En 1759, tras medio siglo de reinados borbónicos, el abate Miguel Antonio de la Gándara opinó lo contrario que fray Juan de los Ángeles. En unos *Apuntes sobre el mal y el bien de España* (1759), que pretendieron ser un programa de gobierno para el futuro Carlos III, todavía rey de Nápoles, el autor mantuvo que la industriosidad y lo que hoy llamamos productividad eran condición de la ortodoxia. En cuestión de imperios concedió que la decadencia era inevitable, mas no tenía por qué ser definitiva. La caída sigue al ascenso, señaló, y «en no habiendo más que subir, se baja, y en bajando hasta lo sumo, se sube. Nada está de la noche más vecino que el día, y la luz es lo primero que sigue a las tinieblas».[9]

Bajo su punto de vista, había que propagar en la sociedad española valores renovados, de estímulo al mérito y a la innovación. Dos grandes ministros de Felipe V ejemplificaron los valores y actitudes que admiraba: José Patiño, nacido en Milán en 1666, y su subordinado y sucesor como superintendente marino y del ejército, José del Campillo y Cossío, nacido en Allés

(Asturias) en 1693. Si hubiera que elegir un escrito influyente en la naciente economía política española del periodo, sería el *Nuevo sistema de gobierno para la América* de Campillo, preparado para información del monarca en 1743 y publicado para conocimiento público y sustento de su viuda en 1789. La obra debe interpretarse en relación con otras simultáneas suyas de título inequívoco: *Lo que hay de más y de menos en España, para que sea lo que debe ser y no lo que es* (1742) y *España, despierta*, del año siguiente. Todos estos textos que están impregnados de un espíritu que recuerda el de los proyectistas ingleses, o a los arbitristas españoles de una etapa anterior, constituyen una respuesta al reto de definir lo que se «debía hacer», vinculado a una visión que oscilaba entre la esperanza y la expectativa de un futuro comercial y marítimo.

Después de servir en el Mediterráneo, Campillo fue destinado a la escolta de navíos cargados de mercurio para el beneficio de la plata americana. Luego fue comisario de marina en Veracruz. El ministro Patiño le confió el estudio sobre el terreno de las condiciones de La Habana, a fin de establecer allí un nuevo astillero.[10] Antes de retornar a la Península, pudo observar las obras e incluso fue testigo de la botadura del San Juan, el primer barco fabricado en la instalación. Entre 1724 y 1733, en calidad de superintendente de bajeles de Cantabria, trabajó en el astillero de Guarnizo. Todavía en 1741, dos años antes de fallecer por agotamiento, Campillo sumó al cargo de lugarteniente de almirante general de España y de todas sus fuerzas marítimas el de secretario de Marina, de Indias y de Guerra, por lo cual estuvo a cargo del aparato marítimo de la monarquía.

Como señaló en sus atinados juicios, todo pasaba por los puertos, «sitios de esplendor y bullicio», habitados según la pertinaz literatura picaresca por marineros sin rumbo, «residuos del océano», gentes sin amistad, fe o caridad. Ignorados por la ficción novelesca, también estaban allí sus contradictores, oficiales reales cumplidores y empresarios industriosos.[11] La grandeza del monarca era visible en los litorales de las posesiones que comprendía.[12] Carlos III hizo visible el amor paternal por sus súbditos en obras públicas, que, según planteó Campillo, serían más numerosas en las costas que tierra adentro.

La celebración de los puertos y el «ingenio de los ingenieros» que los crearon y perfeccionaron resulta habitual en las fuentes. Mariano Sánchez fue un artista casi monográfico en su interés por los puertos de Francia, Portugal y España durante la década de 1780. La periferia costera, que pintó «como documento y enseñanza», coincidió con los efectos favorables del reglamento de comercio libre y protegido con América, puesto en marcha en 1778 para conectar los puertos de la Península con los de la América española. En 1802, el gran Gaspar de Jovellanos, político, ministro, escritor y pensador, caído en desgracia y encerrado en el castillo mallorquín de Bellver, enumeró en sus *Memorias de arquitectura* elementos que salpicaban las preciosas estampas de Sánchez: grandes edificaciones civiles y religiosas, catedrales, lonjas, murallas, molinos, pantalanes y toneles. También había figuras humanas que trabajaban, tiraban de maromas y cuerdas, pescaban, empaquetaban, cargaban y remataban. Hombres y mujeres que no se paraban nunca. Los paisajes portuarios representaron la celebración de la industriosidad y el espíritu moderno de la monarquía española.[13]

LOS PUERTOS, UNA MIRADA AL HORIZONTE

En los renacentistas *Veintiún libros de los ingenios y las máquinas*, atribuidos a Pedro Juan de Lastanosa, el autor indica que «la más importante llave de una ciudad es un puerto, que le sirve para defenderla de su enemigo y hacerla más abastecida de mantenimientos y otras cosas, porque a ella no han de tener miedo de venir los mercaderes con naos muy gruesas, viendo han de hallar puerto seguro».[14] Semejante propósito era más fácil de proponer que de conseguir. Pilotos y maestres anclaban muchas veces a mar abierta para evitar rocas y bajos. Las operaciones de carga y descarga de pasajeros, al operarse desde la costa con pequeñas chalupas o bateles, cuya capacidad solía representar apenas un 2 por ciento de la carga del navío, se hacían eternas.[15] Cada puerto intentaba ser autosuficiente para realizar las operaciones de estiba y desestiba. El trabajo de los ingenieros fue clave. Para la cimentación bajo el agua de diques, muelles y murallas, levantaron empalizadas de madera con compartimientos estancos. Estos se rellenaban y solo quedaba esperar el secado de materiales. El vertido al mar de materiales de escollera, que formaban una base de cimentación, fue habitual. De los romanos, como tantas otras veces, provino una solución de ingeniería excelente: los cajones flotantes rellenos de piedras que se remolcaban y hundían donde convenía. La escollera, si se podía construir encima de ella con posterioridad, resultaba así barata y eficaz.

Las condiciones naturales impusieron a veces soluciones locales. En Cartagena de Indias, por ejemplo, se ejecutó desde 1768 el famoso cierre del canal de Bocagrande mediante un dique en dos tramos: uno con estacas de madera, estribos de refuerzo y relleno de piedra; otro mediante una escollera sumergida. La lucha contra los aterramientos era constante. En muelles de cantería, aparecían flechas de arena, tómbolos e incluso playas repentinas. Un aterramiento portuario por acumulación de sedimentos fluviales fue la causa de la postergación de Sevilla a favor de Cádiz como sede principal de la Carrera de Indias. En Manila, el puerto fluvial quedó inutilizado por esta causa, y de ahí el surgimiento, como alternativa, de Cavite, «garfio» en idioma local, en un emplazamiento sobre una flecha de arena litoral. El problema se enfrentó con obras de encauzamiento del río Pásig mediante diques. El remedio paliativo era siempre el dragado, con ingenios de cajones, palas o cucharas, o norias movidas por mulas, para subir los sedimentos marinos. Durante la década de 1770, la bahía de La Habana, «un mar de mareas casi imperceptibles», era limpiada mediante seis dragas colocadas sobre pontones que recibían los desechos, trasladados luego a otro lugar.

Los puertos hicieron posible la interrelación constante entre reinos y provincias de la monarquía española. A niveles regionales y locales, la navegación de cabotaje circulaba entre puertos que se denominaron «propios», es decir, particulares, con frecuencia resultado de la apropiación y la adaptación de antiguas rutas indígenas.[16] Cuando cobraban importancia y se tornaban estratégicos, llegaban los oficiales reales y los ingenieros los dotaban con muelles y tinglados. Finalmente, estaban los puertos llave o imperiales, «gargantas» de la monarquía, que solían situarse en lugares de emplazamiento natural privilegiado y se guardaban con fortificaciones. Podemos echar un vistazo sobre ellos y explorar también los contornos de la América española.

La red principal se puede definir como la conexión atlántica de Sevilla con Veracruz, Cartagena, Portobelo y La Habana en el Caribe, en primer lugar, y en la costa pacífica con Acapulco, Callao, Valparaíso, Realejo y Panamá. El paso del tiempo incrementó sus dimensiones y su importancia, y se les unieron Buenos Aires, Montevideo, Valparaíso, Guayaquil, Campeche, San Blas, San Juan de Puerto Rico, Matanzas, Santo Domingo y otros lugares.[17] El *hinterland* o traspaís, la región configurada tras cada uno de ellos, aparece en estados de embarque o «mapas de bastimentos que son menester», como el firmado por Francisco de Tejada en diciembre de 1616 para organizar una Armada en Filipinas. La alimentación de 2.427 personas de mar y guerra, en ocho meses que duraría el viaje, requirió 9.941 quintales de bizcocho, 2.051 de pescado, 1.267 de carne y 312 de arroz; 1.503 pipas de vino y 95 de vinagre, además de 1.728 arrobas de aceite y 626 fanegas de habas y garbanzos. Aunque cada pasajero disponía de casi 4.000 calorías diarias, solo el 10 por ciento era alimento proteínico y no ingerían nada fresco, excepto lo poco que se pescaba en el océano.[18]

Después del tedio, las privaciones y las incertidumbres del cruce del océano, la llegada a puerto otorgaba un descanso general y era vivida con una expectación que sería inimaginable en nuestros días. Veracruz, «puerto definitivo, ciudad de tablas», era destino fundamental en el continente. Como correspondía a los riesgos para la vida en un lugar tan precario como ventajoso, la atmósfera parecía oscilar entre la exaltación y la desesperanza. En 1602, los profetas anunciaron la llegada allí del Anticristo, «el hijo de una bellísima mujer nacido en las extremas partes de Babilonia, llamada por nombre Ochenta, preñada por el diablo».[19]

En cierto modo, el Anticristo ya había llegado. Si las Indias eran lugar de perdición, juego y liviandad, Veracruz, con una imagen mimética a la de Sevilla, era la frontera urbana del vicio. El literato Mateo Alemán, autor de la novela picaresca por antonomasia *Guzmán de Alfarache*, la llamó «patria común, dehesa franca, nudo ciego, campo abierto, globo sin fin, madre de huérfanos y capa de pecadores». Los inquisidores se aplicaron sin resultado a la búsqueda del maligno en patios de juego, ventas, mesones y casas de mancebía. Como les señaló un aplomado oficial real, no lo encontraban «porque el Anticristo estaba allí desde mucho antes». En 1571 se les había adelantado fray Tomás de Mercado, autor de la famosa *Suma de tratos y contratos*, cuando señaló que «el precio justo en las Indias es tan inencontrable como la cuadratura del círculo o el Anticristo». «Precisa garganta y paso» entre México y Sevilla, como fue calificada Veracruz en 1599, puede ser considerada con mayor propiedad y visión global como la conexión entre China y Europa, ombligo y centro estratégico del Imperio español. Lugar de salida de productos mineros, agrícolas y artesanales del virreinato mexicano, los mercaderes traficaban allí con plata, cochinilla, cueros, añil, lana, tintes y maderas preciosas americanas, o con sedas, biombos y porcelanas de China y Japón. Fue entrada también de mercaderías de Europa y África, de vino, aceite, trigo, mercurio, hierro, textiles finos, papel y aperos. Sin olvidar a los esclavos, conducidos por portugueses que gestionaban su suministro en régimen de asiento e iban de paso o que se radicaron en la ciudad.

Sería un error pensar en Veracruz como un emporio solo novohispano. Era el centro de una trama que abarcó Florida (San Agustín y Pensacola), el Caribe (La Habana, Puerto Rico, Jamaica, Santo Domingo) y América Central, con Pánuco, Tampico, Tuxpan-Tamiahua, Puerto Caballos, Coatzacoalcos, Tabasco, Campeche y Yucatán como dependientes. Al modo que señaló Sócrates en referencia al mar Egeo, los puertos subsidiarios de Veracruz eran como «ranas alrededor de una charca». Por sus instalaciones cruzaban nueve décimas partes del comercio de la Nueva España. Entre 1561 y 1650, acumuló el 36 por ciento del tráfico en convoyes transatlánticos españoles de la Carrera de Indias. En 1608 había tantas embarcaciones en cola para entrar al puerto que no cabían ni se podían amarrar en el llamado «muro de las argollas». En esa década mercantil gloriosa, recalaron 407 navíos, con 95.000 toneladas de desplazamiento. Durante la siguiente, el máximo del siglo, llegaron 439 embarcaciones que desplazaron 100.000 toneladas. Como el tráfico de la Carrera de Indias fue servido por 977 navíos, con 216.000 toneladas, Veracruz comprendió nada menos que el 45 por ciento del total. Cuando llegaba un navío, la primera operación que se hacía en el muelle consistía en otorgarle licencia de llegada. Luego se descargaban las mercancías y se transportaban a la aduana. El fraude fue, de todos modos, inevitable y considerable.[20]

Si Veracruz dominaba las costas del Caribe y el llamado «seno mexicano», La Habana fue referencia en las Antillas, y Cartagena de Indias emporio de Tierra Firme. En estos dos casos, la disponibilidad para grandes embarcaciones fue sobresaliente en comparación con otros emplazamientos costeros, mas también existían desventajas considerables. Cartagena se halla en una costa de remontada difícil, y la navegación a sotavento es problemática. El acceso a las Antillas es difícil y existen multitud de recodos y escondrijos que corsarios y piratas conocieron y utilizaron, lo que incrementó la peligrosidad en la costa. La entrada al puerto quedó resguardada con escolleras y cadenas, protegida por fuertes y baterías, murallas defensivas y reductos. Los suministros navales procedían de Cuba. El canal del Dique mejoró la imprescindible comunicación con el interior andino. No lejos de allí, en la costa venezolana, La Guaira compitió con Cartagena debido a la idoneidad del producto que exportaba —cacao— y a la riqueza en plata que representaba. Ofrecía la profundidad adecuada, agua dulce y piedra para construir, pero no abrigo frente al oleaje.

Muy cerca, en Puerto Cabello, el caso de la Real Compañía Guipuzcoana, institución vascongada beneficiaria desde 1728 del comercio privilegiado venezolano, muestra que el impulso de la obra pública y la ingeniería podía ser canalizado a través de entidades privadas, si bien bajo vigilancia real. Aunque de manera evidente la localización favorecía el comercio del cacao, para que el puerto fuera fiable y practicable en volumen era imprescindible el trabajo de los ingenieros. Antes de la llegada de la Guipuzcoana, apenas existía una ranchería, que se mantuvo bajo la protección del fuerte de San Felipe cuando en 1733 se inició su edificación. La insalubridad de ciénagas y manglares litorales empujaba a los habitantes hacia el interior, pero el puerto era lo que importaba. En una conocida *Instrucción*, escrita entre 1720 y 1721, Pedro José de Olavarriaga señaló: «Se debe considerar como el mejor de la costa y puede ser de todas las Indias, piedra fundamental de la defensa de esta provincia».[21]

La Guipuzcoana mandó construir un muelle de madera para embarcaciones de 58 metros de longitud y ocho de ancho. Además, dispuso sus almacenes principales para guardar el cacao producido en los valles cercanos, panadería y tonelería. La rada era tan tranquila que un pelo bastaba para tener amarrada una embarcación; de ahí el nombre. Una lengua de arena bajo el agua, a poca profundidad, protegía del oleaje. El muelle, ampliado a 77 metros de longitud y diez de ancho, acomodó formidables navíos y fragatas de uso mixto para guerra y comercio, construidos por lo general en la localidad guipuzcoana de Pasajes.

El plan empresarial tenía mucho sentido. El negocio chocolatero era de tal envergadura que el beneficio de un solo viaje de ida y vuelta financiaba una embarcación. El navío San Ignacio, por ejemplo, de 579 toneladas y con casi doscientos tripulantes, hizo su primer viaje «redondo», o sea de ida y vuelta, en 1733. Fue el primero de sus doce años de servicio. La compañía obtuvo un 347 por ciento de beneficio sobre lo invertido en su construcción, y un 123 por ciento sobre lo gastado en apresto y pago de la tripulación.[22] La Guipuzcoana transportó aquel año a la península 2.979 toneladas de cacao. Ello da idea, por un lado, del tremendo desgaste de su operación marítima —era una vida corta para semejante máquina, prueba del exceso de producto en bodega—, y por otro, de la rentabilidad del negocio. Tanta que las instrucciones privadas de la Compañía recogían la entrega de regalos a las autoridades:

> Es estilo en todos los navíos que llegan a los puertos de las Indias regalar con los frutos de España a gobernador, oficiales reales, castellano, escribano, registros y guarda mayor, y en Caracas al señor obispo, un baúl de vino y otro de vinagre, seis botijuelas de aceite, dos botijas de aceitunas, dos de alcaparras, alcaparrones, pasas, almendras, salmón, atún y seis bacalaos si se llevan, más una frasquera de aguardiente o de mistela.[23]

En 1738, el ingeniero militar Juan de Gayangos señaló que Puerto Cabello podía proteger hasta cien navíos, una cifra que no parece exagerada, pues hubo quienes mantuvieron que podía recibir tres mil embarcaciones. Olavarriaga describió de manera admirable el entorno físico, los canales dispuestos de oeste a este a lo largo de una legua, las entradas menores y la existencia de un carenero para reparaciones «al cual se arrimaban los navíos sobre diez y doce brazas de agua». El canal posterior permitía el fondeo de navíos de mayor porte, incluso los utilizados en la práctica del corso, otra de las especialidades de los guipuzcoanos. Cuatro años antes habían mandado construir al sur una factoría y almacenes, además de barracas, un tejar, una panadería, una enfermería, embarcaderos y muelles. El establecimiento de un «muelle del rey» fue expresión del prestigio ascendente de aquella infraestructura. En 1774, la urbe tenía 420 casas, habitadas por más de tres mil vecinos. El tiempo previsto de permanencia de los mercantes en Puerto Cabello era de dos meses; lo habitual era que se quedaran allí el doble de tiempo.

En la ruta del norte, hacia la Nueva España, «la búsqueda de la terminal perfecta» condujo a la fundación de Portobelo, punto de conexión de Panamá, «nexo y barrera» del istmo.[24] El puerto que lo precedió, Nombre de Dios, fue abandonado a finales del siglo XVI a causa de la rada llena de arrecifes y la insalubridad del territorio, pantanoso y selvático. El ataque seguido de incendio por parte del corsario Francis Drake que tuvo lugar en 1596 le dio el golpe final. Portobelo, cinco leguas al oeste, poseía una orografía amplia y recogida. Lo malsano del sitio continuó disuadiendo a los pobladores del istmo de residir allí más allá de los veinte o treinta días necesarios para participar en las provechosas ferias.[25] La aduana fue levantada en 1630. Resulta curioso que la historia de Veracruz reproduzca elementos similares: incertidumbre, tentación de abandono, insalubridad o cambio de emplazamiento. Hacia el sur del continente, más allá de las costas brasileñas dominadas por holandeses y portugueses, el siguiente gran puerto era el de Montevideo, que se transformó con el tiempo en apostadero marítimo y base naval imperial. En el interior se hallaba Asunción, capital y puerto fluvial sobre el Paraguay. Embarcaciones a remo o pértiga, a veces con velas simples, pequeñas flotillas de canoas —quizá sumacas—, bergantines y balandros a vela de mayor porte transportaban tabaco, yerba mate y cueros de allí a Buenos Aires. Gracias a las guías de aduana sabemos que en 1783, por ejemplo, Juan Cuello trasladó 2.926 arrobas de yerba, miel, maní, azúcar y algodón desde Asunción hasta Corrientes.[26] Con cargas tan pesadas y tracción humana, las demandas de infraestructura litoral fueron enormes. En las orillas aparecieron amarraderos, que en ocasiones, si había negocio, evolucionaron a muelles fluviales. Un caso particular fue el del versátil empresario murciano Antonio Sánchez. No solo se dedicó al transporte de mercaderías en barcos propios que él mismo capitaneaba, sino que fue armador, carpintero, tuvo una explotación forestal, fue capitán de milicias y en 1797 resultó designado director de la fábrica de cables y calabrotes de Asunción. En 1801, pidió cobrar a las autoridades reales un sueldo permanente, pues solo le pagaban los días que había demanda y que la fábrica, por tanto, operaba. La petición fue aprobada. Continuó sin embargo con sus otros negocios.

En Buenos Aires, al otro extremo de la ruta que comenzaba en Asunción, los negocios fueron aún mejores desde 1802, cuando el virrey Joaquín del Pino facilitó la construcción de un muelle. El consulado de comerciantes había pedido al cabildo municipal su apoyo en la construcción, mas este contestó en tono destemplado. Ni hacía ni dejaba hacer, y se quejó de una invasión de competencias: «Esta obra puede dejar de ser provechosa por la forma y el sitio donde se pretende establecer, y, para cuando se quiera trabajar en suelo ajeno, se necesita del consentimiento del poseedor».[27] Un informe anotó que los barcos del tráfico fluvial se veían obligados a descargar en el llamado puerto de Barracas, a una legua de la ciudad, con grandes desventajas y costos añadidos. El Ministerio de Marina, preocupado por la polémica entre cabildo y consulado, ordenó a Del Pino suspender los trabajos. Este, por su cuenta y riesgo, continuó con las obras del muelle, y todo indica que fue inaugurado en 1802. El técnico a cargo de los trabajos fue el capitán de navío mallorquín Martín Boneo, capaz para trabajos tan diversos como diseñador de plazas de toros, intendente de policía y director del empedrado urbano.

Todavía más al sur, en la difícil ruta hacia el estrecho de Magallanes, inviable para la navegación regular y puerta hacia el siempre imprevisible cabo de Hornos, hubo intentos de establecimiento de núcleos urbanos que organizaran el territorio. El cronista de la primera circunnavegación, Antonio Pigafetta, mencionó el puerto de San Julián, donde invernaron Magallanes, Elcano y sus tripulantes en 1520, cerca de la salida hacia el Pacífico. Sarmiento de Gamboa fundó en 1584 dos urbes efímeras en ejecución de políticas filipinas. En 1745, los jesuitas recorrieron la región. A fin de evitar los planes británicos de asentamiento en ella, se trazaron diversos proyectos. En 1766, tras la guerra de los Siete Años, lograron su propósito, pero fueron expulsados. En 1780, como parte del plan de poblamiento y fortificación de la costa patagónica, la Corona española fundó la nueva colonia de Floridablanca. Estuvo poblada por oficiales, artesanos, labradores, pequeños comerciantes, personal de tropa y algunos presidiarios, hasta un total de 150 personas.[28]

Sobre la costa pacífica, Valparaíso fue fundada en 1536. Ocho años más tarde, fue reconocida como puerto primordial de la capitanía general de Chile y de la capital, Santiago, erigida en 1541. El nombre elegido, «Santiago del nuevo extremo», no era una metáfora, pues constituía el lugar más remoto del Imperio. Faltaban todavía dos décadas para la fundación de Manila y Cavite, en Filipinas. Valparaíso fue un lugar importante para el embarque de grano, cobre y algo de oro. Valdivia y Talcahuano fueron puertos subsidiarios.

El hallazgo de las minas de Potosí en 1545 y la gigantesca red de intercambio global que este promovió demandaron de inmediato una infraestructura portuaria. La cercana Arica vivía una explosión de vida cuando llegaba el mercurio de Huancavelica por la vía del puerto de Chincha, o cuando un cargamento del mismo metal, con su poder casi alquímico para convertir la mena en plata, arribaba de las minas de Almadén en España, por no hablar de la que se organizaba cuando aparecían por allí llamas cargadas con plata potosina. Su destino era el traslado a la Armada del Mar del Sur, en Callao, y luego a Panamá, para cruzar el istmo hasta Portobelo y el Caribe.

Callao fue siempre un problema para los ingenieros. El muelle actuaba como un recogedor de las arenas que arrastraba la corriente litoral. El efecto de dique producía la erosión de la muralla, que presentaba a comienzos del siglo XVIII cinco brechas y una entrada permanente del océano. El cosmógrafo Pedro Peralta Barnuevo, con la colaboración renuente pero efectiva de un ingeniero militar, Nicolás Rodríguez, propuso una curiosa solución que resultó ser idónea: la colocación de espigones que, al captar las arenas transportadas por el oleaje, formaran playas artificiales. En 1727, tras la terminación de la obra, se pudo restaurar la arruinada muralla. Sin embargo, los caprichos de la naturaleza eran imprevisibles: un maremoto que siguió al terrible terremoto de 1746 volvió a arruinarlo todo.

Si seguimos nuestra ruta en el sentido de las agujas del reloj, uno de los mejores puertos naturales del norte peruano fue el de Paita. El dominico fray Reginaldo de Lizárraga, que visitó el Perú en 1589, informó que era

> escala de todos los navíos que bajan del puerto de la ciudad de Los Reyes [Callao] a Panamá y a México, y de los que suben de allá para estos reinos. El suelo es arena. Traen en balsas grandes el agua desde más de diez leguas los pocos indios que allí viven.[29]

En la Audiencia de Quito, al septentrión andino, el puerto más destacado era Guayaquil. Lizárraga destacó el temperamento caluroso y malsano, el acceso forzoso en balsas desde el mar solo en marea baja, las sabandijas e insectos que no daban tregua y la abundancia de caimanes, «como cocodrilos del río Nilo, muy grandes, tanto que muchas veces vi a los indios que guiaban las balsas darles de palos con los botadores para que los dejasen pasar».[30] A pesar de estas desventajas, la idoneidad de las maderas locales, la tradición balsera, la habilidad asombrosa de sus artesanos y el excelente cacao explican la demanda creciente de instalaciones para la fabricación, la carena y el arbolado de buques, la cordelería y la explotación de yacimientos de brea.

Hacia el norte esperaba nada menos que Panamá. Con anterioridad a la brutal acometida del corsario Henry Morgan en 1671, que obligó a mover la ciudad a su asentamiento actual, «Panamá la Vieja» tuvo un puerto junto a las casas reales que resultó afectado por los aterramientos litorales de fango seco. Debido a ellos, los barcos, que procedían en ocasiones de Filipinas y de la Nueva España, debían fondear en Perico, a una legua de distancia.

En 1631, a fin de proteger el monopolio del Galeón de Manila, la Corona prohibió la navegación comercial entre la Nueva España y el Perú por un periodo de cinco años, orden que se hizo más tarde definitiva. Sin embargo, continuó existiendo con diferentes excusas: el transporte de oficiales reales, la correspondencia urgente, el suministro de mercurio o las emergencias. Los accidentes de navegación eran una fuente perenne de justificaciones, pues los arrebatos de la naturaleza podían conducir las embarcaciones mucho más lejos de donde pretendían. Algunos puertos intermedios, situados en las costas de América Central, se beneficiaron de la prohibición. En la nicaragüense Realejo, fundada en la década de 1530 como terminal transpacífica, floreció una industria naval que fabricaba barcos de cedro de hasta tres palos llamados «costeños», resistentes a termitas y gusanos, usados en pesca y comercio.[31] Una embarcación encallada allí en 1743 llevaba como carga doce medias de China «manchadas con el agua de mar», loza varia, dos docenas de rosarios de vidrio, un lío de canela, lienzo lanquín, navajas, abalorios, perlas falsas, sedas, peines, cuentas, cintas, cubiertos, petates de China, botones de nácar, una bayeta azul de Cajamarca y una porción de crucifijos de metal.[32] La globalización, evidentemente, forjaba el consumo cotidiano.

Acapulco era el puerto de llegada de la mayor parte de los productos característicos del lujo asiático, como quedó registrado en un viaje de 1609, que llevó «sedas tejidas de matices; biombos al olio y dorados, finos y bien guarnecidos; todo género de cuchillería; muchos cuerpos de armas, lanzas, catanas y otras curiosamente labradas; escritorillos; cajas y cajuelas de maderas, con barnices y labores curiosas, y otras bujerías de buena vista».[33] El autor de «Grandeza mexicana» (1604), Bernardo de Balbuena, le dedicó estos sonoros versos:

Es todo un feliz parto de fortuna
y sus armas un águila engrifada
de tesoros y plata tan preñada
que una flota de España, otra de China
de sus obras cada año va cargada.

Según De Balbuena, Acapulco era la Génova novohispana, mientras que Veracruz era como Venecia, una al occidente y otra al oriente de un emporio continental.[34] La elección de emplazamiento para fundar allí una villa correspondió a fray Andrés de Urdaneta, descubridor de la ruta del tornaviaje desde Asia. Urdaneta señaló que se trataba de un sitio «grande, seguro, muy saludable y dotado de buena agua». El italiano Gemelli Careri alabó «la seguridad natural del puerto, que siendo a manera de caracol, y con igual fondo corto por todas partes, quedan en él las naves encerradas como en un patio cercado de altísimos montes y atadas a los árboles que están en la ribera».[35] Los mapas antiguos enfatizaban las virtudes del lugar, seguro y acogedor, como un árbol de ceiba al que se podía amarrar el Galeón de Manila. A comienzos del siglo XIX, Alejandro de Humboldt manifestó su desacuerdo. Siempre atento a alabar el paisaje «virgen» y a denostar el humanizado, halló el sitio inadecuado e insano: «He visto pocos lugares en cualquier hemisferio con un aspecto más salvaje, más desasistido y también más romántico. Estas rocas forman una costa tan escarpada que un navío de línea puede pasar tocándolas».[36]

El mayor defecto de Acapulco fue que, por largo tiempo, personas y mercancías debían trasladarse de los navíos a botes que les acercaban a la orilla, donde eran recogidos por «hombres metidos en el agua hasta el pecho; hasta las personas que iban o venían de a bordo se transportaban en brazos». Para resolver la situación, el castellano del fuerte, Rafael Vasa, decidió la construcción de un muelle de pilotaje. A tal fin, ordenó a los soldados milicianos trabajar primero en el corte y la clavazón de estacas y luego como «peones acarreadores de la piedra». Un nuevo muelle fue abierto en 1782.

La reparación y la carena eran las tareas que seguían al desembarco de la carga. La operación para dejar al menos parte del casco en seco implicaba a veces apoyarlo en arenales para trabajar con la primera mitad y luego, tras girarlo, rehabilitar la otra. Los guardacostas, atacados por el gusano de la «broma», exigían una carena cada seis meses. En algunos puertos, como el de Santa Marta, la naturaleza ayudaba, pues «el puerto hace una caldera [ensenada] adonde se da carena».[37] El aumento del tamaño obligó a soluciones técnicas extravagantes, como apoyar la embarcación en otra muy lastrada, que se anclaba a babor o estribor, o que se inclinaba para favorecer la operación. A veces, los buques carenados no lograban sobrevivir a las reparaciones.

En 1748 la fragata San Sebastián retornó averiada de la isla Bermuda, donde había ido a carenarse; no cruzó nunca más el Atlántico.[38] Incluso si el casco sobrevivía a estas intervenciones, en ocasiones era necesario desmontar los mástiles, y las consecuencias podían ser catastróficas. Los ingenieros a cargo propusieron la construcción de muelles de carena con paredes inclinadas, para facilitar las reparaciones, o incorporaron en las instalaciones mecanismos basados en un sistema de esclusas para drenar o introducir agua y escorar los buques sin riesgo. Una de las peores y más difundidas prácticas consistía en tirar de la arboladura para inclinarlos y proceder a la reparación, aunque así se podía romper más que arreglar.

En 1791, la expedición de circunnavegación dirigida por Alejandro Malaspina, clímax y final del proyecto científico de la monarquía borbónica española y exponente de su cuantiosa inversión en exploraciones, llegó a Acapulco. La Atrevida fondeó en febrero, y la Descubierta al mes siguiente. A pesar del retraso en la llegada de la Descubierta, Malaspina mandó efectuar en Acapulco la reparación del casco, la cubierta, la arboladura y el velamen. Armados con escobones de esparto, los marineros limpiaron el moderno casco de ambas corbetas, revestido de cobre. Un grupo liderado por el gaviero mayor desertó, atraído por los placeres de la vida acapulqueña. Según dictaminó el severo comandante de la Atrevida, José Bustamante, los vecinos vivían enfermos de fiebres tercianas, disentería o venéreas.[39] La expedición, sin embargo, se benefició de los víveres, toneles, herrajes, maderas, brea y lastre, que embarcaron para continuar su viaje a Alaska, donde máquinas y hombres fueron probados hasta el límite de lo posible.

FABRICANTES DE EMBARCACIONES

«Construir barcos es sembrar pinos en la mar», señala un viejo principio de la ingeniería naval española. Los océanos globales poco fueron surcados y atravesados antes de Colón, mas a partir de finales del siglo xv la demanda de instalaciones para la construcción y el carenaje de navíos, reparaciones, almacenaje, fabricación de artillería y municiones se multiplicó en el naciente Imperio.

Su ubicación tuvo dos condicionamientos: hacían falta *in situ* mano de obra especializada y recursos naturales, en especial madera. Los insumos para la fabricación de cordelería, lonas, clavazón y herrajes podían ser transportables desde otro sitio, como en efecto ocurrió. Nuevas especies de madera podían introducirse si era necesario, incluso en climas en principio hostiles, en la medida en que la mayor parte del suministro maderero para fabricar una embarcación debía ser local. El roble de Guayaquil se consideraba de peor calidad, pero la madera de canelo, mangle y guachapelí sirvió para fabricar estructuras. El palo María y el laurel sustituyeron al abeto en las arboladuras. Palos de mástil de Jalapa en la Nueva España, o de Pensacola en Florida, resultaron «tan buenos como los de Noruega».[40] En Cuba se usaron caoba, cedro, roble y otras especies locales, chicharrón, guaba, guayacán, jagua, majagua, ocuje, quiebrahacha, sabicú, yaba y yamagua, para diferentes partes y piezas de los navíos. La madera debía ser cortada año y medio antes de ser utilizada, a fin de que estuviera bien «sazonada», esto es, a punto para su manipulación.

Aunque el suministro fuera abundante, también lo era la demanda. Por cada tonelada de arqueo de un barco era preciso contar con diez metros cúbicos de madera labrada, o veinte en rollo. En 1795, la fabricación de una fragata de setenta cañones en El Ferrol requirió 10.620 codos cúbicos de roble, 1.260 de haya, 120 de cedro, 6.700 de pino de Soria y 630 de pino del norte de Europa.[41] Entre 1761 y 1762, el astillero de La Habana planeó construir once nuevos navíos, ocho de sesenta cañones y tres de ochenta. A tal efecto, había que tener disponibles unas 36.000 piezas de madera de diferentes tamaños.[42] Para proteger a los cascos de la broma, o a otros agentes de descomposición microbiana o fúngica, se requería plomo o cobre desde 1750. Con anterioridad, los betunes, en genérico, una mezcla de alquitrán,

Propuesta de uniforme para el cuerpo de ingenieros remitida por Juan Martín Zermeño al marqués de la Ensenada, 1751. Archivo General de Simancas.

Detalle del biombo de la *Conquista de México y la muy noble y leal ciudad de México*, h. 1675 – 92. Madrid, colección particular.

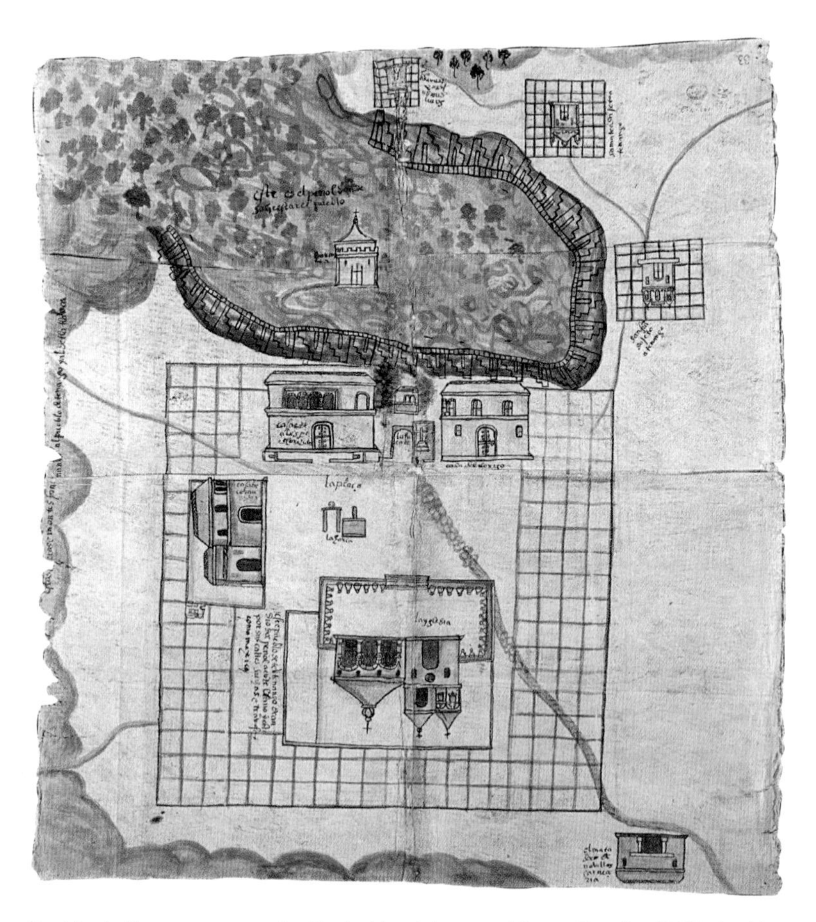

Pueblo de Teotenango en el valle de Matalcingo en Nueva España, 1589. Archivo General de Indias.

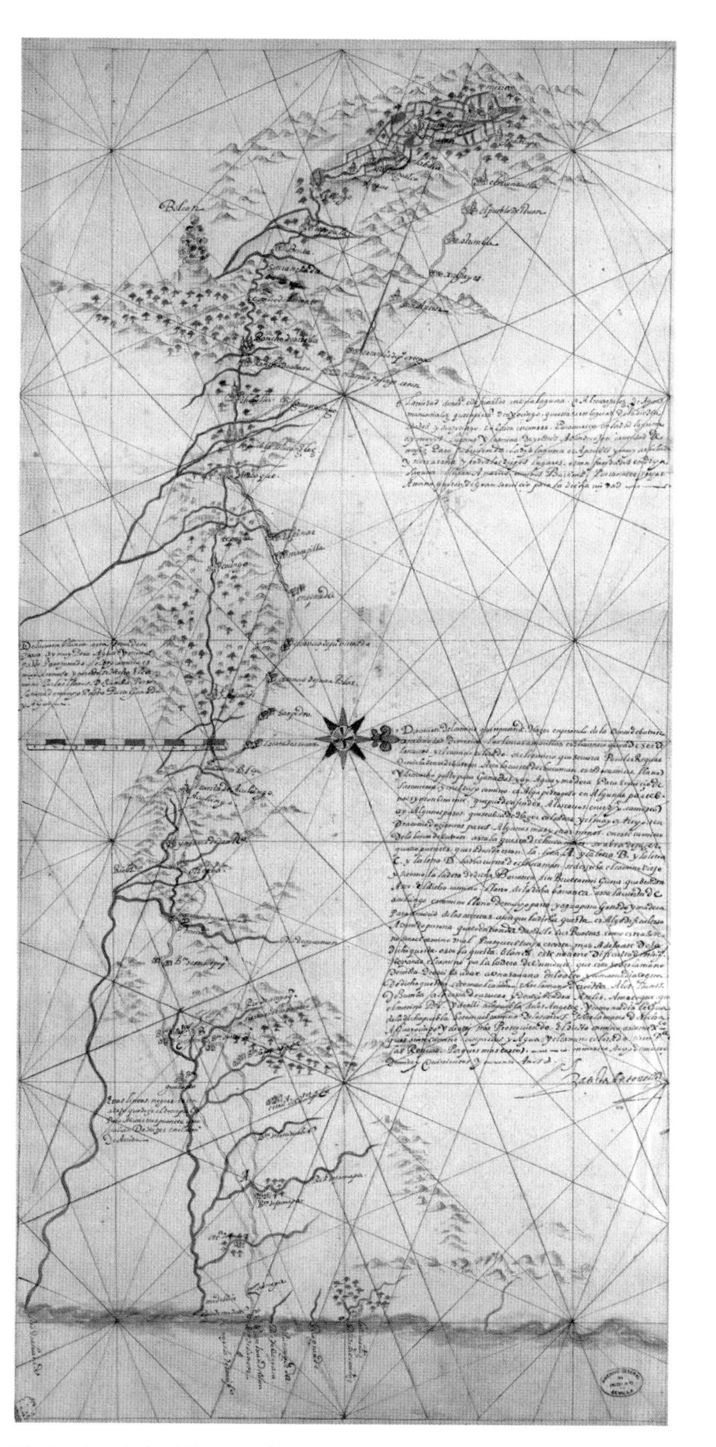

El Camino de los Virreyes: México – Veracruz, 1590. Archivo General de Indias.

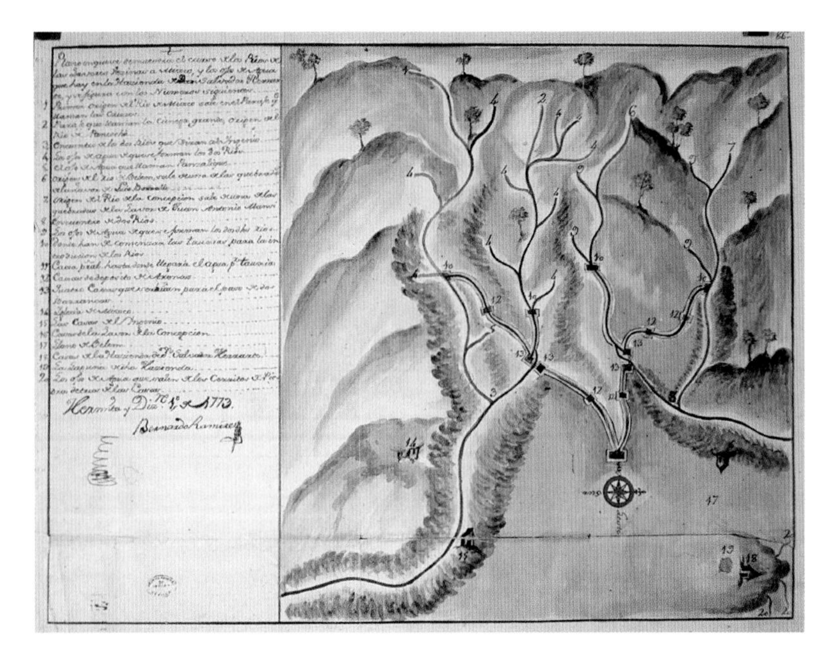

Acueductos de Pínula y Mixco, Nueva Guatemala, por José Bernardo Ramírez, 1773. Archivo General de Indias.

Acueducto de Chapultepec, México, por Lorenzo Rodríguez y otros, 1754. Archivo General de Indias.

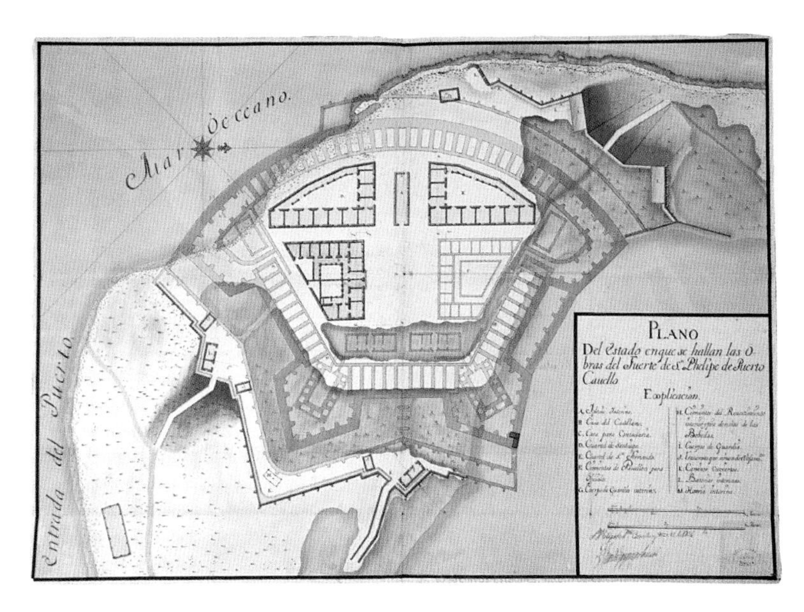

Fortificación de Puerto Cabello, Venezuela, 1736. Archivo General de Indias.

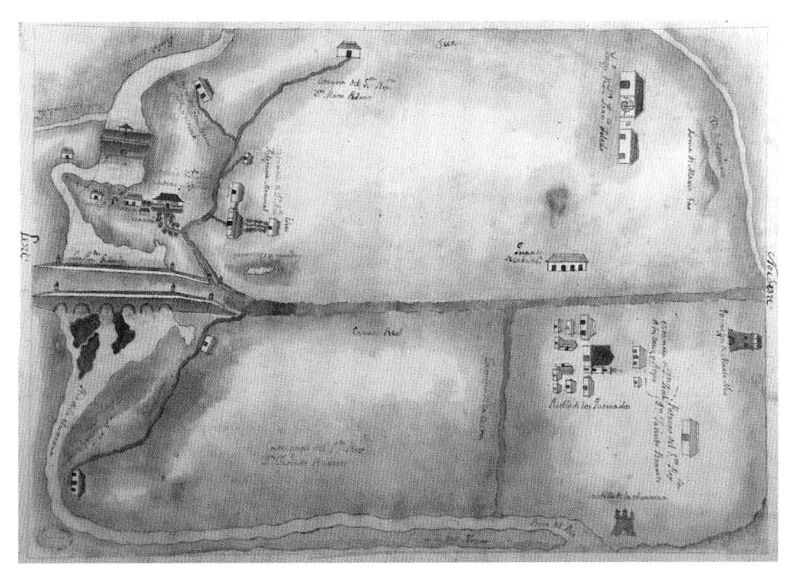

Zanja Real de La Habana, 1786. Archivo General de Indias.

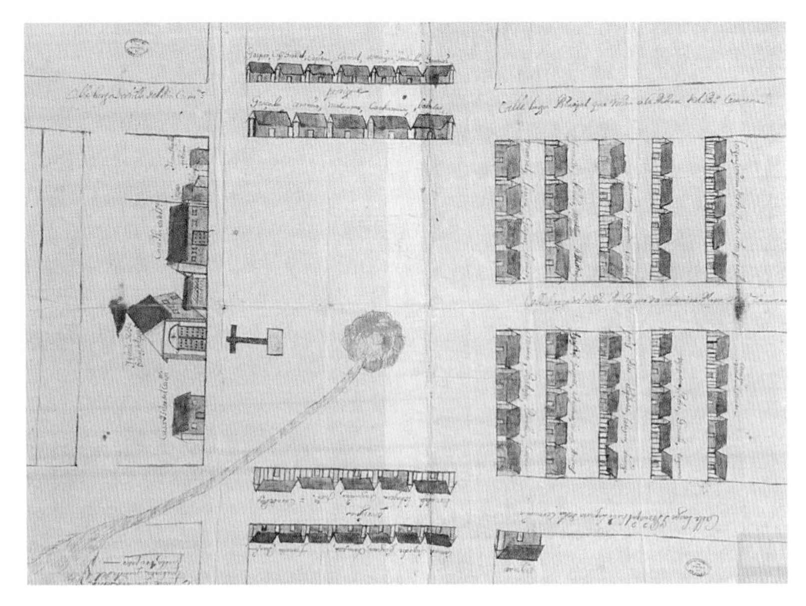

Plano del pueblo-misión de San Fernando de Cumaná, 1690. Archivo General de Indias.

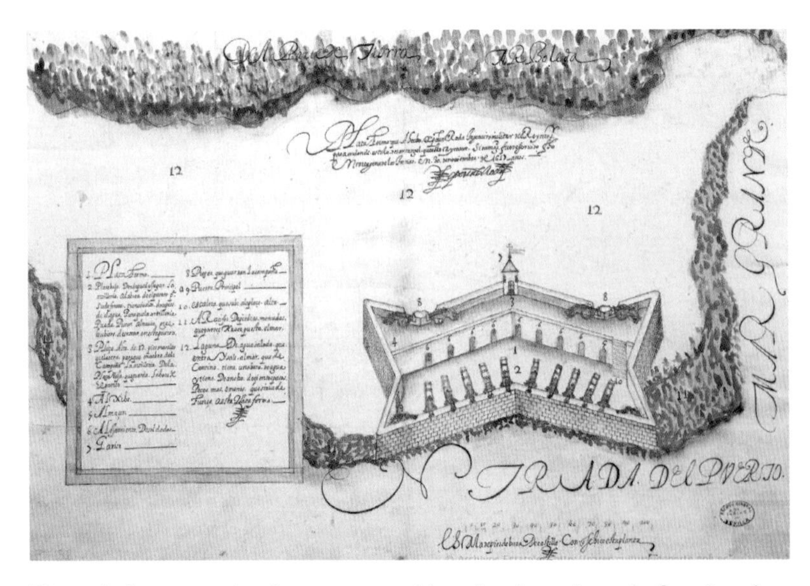

Plano de la nueva plataforma construida sobre la antigua de Santángel en Tierrabomba en Cartagena de Indias, por Cristóbal de Roda Antonelli, 1617. Archivo General de Indias.

Plano del galeón Nuestra Señora de la Mar, 1695. Archivo General de Indias.

Sierra hidráulica del Arsenal de La Habana. Colección de maquetas de historia de las obras públicas de CEDEX-CEHOPU.

Escudo de armas concedido por Felipe II a la ciudad de Nuestra Señora de Zacatecas, la gran urbe minera de la Nueva España, 1588. Archivo General de Indias.

Tabla central del retablo de la capilla de la Casa de la Contratación, con la Virgen de los mareantes, Alejo Fernández, 1531. Alcázar de Sevilla.

Camino de Nueva Valencia y Valledupar a Santa Marta, Colombia, 1767. Archivo General de Indias.

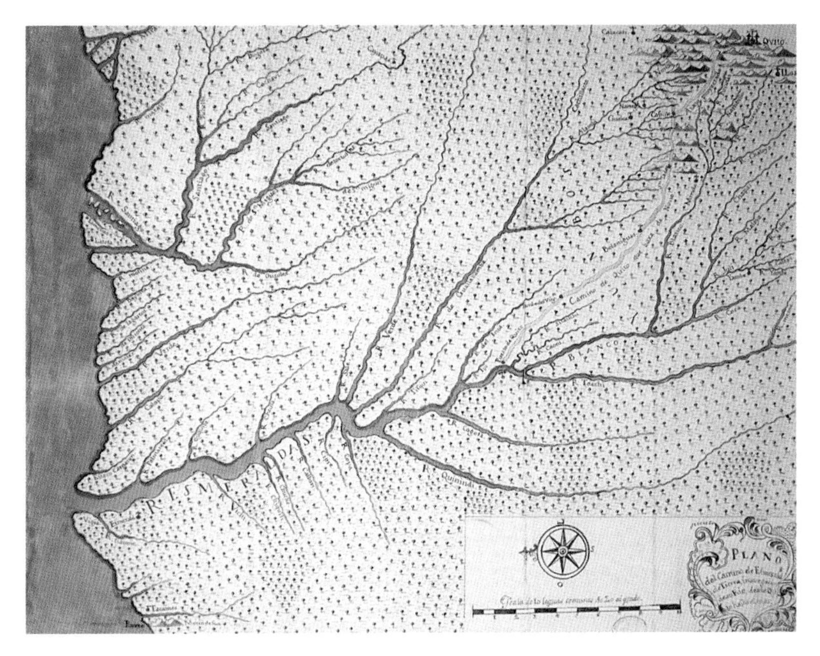

Camino de Esmeraldas, Ecuador, por Antonio Fernández, 1785. Archivo General de Indias.

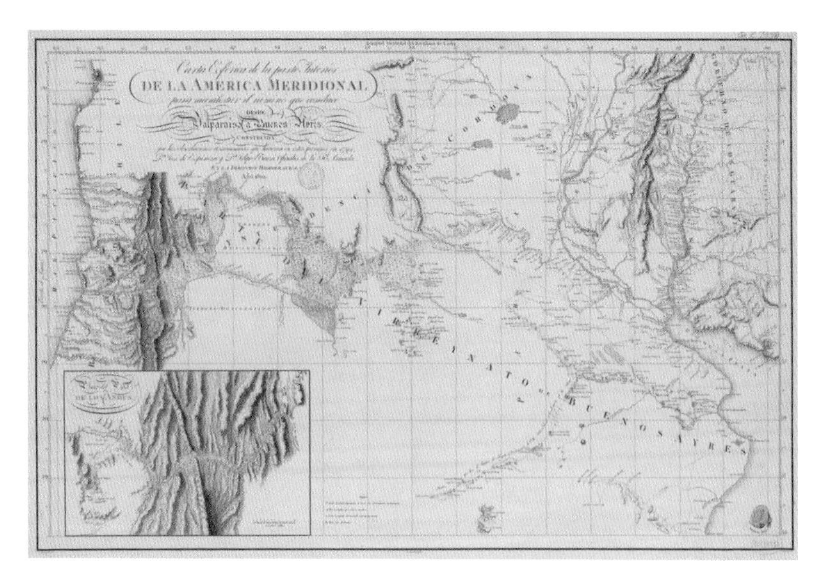

Camino interoceánico de Valparaíso, Chile, a Buenos Aires, Argentina, según observaciones de José Espinosa y Felipe Bauzá, 1810. Biblioteca Nacional de Francia.

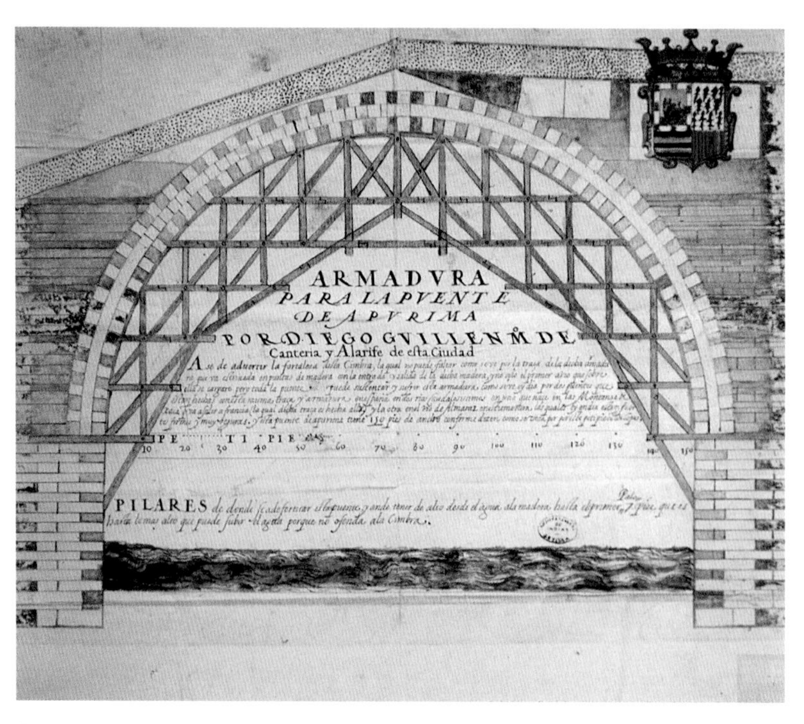

Puente de cantería sobre el río Apurimac, por Bernardo Florines y Diego Guillén, 1619. Archivo General de Indias.

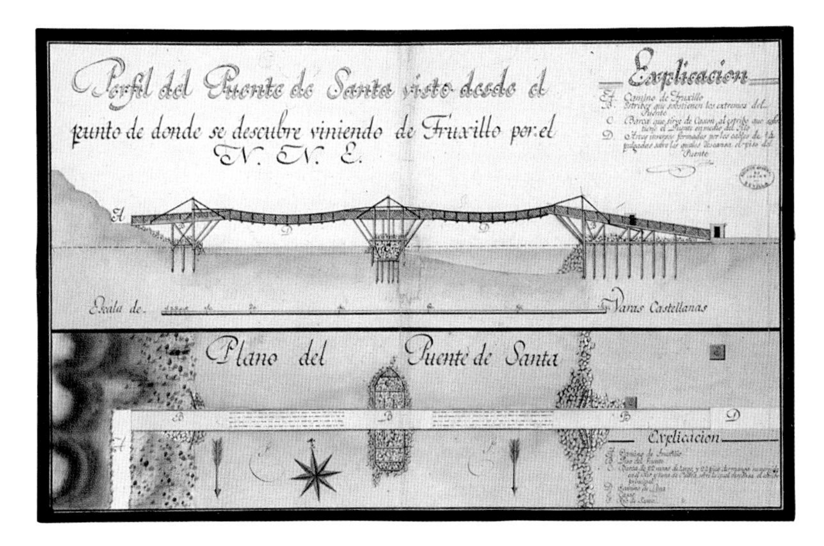

Puente colgante, técnica mixta, 1811. Archivo General de Indias.

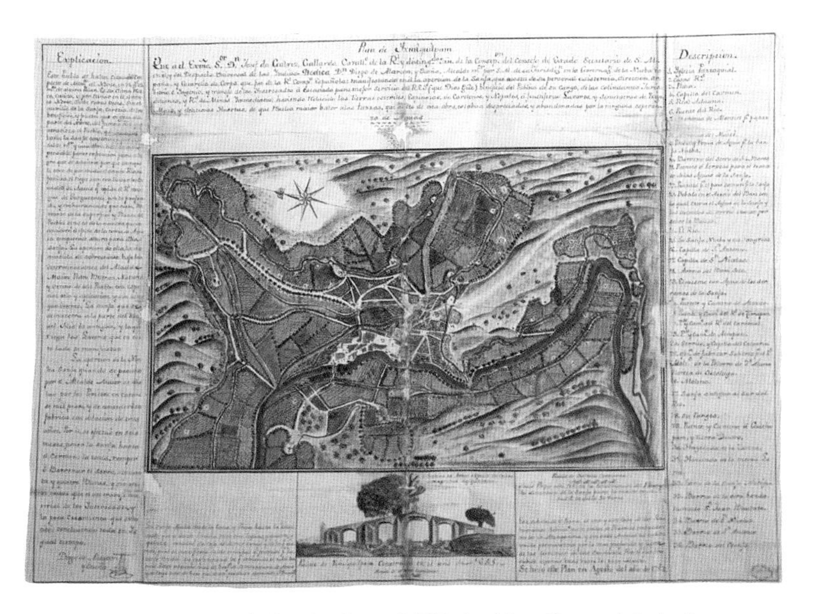

Canal de riego o zanja de Ixmiquilpan, 1655. Archivo General de Indias.

Canal de Nicaragua, por Sebastián de Arancibia, 1716. Archivo General de Indias.

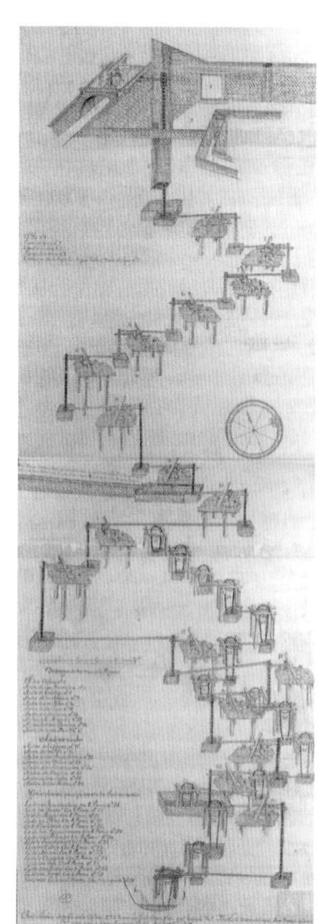

Desagüe de las minas
de Guanajuato, México, 1704.
Archivo General de Indias.

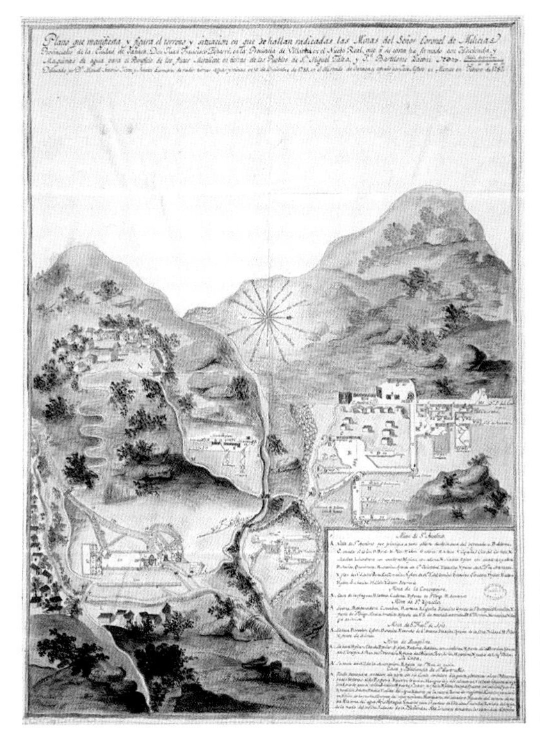

Ingenios hidráulicos en minas de Oaxaca, México, por Manuel Antonio Jijón, 1787. Archivo General de Indias

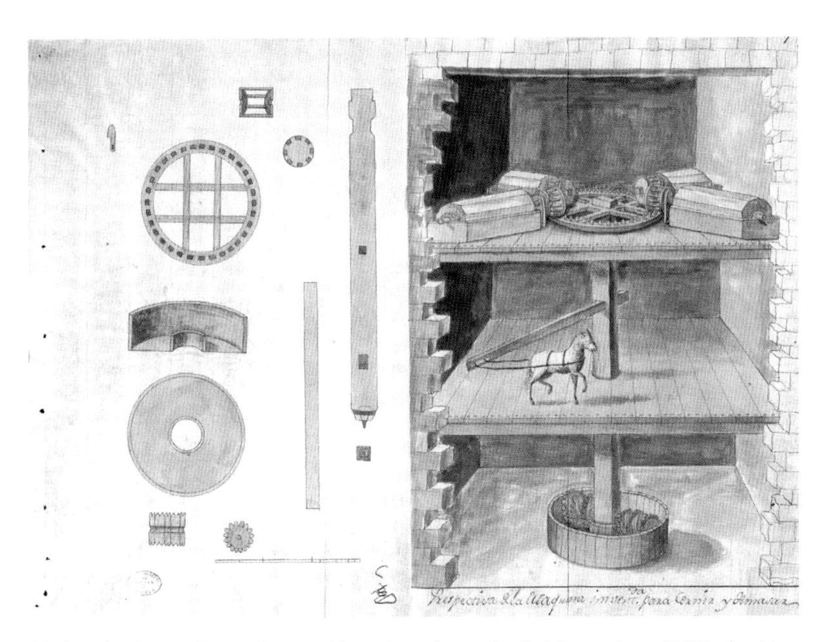

Molino harinero de rueda, por Francisco Antonio de Horcasitas, 1786. Archivo General de Indias.

Batán en paños de dos mazos, por Baltasar Martínez Compañón, *Códice Trujillo del Perú Vol II*, Lámina 94. Biblioteca del Palacio Real (Madrid).

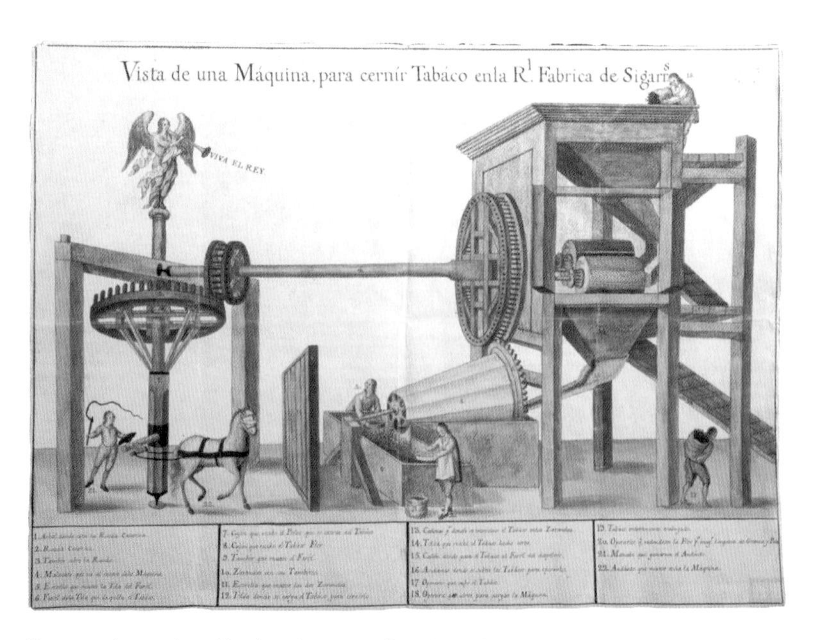

Proceso de producción de tabaco en Orizaba, México, h. 1785. Archivo General de Indias.

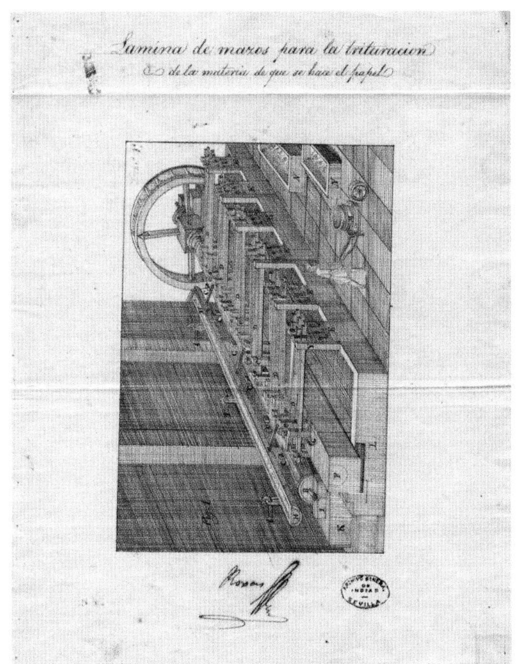

Fábrica de papel en Filipinas, por Domingo de Roxas, 1822. Archivo General de Indias.

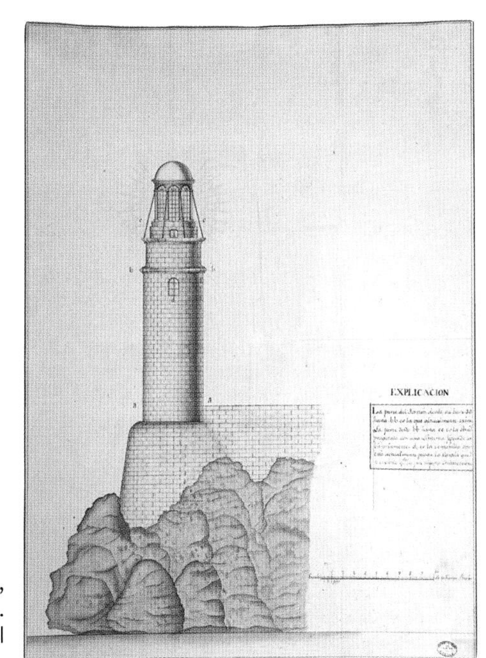

Faro del Morro, La Habana, 1796. Archivo General de Indias.

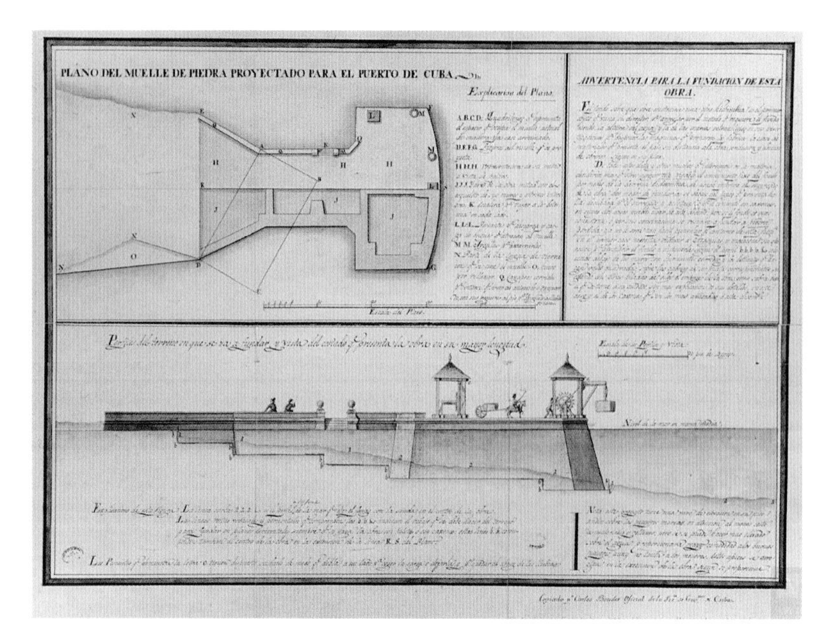

Muelle de Santiago de Cuba, por Carlos Boudet, 1810. Archivo General de Indias.

Ferrocarril en ingenio azucarero de Cuba, 1857. Museo Naval.

sebo, aceite de pescado, azufre, carbón molido y minio, protegían los cascos de las embarcaciones. Estas debían estar «embetunadas» para «la conserva de la corrupción», es decir, en evitación de la podredumbre.

En la América española, talleres, apostaderos y arsenales dispusieron de excelente materia prima para velas y jarcias. Cáñamo en Chile, henequén en Campeche o Yucatán y cabuya en Guayaquil fueron fibras vegetales muy reputadas. Era preciso además tener hierro, acero, latón y bronce para ciertas piezas, como cadenas, trinquetes e incluso instrumental de precisión. O clavazón, que sujetaba las piezas de madera y era recuperado por los buzos tras los naufragios, por su gran valor. Una embarcación completa llevaba también dotación mayor o menor de artillería, que había que fabricar o importar.

La geografía de las instalaciones navales tuvo un elemento determinante en el abrigo y el calado, pues marcaban la posibilidad, o no, de reparar y fabricar navíos de gran porte. En Guayaquil, por ejemplo, las embarcaciones mayores se reparaban en la isla de la Puná; las menores, en el litoral. Podemos considerarlas, en verdad, como productos de lujo, exigentes en términos de costo y capital humano involucrado. La construcción era delicada y exigente. Sobre una viga de gran longitud de proa a popa, curva en los dos extremos, iban las cuadernas a modo de costillas. Las cubiertas se apoyaban sobre baos, vigas transversales que cerraban en la parte vertical de cada cuaderna. Cuando el casco estaba preparado, había que pensar en la propulsión, ya fuera a remo, a vela o mixta. Seguridad y capacidad eran igualmente importantes y difíciles de armonizar. Cuanto más grande fuera la embarcación, mayor era la exposición a la corrosión y los daños causados por largos viajes a enormes distancias en ecologías muy diferentes, como imponía la dimensión global de la monarquía. Capitanes y tripulaciones sufrían mucho, y las exigencias eran abrumadoras. El almirante azkoitiarra Tomás de Larraspuru, que cruzó el Atlántico al mando de la Flota de Indias entre 1608 y 1632 nada menos que en 34 ocasiones, constituyó un récord de resistencia personal.[43] No puede extrañar que en el dispositivo naval español en América se contemplara, junto al imprescindible mantenimiento de los buques, el refresco de las tripulaciones.[44] En fecha tan temprana como 1556, el experto Pedro Menéndez de Avilés señaló:

> En la navegación de las Indias, por ser larga y trabajosa, hay necesidad de los mejores navíos que navegan por la mar, y es al contrario, primero que se vayan a vender a Sevilla, navegan por Levante y Poniente, los envían a vender cuando sus dueños entienden que están cascados y trabajados y de poco provecho. En las Indias, por la mayor parte, dan con las naos al través [las hunden], por lo mucho que allá se detienen, que hacen mucha costa con ellas y porque las pasa la broma. En Sevilla, dan poco más por la nao nueva que por la vieja, que hacen cuenta que pues la han de echar al través, que poco les importa que sea vieja o nueva. No pueden mantener las velas que primero tenían, son muy malas marineras al tiempo de la tormenta y no pueden sustentar artillería, no pueden sufrir arriba tanta carga.[45]

En la matrícula gaditana, de hecho, de 725 embarcaciones que fueron utilizadas entre 1778 y 1797, solo 57 fueron fabricadas para el comercio de las Indias, y 668 procedieron de segunda mano. Se trataba de barcos vendidos por sus dueños, navíos en lastre, vendidos por muerte o quiebra del propietario, requisados para pagar sueldos atrasados a tripulaciones, encallados y embarrancados que aún navegaban, dedicados al corso y, finalmente, aquellos puestos a la venta por Hacienda por no interesar al real servicio. Barcos vendidos tanto en Cádiz como en La Habana fueron de procedencia inglesa, española, francesa, angloamericana, sueca, veneciana, portuguesa, genovesa, napolitana, ragusana, danesa y rusa, más los fabricados en La Guaira y Montevideo.[46]

El hecho de que los armadores arriesgaran barcos viejos en vez de nuevos muestra que daban prioridad a los ahorros de capital sobre los posibles beneficios a largo plazo. La frecuencia de las guerras y la exposición a piratería y corso inmovilizaban las inversiones. En todo caso, los arsenales y las instalaciones navales locales o regionales de pequeño tamaño tuvieron mucho trabajo. Se vislumbra así un cuadro complejo. El éxito de la monarquía española en su infraestructura marítima quizá se vinculó más a la tupida red formada por estos que a los grandes astilleros y, en particular, al más colosal, el de La Habana, que ha dominado la historiografía.

Durante el siglo XVII, el impulso de fabricación naval allí fue desapareciendo, a pesar de su extraordinaria importancia como enclave del tráfico transatlántico. Entre 1700 y 1702, salieron de La Habana los excelentes navíos Santa Rosa y Rubí. Sin embargo, la actividad se centró en el carenado y el mantenimiento de buques. A partir de 1714, la designación de un nuevo intendente de marina inició otra etapa. Entre 1719 y 1725, la presencia en La Habana de José del Campillo como comisario de marina resultó providencial. Primero, apoyó la instalación del arsenal cerca del castillo de la Fuerza, intramuros de la ciudad. En años sucesivos, botaron el San Francisco (1714), el San Juan Bautista (1718), el Victoria (1718), el Príncipe de Asturias (1720), el Conquistador (1723) y al año siguiente el San Juan, de cincuenta cañones. El criollo cubano Juan de Acosta actuó como capitán de maestranza.

Bernardo Tinajero de la Escalera, secretario del Consejo de Indias, pensaba que los barcos fabricados en el astillero habanero eran superiores a los peninsulares. «Si el navío fabricado en Vizcaya durase, que se duda, diez años, el de Indias pasará de treinta», llegó a afirmar, sin dudarlo ni un momento.[47] Otros expertos, como el oficial científico por antonomasia Jorge Juan, en cambio, mostraron sus reservas ante las embarcaciones allí construidas. Esta posición pudo estar vinculada a una preocupación por la calidad constructiva que mostraban las presas capturadas a los británicos, cuyos astilleros londinenses habían espiado en persona. Las necesidades de defensa imperial se impusieron. En 1751, el marqués de la Ensenada, en el cénit de su poder, demandó que se fabricaran en poco más de seis años 125 navíos nuevos, incluyendo sesenta de línea y 25 fragatas, el mínimo para que la Real Armada recuperara la necesaria fortaleza.

En 1757, el ministro de Marina e Indias Julián de Arriaga, contra el criterio de Juan, trasladó al astillero habanero parte del programa de construcción.[48]

Su demanda de madera causó grandes conflictos con hacendados y ganaderos locales a causa de la competencia por el corte, ya que era utilizada en los ingenios para el refinamiento del azúcar, pero esta vez la razón de Estado prevaleció. La madera americana tenía extraordinaria fama, y el *lobby* cubano en la Corte salió reforzado. En 1720, el gobernador de Guatemala Francisco Guiral había enviado un informe que defendía el traslado de los encargos reales al astillero de Coatzacoalcos, en su jurisdicción. Todo lo que logró fue la provisión de madera para mástiles de la instalación habanera, cuya preeminencia no se discutió más.[49] Jerónimo de Uztáriz, el prestigioso autor de *Teórica y práctica de comercio y marina* (1724), propuso entonces un amplio programa económico para la monarquía, que señaló:

> El astillero más seguro, cómodo y más a la mano para la construcción y para el avío y ocupación de los nuevos navíos, es el de La Habana, con el considerable beneficio de que si los fabricados en Europa duran de doce a quince años, se conservan más de treinta los que se hacen allá con el cedro, roble más duro y otras maderas de superior firmeza y resistencia. Fuera de que en un combate tiene también el cedro la ventaja de que embebe en sí las balas, sin que se experimenten los efectos de los astillazos. Mucho convendrá al servicio de S. M. y al bien de sus barcos que todos los navíos que se hubiesen de emplear, así a la guardia de las flotas y galeones como en la escuadra de Barlovento y otros mares de Indias, sean construidos de maderas de aquellas provincias y en sus astilleros.[50]

La plata mexicana, la élite habanera y la política imperial coincidieron para dotar al Imperio español de los navíos de guerra que necesitaba. El sistema de asientos o contratos privados en el suministro naval, por el que se rigió su producción, era antiguo. En 1713, Manuel López Pintado se comprometió a fabricar diez navíos en la instalación habanera con planos del gran

Antonio de Gaztañeta, diseñador de referencia y normalizador de la fábrica de los navíos españoles. Tras adaptar las premisas clásicas de sus navíos, en 1726 fue botado el Incendio, de 58 cañones, y también debutaron el San Lorenzo y el San Jerónimo, de cincuenta cada uno. El habanero Juan de Acosta, que se ocupaba de tareas diversas, como la fabricación de cureñas de artillería, el rescate de naufragios y hasta tuvo tiempo para dedicarse al corso, asumió en 1732 la fabricación de cuatro navíos de línea de 64 cañones, a razón de uno por año. Tuvo problemas por exceder el plazo. El corte de maderas, la obtención de financiación o la recluta de marinería eran demasiado exigentes, incluso para alguien con tantos recursos. En 1732, Acosta entregó el navío África, que tuvo informes desfavorables por parte de las autoridades de marina. Según informó, no era culpa suya. Los problemas en el suministro de madera continuaban. Los hacendados locales pretendían cobrarle precios abusivos. Todo indicaba que el astillero habanero experimentaba una crisis de crecimiento.

En 1734, como pretendía el comisario de marina Lorenzo Montalvo, fue ordenada la construcción de un nuevo astillero, denominado La Tenaza, junto al barrio de Jesús María, extramuros de la ciudad, pegado a las murallas y al norte de la bahía, mediante sistema de asiento y por concurso público. También habría nuevos almacenes de marina. Al año siguiente, el incombustible Acosta manifestó su intención de presentarse a un contrato de fabricación de ocho a diez fragatas de cuarenta a cincuenta cañones, con la condición de que fuera nombrado «comandante de aquel astillero y su absoluto gobernador y dueño».

Su relación con el comisario de marina Montalvo, cansado de «aficionados», era nefasta. Acosta señaló que el funcionario poseía tan mal carácter que había llegado a retarlo a duelo «por su conducta altanera e insufrible». Montalvo habría insinuado que en La Habana se podía construir más barato, lo que le producía hilaridad: «No sabe ni aún la entrada de los caminos por donde marchan estas dependencias, ni tiene más conocimientos que entintar papeles, debiendo parecerle que son lo mismo cedros, sabicúes y caobas que plumas», señaló Acosta. El comisario respondió con ferocidad y le acusó de cobrar a la Real Hacienda 50.925 pesos por un trabajo que habría costado 39.976 pesos sin su contrata. La Corona permaneció a la expectativa, sin decantarse por el contrato con el empresario privado, costoso pero efectivo, o con la administración directa de la fábrica naval, más barata solo en apariencia.

Tras la muerte del ministro de marina José Patiño en 1737, los problemas de Acosta se multiplicaron. Al año siguiente, le comunicaron que los nuevos navíos serían de setenta cañones por lo menos, pero al mismo precio. En 1739 comenzó la «guerra de la Oreja de Jenkins» contra Gran Bretaña, y la escasa financiación desde la Nueva España empeoró la situación. El virrey informó que el costo de defensas y situados hacía imposible financiar los tres navíos que se fabricaban en La Habana. El marqués de la Ensenada desde España ignoró su protesta y promovió la construcción de otros quince bajeles para 1742, de los cuales diez se fabricarían en La Habana: tres navíos de setenta cañones y siete fragatas de entre veinte y cincuenta cañones cada una.

Acosta, inasequible al desaliento, había sufrido otro golpe inesperado para su reputación y sus negocios. En 1741, la Corona firmó un contrato de asiento con la recién constituida Real Compañía de La Habana, que pretendía emular el modelo de la Real Compañía Guipuzcoana del cacao en Venezuela, para hacer lo mismo con el tabaco cubano. El compromiso incluyó la construcción de navíos y su equipamiento por diez años, incluso la compra de madera para el arsenal y la dotación de raciones para tripulaciones de la Armada. La desgracia de Acosta parecía la fortuna de La Habana. En 1742 comenzó la ampliación del arsenal con un cercado de paredes altas e instalaciones para calafateado de los cascos. Dos años después, la Real Compañía entregó el Nueva Reina y el Nuevo Fuerte, dos navíos de setenta cañones a los que se instaló la artillería, según costumbre, en el astillero gaditano de La Carraca.

En 1744 ordenaron la construcción en el astillero habanero de tres navíos de setenta cañones y dos de ochenta, con una clara multiplicación de dificultades en la provisión de herrajes, maderas, repuestos y el pago de tripulaciones. Mientras en Venezuela la fabricación de navíos fue un buen negocio para la Guipuzcoana, pues el aumento de su capacidad comercial y defensiva sirvió al negocio central, como era el tráfico de cacao, la compañía de tabaco de La Habana no pudo hacerse cargo de una fábrica naval de tan compleja gestión, y fue decisiva en su crisis.[51] En 1748, cuando pasaba por graves dificultades financieras, Ensenada les notificó que tenía prevista la construcción de cuatro navíos anuales: dos de ochenta cañones y dos de setenta. Las limitaciones posteriores para la capacidad operativa del sector privado fueron sobrecogedoras. A finales de año, una junta de la Compañía tramitó la solicitud al rey de «que se le releve de la fábrica de navíos», lo que ocurrió mediado el año siguiente. La fabricación de los navíos Fénix, Rayo y Galicia quedó detenida. El futuro estaba lleno de nubarrones.

En 1756, dos años después de la caída de Ensenada del Gobierno, se decidió la fabricación de un navío de gran porte por año. Mateo Mullan, el ingeniero irlandés a cargo del astillero de La Carraca, en Cádiz, escribió en 1760 un interesante informe sobre los navíos habaneros. Estos eran dotados y ajustados en Cádiz de manera rutinaria, en lo que podría considerarse una homologación con los estándares del resto de la Armada, jamás una negación de su calidad.[52] Mullan señaló que eran navíos «tormentosos» y de difícil gobierno. A veces hasta perdían los palos. Los fabricados a la inglesa resultaban gobernables y maniobreros, no cabeceaban tanto. Mas los habaneros eran muy robustos, quizá por el uso de clavazón, novedad que fue incorporada en los astilleros peninsulares.

El desastre llegó a La Habana en agosto de 1762, cuando la ciudad se tuvo que rendir ante una enorme escuadra británica, tras un asedio de nueve semanas. Los invasores destruyeron el astillero tras robar todo lo que pudieron llevarse.[53] Sin embargo, en el verano del año siguiente, el incombustible comisario Montalvo había logrado que recuperara el ritmo de trabajo. Elevado al rango de conde de Macuriges por su comportamiento heroico durante el asalto británico, Montalvo se convirtió en «patriarca del astillero».[54] Después de media vida encargado de la provisión de la Armada, al fin logró el control total que siempre había ambicionado, y promovió la botadura de tres embarcaciones de sonoro nombre: Astuto, Bizarra y Cazador. El ingeniero Mullan, ascendido a capitán de fragata, ejercía como constructor jefe, pero su pronto fallecimiento dejó las reformas del astillero en manos de su hijo Ignacio y su equipo. En 1769 lograron un hito, la botadura del gigantesco Santísima Trinidad, el producto más celebrado y conocido del astillero habanero. El prototipo del navío español de línea tenía por entonces 74 cañones y tres puentes, con 549 hombres de dotación por reglamento. La Santísima Trinidad, con cuatro puentes y 120 cañones, desplazaba 4.902 toneladas, con 63 metros de eslora y 16 de manga. Tras la batalla de Trafalgar de 1805, fue hundida, con 1.160 tripulantes a bordo.[55]

En 1770, Montalvo expresó con satisfacción que habían fabricado durante los tres años anteriores nueve navíos, que sumaban un poder de fuego de 452 cañones. Además, habían carenado 39 embarcaciones. Todo lo que no fuera fabricación naval a gran escala le parecía irrelevante. El gasto de las preciosas maderas cubanas en carenas, el pago de sueldos y hasta la construcción de fragatas eran según él cuestiones menores. La provisión de marineros era otro problema creciente, que intentó solventar otorgándoles las recompensas que disfrutaban en tierra los milicianos.

Las prioridades de Montalvo eran costosas, y desde 1772 el gasto fiscal estuvo muy controlado. Pedro González de Castejón, director general de arsenales, impuso un presupuesto restringido y fue establecido un cuerpo de ingenieros de marina.[56] La guerra de la Independencia de Estados Unidos detuvo la inversión. La fabricación naval cesó. La muerte de Montalvo, en 1778, supuso el final de una época extraordinaria. En 1780 solo fue botado un navío. El astillero habanero se paralizó. Los recortes de tesorería fueron simultáneos al aumento de deuda y gasto en personal y maderas. Desde 1789, las guerras de la Revolución francesa y de inmediato las napoleónicas multiplicaron los peligros. Entre 1786 y 1793 solo fueron acabados seis navíos, todos por contratistas privados. Las instalaciones navales habaneras se dedicaron a trabajos de mantenimiento hasta 1825, cuando la monarquía española finalizó su presencia en la América continental.

En el balance de los logros del arsenal de La Habana sobresale que en sus instalaciones se construyeron 53 navíos de línea, incluyendo siete de tres puentes, de los doce que tuvo la Real Armada. Nada de ello habría sido posible sin la red imperial que generó la demanda y que aseguró el suministro de materiales, capital humano y tecnología. El apoyo de los demás astilleros americanos, con instalaciones que comprendieron desde el mantenimiento de grandes buques hasta la fabricación de otros medianos y pequeños, fue vital. Puerto Rico, Santo Domingo, Mayagüez, Chaguaramas y Puerto Cabello constituyeron emplazamientos de apoyo en el Atlántico.

La coordinación entre astilleros fue fundamental. Desde Puerto Cabello, por ejemplo, víveres, armamentos y pertrechos, incluidos dos mástiles de repuesto, de 25 y 24 metros, fueron remitidos en 1752 a Cartagena de Indias con destino a la escuadra de Pedro Messía de la Cerda. Los maestros de jarcia despacharon brea negra, hilo de vela y cal; el maestre de víveres, arcos para toneles y clavos. La Compañía Guipuzcoana remitió para el paquebote y los jabeques que vigilaban la costa venezolana los víveres que alimentaron a sus 491 oficiales y marinería. El caso del navío San Antonio muestra el valor de esta red. En 1772 hubo que ponerlo en condiciones para un proyecto de desarrollo pesquero en el puerto oriental venezolano de Cumaná. Oficiales de maestranza de la Guipuzcoana supervisaron las labores junto a otros especialistas: maestro cantero albañil, capataz de maestranza, herrero, farolero, tonelero, maestro mayor de velas, proveedor de lastre, guardalmacén y numerosos operarios. Un carpintero de ribera asistió a un oficial naval a fin de que otorgara la certificación de navegabilidad y la real contaduría autorizara los pagos.

En casos similares observamos la complejidad de la fábrica naval y lo difícil que era unir saberes y recursos, o categorizar las instalaciones por tamaño y especialidad. La Guipuzcoana fabricó en Puerto Cabello pequeñas galeotas a vela y remo para luchar contra el contrabando, así como buques de mediano tamaño, balandras de un palo, jabeques y hasta goletas, que solían llevar dos o más mástiles. En 1777, un constructor naval fue comisionado para que inspeccionara las posibilidades de suministro maderero en el litoral venezolano, desde Guayana, en el oriente, hacia el occidente, con el fin de determinar si se podían fabricar allí grandes navíos. Aunque el Ministerio de Indias se decidió por la construcción de un navío de sesenta cañones, al final tuvo que hacerse en Pasajes, en Guipúzcoa. Los problemas insuperables que lo impidieron incluyeron la nueva guerra con Gran Bretaña, la oposición local criolla al suministro de mano de obra para el corte de madera o las dudas sobre la capacidad real de Puerto Cabello. Las dificultades del suministro de madera ocuparon muchas páginas angustiadas de informes navales. El navío no se podía fabricar en Venezuela, cuyos densos bosques costeros representaban una «barrera verde» frente a posibles invasores. Parecía prudente dejarlo todo como estaba.[57]

ASTILLEROS EN EL PACÍFICO

Los constructores de embarcaciones afrontaron problemas diferentes en el litoral opuesto del continente. Desde el siglo XVI, en Realejo, la existencia de madera, brea y maguey o pita impuso una especialización regional en la fabricación de embarcaciones de cabotaje hechas de cedro. El astillero más importante fue Guayaquil, inserto en un entorno regional autónomo y dinámico. Durante la década de 1730, Jorge Juan y Antonio de Ulloa señalaron las posibilidades que ofrecía para fabricar grandes navíos destinados a la guerra y al comercio. Indicaron que la madera de guachapelí, de pocos nudos, suave y casi incorruptible, era buena para cascos. En las quillas empleaban canelo, mangle y cañafístula; roble para el tablazón; guayacán para los pernos; lonas de algodón local para las velas, y la jarcia se fabricaba con cáñamo de Chile. En barcos más pequeños y baratos, usaban pita. Para las carenas, utilizaban estopa de coco en las partes del casco que quedaban bajo el agua y de cáñamo en las que quedaban por encima de ella.

En la ría del Guayas, el astillero parecía una línea de ensamblaje, con diferentes actividades deslocalizadas. En un tinglado adecuado al tamaño de la embarcación a reparar se preparaba una grada sobre pilotes. Cuando habían terminado, levantaban una cuna de botadura, sobre la cual deslizaban la quilla del navío hacia el agua. Un observador tan perspicaz como el ingeniero militar Francisco de Requena afirmó en 1770:

> No hay establecido astillero, gradas ni diques; con todo es este río el único paraje en estos mares —a excepción de algunos pequeños barcos que se han fabricado en El Realejo, en Costa Rica y Concepción, en Chile— donde se ponen quillas y se botan al agua todos los mercantes del tráfico del sur.[58]

El proyecto de establecer un real astillero de la mar del Sur, emulación del habanero, no llegó a realizarse, en parte por dificultades de financiación y estratégicas, en parte porque las instalaciones existentes funcionaban bien. En 1777, Francisco Ventura de Garaicoa, capitán de la maestranza guayaquileña, cargo establecido en 1730, rindió un informe al virrey Manuel Flores, que residía en Santa Fe de Bogotá. Le informó que disponía de 335 hombres, de los cuales 254 eran carpinteros de ribera y 81, calafates. A ellos se añadían hacheros y obreros no especializados, a los que pagaban una parte en plata y otra parte con ropas y aguardiente, para su disgusto, por los ocasionales tumultos que se presentaban. En las mismas fechas, en las instalaciones navales de El Callao, que se presumían más importantes, solo había 175 hombres: 68 carpinteros de ribera y 107 calafates.

Las cifras muestran la importancia comparada de las tareas de reparación en Guayaquil. Sus carpinteros pasaban de los barcos a los edificios, trabajaban en las riberas y en la urbe de manera indistinta. Eran casi todos negros libres, mulatos y mestizos, aunque tiempo atrás abundaron blancos e indígenas. El capitán Ventura de Garaicoa quería que la dirección recayera en el maestro mayor de calafates, que tenía el ojo bien entrenado para las reparaciones. Los trabajos eran hereditarios. En una lista de 169 nombres, solo había 39 apellidos que se repitiesen.[59]

Al otro extremo del Pacífico, los problemas no fueron tan diferentes. Las Filipinas demandaban la continuidad de las instalaciones navales. En 1619, un informe señaló que había seis navíos que servían el tráfico con la Nueva España: uno construido en la India y el resto locales. El Espíritu Santo, fabricado en Cavite, era un buque cercano a las mil toneladas y poseía setenta codos de eslora, más de treinta metros.[60] El San Felipe había sido construido en Albay, como el Santiago. El San Juan Bautista lo fue en Mindoro. El San Miguel, construido en Cavite, tenía 68 codos de eslora. El San Laurencio, construido en 1594 en la India, tenía tres puentes, alcázar y castillo, 60 codos de eslora, 12 de puntal y 19 de manga. El considerable tamaño de estos navíos, de mediano a gran porte, resulta comprensible en comparación con los usados en el Atlántico, menos exigentes en lo referente a tiempos y distancias. Los costos por unidad de desplazamiento eran mayores. El mismo informe señalaba que las maderas utilizadas para la fabricación eran palo María —árbol bajo y de forma irregular, de calidad extraordinaria—; para quillas, sobrequillas, baos, cureñas y, por curioso que resulte, bombas de achique se utilizaba arguijo —árbol muy alto y recto—; laguán —duradero bajo el agua y resistente a la broma y a otros parásitos—; para el forro de compartimientos interiores se utilizaba banaba, y otras como guijo y dongón, fuerte y amarillenta. En Manila se podía comprar plomo y hierro, procedentes de China y Japón. Los trabajaban herreros chinos y japoneses por la noche. Transformaban una arroba de hierro en clavos en una sola jornada y cobraban 28 reales al mes, junto a una ración diaria de arroz. La jarcia se fabricaba con unas plantas locales llamadas gemú y abacá, similares al cáñamo. Las velas se hacían con el magnífico algodón de Ilocos.

La localización de los astilleros era determinante. Mientras Cavite se hallaba a dos leguas de Manila, Mindoro o Masbate distaban hasta ochenta. A pesar de que Manila parecía tan lejos de Sevilla y hasta de Acapulco, contaba con un acceso privilegiado a materias primas excelentes de China y Japón. La extraordinaria habilidad de los carpinteros de ribera filipinos y la ingeniería naval española conformaron la base de una industria naval exitosa. Nuestra Señora de la Victoria y San Francisco Xavier fueron botados en 1655; Nuestra Señora de la Concepción, en 1658; San Sabiniano, en 1663. Un galeón aparentemente nombrado Nuestra Señora del Rosario fue construido en Camboya por un maestro de fábrica español, enviado allí por el gobernador de Filipinas en busca de pertrechos y materiales. El monarca camboyano recibió cuarenta mil pesos por el trabajo realizado, pero exigió otros veinte mil adicionales para dejar ir el barco y, suponemos, al constructor. Desde 1670 la producción decayó, en parte, por motivos fiscales, la reducción del indulto sobre el impuesto de alcabalas que los mercaderes pagaban por sus mercancías a la arribada a Acapulco. El límite impuesto a las embarcaciones, de quinientas toneladas, fue sobrepasado de manera regular y solían llevar mayor carga.

La década de 1720 contempló una nueva reducción de los tamaños de las embarcaciones, tanto por las reducidas ganancias de las ferias en Manila como por influencia de modernos modelos navales, más estilizados, en la línea impuesta por Antonio de Gaztañeta.[61] La construcción de pataches, fragatas y galeras para la lucha contra los piratas y corsarios musulmanes o «moros» continuó en auge, como refleja la publicación en Manila, en 1734, de la obra *Navegación especulativa y práctica* de José González Cabrera Bueno. El capítulo XV fue un tratado de construcción naval, con 45 artículos sobre el casco, la arboladura, la jarcia y el velamen para navíos de guerra. Las instalaciones navales de Filipinas, sin embargo, nunca fueron capaces de resolver el mantenimiento y la dotación artillera de los buques. Cuando se produjo en 1762 el ataque británico, la capacidad de defensa fue mínima. El espacio de los cañones estaba ocupado en la embarcaciones por mercancías y pasajeros. Sería injusto achacar la situación a negligencia o ineptitud del mando. Existían problemas insuperables, vinculados a la complejidad de una red global de suministro y guerra que pedía demasiado a quienes la servían y requería una urgente modernización. Como señaló a comienzos del siglo XIX el gran marino historiador José Vargas Ponce, con una mezcla de nostalgia y lucidez:

> Se pide al oficial que de todo entienda hasta poder mandarlo todo; que sepa dar vida a la muerta e intrincada máquina de un navío por medio de mecánica muy sabia; que gobierne una ciudad flotante de tan varias atenciones; que saque del cielo diarias noticias que no puede leer en otro volumen; que luche con los elementos y los enfrene y domestique; que gobierne con pulso a dos especies de hombres tan desemejantes como marineros y soldados; y que con todo este conjunto de difíciles preliminares, conozca a fondo los empeños de la guerra de tierra y de mar.[62]

Se les pedía, en suma, lo imposible. Sorprende que lo consiguieran tantas veces.

VIII
COMPONIENDO LA ESFERA PÚBLICA. INFRAESTRUCTURA SOCIAL Y ECONÓMICA

> Con tu gran habilidad para el comercio, acrecentaste tu fortuna; y por tu fortuna te llenaste de presunción.
>
> EZEQUIEL, 28, 5

«Nadie puede vagar impunemente bajo las palmeras —señaló Goethe en su obra *Afinidades electivas* en 1809—, pues el modo de pensar se transforma en una tierra en la que elefantes y tigres están en su casa».[1] Rindió así homenaje a su paisano Alejandro de Humboldt, «príncipe de los viajeros», quien tras su periplo por la América española preparaba la publicación de diarios y ensayos. Humboldt enfatizó el contraste entre la magnificencia de la naturaleza tropical y las deficiencias de la acción humana, lo que le ha convertido en héroe de nuestra época, tan preocupada desde el punto de vista ecológico.[2] A pesar de la generosidad oficial y el afecto del público que cosechó en los dominios españoles, no dejó de criticar inadecuados emplazamientos urbanos, comportamientos sociales «bárbaros» y costumbres «supersticiosas», que alimentaron la leyenda negra en torno al Imperio español. Autor del concepto de *Naturgemälde*, o «cuadro de la naturaleza», entre ellos el «llano vacío», la «montaña volcánica» y la «selva virgen», en franco contraste con la «ciudad degenerada», al menos poseyó un sentido, siquiera relativo, sobre el cambio territorial experimentado en la América española por la acción transformadora de los ingenieros y de otros técnicos durante el medio siglo que precedió a su extraordinario viaje ultramarino.

Humboldt no fue, desde luego, el primer observador que diferenció una naturaleza «virgen», supuestamente intocada, de otra alterada por la acción humana, lo que entre otras cosas conllevaba ciertas repercusiones jurídicas. En los *Tratados sobre el gobierno civil*, de 1684, el inglés John Locke se hizo eco de una larga tradición imperial, según la cual la «mejora» de la tierra mediante la explotación agrícola justificaba la apropiación de zonas «inexplotadas», habitadas por ingleses pobres, irlandeses e indígenas americanos, así como por otros rivales imperiales que las poseían, según él, sin justo título.[3] La vieja polémica sobre la posesión de los territorios americanos estaba servida, además, en la medida en que el Imperio español fue, de principio a fin, un imperio de ciudades, con áreas fronterizas poco o nada pobladas entre ellas.

HOGARES TRASPLANTADOS

La fundación de villas y pueblos para el abastecimiento y la protección de las fronteras cristianas frente a los musulmanes fue parte de la reconquista peninsular. No requirió mayores esfuerzos o ideas innovadoras, pues ocurría lo mismo en América.[4] Los conquistadores, como los demás emigrantes, tendieron a replicar la vida en sus lugares de origen, en especial en lo referente a la «civilidad», virtud opuesta a la discordia. La elección de un cabildo urbano generaba un «depósito de república».[5] Durante una etapa inicial, las ciudades fueron lugar de aprovisionamiento, descanso, centro de decisión y fiscalización de la empresa indiana. Las primeras descripciones referentes a las islas del Caribe y Tierra Firme resultaron bastante uniformes. Las recién fundadas ciudades o villas fueron construidas con madera o adobe. Allí se practicaba una horticultura intensiva, y existían corrales de ganado y plantaciones de árboles frutales. Viñedos y olivares se proyectaban en el paisaje en espera de que lograran aclimatarse, junto a cabañas de vacuno o porcino, molinos de pólvora y harina, hornos de cal, tejares, canteras y obrajes para la fabricación de textiles, acompañados de batanes que eliminaban la grasa de la lana.[6] En los Andes, los obrajes se identificaron con fábricas de paños de «ovejas de la tierra», camélidos locales y sargas de lana, mientras que, en tierra caliente, donde el algodón era abundante, aparecieron hilanderos, cardadores y tintoreros.[7]

A partir de la conquista del Imperio azteca en 1521, las ciudades se convirtieron en núcleo de estabilización e irradiación futura de la colonización española. Medio siglo después, de acuerdo con las cifras recogidas entre 1571 y 1574 por el cosmógrafo y cronista Juan López de Velasco, la América española contaba con 241 urbes que reunían a 23.493 vecinos, es decir, residentes cabeza de familia, hombres y mujeres, en un hogar formado por al menos seis personas. Entre las capitales de los nuevos reinos de las Indias, Santo Domingo tenía 500 vecinos; La Habana, 60; San Juan de Puerto Rico, 200; Caracas, 55; México, 300; Guatemala, 500; Panamá, 400; Santa Fe de Bogotá, 600; Quito, 400; Guayaquil, 100; Cuenca, 80; Lima, 2.000; Cuzco, 800; Santiago de Chile, 375; La Paz, 200; Potosí, 400, y Asunción 300.[8]

La fundación de una ciudad fue siempre la culminación y, con gran frecuencia, el único acto que justificaba un descubrimiento o entrada en «tierras por descubrir y por ganar». El procedimiento empezaba con la toma de posesión, que incluía cortar ramas, pasear por el predio, tomar puñados de tierra, beber agua si la había y hasta dar gritos para afirmar la presencia propia y alertar a extraños. El escribano público levantaba testimonio de todo. El pregonero daba voz a lo actuado. Si había clérigos a mano se celebraban misas, y el levantamiento de cruces acompañaba los rituales cívicos, que concluían con la traza de calles y de plazas sobre el terreno, así como con el nombramiento del primer gobierno municipal o cabildo. Desde ese momento, la ciudad poseía infraestructura material. El diseño de calles, plazas, acueductos y fuentes expresaba la voluntad de permanencia de unas urbes en verdad «portátiles». Cuando los vecinos de una ciudad se debían cambiar de lugar, debido a una mala elección del emplazamiento o a alguna catástrofe en forma de terremoto, plaga o ataque indígena, esta conservaba su denominación y gobierno.[9]

La fundación y el crecimiento urbanos tuvieron que encajar con la abundante normativa municipalista y, en especial, con los 149 artículos de las *Ordenanzas de descubrimiento, nueva población y pacificación*, que datan de 1573. En la segunda parte, se enumeran las condiciones requeridas: un ambiente saludable y buen clima, «de buena y feliz constelación, el cielo claro y benigno, el aire puro y suave, sin impedimento ni alteraciones y de buen temple, sin exceso de calor o frío» (Art. 34). La ciudad se trazaría «a cordel y regla» por un técnico cualificado y a partir de la plaza mayor, «sacando las calles a las puertas y caminos principales y dejando que, aunque la población vaya en crecimiento, se pueda siempre proseguir en la misma forma» (Art. 111). También se señalarían solares para la iglesia principal, casas reales, cabildo, aduana, atarazana y hospitales, u «otras oficinas que causan inmundicias» (Art. 123).

El damero fue considerado un diseño «natural», pues otorgaba grandes ventajas en alineamiento, densidad, orientación y jerarquía a los vecinos, al tiempo que les confería seguridad emocional.[10] Sin embargo, no fue fácil de implantar, en especial en los reales de minas, que aparecían de repente y de manera incontrolable.[11] Potosí, por ejemplo, no tuvo fundación oficial ni trazado regular. Desde su «aparición», en 1545, cada uno se pobló donde quiso. Las primeras 94 casas se levantaron en los lugares más secos, alrededor de una laguna que más tarde fue desecada. En año y medio se construyeron otras 2.500 casas. Quedaron «sin calles por donde pasar», pues no hubo ingeniero o «jumétrico» que las delineara. El resultado fue un laberinto urbano de casuchas extendidas por cuestas y barrancos, habitado por una muchedumbre de indios forzados por la mita o servicio temporal, oficiales reales y, desde luego, aventureros de todos los pelajes y procedencias. A comienzos del siglo XVII, Potosí alcanzó los 160.000 habitantes.[12]

INFRAESTRUCTURA DE GOBIERNO

El cabildo, «ayuntamiento de personas señaladas para el gobierno de la república», compuesto de dos alcaldes ordinarios y un número variable de regidores, estuvo a cargo de la infraestructura social y económica de las urbes hispanas. En ocasiones fue necesario designar cargos técnicos para trabajos de supervisión que no formaban parte del cabildo, también llamados «alcaldes». Los hubo de fortalezas, para impulsar su construcción y mantenimiento. Quito tuvo alcaldes para vigilar a sastres, sombrereros, silleros y herradores. En Caracas hubo un alcalde a cargo de las corridas de toros. El inspector de pesas y medidas, o fiel ejecutor, solía vigilar la medición de solares y estancias. En Puerto Rico y Santiago de Chile, el mismo oficial se encargaba de la ejecución de multas a infractores y defraudadores. México los tuvo para el cuidado del ganado y el mantenimiento de la alameda. En el cabildo de Caracas hubo un mayordomo de iglesias para que cuidara de su fábrica, ornamento y rentas. El obrero mayor era un alarife municipal, que cuidaba de fomentar las obras públicas y requería o contrataba a los peones necesarios para realizarlas. El guarda mayor era un vigilante de seguridad. México y Caracas tuvieron administradores de hospitales.

Los cabildos también designaron campaneros y relojeros. Si las ciudades debían funcionar como comunidades políticas, cierta sincronización de las actividades de los vecinos era vital. Hernán Cortés puso el primer reloj de México y lo instaló en el palacio de un antiguo emperador azteca. En Lima, el cabildo decidió comprar uno en 1549, y en Santa Fe de Bogotá, la Audiencia, organismo judicial y de gobierno, lo mandó instalar en 1563. Los jesuitas tuvieron merecida fama de excelentes astrónomos y mecánicos del tiempo. En 1612, el cabildo de Quito financió la construcción de una torre, para que el toque de campanas del reloj existente en el colegio de la Compañía de Jesús diera a conocer las horas hasta en los barrios más lejanos.[13]

El control de los mercados fue crucial. El de Tlatelolco, que se convertiría en un suburbio de la capital mexicana, parecía un «hormiguero de tanto bullicio». Cada oficio y mercancía tenía su ubicación. Mantas de algodón y semillas de cacao, usados como monedas desde tiempos prehispánicos, circulaban junto a tomines y pesos de plata españoles. Maíz, tabaco y cestos se trocaban por pan, sombreros, jabón, guitarras, velas, camisas y cinturones, todo de producción local. Había artesanos que fabricaban estufas. Barberos y cuchilleros tenían sus puestos de cara al público. El intercambio cultural era asombroso. Los sastres indígenas reparaban calzas, sayos y jubones españoles para darles nueva vida. Las camisas con botones gustaban mucho a los nativos. Los curanderos abundaban. Había comida por todas partes, en especial tortillas, pasteles de maíz, mazamorra, legumbres de Castilla y puerco.[14] Hacia 1800, había en Quito 185 tiendas de mercaderes: de ellas, trece covachas, treinta pulperías donde vendían alcohol y otras muchas «de composición» u origen irregular, lo que evidenciaba la riqueza y la espontaneidad de la vida social.[15] En Santa Fe de Bogotá, el cabildo intervino para evitar carestía y acaparamiento. «¿El cacao subió de 10 a 12 reales? ¿La velas en la pulpería están a tres reales? ¿Qué motivos hay para que los víveres de mayor consumo se estén vendiendo tan carísimos a los pobres? El hombre hambriento ha de buscar a toda costa qué comer, pues podría llegar a cometer delitos», señaló el procurador, muy preocupado, en 1802.[16]

La fabricación de pan, producto de primera necesidad para españoles y también para indígenas, generó su propia burocracia. En México y Caracas hubo alcaldes para gestionar el almacenamiento y la venta de harinas. Las panaderías causaban particular preocupación a la Administración. Lo habitual era que el panadero comprara el trigo y lo transportara al molinero, y este lo reducía a harina. Sin embargo, en Ubaté, en la Nueva Granada, un emprendedor indígena, Luis Pajarito, obtuvo licencia en 1807 para construir un molino y así procesar el trigo y la cebada que producía la comunidad, pues según dijo, «el que había daba prelación a hacendados y poderosos y la cosecha se perdía». Los molinos hidráulicos para panificación, con ruedas verticales de paletas, ancladas en pilotes de puentes de piedra, formaron parte del paisaje americano desde el siglo xvi. Cada cierto tiempo había que picar las muelas, es decir, aderezar las piedras de molienda para que no perdieran efectividad. El molinero recibía como pago parte del grano, bajo el nombre de «maquila». Esta era mayor en época seca que en la de lluvias.

Las variaciones en la disponibilidad de harinas causaban dificultades en el suministro. En Veracruz, el semblante pálido de los vecinos fue atribuido a la mala alimentación, así como a su indolencia de carácter, causada por el «amor a la plata y el miedo a la muerte». Allí el clima tropical extremo impidió disponer de sembrados y huertos. Dependían de las importaciones.[17]

DOMINIO DE LAS AGUAS

Es posible que el agua sea el elemento material más importante en la construcción de una ciudad y en la continuidad de la vida en ella, si bien jamás se puede dar por sentado que el suministro se halla asegurado. En los años fundacionales de la América española, Fernando el Católico ordenó que el segundo viaje colombino incorporara como técnico a «uno que sepa hacer acequias, que no sea moro». Los obstáculos para la organización de una red eficaz de suministro fueron en la mayor parte de los casos ecológicos, no legales. La ley no admitía duda y consideraba el agua dulce una propiedad de la Corona que estaba a disposición de todos, pero había situaciones poco claras o abiertas a la ambigüedad en relación, por ejemplo, con la nieve y el agua helada. En 1596, el cabildo de México sacó a subasta el asiento de la nieve, que podría vender en la ciudad quien lo ganara, tras pagar la oportuna tasa. No se presentó nadie al concurso. Entonces incorporaron el monopolio de venta de aloja, una deliciosa y popular bebida veraniega hecha de aguamiel y especias. Aparecieron varios interesados. En el Perú funcionó el mismo sistema. En Chile, en cambio, el libre acceso a las nieves de la cordillera, o «aguas congeladas», según la necesidad de cada uno, fue sacrosanto.[18] Si la mejor agua procedía del hielo de las montañas, la de la lluvia se consideraba buena y, en orden de calidad, la seguían la procedente de manantiales, arroyos y ríos, pozos, deshielos, lagos y lagunas. La canalización fue imprescindible. Se debía preservar limpia para el consumo de los vecinos. También era demandada por molinos, batanes y fábricas. A fin de prevenir la contaminación, los cabildos impusieron graves multas a quienes lavaran ropa, «ni otra cosa», en las rutas de suministro. En 1612, en Santiago de Chile, el castigo al infractor consistía en doscientos azotes y el decomiso de la colada.

La monarquía española heredó de la etapa prehispánica algunos sistemas de gestión de agua muy eficaces. En Mesoamérica el cultivo sobre parcelas flotantes o chinampas evitaba inundaciones y costosas obras de regadío. La ciudad de México estaba atravesada por canales artificiales, llamados acalotes. Miles de canoas se desplazaban por ellos a fin de acceder al centro urbano y a los mercados. En Quito existían camellones, plataformas artificiales de tierra elevadas sobre el suelo y alternadas con depresiones para el depósito de agua, o acequias que salvaban grandes alturas y distancias sin emplear arcos o sifones. Quienes se hallaban a cargo de cabildos de indios, o tenían cargos oficiales, fueron maestros en el mantenimiento de azudes, acequias, partidores y compuertas. En 1760, el cabildo indígena de Santiago de Chile tenía a su cargo 45 acequias; eran 57 en 1810.

Los ingenieros españoles destacaron sobremanera en la gestión hidráulica. Muchos de los sistemas de distribución que construyeron permanecen y aún funcionan como monumentos de la capacidad de la monarquía en la transformación del paisaje y la edificación de obras públicas imprescindibles para su sostenibilidad. Herederos conscientes del gran romano Frontino podían exclamar, como hizo él, que «ante semejante despliegue de estructuras indispensables que transportan tantas aguas, podríamos compararlas con las inmóviles pirámides, o con obras tan renombradas como inútiles hechas por los griegos».[19]

Santiago de Chile representa un caso extraordinario. Además del eficaz sistema de manejo de agua de administración indígena, allí estuvo el canal del Maipo (o San Carlos), dedicado al trasvase de aguas del río de este nombre al Mapocho, a fin de garantizar el suministro urbano. Las obras fueron iniciadas en 1742, y tropezaron con múltiples dificultades, pendientes muy inclinadas, cimentaciones imposibles y derrumbes causados por los frecuentes terremotos. En 1796, por fin, el ingeniero militar Agustín Caballero, tras una consulta a otro miembro del cuerpo, Juan Garland, reinició los trabajos. La sección trapezoidal cónica del canal, de 31 kilómetros de largo, debía transportar 13 metros cúbicos por segundo. En 1815, otros dos ingenieros militares, Miguel María de Atero y Manuel Olaguer Feliú, completaron la última etapa. Algunos testigos exclamaron con emoción que «ya se veía agua en el cauce».[20] En Colchagua, también en Chile, carente de la abundancia de lluvia de latitudes tropicales, el problema de la elevación del agua se resolvió con norias de hasta 18 metros de diámetro, dotadas de cangilones o arcaduces exentos.

Algunas urbes tenían exceso de agua; muchas padecían sed. La solución definitiva pasaba por la construcción de depósitos artificiales que regularan el suministro. Un buen ejemplo fue la presa de San Ildefonso, en Potosí, que derivaba agua a las pilas de la ciudad y alimentaba también los molinos mineros. En emplazamientos urbanos en crecimiento, sin embargo, había que luchar contra la sedimentación en cisternas y albercas. Los depósitos de agua de lluvia, tanques y fuentes padecieron filtraciones y acumularon impurezas. Una solución indígena mesoamericana aclaraba las aguas con pencas u hojas carnosas del nopal. En Arica y otros lugares, utilizaban piedras porosas para su filtrado. En la recién fundada Santo Domingo, el agua llegaba a la fuente principal de la plaza por una cañería de barro que la traía desde un pozo. En 1544, antes de que se levantaran casas y edificios, planificaron un alcantarillado. En La Habana ocurrió justo lo contrario: primero hubo viviendas y luego agua. Debido a la explosión demográfica, el suministro desde pozos y aljibes se hizo insuficiente y, en 1575, el ingeniero Francisco de Calona comenzó las obras de la Zanja Real, que traería agua desde un azud o barrera de desvío sobre el cercano río Almendares, así como también debía suministrar a las fuentes públicas. Las obras fueron concluidas en 1591. Comprendían un canal de once kilómetros, desde la orilla fluvial hasta la plaza de

San Francisco. En la Nueva España, Quito, el Perú y Venezuela fabricaron ruedas hidráulicas o norias para sacar agua de pozos y alimentar acueductos, fuentes y canales, o para mover molinos, ingenios y bombas de haciendas, minas y fábricas. En México y Caracas el suministro fue gestionado mediante el nombramiento de alcaldes, que tuvieron la misión de «medir los solares y repartir el agua que anda por la ciudad y echar las acequias por donde han de ir». En Santa Fe de Guanajuato, hasta 1749 se sirvieron de aljibes o albercas que recogían el agua de lluvia. Ese año, el alarife Antonio Gordiano construyó por orden del cabildo la notable presa de la Olla, de veinte metros de altura, a la que se añadió en 1788 la de los Santos, que alcanzó los doce metros. Sin embargo, no fue construida una red de abastecimiento a la ciudad. De esa tarea se ocuparon los aguadores con sus mulas hasta mediados del siglo XIX.

Para traer agua desde grandes distancias, la solución habitual fue la construcción de un canal. De manera general, se construyeron alineados en las curvas a la derecha de los ríos de los que se surtían, y solían fabricarse con pilotes de madera alineados y cimientos de piedra, de modo que el trazado curvo y amplio redujera el posible daño causado por las inundaciones. Desde 1530, México capital se había surtido de agua «cristalina, delgada y saludable» traída de Chapultepec, a tres cuartos de legua. Un caño serpenteaba por zanjas, tarjeas, socavones y arquerías y llegaba hasta una fuente radicada en el zócalo o plaza mayor. Otra fuente, situada en Ocholoposco, no se pudo aprovechar para el suministro, pues la pendiente era insuperable. Quedó «para el uso solo de aquel vecindario de Coyoacán y convento de Santa María de los Ángeles».[21] En la región desértica del norte virreinal, los canales fueron garantía frente a sequías e inundaciones destructivas. Poseyeron muros de doble anchura, pantallas contra la evaporación e incluso vallas de gran altura, a fin de garantizar su protección. Durante la estación seca, era posible separarlos del curso fluvial, de modo que el agua extraída se preservaba de manera estanca. Donde el entorno natural lo permitió se fabricaron conducciones mediante cañerías hechas de barro o de maderas como sabino, guayamel y cedro; las de Chapultepec fueron de piedra blanca perforada. A veces, la estanqueidad quedó garantizada con interiores recubiertos de plomo y juntas rellenas de betún o zulaque, una mezcla de cal, ladrillo y aceite o sebo, compactado con cerdas o con pelo de vaca. El ilustrado criollo mexicano José Antonio de Alzate inventó una «máquina para taladrar caños de maderas destinados a la conducción de aguas», con el objetivo de servir «a su patria y a su vocación». La inspiración le vino de la lectura de la obra del ingeniero militar francés Bernard de Belidor, experto en hidráulica y balística.[22] Al sur del continente americano, por el contrario, la abundancia de agua retardó las innovaciones en esta materia, o las hizo innecesarias. Los carros de aguadores con grandes ruedas y tinajas de gran tamaño, que se cargaban en los caudalosos ríos cercanos, fueron por largo tiempo la solución del suministro de agua en urbes como Buenos Aires y Montevideo.

Los acueductos eran las obras públicas más costosas si se querían solucionar a largo plazo los problemas de suministro. Los servidores del monarca no dudaron a la hora de construirlos cuando creyeron que eran necesarios. La árida Lima fue un caso complicado: los aljibes en el río Rímac fueron insuficientes, de modo que en 1565 se puso un impuesto sobre la carne para financiar un acueducto que condujera agua a la plaza mayor. La opinión de los médicos pesó mucho. Pensaban que la pésima calidad de la carne que consumían causaba a los limeños catarro, garrotillo (difteria) y asma, entre otras dolencias. En 1650, la modesta pila inicial dio paso a otra barroca, adornada con extravagantes leones, grifos y remates alegóricos. En plazas secundarias, las órdenes religiosas compitieron por erigir fuentes de mayor altura y capacidad. La gran obra de abastecimiento de Lima fue el paseo de Aguas —con jardines, surtidores, fuentes y juegos—, abierto en 1776 gracias a los esfuerzos del ilustrado virrey Guirior. En Trujillo, en el Perú, tuvieron acueducto desde el siglo XVI. Las aguas del río Moche corrían por la acequia vieja durante once kilómetros. Hasta llegar al estanque final, del cual partían conducciones a la plaza mayor, al hospital y al convento de San Francisco, atravesaban 14 pozos rellenos de arena para el filtrado y el saneamiento.

En 1571, comenzaron en México las obras del acueducto de Santa Fe, de agua fina. Su arquería corría en el último tramo superpuesto al de Chapultepec, de agua gorda, que tuvo 904 arcos y 3.908 metros de longitud. En el extrarradio se halló un afloramiento de agua «tan caliente que se hace intolerable al contacto». Allí, tras la obra requerida, señala José Antonio de Villaseñor en 1754, «puede lograrse que se sirvan de baños saludables para la fortificación de los nervios, calentar los huesos de los cuerpos enfermos de frialdad y conseguir sudor copioso, de que se ha experimentado notable utilidad a la salud».[23] Cempoala y Otumba, por su parte, comparten una historia única: entre 1543 y 1560 Francisco de Tembleque, un fraile ingeniero toledano, logró la construcción de un acueducto «a la romana», con la única colaboración de los indígenas. Poseyó dos tramos, uno de ocho kilómetros hasta Cempoala y otro de 26 hasta Otumba. La abrupta barranca de Tepeyahualco fue salvada mediante una arquería de 1.020 metros de longitud, con un arco mayor de 38,75 metros de altura y 17 de ancho. Para levantarla fabricaron una cimbra que, de modo sorprendente, no fue de madera, sino de adobe. Era una verdadera montaña artificial, retirada a la terminación de los trabajos.

También en la Nueva España, en Querétaro, Juan Antonio de Urrutia, marqués de Villar del Águila, resolvió a su manera el problema del abastecimiento de agua a la urbe y pagó de su bolsillo el 60 por ciento del costo de la obra, un total de 124.791 pesos. A partir de unos manantiales llamados «Los ojos del capulín» (cerezo silvestre), construyeron un acueducto de un kilómetro, que reposaba sobre 74 impresionantes arcos y alcanzaba una altura máxima de 23 metros. Diez pilas o fuentes públicas suplieron la «doméstica necesidad» de todos los vecinos.[24] El acueducto de El Sitio, en Xalpa, que tendría cincuenta kilómetros de largo, fue concebido para llevar agua desde el arroyo del Oro hasta la hacienda de los jesuitas, y requirió la construcción de tajos y galerías. Una depresión de cincuenta metros quedó salvada con cuatro filas de arcos superpuestos; de ahí el nombre, entre irónico y admirativo, de la obra. La expulsión de los jesuitas en 1767 detuvo los trabajos, finalizados solo en 1854. Por fin, en la localidad sonorense de Arizpe, el original ingeniero militar Manuel Agustín Mascaró proyectó en 1782 un acueducto cuyo canal reposaba sobre pilotes de forma curva, casi una extravagancia.

En la Nueva Granada, Santa Fe de Bogotá contó con un solo depósito de agua hasta 1792, cuando otro fraile ingeniero, el capuchino valenciano fray Domingo de Petrés, con el apoyo político y financiero del virrey Ezpeleta, fue comisionado para la construcción del acueducto de San Victorino. Decidió abastecerlo de agua tomada del río Arzobispo, con derivaciones sucesivas en San Diego, al pie del cerro de Monserrate, en la calle de los Tres Puentes y en la de Las Béjares, en la plazuela de Las Nieves, en la calle de Las Ánimas, Las Ranas, La Veleta y El Prado, antes de entrar «a la plazuela y a la pila alta», en realidad un sólido pilón dórico que, desde 1803, fue punto de reunión de laboriosas mujeres aguadoras.[25] Entre chorros, cajitas y pilas, la lluviosa capital neogranadina contaba entonces para su abastecimiento con 34 puntos de suministro de agua.

Con el paso del tiempo, las modestas fuentes iniciales cedieron el sitio a obras públicas escultóricas como la bogotana del Salto del Agua, flanqueada por columnas salomónicas, o la de los Músicos, en Tlaxpana, así llamada por dos figuras que tocaban una viola y una vihuela en cada nicho de suministro.

DRENAJE DE HUMEDALES

El agua fue a menudo insuficiente, mas en exceso era sinónimo de catástrofes. La obra pública más importante del virreinato de la Nueva España fue construida para contenerla. A pesar de que los poetas cantaron las bondades del emplazamiento de la ciudad de México, no lograron esconder sus extraordinarios problemas, con las inundaciones en primer lugar. Las acontecidas en 1553, 1580, 1604 y 1607 fueron seguidas en 1629 por otra de tal magnitud que se planteó la posibilidad de mover la capital virreinal de sitio. Nadie podía darse por sorprendido, pues las obras dirigidas a protegerla eran tan antiguas como su existencia, y ninguna renovación había sido capaz de protegerla. En 1555, el virrey Luis de Velasco el Viejo movilizó a seis mil indígenas para construir una cerca de madera y piedra —o albarrada— y defender la capital del agua. También los mandó trabajar en la mejora de las calzadas que la comunicaban con el exterior. El regidor Ruy González y el vecino Francisco Gudiel propusieron una alternativa, nada menos que el desagüe del lago de Texcoco a través de una gran acequia al norte por Huehuetoca, luego hacia el río Tula, fuera del valle central, y de ahí al mar. En 1556 fue construida una barrera de piedra, dedicada a san Lázaro.[26] En 1604, sin embargo, las lluvias fueron tan abundantes que el dinámico virrey marqués de Montesclaros, ante el colapso de edificios y caminos, afrontó una solución integral: impulsó la elevación de las acequias de suministro, la restauración del sistema de albarradas y el desagüe del valle. En 1607 se produjo otra inundación, y la percepción de que sin desagüe no había solución se hizo general. La primera parte, que iba desde Nochistongo hasta Huehuetoca, estaba terminada por Pascua del año siguiente. Heinrich Martin, o Enrico Martínez, como se le conoce localmente, fue el director de obra. De origen alemán, era competente en topografía, cosmografía, impresión y astrología. Sus escritos incluían el estudio del clima y lo que ahora llamaríamos ecología de áreas lacustres. Al menos 4.700 indígenas trabajaron en una canalización que tuvo 13.079 metros de longitud, casi la mitad a cielo abierto. La profundidad del cauce llegó a once metros. El resto consistió en un túnel de un metro y medio a dos metros de ancho por tres de altura, iluminado por 42 lumbreras cuadradas. Por ellas, indicó Martínez, «entra luz y se saca la tierra con muchos ingenios y artificios de curiosidad y primor». En la cota más alta, una lumbrera alcanzó 44 metros de profundidad; la más baja se situó a once. Un tramo de casi un kilómetro fue fabricado de mampostería; en otros se hicieron recubrimientos de piedra y cal.

Tras la apertura de las compuertas por el virrey, hubo dos consecuencias inesperadas: el afloramiento de sumideros y la reducción de los cultivos en chinampas, un sistema de cultivo lacustre utilizado desde tiempo inmemorial, por el descenso del nivel. Por un largo periodo de tiempo los técnicos debatieron si Martínez acertó en que era necesario ahondar el socavón del desagüe para regular el caudal en tiempo de lluvia o no, así como la exactitud de la nivelación de la que había partido la obra. Un maestro de arquitectura, Alonso Arias, no tuvo reparo en indicar que esta era inútil, porque el túnel no seguía el desnivel recomendado en sus tratados por el divino arquitecto romano Vitrubio. Fue injusto, pues ocultó que esa medida hubiera exigido excavaciones de proporciones gigantescas.

La preocupación por las inundaciones de la capital de la Nueva España aconsejó al Consejo de Indias la contratación de otro experto, el técnico hidráulico holandés Adrián Boot, que demandó y recibió «una buena paga» a cambio de su trabajo. Dignificado con el título de «ingeniero real», Boot se presentó en 1614 ante el virrey a fin de realizar una detenida inspección. Su resultado fue concluyente: la mampostería era deficiente y las nivelaciones, erróneas. «Para librar a esta ciudad de México del riesgo en que está y del que ha de venir si Dios nuestro señor no lo remedia», había que volver a la estrategia anterior, basada en la contención de las aguas. De ahí que propugnara el reforzamiento de barreras y la elevación de calzadas, así como la construcción de bombas, compuertas, grúas y puentes. El objetivo era reducir los destrozos en caso de una nueva emergencia.

Los expertos consultados refutaron las propuestas del recién llegado Boot, y por ello Martínez fue confirmado en la dirección de las obras. Las compuertas en las barreras fueron levantadas con el fin de proteger a los cultivadores de las chinampas perjudicados. Lo peor estaba por venir: la «gran inundación» del día de San Mateo de 1629 «universalmente anegó toda la ciudad, sin reservar de ella cosa alguna». Murieron quizá unos treinta mil indígenas, y el número de vecinos españoles se redujo a solo cuatrocientos. La mayor parte del casco urbano continuó sumergido hasta 1634, con la sola excepción de la plaza mayor, la del Volador y la de Santiago Tlatelolco. Los supervivientes atribuyeron su milagrosa salvación a la Virgen de Guadalupe. Aunque se plantearon medidas tan desesperadas como la postulada por el escribano del cabildo Fernando Carrillo, que propuso a cada vecino levantar alrededor de su casa un muro estanco, de modo que las calles se convirtieran en canales y la urbe en una Venecia americana, resultaba obvio que había que volver al desagüe. En 1630, el virrey marqués de Cerralbo implantó para financiarlo un impuesto al vino en toda la Nueva España, la primera vez que un tributo general favorecía siquiera en parte a la capital, pues también se destinó a la fortificación de Veracruz. Las obras se reanudaron entre rumores de aparición de sumideros y manantiales aquí y allá, o entre presiones renovadas del Consejo de Indias, en el cual pensaron incluso en el traslado de la capital a un sitio elevado, entre Tacuba y Tacubaya. En 1631 la muerte ahorró a Enrico Martínez la afrenta de ver postergados sus planes. En 1637 el virrey Cadereyta ordenó la elaboración de un informe sobre lo actuado, y los técnicos recomendaron la conversión del túnel existente en un canal. En 1767 el ingeniero militar Ricardo Aylmer y el arquitecto Ildefonso Iniesta propusieron el desmontaje de la bóveda de Huehuetoca, lo que fue culminado en 1788. La capital mexicana sufriría de nuevo inundaciones en 1792 y en 1795, si bien los efectos fueron mucho menos dañinos que antes.[27]

EN LAS ENTRAÑAS DE LA TIERRA

Las minas formaron parte integral de la infraestructura económica del Imperio español, junto al suministro de agua asociado. El capitalismo preindustrial fue, en este sentido, totalmente pragmático. Los estados actuaron como empresarios. La minería fue la industria clave de la monarquía española y una prerrogativa real ejercida junto a socios individuales, si bien las mayores operaciones estuvieron reservadas a la acción directa de la Corona. El oro de aluvión fue explotado desde los tiempos de Colón en las Antillas y con posterioridad en la Nueva Granada, cuya producción anual fue de 4.063 libras en el siglo XVI, 7.063 en el siglo XVII (40 por ciento del total mundial) y 9.375 en el siglo XVIII. Fue el territorio aurífero por excelencia.[28]

La plata aparecía mezclada con otros minerales. Para separarla y refinarla hacían falta grandes inversiones, recursos humanos masivos puestos al límite y una costosa infraestructura técnica. La voluntad del Estado y la implicación de los ingenieros y otros técnicos eran imprescindibles. El procedimiento tradicional europeo consistía en fundir las menas sacadas de los yacimientos con plomo, formando así la «copela». Esta se fundía otra vez en un horno pequeño en el que se insuflaba aire mediante fuelles, y de ese modo quedaban separadas plata y plomo: este era la «escoria». Los indígenas del altiplano andino usaban con el mismo objetivo unos pequeños hornos portátiles llamados huayras. El hallazgo de la mina de Potosí en 1545 lo cambió todo. La América española se convirtió en un laboratorio de innovación para la producción minera global. La producción se multiplicó gracias al método o beneficio «de patio», basado en la amalgamación de la mena con mercurio, introducido desde 1555 en la Nueva España y en 1571 en el Perú, que convirtió en explotables minerales de baja ley o menor contenido argentífero.

Todo dependía del imprescindible mercurio, extraído y transportado con increíbles dificultades desde Almadén, en España, y Huancavelica, en el Perú, monopolio real en este último caso desde 1572. El procedimiento, al menos en el refino, no fue tan intensivo en trabajo; si bien, como señaló en 1761 el ilustrado mexicano Francisco Javier de Gamboa, las minas eran lugares «que servían de castigo a los esclavos, tormento a los mártires y venganza a los tiranos».[29] El elevado costo del mercurio aseguró que los procedimientos tradicionales indígenas nunca desaparecieran, pero operaciones de la escala y naturaleza de Potosí nunca habrían sido posibles sin las nuevas técnicas extractivas.

Para que funcionaran, la hidráulica fue determinante. Incluso en minas en áreas desérticas hacía falta el drenaje de aguas interiores, como en Guanajuato, donde se lograba mediante el uso de norias o poleas movidas por cuadrillas de mulas. También se utilizaron sifones, como en el caso de las minas de Morán, en el centro del virreinato mexicano. El requisito de alta temperatura para lograr la amalgamación impuso por otra parte la utilización de molinos, cuyas corrientes de agua movían fuelles e inyectaban aire en la fundición. Precisamente para mejorar la ventilación, Pedro Cornejo de Estrella presentó al Consejo de Indias un sistema por el que fue recompensado en 1588.[30] En 1604, el peninsular José Orozco Gamarra propuso una mejora similar para la industria peruana de la plata. Su esposa era la nieta del inca Atahualpa. Fue su hijo mestizo, Bartolomé Inga, quien acudió a la Corte madrileña para presentar el artificio, cifrado en un manuscrito para preservar el secreto de ambos.[31]

La tecnología local a veces fue relegada en favor de ruidosos ingenios hidráulicos y de novedosos sistemas de procesamiento de los minerales extraídos, que solo reducidos a harina con anterioridad podían amalgamarse con mercurio. En 1597 funcionaban en la Nueva España 406 molinos para triturar mineral; 167 movidos por energía hidráulica, y el resto mediante animales de tiro. Pachuca poseía 59 molinos hidráulicos, y Tasco, 36. En Zacatecas, en cambio, la aridez del paisaje impuso que todos se movieran a base de energía animal.

El Perú superó a México por la escala y la complejidad de las operaciones hidráulicas aplicadas a la minería. En Oruro hubo tres ingenios movidos por agua para la molienda de mineral. En Micoypampa, donde hubo 96, la mayor parte fueron hidráulicos. En la región potosina fue preceptiva la construcción de una presa en el macizo de Cari-Cari, a cinco mil metros de altura. Ciertas lagunas naturales, como San Lázaro, San Pedro y San Sebastián, fueron integradas en el sistema hidráulico que atendía las minas. Un acueducto de 25 kilómetros, el canal de la Ribera, llevaba el agua abajo, hasta la «villa imperial de Potosí». Su curso partió en dos el núcleo urbano, lo que obligó a construir dieciséis puentes para cruzarlo. Otros tres canales conectaron una red de dieciocho presas; en el transcurso del siglo XVII se les sumaron tres más. Al tratarse de un área sísmica, de vez en cuando la seguridad de los depósitos de agua se veía comprometida y existían riesgos de roturas e inundaciones. En 1626 la presa de Cari-Cari se fracturó, y una avalancha de agua y piedras destruyó 32 ingenios mineros y dañó otros 34. Fray Diego de Mendoza explicó lo ocurrido con furia como consecuencia «de la codicia humana, como solo mira a su interés, no cuida de ajenos bienes, y siendo común a todos el reparar aquel daño, cada uno atendió a solo el particular». En un año, sin embargo, «estuvieron los dichos ingenios corrientes y molientes y mejorados en su fábrica».[32]

Las menas y los trozos de mineral arrancados de las minas eran difíciles de pulverizar. Entre los métodos tempranos para hacerlo, hubo ingenios de mazos de pies, de mano, de caballo con piedra, de rodezno o cuchara y de grúa. En Potosí la mecanización fue selectiva, gradual y parcial, en función, siquiera en parte, de la disponibilidad de indios trabajadores o de mitayos. Día y noche las menas de mineral eran golpeadas en máquinas de una o varias cabezas —los molinos de almadenetas—, movidas por energía hidráulica o animal. En el producto, tras el filtrado en un cedazo, se separaba la «harina» apta para amalgamación de las granzas, que se molerían de nuevo en otro ingenio específico. En 1604, un fraile ingenioso natural de Lepe, en Huelva, Álvaro Alonso Barba, introdujo un sistema de refinado «en caliente». Una vez reducido a polvo, el mineral se mezclaba con sal, mercurio y agua en un 2 o 3 por ciento. Entre tres y doce semanas después, al fondo de la tina quedaban la pella de plata y el mercurio adherido, un 75 por ciento del total del peso, que se separaba para formar piñas de puro metal. Con algunas modificaciones, el procedimiento fue replicado mientras hubo provisión de materia prima. La mayor modificación posterior fue el intento de implantación, patrocinado por el Ministerio de Indias e iniciado en 1788, del método de barriles del barón de Born, que realizaba la amalgama en toneles con paletas interiores y era considerado apto para minerales de contenido alto en plata. Born, prudente y respetuoso director del Museo de Historia Natural de Viena, contradijo la opinión entonces prevaleciente en Europa y se inclinó, en el caso americano, por la aplicación del viejo método de Alonso Barba, con una importante reserva. Quizá, especuló, la rotación en frío y en barriles de los minerales pulverizados en las alturas andinas podría ahorrar energía y facilitar la separación de plata, de modo al menos igual de eficiente que en el sistema local tradicional. La solidez de las prácticas existentes, así como la baja ley del mineral, impidieron que tuviera un éxito inicial. A lo largo del siglo XIX, el método de barriles rotatorios fue introducido, con resistencia, de modo gradual, mas los viejos procedimientos continuaron en uso.[33]

ENSOÑACIONES ILUSTRADAS

A comienzos del siglo XVII, durante el periodo como virrey del Perú de Juan de Mendoza y Luna, marqués de Montesclaros, Lima fue dotada de una preciosa alameda, con tres calles delimitadas por ocho hileras de árboles y tres fuentes. Fue una suerte de antecedente de lo que obraría el urbanismo ilustrado, en el cual tanto la capital peruana como México representaron arquetipos de metrópoli a escala continental y global. La cuestión de la seguridad siguió siendo determinante. La división de las ciudades en sectores, denominados cuarteles a efectos de policía y control, reflejó tanto una herencia de frontera como una situación contemporánea.

En 1782, México comprendía ocho cuarteles mayores (barrios) y 32 menores, gobernados por cinco alcaldes de la Audiencia, un corregidor y dos alcaldes ordinarios. Santiago de Chile fue dividida en cuatro cuarteles. Buenos Aires tuvo veinte barrios; Caracas y Veracruz, ocho; Quito, seis; Guadalajara, cuatro. Querétaro contó con tres cuarteles y nueve barrios. Lima tenía cuatro cuarteles puestos bajo el mando de alcaldes de corte y cuarenta barrios con alcaldes propios. La gran urbe peruana sumaba en sus cálculos 322 calles, 17 callejones, la plaza mayor, seis plazuelas, 6.841 casas y 8.222 puertas de habitación.[34]

Los ingenieros militares jugaron un papel decisivo en la nueva geografía de la seguridad urbana. Se suponía que los barrios acogerían con frecuencia cuarteles militares con dormitorios para los soldados, divididos en cuatro cuerpos, alrededor de un patio central para ejercicios. Con frecuencia, la escasez de recursos financieros obligó a alojarles en corrales, conventos, bóvedas y casas particulares, mientras utilizaban las plazas públicas para paradas e instrucción. Desde 1700, en Mobile, en Florida, los soldados se alojaron con los vecinos. En Santo Domingo residían dispersos por la ciudad, y en Cartagena de Indias a los de refuerzo les solían alquilar casas junto a las murallas. En Panamá, religiosos mercedarios, franciscanos y dominicos vieron sus templos reconvertidos en dormitorios de soldados cuando el tamaño de la guarnición lo demandó. Desde finales del siglo XVII y comienzos del XVIII fueron construidos nuevos cuarteles en lugares estratégicos: Cartagena, Valdivia, Santiago de Chile, Lima, Veracruz, Nueva Orleans y Caracas.[35] Al contrario que en edificios urbanos castrenses, en las prisiones no existió uniformidad. Con el confinamiento de los sentenciados en almacenes o barracones y la pena de azotes se castigaban a veces formas menores de delincuencia. La remisión a obrajes o talleres, en ocasiones a presidios de frontera o a penitenciarías, como las de Juan Fernández en Chile o las de San Lorenzo en el Perú, desviaron la población conflictiva de las ciudades. La Inquisición se ocupaba de sus propios penados, que no incluyeron indígenas, al margen de su jurisdicción.

Aunque los promotores del reformismo retrataban con frecuencia la América española como un templo de Babel y de corrupción, hacia 1750 la realidad institucional era dinámica, innovadora y sorprendentemente eficiente. Las décadas siguientes se caracterizaron por un extraordinario desarrollo en todos los órdenes. Incluso en áreas remotas, oficiales reales bien cualificados padecieron severas críticas, pero con el tiempo lograron reconocimiento universal. Pedro Galindo Navarro, por ejemplo, pasó sus años de carrera, a finales del siglo XVIII y comienzos del XIX, en la frontera sin ley y carente de medios del norte de la Nueva España. Nunca logró el soñado traslado a México capital, mas fue alabado por sus superiores debido al «cuidado y precisión» con que obraba como «amante de la justicia».[36] El paradigma que regía la administración pública había cambiado. La ingeniería y sus valores se integraron en un modelo de ejemplaridad pública perdurable.

De hecho, la ingeniería se asociaría en adelante al buen gobierno hasta constituirse en elemento crucial del bienestar público, y casi podríamos decir que en fundamento de la «búsqueda de la felicidad». La famosa *Instrucción a la junta de Estado* de 1787, del celebrado ministro conde de Floridablanca, indicó: «Ninguno que sirve al Estado puede sustraerse a las cargas de él, ni frustrar el derecho que tiene el mismo Estado de valerse de sus talentos y virtudes». Debió tener en cuenta, entre otros, a los ingenieros militares cuando tuvo que aplicar este principio en América y Filipinas. Entre 1701 y 1720 estuvieron destinados en ultramar 18 de ellos; de 1721 a 1768, 121; de 1769 a 1800, 183; de 1800 a 1808, fueron 61.[37] Una vez que estaban en el Nuevo Mundo su regreso era difícil, porque servían para todo y eran requeridos en todas partes. Virreyes y gobernadores conspiraban sin disimulo para evitar su retorno: inventaban quejas, ponían excusas y les abrumaban con peticiones imposibles. Félix Prosperi, que pasó a las Indias por cinco años, llevaba allí 22 en 1747. Tenía setenta años y estaba casi ciego. Juan Garland estuvo diez años en Chile cuando por fin logró permiso para retornar a la península, en 1775. Murió en altamar, durante el viaje de regreso.

En el caso de edificios que marcaban la puesta en escena de un nuevo orden de gobierno ilustrado y expresaban la emergente esfera pública, los ingenieros militares se plegaron al canon estético dominante, marcado por el academicismo neoclásico.[38] Fueron diseñadores y constructores de palacios de virreyes en México y Santa Fe de Bogotá, de cabildos y casas de gobierno, de la sede de correos en La Habana en 1785, de la cárcel, el tribunal, la aduana y la universidad en la renacida Guatemala. Edificaron pescaderías, carnicerías y mercados para la venta de textiles, como el de San José, en Filipinas, abierto en 1783. Llegado el caso construían parianes o mercadillos, sistemas de alumbrado y garitas para portazgos de ciudades. Levantaron hospitales en Comayagua, México y Santiago de Chile, y catedrales en Guatemala. Paseos y jardines llevan su huella, y participaron en la construcción de fundiciones, casas de moneda, herrerías, lavaderos, hornos y mataderos.[39]

En todos sitios actuaron como servidores públicos, si bien colaboraron con la iniciativa privada en el caso de talleres o pabellones dedicados a actividades industriales, antecedente dieciochesco de las fábricas posteriores, con diferentes secciones productivas radicadas en espacios complementarios.[40] La participación de los ingenieros en proyectos diversos auspiciados por la monarquía explica que el edificio neoclásico construido en México entre 1803 y 1807 para la Real Fábrica de Puros y Cigarros, en el que trabajaron cinco mil hombres y dos mil mujeres uniformados, se debiera al diseño inicial de uno de ellos, Miguel Constanzó.[41] En 1781, no lejos de allí, diseñó una moderna fábrica de pólvora aprovechando el acueducto de Santa Fe, cuyo eficaz molino hidráulico evitaba los riesgos de la peligrosa y volátil casa de munición de Chapultepec, que llevaba en funcionamiento desde 1555. En realidad, fue otra de las modernas factorías para la amalgamación de pólvora negra a partir de la mezcla de azufre, nitrato potásico y carbón vegetal que siguieron el modelo zaragozano de Villafeliche. Este fue replicado en la laguna de Bay, en Guatemala (1770), y en Filipinas (1773). Hacia 1770, en Lima, y a comienzos del siglo XIX, en Santiago de Chile y Santa Fe de Bogotá, también fue tenido en cuenta. Allí existían instalaciones anteriores de producción polvorera, disponibles para lo que hoy llamaríamos reconversión industrial.[42]

Las maestranzas y las fábricas de artillería relacionadas con la producción de pólvora constituyeron entornos de innovación técnica relevantes. En Sevilla, donde se hacían cañones de hierro, o en La Cavada, en Santander, donde eran de hierro fundido o bronce, los metales de procedencia americana eran complicados de utilizar para la aleación y la fundición de cañones, por su elevado nivel de impurezas. Hubo intentos de establecer fábricas de cañones, con más o menos éxito, en Veracruz, Orizaba, Perote, Puerto Rico, Concepción y Santiago de Chile. En esta última ciudad el fabricante Lorenzo de Arrau, hacia 1768, logró fundir cinco cañones de bronce a 24 libras. En Cartagena de Indias, donde la demanda era enorme por motivos obvios, el alto grado de salitre afectaba sobremanera a los cañones de hierro, y los hacía susceptibles de explotar o agrietarse. Las cureñas de madera se pudrían enseguida y exigían un mantenimiento constante.[43] En 1760 había allí unos cuatrocientos cañones de hierro. Costras superficiales destruían la capa protectora de alquitrán que se les aplicaba al final del proceso de fundición. El tratadista limeño Pedro Antonio Bracho había prescrito la aplicación —cada tres años— de una amalgama de pez, cera y sebo, en proporción al salitre ambiental, para mantenerlos en buen uso, con éxito limitado. Los experimentos fueron continuos. Desde la Real Fábrica de Artillería de La Cavada en Santander enviaron piezas de hierro fundido, y desde Barcelona otras de bronce, para probar barnices y recubrimientos, como una pintura al óleo «pegajosa, maloliente y viscosa» ensayada en la plaza caribeña en 1798.[44]

ATMÓSFERA SOCIAL

El teatro y las plazas de toros fueron lugares urbanos habituales de socialización y, se suponía, de protección ante una temida amenaza: la degradación de costumbres. La primera plaza de Lima fue la del Acho, abierta en 1766 con una corrida organizada para impresionar a todos los públicos, que incluyó nada menos que 16 astados. En 1783, en Buenos Aires, el virrey Vértiz mandó abrir un corral de comedias, cuyo arriendo destinó a mantener la Casa de Niños Expósitos. Con anterioridad, lo habitual había sido que los espectadores acudieran a una instalación provisional: un esclavo cargaba las sillas. El repertorio incluyó obras tan controvertidas como *Siripo*, del periodista Manuel José de Lavardén, sobre la pasión legendaria del cacique del mismo nombre por Lucía Miranda, esposa del conquistador Sebastián Hurtado. *El amor de la estanciera* fue la primera obra en la tradición gauchesca que retrataría en adelante a los míticos jinetes de las pampas. En 1792, un cohete lanzado desde la vecina iglesia de San Juan Bautista, que celebraba fiestas patronales, produjo un devastador incendio, de modo que en mayo de 1804 fue abierto un nuevo teatro con la representación de *Zaïre*, famosa obra de Voltaire dedicada a la tolerancia religiosa. En Santiago de Chile, el teatro era poco considerado. Los actores eran mulatos y miembros de castas. Lima, por el contrario, fue cuna de una actriz y heroína universal, la famosa Perricholi, Micaela Villegas y Hurtado de Mendoza. En 1776, sus devaneos amorosos con el virrey Amat fueron satirizados en un pasquín contra los pretenciosos de ascenso social, *Drama de dos palanganas*.[45]

En México no hubo plaza de toros permanente hasta 1815, cuando se inauguró la de San Pablo. El teatro, en cambio, apareció pronto y tuvo mucho éxito. En 1753, el virrey Revillagigedo inauguró el coliseo nuevo, que podía acoger hasta 1.500 espectadores. Los de a pie ocupaban el fondo del patio de butacas, mientras que los menos afortunados se apretujaban en el cuarto piso, el gallinero. Un tabique separaba hombres y mujeres. Los muros estaban pintados de azul y blanco. El techo se hallaba adornado de pinturas mitológicas. Balcones volados de hierro se abrían hacia el exterior. La temporada duraba desde el domingo de Pascua hasta carnaval del año siguiente. Las funciones tenían lugar todos los días menos los sábados, y terminaban entre las diez y las once horas de la noche.[46] Enfrente del teatro se hallaba la casa de Irolo, adquirida especialmente para escuela, salón de ensayo y lugar de descanso de cantantes, bailarines y músicos. Hacia 1785, el recién llegado virrey Bernardo de Gálvez regaló al coliseo un lujoso telón y mejoró las instalaciones. Para compensar tanta magnificencia lo reglamentó todo. La censura previa revisaría programas, textos y puestas en escena.

La reputación de los actores sería impoluta. Fueron prohibidos los vendedores ambulantes. Los espectadores ya no podrían trepar al escenario. La costumbre de tirar «desde la cazuela y palcos yesca encendida y cabos de cigarros al patio, sucediendo no pocas veces que se quemen los vestidos y capas de las personas que ocupan los palcos más bajos, bancas y mosquete», quedó prohibida bajo severas penas.[47]

El teatro competía con los cafés, de los cuales se abrió el primero en Lima, en 1771. En México, el café Tacuba apareció en 1785. Baños, reñideros de gallos, un enorme juego de pelota consistente en introducirla en una gran cesta tras golpearla con unos guantes, o salones de baile, facilitaban la diversión del distinguido público citadino.

El deseo de estar al día fue otra de las manifestaciones de la emergente esfera pública ilustrada. Contra lo que se suele mantener, el Real Correo funcionó bajo gestión privada ya desde 1514, cuando Fernando el Católico otorgó en exclusiva el derecho a despacharlo a las Indias a su consejero Lorenzo Galíndez de Carvajal. Nadie que no fuera «criado o familiar» del destinatario podía remitirlo, excepción hecha de valijas y equipajes de particulares. Eso era en teoría, pues muchos envíos escaparon al control, e incluso familiares de Galíndez comisionados para el despacho de misivas oficiales actuaron bajo cuerda como consignatarios privados. Sus herederos retuvieron el privilegio del correo en el Perú hasta 1627. Allí, los mensajeros nativos o «chasquis», voz indiana incorporada al diccionario de la Real Academia de la Lengua en 1730, llevaron cartas y paquetes a los destinos más lejanos. En 1633, el conde de Oñate adquirió por una fuerte suma, diez mil ducados de plata, la operación del correo mayor de la Nueva España.[48] Hasta 1764, donde no hubo correos mayores, caso de la Nueva Granada, las autoridades se hicieron cargo del reparto de la correspondencia y de sus costos.

La Corona emitió permisos de gestión postal para regiones y asuntos particulares a cambio de un pago en servicio o monetario. Como recordó el conde de Campomanes en 1761, en la obra *Itinerario de las carreras de postas del reino*, aquel que tuviera una «merced de correo mayor» o fuera «mandadero del rey» no respondía ante jurisdicción ordinaria, disfrutaba exenciones fiscales, podía ser miembro de cabildo y además portaba armas. Este sistema fue habitual en ultramar. En 1639, por ejemplo, fue designado el primer encargado de correo en Boston, Richard Fairbanks. Poseía también el monopolio de la venta de bebidas alcohólicas y dispuso la estafeta postal, con toda lógica, en una de sus tabernas junto al puerto.[49] Desde 1764, sin embargo, en la América española las políticas de reforma organizaron el correo como asunto de Estado, dada su relevancia para guerra y diplomacia. El reglamento firmado por el ministro marqués de Grimaldi, superintendente general de correos y postas, ordenó el despacho de paquebotes o navíos para el servicio y fijó rutas marítimas, labores a cumplir por los administradores y tarifas.[50] El itinerario prescribió la salida de paquebotes desde La Coruña hacia La Habana el primer día de cada mes. Era la «Carrera de La Habana». Una vez allí, saldría una embarcación hacia Veracruz para transportar la correspondencia al virreinato de la Nueva España, y otra a Cartagena de Indias, con el correo del virreinato de la Nueva Granada. En 1767 fue agregada la «Carrera de Buenos Aires», que debía salir el día 15, cada dos meses, desde La Coruña hasta Montevideo, con correspondencia para Buenos Aires, el resto del Río de la Plata, Chile y el Perú.

Las administraciones de correos quedaron compuestas por un administrador general y administradores principales, delegados y subdelegados locales. Los «tenientes correos», hombres de buena reputación, podían ser mestizos, mulatos e indígenas, portar armas y circular con total libertad. Las postas y lugares de despacho y descanso eran fijos.[51] En tierra transitaban con los pliegos en valijas de cuero y un pasaporte con el escudo real para evitar litigios, que no dejaban de acontecer. Por ejemplo, un día nefasto de 1777, el conductor de correo Francisco Cisternas se cayó con su fatigado caballo en el peligroso río Lontué, al sur de Curicó, camino de Concepción, en Chile. Según su propio testimonio, a pesar de las heridas «se levantó del agua con los pliegos en la mano metidos en unas alforjas, pero el río se los quitó». En la desembocadura, de manera milagrosa, un pesquero pudo recuperar la valija postal. Cisternas continuó con su viaje, pero un corregidor desalmado le acusó de haber sufrido el percance a causa de haber bebido aguardiente. Fue declarado inocente.

El intercambio de correspondencia resultó fundamental para una sociedad letrada. De ahí el interés en la consulta de las *Guías de forasteros*, publicadas a partir de 1760. En ellas constaba un almanaque o calendario lunar, el clima previsible, festividades, cronología del mundo, fechas de los nacimientos de los reyes de España, las «témporas» o comentarios diversos, listas de oficiales reales, dependencias, mapas e informaciones de otra índole.[52] La vida humana civilizada demandaba orden. Por eso, en 1807, Ángel Antonio Henri, oficial de correos de La Coruña, publicó con cargo a la imprenta real *Dirección general de cartas de España a sus Indias*. Harto de la confusión causada por ignorantes que enviaban cartas «a tal o cual persona en América», o «en Mérida», como si no hubiera ciudades con ese nombre en Extremadura, Venezuela y México, recopiló todos los destinos postales desde España hacia las ciudades de la América española. Lo importante, señaló con toda la razón, era que las cartas llegaran a su destinatario.

JARDINES PARA UN IMPERIO

«El deseo de conocer los productos naturales que Dios ha creado para el beneficio del hombre» fue la inspiración del trabajo de José Quer y Martínez, de acuerdo con su sucesor en la dirección del Real Jardín Botánico de Madrid, Casimiro Gómez Ortega.[53] Fernando VI, conocedor de la fama de su colección de plantas de España, le había confiado el establecimiento en 1755. Quer empezó a herborizar en 1728, cuando era un joven cirujano del Ejército de treinta y tres años y, en el transcurso de un viaje a Valencia, se familiarizó con el aguacate, fruto exótico que, como el tomate y el chocolate, poseía un inconfundible nombre azteca. «Ahuacatl», en lengua náhuatl, quiere decir «escroto». Resulta fácil saber por qué el término fue usado para nombrar la planta. Las expediciones de Quer nunca le llevaron mucho más lejos de Italia u Orán. Su investigación continuó centrada en España, mas el Jardín constituyó un modelo de resonancia global. Transferido en 1774 a su sede actual junto al madrileño paseo del Prado, fue un exitoso laboratorio y una de las grandes riquezas de la ciencia europea, el último eslabón de una cadena que comprendió instituciones similares en Manila, México, La Laguna en Canarias, Guatemala y La Habana. Al menos en teoría, muestras de plantas de todos los climas de la monarquía española se pudieron centralizar así en una única institución investigadora.

Desde el Perú, por ejemplo, llegaron en 1783 mil dibujos coloreados y 1.500 descripciones de plantas. Seguramente, las colecciones más importantes eran las de Hipólito Ruiz y José Pavón, cuya real expedición por Chile y el Perú entre 1777 y 1788 les permitió satisfacer su pasión personal: el análisis de las propiedades curativas de las plantas. Prepararon el estudio más completo sobre la quina efectuado hasta entonces. Otro contribuyente fue el irrefrenable polígrafo gaditano José Celestino Mutis, que presidió la vida científica de una de las fronteras del Imperio español en Santa Fe de Bogotá, entre 1760 y su muerte en 1808. En Mariquita estableció un jardín de aclimatación propio, de corta vida. Los climas de la región andina eran tan diversos, con alturas y precipicios tan insondables, latitudes y longitudes tan diferentes, incidencias del sol y lluvias que variaban en el mismo valle, que era muy difícil trasladar una especie de una a otra región. Merced a su insistencia en que América era recomendable, no solo por su notoria riqueza mineral, sino por las plantas, hierbas, resinas y bálsamos que constituían una promesa para la mejora de la salud, Mutis concibió y dirigió desde 1783 la Real Expedición Botánica, sobre líneas similares a las seguidas por Ruiz y Pavón al sur y otros expedicionarios contemporáneos en la Nueva España.[54] Todos fueron muy conscientes de las «injustas y vulgares» denuncias hechas por extranjeros en torno a la supuesta ignorancia de los españoles en el uso, la publicación y el aprovechamiento de las riquezas del Nuevo Mundo, que justificaban invasiones y desmanes.[55] En realidad, los botánicos españoles poseían un largo historial en la materia, que remitía de manera poco sistemática a los tiempos colombinos y de manera organizada e imperial al patronazgo de Felipe II, dirigido a la obtención de una farmacopea americana. La labor de su médico, Francisco Hernández, compilador de materia médica en la Nueva España durante la década de 1570, impresionó e influyó a los sabios europeos por siglos, gracias a ediciones parciales y a la difusión de manuscritos antes de su primera publicación completa, en 1651. Ruiz hasta mencionó de manera explícita precedentes romanos en la investigación botánica como una obligación de los imperios.[56] Estas ideas perduraron, y lo que hoy llamamos gasto público en ciencia alcanzó, durante el reinado de Carlos III y su sucesor Carlos IV, como reconoció el propio Alejandro de Humboldt, una cifra inigualada en la Europa de su tiempo.

Los jardines de aclimatación han sido, quizá, entre los historiadores, uno de los elementos de la infraestructura de la monarquía española menos apreciados, a pesar de que vinculaban territorios a través de los océanos, como otras empresas de ingeniería y exploración. En ellos se recolectaban especímenes útiles de una asombrosa diversidad de climas, y las flores crecían juntas mientras eran objeto de estudio. Plantas aclimatadas de una región se podían adaptar a otra para producir alimentos, ampliar áreas cultivadas y mejorar los bosques y la farmacopea. Las transferencias entre jardines botánicos a escala global enriquecieron la monarquía española y fundamentaron un intercambio ecológico fundamental en la historia ambiental del mundo moderno. Hasta 1500, durante quizá 150 millones de años, desde el momento en que Pangea, la masa terrestre unitaria, se rompió y los continentes divergieron, las formas de vida habían seguido un patrón de divergencia. Casi de repente, si tenemos en cuenta la escala temporal del periodo precedente, la tendencia fue la contraria: los viajes y las mezclas deliberadas e involuntarias de plantas, animales, virus y bacterias caracterizaron una nueva etapa en la cual las formas de vida de diferentes continentes se interrelacionaron. La convergencia sustituyó a la divergencia como tendencia dominante de la evolución. Así fue posible que crecieran y se reprodujeran plantas y animales en ambientes diferentes a los originales. Migraron de hemisferio, dejaron atrás barreras ecológicas y atravesaron enormes superficies marítimas. También lo hicieron las personas. Y las plagas. Como ejemplo de impacto humano sobre la evolución, nada parecido había ocurrido desde que los primeros agricultores empezaron a estudiar especies y a hibridarlas al servicio de la «selección artificial», a fin de incorporarlas en la alimentación. Hasta finales del siglo XX, cuando la intervención humana mediante la alteración genética se hizo masiva, no hubo nada que alterara de modo tan radical la selección natural.[57]

La monarquía española, que comprendió una diversidad ambiental mayor que cualquier otro imperio preexistente, fue especialmente eficaz a la hora de promocionar intercambios valiosos de materia viva e instrumental, sin quererlo en lo referente a los perjudiciales. Resulta tentador elegir en la documentación quién fue pionero a la hora de introducir alguna novedad, o de compartir leyendas sobre héroes que transportaron a través de los mares alimentos que cambiaron la vida de muchas personas. Cristóbal Colón es justamente reputado por ser el primero en muchas ocasiones. De su viaje de 1492 retornó con descripciones y muestras de plantas del Nuevo Mundo, como piña, yuca y mandioca. En el segundo viaje, en 1493, llevó caña de azúcar a La Española, donde creció silvestre. Cerdos, ovejas, vacas, pollos y trigo hicieron entonces su debut en América. Otras novedades dieron lugar a cuentos y mentiras, como la que atribuye a Juan Garrido, compañero de color de Cortés, haber sido el primero en plantar trigo en México.[58] O, por ejemplo, la historia según la cual sir Walter Raleigh, poeta, cortesano, historiador y corsario, introdujo la patata en la Inglaterra isabelina, que también es falsa, pero tiene su sitio en la mitología.[59]

Con todo, los verdaderos héroes de esta historia son seguramente las propias plantas y los animales que sobrevivieron a viajes mortales y se adaptaron de modo exitoso a nuevos climas, a veces, como en el caso de las semillas, por accidente; otras, con alguna pequeña ayuda humana. Viajaron a ultramar en sacos o hasta en pliegues de ropa, bolsillos y cajones.[60] En combinación con el calentamiento global, la transmisión de plantas alimenticias —en parte por accidente, en parte por suerte, o mediante jardines y laboratorios de aclimatación— incrementó de manera exponencial la capacidad humana global para el sostenimiento de poblaciones numerosas. No solo en la medida en que el total de alimentos disponibles en un lugar determinado creció, sino debido a la existencia de nuevos nichos ecológicos preparados para su explotación y ocupación. La escala y diversificación de la producción de alimentos liberó a los seres humanos de la dependencia de monocultivos y, por tanto, de la vulnerabilidad ante pestes y catástrofes. El intercambio ecológico fue un elemento fundamental de la explosión demográfica iniciada entonces y todavía vigente.

IX
ESTRUCTURAS DE LA SALUD. HOSPITALES Y SANIDAD

> Pero a vosotros, los que teméis mi nombre,
> os iluminará un sol de justicia y hallaréis
> salud a su sombra; saldréis y brincaréis
> como terneros que salen del establo.
>
> MALAQUÍAS, 3, 20

Los informes sobre el hambre eran muy exagerados, hasta donde lord Curzon podía vislumbrar desde la reclusión ensimismada del vagón de su tren privado, recubierto con cortinas. El virrey británico de la India se autoengañaba. Fuera de la vista, los cuerpos se amontonaban, con los huesos asomando a través de la piel arrugada por la inanición. En parte como resultado de las políticas de reducción de costos de Curzon, durante 1899 murieron un millón de súbditos del Raj. Fue la última de una serie de hambrunas que se cobraron por lo menos diez millones de vidas desde 1877.[1] El fracaso fue sobre todo moral, pero no únicamente. Los imperios deben conservar recursos, en especial mano de obra, crucial para el funcionamiento de los niveles de producción, el pago de impuestos y la capacidad bélica. El más abyecto de sus fallos consiste en no lograr que sus súbditos conserven la vida.

Para los españoles en América, así como para los británicos en la India, el desastre demográfico fue palpable. El «aliento de un español» resultaba literalmente fatal. En el lapso de una generación, las poblaciones nativas disminuyeron hasta un noventa por ciento en contacto con los recién llegados. El debate sobre los efectos letales del choque cultural, la desmoralización, el maltrato y la violencia es interminable. Sin embargo, era obvio que resultaba contrario a los intereses y a la política de los españoles que los indígenas pereciesen, pues dependían de ellos en lo referente al pago de tributos y a la fuerza de trabajo. A diferencia de los ingleses en América del Norte, cuya economía podía prescindir de los nativos americanos y contaba solo con colonos y esclavos, lo que trajo como consecuencia que pudieran exterminar o expulsar poblaciones enteras con una actitud de despreocupado derroche, los españoles los necesitaban y lamentaban la desgraciada «fragilidad» de los indígenas. Eran espectadores no deseados de holocaustos infligidos por la enfermedad. La viruela fue con seguridad y por amplio margen el mayor asesino, pero cualquier patógeno, por suaves que resultaran sus efectos en el Viejo Mundo, podía actuar como una guadaña que segaba vidas de indígenas carentes de inmunización.

Mientras microbios desconocidos mataban a los nativos, ecologías desconocidas resultaban dañinas o letales para los españoles y otros inmigrantes europeos llegados a ultramar. La emigración era perjudicial para la salud. Quienes se asentaban en el Nuevo Mundo tenían que soportar los sufrimientos que conllevaba la aclimatación a un escenario desconocido, en el cual los elementos habituales de la dieta eran a menudo difíciles de encontrar y la vida resultaba más difícil que en el lugar de procedencia. Los conquistadores padecieron de «mal de altura» (soroche) en montañas mayores y más abruptas que las que hubieran visto nunca. También sufrieron de fiebres palúdicas y agotamiento en trópicos más húmedos y calientes que los que conocían con anterioridad. O de anemia, aparejada a la dieta de papillas deficiente en proteínas que los nativos les daban para comer. O de síndrome de abstinencia, inevitable en un hemisferio sin vino. O de enfermedades venéreas, igualmente extendidas donde parecía haber toda clase de oportunidades sexuales.[2] En el Perú, a gran altitud atacaba la llamada «enfermedad de Carrión», que salpicó los cuerpos de los acompañantes de Pizarro con verrugas.[3]

Los efectos disminuyeron con el tiempo. Los descendientes criollos de los conquistadores no tuvieron que padecer los mismos desajustes físicos. Los sobrevivientes nativos de plagas transmitidas por los intrusos fueron capaces de legar su inmunidad a generaciones futuras. Sin embargo, los territorios ultramarinos continuaron siendo lugares insalubres, salpicados de núcleos urbanos inestables, en los cuales se incubaban enfermedades y tensiones propias de fuertes cambios económicos y sociales. Los nativos tenían que abandonar sus hogares y familias, o se hallaban en peligro en nuevos emplazamientos situados en minas, ranchos, haciendas, porquerizas e industrias desconocidas hasta ese momento, como las vinculadas al refinado de azúcar y a la manufactura textil. Mientras los criollos blancos se adaptaban cada vez mejor, multitudes de recién llegados debían superar el impacto de latitudes y climas desconocidos. De muchas maneras, el cambio ambiental actuó contra su salud. En regiones en las cuales la siembra de azúcar y la ganadería coexistían en condiciones tropicales, las enfermedades transmitidas por mosquitos se multiplicaron. Siglos después, durante las guerras de la Independencia, una inevitable consecuencia fue la mortalidad desenfrenada que desgarró las filas de las huestes que se enviaron desde España para enfrentar a los insurgentes. El *Aedes aegypti*, el mosquito portador de la malaria, mató a muchos más españoles que los proclamados por los seguidores de Simón Bolívar.[4]

ARTES CURATIVAS

La medicina de la Edad Moderna estaba mal equipada para hacer frente a tantos retos. Los médicos eran tan propensos a matar como a curar.[5] La teoría de los humores dominó la educación médica hasta bien entrado el siglo XIX. La mayor parte de los tratamientos, en consecuencia, era irrelevante, eso en el mejor de los casos. Los ajustes dietéticos —el remedio favorito de la medicina galénica— rara vez sintonizaban con los problemas que pretendían curar. Las sangrías, un procedimiento habitual, debilitaban a los pacientes. La higiene quirúrgica dependía más de la suerte que del procedimiento. Contagios e infecciones se atribuían a miasmas y emanaciones. Las Leyes de Indias encarecían que los hospitales para enfermedades que parecían contagiosas se radicaran en lugar seguro y lejos de otras instituciones. En Cartagena, cuando los leprosos eran admitidos a la dependencia especializada donde se les trataba, la ley obligaba a las autoridades a que sus posesiones fueran trasladadas con ellos, de modo que la enfermedad no afectara a otros.[6] La capilla era comúnmente el edificio más grande en un hospital, pues las oraciones tenían por lo menos las mismas posibilidades de éxito que los cuidados de los doctores. La del hospital de San Lázaro de Barquisimeto, en Venezuela, fundada en 1565 por el sacerdote local Pedro del Castillo para atender a fines generales, no a leprosos, ocupaba casi el doble de superficie que la dedicada a pacientes.[7] El escritor satírico peruano Juan del Valle y Caviedes juzgó los cuidados profesionales de los médicos comparables a terremotos, «un temblor peligroso, un Vesubio con licencia, aunque —señaló— el médico mata más silenciosamente».[8]

Es posible que el Imperio español impactara negativamente en la salud pública, al menos al principio, al perturbar las tradiciones indígenas y perseguir a los curanderos nativos. Los jesuitas, como veremos, simpatizaron con los chamanes tradicionales y contaron con ellos en sus misiones. A mediados de la década de 1650, la Compañía de Jesús se retiró por completo de la extirpación de idolatrías, porque se dieron cuenta de que los chamanes indígenas podían ser aliados fiables.[9] En buena parte de la monarquía española la necesidad de contar con expertos nativos fue aguda, no solo para el cuidado de la salud, sino también para los servicios del altar y el mantenimiento de los lugares de culto católico. La mano de obra sacerdotal siempre era escasa.[10] Sin embargo, el prejuicio contra la cultura «popular», que convulsionó a las élites piadosas y victimizó a los curanderos tradicionales en la orilla europea del Atlántico, se intensificó en el Nuevo Mundo, donde el paganismo tenía una presencia mayor.[11] El aparato de Estado e Iglesia fue, en general, hostil a los chamanes americanos, custodios de tradiciones paganas y, de modo habitual, personificados en curanderos o mujeres sabias que se ocupaban del cuidado de enfermos.[12]

La magia y la ciencia siempre se han entrecruzado. Nacen a fin de cuentas de intentos de controlar la naturaleza. La línea divisoria entre ambas se desdibujó durante todo el periodo hispano, y no siempre resultó fácil para extirpadores e inquisidores distinguir entre farmacología y fantasía. En el Perú, por ejemplo, la coca se usaba tanto en curación como en adivinación. Los extirpadores de idolatrías estuvieron dispuestos a permitir su uso medicinal, pero a menudo en la práctica lo limitaron, llevados por su celo en el exterminio del paganismo. El exceso de baño y la sudoración suscitaron sospechas comparables en México, al igual que el uso de la marihuana, que podía servir propiamente a efectos medicinales o, con algunas dudas, psicotrópicos.[13] En Yucatán, los chamanes condenados por idolatría en el siglo XVII administraron curas de carácter sospechoso, pues involucraban cantos, encantamientos, talismanes, figurillas, fragmentos de pelo y hechizos de papel. También aplicaron remedios tradicionales de la farmacopea indígena que incluyeron hormigas, pieles de armadillo, chocolate y hierbas. El clero recelaba de estos elementos de carácter mágico, que además no figuraban en los herbarios ni en los arsenales curativos europeos.[14]

El famoso caso de Juan Básquez en Lima, en 1710, ilustra este tipo de situaciones.[15] El acusador de este curandero fue un sacerdote español que le había hecho el honor de pedirle ayuda, mas salió insatisfecho con el tratamiento que le prescribió. Básquez demostró dominio de los métodos de curación indígena, pero también evidenció sus límites. El repertorio de sustancias curativas que desplegó —incluía sangre, saliva y una variedad de sustancias vegetales y animales no reconocidas en la farmacopea española— contribuyó a la prohibición de semejantes prácticas por los inquisidores. Sin embargo, la hermandad de los Bethlemitas, que destacaban en el trabajo hospitalario, se hizo responsable de su buena conducta. De tal modo, Básquez pudo haber permanecido trabajando indirectamente como una especie de consultor médico.

La eficacia de las curaciones de los chamanes pudo haber sido limitada, pero probablemente no fue mucho menor que la lograda por médicos y cirujanos entrenados en Europa antes de la llamada «Revolución Científica», y tal vez así continuó siendo hasta el auge de la teoría de los gérmenes en el siglo XIX. Los efectos terapéuticos de la confianza en el médico se vinculan con los contextos culturales. Los placebos americanos debieron ser no menos útiles, en principio, que sus equivalentes europeos. A los chamanes les traía sin cuidado la teoría de los humores. El conocimiento de su propio arsenal de sustancias farmacológicas era, por lógica, claramente superior al de los recién llegados. Los pacientes parecían haber valorado sus pócimas y remedios. Una famosa ilustración del *Códice florentino*, la versión náhuatl de la compilación de tradiciones «aztecas» del siglo XVI del franciscano fray Bernardino de Sahagún, muestra víctimas de la viruela asistidas por cuidadores nativos. En la escena no se ve ningún español.

Por supuesto, los curanderos españoles tenían de su parte el atractivo de la novedad y, por tanto, podían imponerse a la medicina indígena ya conocida. Un caso espectacular, si se quiere creer la autobiografía del extraordinario aventurero Álvar Núñez Cabeza de Vaca, fue la de su propia elevación al rango de santón nativo.[16] Su carrera americana comenzó cuando participó por designación real en el desafortunado reconocimiento de La Florida, en 1528. Arrojado a la costa de Texas tras la debacle de la expedición, lideró un grupo de supervivientes —dos compañeros españoles y un ingenioso esclavo de color— en una odisea que duró siete años y que comprendió etapas de esclavitud por parte de nativos hostiles y de adoración por otros amistosos, hasta que arribaron a salvo a la Nueva España. A su llegada, apareció vestido con pieles, barba larga y pelo hasta la cintura. No solo parecía un santón; también se comportaba como tal. Para asombro de los españoles dueños de esclavos que lo encontraron en la frontera, iba acompañado de más de mil seguidores nativos. Su relato de las aventuras pasadas resulta insuperable como modelo de narrativa apasionante, y ningún historiador puede escapar a su influjo. Desde luego fue un éxito inconcebible que lograra alcanzar México por caminos que cruzaban letales territorios habitados por enemigos mortales. Que emergiera de esta situación como jefe de lo que parece haber sido un movimiento de masas indígenas casi mesiánico fue un resultado asombroso. ¿Cómo lo logró?

La propia explicación de Álvar Núñez fue providencial. Dios procuró su supervivencia mediante un milagro y lo dotó de extraños poderes, como los que tuvo el nibelungo Sigfrido, que se bañó con sangre de dragón para lograr la invulnerabilidad, o el Sansón bíblico, dotado de una fuerza extraordinaria que emanaba de su cabello ensortijado. Todo servía para atraer a los indígenas que encontraba al cristianismo. En particular, continuó, Dios le confirió poderes de sanación. Al principio se basó en el rudimentario conocimiento médico de uno de sus compañeros españoles e intercambió curaciones por hospitalidad a lo largo del camino. Una noche, sin embargo, el «sanitario» de la pequeña comitiva gritó, y Cabeza de Vaca tuvo que hacerse cargo de uno de los casos más difíciles que habían encontrado: el paciente, según opinión de los locales, ya estaba muerto. Alvar Núñez hizo la señal de la cruz sobre el cuerpo exánime e imitó a los médicos nativos insuflando su aliento sobre él. En el primero de sus muchos supuestos milagros, el cadáver revivió. Luego comió, se dio un paseo y charló con los presentes. Otras víctimas con dolencias menos avanzadas, que Alvar Núñez trató más tarde ese mismo día, «se hallaban bien y estaban sin fiebre y muy felices». Para el autobiógrafo, los milagros otorgaron validación por parte de una autoridad superior, como si fueran proezas narradas por conquistadores en las probanzas de méritos y servicios con que acosaban a la Corona en petición de más cargos y títulos.

Los curanderos negros complementaron la mano de obra médica, aunque algunos de ellos también se vieron afectados por sospechas inquisitoriales en torno a su abuso de la adivinación y de la magia con la excusa de dedicarse a la curación. Es dudoso, sin embargo, que españoles y negros juntos pudieran haber reemplazado la mano de obra indígena dedicada a la medicina que pretendieron arrinconar. Fuera de los grandes centros de población, donde, como veremos, la Iglesia y el Estado hicieron extensas provisiones para el cuidado de nativos enfermos, la atención de la salud estaba sujeta a dos grandes principios: primero, en el Imperio español la religión era el único elemento de las culturas indígenas que el Estado tenía gran interés en modificar; segundo, como indicó el historiador David Arnold, los imperios europeos generalmente no percibieron la medicina nativa como un conjunto de prácticas culturales en las cuales debieran inmiscuirse.[17] En las grandes áreas rurales había poca opción, tanto para indígenas como para colonos, excepto confiar en la medicina nativa. En todo caso, parece que la tolerancia y, en algunos lugares, incluso, el estímulo a los curanderos tradicionales por parte de las autoridades españolas aumentó hacia el final de su periodo de gobierno. En 1799 el virrey de México, Miguel José de Azanza, declaró: «No existe prohibición contra los curanderos que ayudan a los enfermos de las comunidades indígenas. Aunque sean en efecto ignorantes, tienen más experiencia y conocimiento que cualquier otro».[18] En Caracas, la universidad e instituciones sanitarias suplicaron que se prohibiera el trabajo de curanderos, no solo por la sospecha de heterodoxia, sino porque su monopolio de la demanda médica alejaba a posibles estudiantes de medicina. Sin embargo, la necesidad de profesionales con poca formación pero asequibles, o de curanderos «empíricos» para el común de las gentes, no desapareció. En 1777, el rey señaló:

> He determinado establecer una inspección de la profesión médica en la ciudad, en respuesta a peticiones locales, si bien respecto de la escasez de médicos que se insinúa haber en la ciudad de Caracas, mando se tolere por ahora la continuación de algunos de los curanderos que sean más hábiles y de mejor conducta, señalándolos y poniéndolos en lista, con examen y aprobación de una junta que para este fin se ha de componer.[19]

Como ocurre cuando acontece un encuentro cultural de este tipo, el gradualismo prevaleció. Las estructuras de salud hispanas no desplazaron la tradición indígena mediante prácticas intrusas, sino que se produjo una combinación de procedimientos existentes, importados e innovadores. En la obra de Pedro de Montenegro, un jesuita de la provincia del Paraguay que compiló un tratado sobre etnobotánica en 1710 y lo dedicó a Nuestra Señora de los Siete Dolores, hallamos información relevante sobre el estado de la farmacia y la medicina en una frontera remota. Aunque bienintencionada, la dedicatoria no resultaba muy alentadora. El dolor era el resultado más habitual de la práctica médica dispensada por los misioneros de la época. Hasta casi el final del siglo XVII ni siquiera había médicos cualificados en las aldeas jesuíticas. Montenegro fue uno de los primeros en tener alguna experiencia relevante, aunque no está claro si tuvo título de médico. Nacido en 1663, trabajó en el Hospital General de Madrid antes de su ingreso en la Compañía de Jesús. En 1702 fue destinado como enfermero y cirujano de tres mil indios de la misión de los Santos Mártires de Japón, sobre el curso alto del río Uruguay, en lo que hoy es Argentina. Murió allí en 1728. Ningún monumento lo recuerda entre las pocas piedras derrumbadas que señalan el lugar.

En 1705, según el prefacio de su tratado, asistió a algunos indios de la misión que lucharon a favor de España en la conquista de la colonia de Sacramento, fortaleza portuguesa invasora en la desembocadura del Río de la Plata. Se ocupó incluso de «diversas perforaciones del pecho causadas por lanzas y disparos».[20] No podía hacer mucho bien. La ciencia que representaba estaba anticuada incluso para los estándares europeos del momento. No solo aceptaba las teorías galénicas comunes a la mayoría de los médicos de la época, sino también supuestos sobre la enfermedad originada en la «fuerza vegetativa» y la generación espontánea de parásitos, como gusanos intestinales, por ejemplo, debidos al exceso de «malos humores». Creía también en la eficacia de influencias astrales, y pensó que la hierba que llamaban güembé era «procreada por el sol» bajo la influencia de Marte. Como recogía tierra en sus raíces debido a emanaciones selenitas, «es tan venenosa cogida en creciente de luna».[21]

Por entonces los jesuitas no contaban con hospitales ni farmacias en ninguna de sus misiones en la región del Paraná, aunque sí en el área de Mojos, en el Alto Perú, donde mantuvieron presencia, así como en el Río de la Plata. Allí disponían desde principios del siglo XVII de una botica o dispensario en Buenos Aires, y de otro en Córdoba.[22] El colegio jesuita de San Pablo, en Lima, tenía una botica que no solo dispensaba remedios a escala local, sino que también los despachaba según peticiones llegadas de toda la América del Sur bajo dominio español.[23] La situación mejoró poco a poco. Cinco misiones en la región tenían farmacia antes de 1768. En el ínterin, sin embargo, como explicó Montenegro, las plantas locales, seleccionadas y aplicadas de acuerdo con el conocimiento indígena tradicional, tenían que servir. La farmacopea de Montenegro estuvo compuesta enteramente por plantas disponibles allí, con un glosario en idioma tupí-guaraní: «Por hallarme en estas tierras de la América, sin botica ni boticarios, me vi forzado a con ellas hacerme autor de botica». Los remedios etnobotánicos salvaron su propia vida en tres ocasiones de heridas o síntomas clásicos que la medicina clásica occidental declaraba irremediables, pues «varios autores afirman no ser curables». Las plantas que enumera e ilustra son «verdaderas medicinas que te prometen curar».[24] Los médicos jesuitas parecen haber aprendido más de sus *curuyzaras* o asistentes nativos que al revés. Estos, por supuesto, eran habitualmente chamanes o sus descendientes, y en circunstancias menos favorables habrían sido sospechosos como perpetuadores del paganismo.

Aunque las órdenes religiosas gobernaban las misiones, estas deben ser consideradas parte de la infraestructura del Imperio español, pues estaban subsidiadas y eran defendidas a costa de la Real Hacienda. Durante el siglo XVII el mantenimiento de las misiones representó más de la mitad de los gastos en Nuevo México. A pesar de la inversión en cuidados sanitarios y enfermería, la utilidad de las misiones para promover una buena salud fue limitada. Durante largos periodos lucharon simplemente por mantener a sus habitantes con vida. Como declararon los jesuitas en Florida en 1570, muchos indios estaban acostumbrados a una vida errante y «sacarlos de ella es como matarlos».[25] Según apuntó la queja de un franciscano, «tan pronto como los conducimos a una manera cristiana y comunitaria de vida, engordan, enferman y mueren». El choque cultural, agudizado a veces por azotes que algunos misioneros consideraban una forma de disciplina, tanto para sí mismos como para sus congregaciones, restringía el crecimiento demográfico.

Con todo, incluso en remotos emplazamientos avanzados del Paraná, las misiones contribuyeron a la salud pública. No solo organizaron, distribuyeron y desplegaron personal nativo —había, por lo menos en teoría, un *curuyzara* aprobado por el clero en cada aldea integrada en las reducciones—, sino que mantuvieron elevados niveles de higiene y saneamiento. Por lo general, se excavaron cementerios junto a iglesias o en parcelas cercanas en lugar de abarrotar con restos corporales putrefactos y malolientes los subsuelos de los templos. Los sistemas de drenaje de las misiones estuvieron relativamente bien diseñados. En el subsuelo de las jesuíticas, majestuosas alcantarillas de hasta dos metros de altura transportaban el agua de tanques dispuestos sobre el suelo.[26] El volumen de la producción de alimentos seguramente hizo más por el bienestar general que cualquier torpe atención médica. En California, tras arrancar a los nativos del nomadismo, las misiones les proporcionaron nuevos cultivos: trigo, uvas, cítricos y aceitunas. En 1783 produjeron 22.000 toneladas de grano, un total que se elevó a 37.500 en 1790 y a 75.000 hacia 1800. Cuando las autoridades seculares la incautaron en 1834, la misión modelo de San Gabriel establecida por fray Junípero Serra tenía 163.578 viñas y 2.333 árboles frutales, así como abundante ganado.[27]

MEDIO AMBIENTE SALUDABLE

Las misiones, por supuesto, se hallaban en las fronteras de la monarquía, con acceso limitado al saber médico y a la bibliografía científica actualizada. Aun así, incluso en las ciudades que eran elementos vitales de la civilización hispana, las nociones de lo que ahora llamamos salud pública eran rudimentarias. En minas y mataderos, alrededor de vertederos y cementerios, la teoría predominante atribuía la contaminación al «aire corrupto», causado por exhalaciones y miasmas. En orden de prioridades, el alcantarillado era una posibilidad apenas entrevista. Buenos Aires no tuvo ninguno durante el periodo hispano. La Habana desaguaba en la bahía, donde los residuos se acumularon. El suministro de agua potable fue el objetivo de heroicos esfuerzos de ingeniería. En la década de 1570, el agustino fray Diego de Chaves puso en marcha uno de los primeros grandes proyectos para proveer de agua limpia y pesquerías libres de enfermedades a su parroquia indígena de Yurirapúndaro —el nombre quiere decir «lago de sangre»—, en Guanajuato. Así, construyó un canal para alimentar el contaminado lago local con un suministro continuo de agua dulce procedente del río Lerma. Un plano de 1580 muestra el pueblo, dominado por la casa de los padres agustinos y rodeado de satisfechas cabezas de ganado: vacas con cuernos retorcidos, caballos y asnos felices inclinados sobre la hierba.[28]

La limpieza de las calles fue responsabilidad de los vecinos hasta bien entrado el siglo XVIII, cuando los gobiernos comenzaron a asumir que se trataba de una tarea que correspondía a la administración. El Perú no tuvo servicio público de limpieza de calles hasta que, en 1792, en Lima aparecieron las primeras carretas de recolección de basura. Cuatro años más tarde, cuando la ciudad contaba con solo seis de estas carretas, el médico criollo Hipólito Unanue denunció el aire viciado que emanaba de las asquerosas vías públicas. En México, cuando el habanero conde de Revillagigedo asumió como virrey, en 1789, encontró que la limpieza urbana se realizaba cada dos años. Los canales de la capital emitían «exhalaciones podridas», porque estaban colmatados de suciedad. Por ellos corrían excrementos y hasta perros muertos, que los guardias nocturnos mataban después del toque de queda. Los locales usaban el atrio de la catedral como una letrina, y las fuentes eran como lavamanos para los cuerpos y la ropa, mientras «muchachos traviesos», para divertirse, arrojaban en ellas animales muertos y desechos. Una inundación causada por una tubería de agua rota esparció el contenido hediondo de un colector que suministraba al centro de la urbe.

Revillagigedo se lo tomó como algo personal. Introdujo recolecciones nocturnas de basura en 36 carros y rutinas diarias de limpieza de calles, incluyendo el barrido obligatorio y el baldeo de los frentes de las casas a cargo de sus ocupantes y propietarios. También mandó colocar pavimentos que se podían barrer, y cada cuatro o cinco casas faroles para iluminación nocturna. Impuso fuertes multas por arrojar inmundicias y desterró a cerdos y vacas de las calles, o al menos controló el acceso de ganado a vías públicas. Observadores contemporáneos, desde el protomédico y supervisor médico general Diego García Jove hasta Vicente Cervantes, director del Jardín Botánico, aprobaron unánimemente los efectos de las medidas, que implicaron una mejora de la salud de la población. Sin embargo, era difícil que perduraran, al menos por lo que concernía a los vecinos afectados. Menos de un año después de iniciado el gobierno del sucesor de Revillagigedo, el marqués de Branciforte, el vecino Pedro Basave se quejó de que caminar por las calles resultaba «una experiencia nauseabunda y asfixiante».[29]

Durante los siglos XVII y XVIII un recurso habitual de los urbanistas fue construir alamedas, parques frondosos o amplios bulevares donde los vecinos pudieran tomar el aire. Muchos crecieron hasta alcanzar la magnificencia. La alameda de la ciudad de México, con sus filas de olmos, su canal de circunvalación y su fuente central, fue inaugurada en 1592. En 1625 sirvió de escenario a una famosa descripción del viajero renegado Thomas Gage, en que mencionó el desfile diario de dos mil carruajes con cortinas, acompañados de galanes a caballo y bellas esclavas jóvenes, tocadas con mantillas blancas, que le parecieron «como moscas alrededor de la leche».[30] Para los artistas grabadores virreinales, la alameda representó la elegancia ilustrada por la cual la ciudad era famosa. Urbes provinciales se hicieron eco también de los problemas y soluciones de las capitales. Veracruz tuvo su alameda desde principios del siglo XVII. En 1766 fue mejorada con seis fuentes nuevas, alimentadas por cañerías de plomo. Según un informe de 1771, los ingresos de la ciudad no podían cubrir los gastos de 12.000 a 14.000 pesos al año que costaban la limpieza de las calles y letrinas.[31] El aire fresco siempre fue considerado un preventivo y un remedio. El viajero Alejandro de Humboldt elogió poco después al ingeniero José Barreiro por mejorar la salud de Acapulco al ordenar abrir un corte en el interior montañoso que dejara pasar la brisa y ventilara la ciudad.[32]

HOSPITALES

Si la alameda parece un mecanismo indirecto de lucha contra la mala salud pública, el hospital era más directo, aunque no necesariamente más eficaz. Los hospitales eran solo para pobres. Los ricos tenían médicos que los atendían en sus propios hogares, si bien los hospitales contaban con la infraestructura de salud que disfrutaban todos los demás. Para indios, esclavos, empleados en ejércitos y flotas, blancos «de orilla» o marginales, aquellos a quienes los caprichos de la vida arrojaban a calles y playas, los hospitales eran sinónimo de refugio, descanso, comida, oración y restablecimiento, todo lo que contribuía a su recuperación, mejor que los daños y las heridas infligidos por los tratamientos de los médicos y comúnmente aplicados en ellos. «Los ricos no reciben mejor tratamiento en sus casas que los pobres en este hospital», declaró con indisimulado entusiasmo un cronista de México en 1554, en referencia al de la Concepción.[33] En 1541, Carlos V ordenó que hubiera «hospitales en cada pueblo de españoles e indios, donde los pobres y los enfermos puedan curarse».[34] Esta intención loable era más fácil de proclamar que de llevar a cabo, pero hacia 1627, cuando el carmelita Antonio Vázquez de Espinosa escribió *Compendio y descripción de las Indias occidentales*, la mayoría de los lugares con más de trescientos residentes españoles contaban con algún tipo de hospital.[35] La ciudad de México disponía de treinta para servir a unos cien mil habitantes. Para la monarquía global española en su conjunto, Francisco Guerra catalogó más de mil hospitales en ultramar, sin contar los instalados en misiones.

La mayor demanda que los hospitales impusieron a la Corona fue de tipo presupuestario. Aquellos heridos graves, enfermos o moribundos a los que se atendía, generalmente eran servidos a expensas del tesoro público o de dotaciones en tierras, rentas, tributos, cuotas de impuestos o dinero en efectivo que habían destinado las autoridades con ese fin. Los recursos financieros —que eran muchos y variados— intentaban ponerse al día de continuo para afrontar los costos, pues los hospitales se solían gestionar con pérdidas. El principal hospital de Lima, por ejemplo, nunca parece haber tenido un déficit de menos de 5.000 pesos en cualquier año del que exista registro. Las cuentas del periodo entre 1786 y 1790 muestran unas asombrosas pérdidas anuales de 43.000 pesos.[36] En la misma ciudad, el Hospital de la Caridad, fundado en 1559 por una cofradía, atendía las necesidades de pacientes femeninas y empleaba enfermeras nativas a las que entregaban a cambio ropa y dotes matrimoniales. A pesar de este plan financiero, los fiduciarios gastaron 20.000 pesos en 1637. Los ingresos habían ascendido a solo 6.000.

Por supuesto, la contribución de fundaciones y obras pías, establecidas en su totalidad o en gran medida a expensas de benefactores privados, no fue insignificante. Cortés facilitó en 1521 la dotación del hospital que fundó en Tenochtitlán, recién conquistada. En Lima, los hospitales más impresionantes surgieron de iniciativas particulares. El de San Andrés, por ejemplo, fue resultado de las inquietudes del sacerdote Diego Molina, quien en 1552 comenzó a recoger limosnas para el cuidado de españoles pobres y enfermos. Los modestos edificios que logró erigir fueron reemplazados por otros de gran escala gracias a la generosidad del virrey Andrés Hurtado de Mendoza, que suministró 17.000 de los 19.000 pesos que fueron necesarios. En 1586, el hospital trataba un promedio de noventa pacientes por día. En 1597 tenía 2.500 internos, con solo veinte empleados de plantilla. Para el año 1620, según el halagador carmelita Vázquez de Espinosa, podía «competir con los mejores del mundo» y le recordaba a una pequeña ciudad, con sus quinientas camas, un manicomio separado y «cantidad de esclavos y esclavas para el servicio de los pobres».[37]

Un discípulo del mártir inglés Tomás Moro, Vasco de Quiroga, juez incansable en México que en 1536 devino en obispo igualmente incansable, fundó, en particular para el tratamiento de indígenas enfermos, varios hospitales en la capital y en Michoacán, origen de lo que luego sería conocido como «hospitales-pueblo» —hoy diríamos centros de salud—, para atender a las comunidades nativas con escuelas, orfanatos y talleres. Otro juez, Sebastián Ramírez de Fuenleal, le ayudó a reunir la financiación. La importancia de las limosnas en la dotación de los hospitales se ilustra por la acusación que se estableció en 1620 contra el sospechosamente conocido como Pedro Pecador, un individuo que se había embolsado las donaciones solicitadas para el Hospital Santo Domingo, fundado en Lima en 1593. Un tribunal al menos pudo recuperar cuatrocientos pesos.[38]

En Nueva Orleans, la última gran provincia vinculada a la monarquía española debido a la cesión francesa de la mayor parte de Luisiana, el Hospital de La Charité había abierto en 1736 gracias al legado dejado por un marinero. En 1744 un gobernador francés agregó a los fondos iniciales un regalo personal. Tras el destructivo terremoto de 1778, ya bajo administración española, el hospital se volvió a abrir bajo la advocación de san Carlos, en homenaje al monarca reinante. Dependió de todos modos de donaciones privadas, como la facilitada por el megafilántropo Andrés Almonáster y Rojas, un notario pluriempleado que, por un lado, hizo fortuna al aprovechar oportunidades comerciales para su enriquecimiento y, por otro, sembró la urbe de obras benéficas.[39]

Normalmente, las instituciones de gobierno intervenían para complementar la caridad privada con fondos públicos. Un ejemplo notable fue el del Hospital de San Nicolás de Bari, el más antiguo de Santo Domingo, originalmente una empresa filantrópica privada de una mujer negra que, desde 1503, por impulso caritativo, cuidaba de enfermos en su choza. El gobernador concedió a sus legatarios los alquileres de seis casas de piedra a fin de que continuaran su obra de caridad. En 1519, con la ayuda de estos fondos y de suscripciones privadas, el hospital fue levantado en piedra. Para administrarlo fue organizada una cofradía que en 1574 resistió con éxito un intento de control por parte de oficiales reales. Hacia 1586, la capacidad del hospital había aumentado hasta setecientas camas. En 1698, la necesidad de mayor financiación ya no podía ser aplazada y le fue otorgado un subsidio real de 83.000 pesos para el pago de los cuidados dispensados a personal militar, naval y del gobierno. En 1700, el hospital se fusionó con la proyectada —pero frustrada— institución local destinada a los niños expósitos, para la cual, en 1696, el rey había provisto un presupuesto que resultó inadecuado: 2.000 pesos para el edificio y 600 más procedentes de la renta de encomiendas vacantes, con los que se pagaría al personal. El dinero era lamentablemente escaso para tal propósito, mas representó una útil adición a los recursos de San Nicolás. A mayor escala, el Hospital de Santa Ana, en Lima, comenzó sus labores en 1549 con donaciones privadas que las subvenciones reales aumentaron, especialmente desde 1553, con la suma de 2.000 pesos al año procedentes de multas impuestas por los jueces, y otros 400 del Real Tesoro. Como el propio monarca reconoció, «es muy necesario que en esa ciudad se establezca un hospital donde los pobres indios puedan ser curados». En 1618, financiaron el hospital cerca de 12.000 pesos procedentes de rentas públicas, y otros 500 por vía de limosnas, mientras que el Real Patronato, con el porcentaje de diezmos que giraba a la Corona, aportó 3.000 más.[40]

Poco a poco fue esta institución la que vino a asumir la responsabilidad sobre hospitales que, en origen, habían sido fundación privada. En 1622, por ejemplo, el hospital para indígenas de San José de Gracia pasó al control público. Fue un temprano ejemplo de la alianza entre las élites indígenas y los conquistadores. En 1586 los fundadores nativos incluyeron entre los gestores a los herederos de Hernando de Tapia, quien fue uno de los primeros mediadores políticos entre españoles y jefes indígenas en Tenochtitlán, bajo el gobierno de Cortés y de los dos primeros virreyes. El Hospital de San Lázaro, fundado en 1638 con fondos privados por el presidente de la Audiencia de Guatemala, Álvaro de Quiñones y Osorio, duró solo dos años sin que la Corona lo interviniera. Esta encomendó la financiación al Real Patronato y el funcionamiento a la orden de San Juan de Dios. El Hospital de San Francisco de Paula, en La Habana, dependió en primer término del legado de un antiguo canónigo de la catedral. Fue ampliado gracias a una nueva red de donantes y, hacia 1730, el monarca le remitía un porcentaje de los diezmos, en la parte que le correspondían.[41]

En la práctica, estos fondos del Real Patronato se convirtieron en recurso principal para la atención de la salud en los territorios ultramarinos. El hospital dedicado a Nuestra Señora de los Remedios, en Santiago de Cuba, se empezó a construir en 1523. Puesto bajo la real protección y con gran disgusto episcopal por la asignación a la institución sanitaria de rentas obispales, las obras se terminaron con fondos del Real Patronato. Nunca fue viable por sí mismo, a pesar de la ocasional entrega de dinero por sucesores más generosos en la sede eclesiástica. En 1740, el gobernador se quejó de que, en el mejor de los casos, no podían atender a más de quince pacientes. En 1754 asumió el control la orden bethlemita. Casi dos siglos antes, en 1544, Carlos V había asignado 600 pesos en oro para hospitales en Cuba, pero el capítulo que gobernaba la catedral nunca entregó el dinero. Las veinte camas del Hospital de San Felipe y Santiago, en La Habana, dotadas desde 1597 con fondos de la Corona, debían mantenerse de una asignación del Patronato. Esto solo aconteció cuando la poderosa orden de San Juan de Dios asumió el control de la institución, en 1603. El hospital militar de San Agustín, en Florida, fue puesto bajo la advocación de Nuestra Señora de la Soledad —quizá de manera poco auspiciosa para un establecimiento situado al límite del Imperio—

y bajo la expectativa de una amplia financiación por parte del Real Patronato. Su existencia era insegura. Los franciscanos delegados de misiones lo mantuvieron en pie con dedicación, e intentaron transferirlo en 1682 a la orden de San Juan de Dios, que declinó asumir tan importante carga. Durante la guerra de los Siete Años (1756-1763), los costos fueron cubiertos mediante deducciones obligatorias del salario de los soldados más un cargo a satisfacer por los pacientes, consistente en un real al día, lo que recuerda el actual copago sanitario.[42]

En otros casos, la intervención de la Corona, del cabildo o del capítulo de la catedral reforzaron hospitales privados con finanzas vacilantes, sin eliminar por completo los marcos de financiación existentes. En Lima, en 1680, dueños y señores de minas pusieron en marcha una institución para atender a sus trabajadores enfermos: el Hospital de la Concepción. Los hermanos negros de la cofradía de la Limpia Concepción cuidaban de los pacientes. Los dueños cobraban un peso por cada salario de minero al año por Navidad, para ayudar a cubrir los costos. La cofradía y, presumiblemente, los operarios se quejaron del gravamen, y en 1684 solicitaron a la Corona que les apoyara con fondos del Real Patronato, aumentados con una tasa de doce pesos y medio que debía pagar el dueño de cada esclavo que recibiera tratamiento hospitalario. Los ingresos siguieron siendo insuficientes; así, en 1686 se introdujo un nuevo sistema. Cada señor de minas pagaría un peso y cuarto semanal por cada trabajador, y habría además contribuciones anuales, a razón de dos pesos los hombres casados y un peso los solteros, en el curioso supuesto de que los primeros tenían una salud peor. El Hospital de la Resurrección, en Comayagua, en las montañas de lo que hoy es Honduras, resultó igualmente difícil de financiar. Desde su creación como fundación episcopal en 1650, contó con contribuciones por vía de limosna. Las finanzas siguieron siendo precarias incluso después de la transferencia de costos al Real Patronato. En 1793 introdujeron cargos por el tratamiento de soldados. Al final, la solución fue el apoyo directo de la Corona mediante una financiación adecuada.[43]

Durante los primeros años del Imperio, el sistema de encomiendas, que mantenía a los conquistadores mediante el pago de tributo o el aporte de mano de obra de los indígenas, también financió hospitales. El de la Concepción, fundado en 1511, el primero de Puerto Rico, tuvo cien encomendados hasta 1523 a fin de cubrir el costo de un puñado de camas, entre media y una docena, según las ocasiones. Entonces, la reubicación de la ciudad facilitó la oportunidad de establecer un nuevo sistema, más en línea con el cambio gradual y la discontinuidad del uso de la encomienda como instrumento de la política monárquica. Hasta 1701 las donaciones privadas mantuvieron la institución en marcha, además del trabajo voluntario de una cofradía. La responsabilidad fue trasladada luego al Real Patronato. En 1772, los fondos públicos pagaron la reubicación del hospital.[44] La fundación del Hospital Real de los Naturales de México fue facilitada por donativos en forma de trabajo hechos por los indígenas de Chalco, una comunidad obligada —por dos reales cédulas de 1576 y 1580— a cortar madera para andamios destinados a obras y reparaciones, así como a suministrar veinte cargadores para su entrega en destino.[45]

Las loterías eran métodos bastante comunes de financiar hospitales, y deberían considerarse contribuciones del Estado, pues implicaban la enajenación de un derecho que, de otra manera, habría beneficiado a la Real Hacienda. Sus ingresos fueron muy útiles para compensar los déficits de hospitales, experimentados con frecuencia como resultado de la necesidad de aceptar a más pacientes de los que sus fondos propios les permitían atender. El Hospital de San Pedro, en México, por ejemplo, tuvo un buen historial de ingresos, con unos seis mil pacientes al año de promedio durante doce décadas; disfrutó de un ingreso de poco menos de 40.000 pesos en 1811, pero gastó 48.510. Una lotería sirvió para cubrir la diferencia. En 1765, la Corona agregó mil pesos de la lotería a la dotación del Hospital de los Pobres, fundado por Francisco Ortiz Cortés, antiguo chantre de la catedral de la ciudad de México. La limosna también era imprescindible para que la financiación resultara viable.[46]

Las autoridades desviaron una amplia gama de ingresos de otras procedencias a la administración de hospitales. El de Indios, de México, a finales del siglo XVIII recogió 40.000 pesos al año, incluso una contribución anual directa de 1.000 pesos procedente de la Real Hacienda, 8.225 pesos de ingresos del teatro y 23.000 del tributo que los indios entregaban a la catedral. Desde 1763, la Corona los había destinado a este fin.[47] El Hospital de San Andrés, en Lima, gozó para financiarse del derecho de licenciar peleas de gallos. El de Nuestra Señora de Atocha, en Lima, y el recién fundado de Buenos Aires recibieron —al igual que el de la Concepción, en Puerto Rico— los monopolios locales del derecho de publicación o licencia de imprentas. Los aranceles por fondeo en puertos también fueron importantes para este fin. Los recibieron los hospitales de San Lázaro de Cartagena y de La Habana. En Panamá, el Hospital de San Sebastián, fundado por el gobernador Alonso de Sotomayor en Portobelo en 1597, dependió de la Real Hacienda para el pago de medicinas, camas y salarios del personal hasta 1759, cuando le asignaron cuotas del fondeo, complementadas con limosnas recogidas por la cofradía del Espíritu Santo. Hubo un déficit rutinario cubierto por tasas que pagaba la Real Hacienda, de dos reales por cada soldado tratado allí y de un real por paciente, a abonar por los dueños de los esclavos hospitalizados. Entre las fundaciones financiadas con dinero de las multas impuestas por los tribunales y remitidas por la Real Hacienda, se encontraba el Hospital de la Caridad, de La Habana. En la misma ciudad, la venta de los astilleros de galeras pagó el hospital militar instituido por Felipe II en 1597.[48]

Entre los ingresos asignados, las escobillas —literalmente, la basura, el residuo de la fundición de minerales preciosos— constituyeron gran parte de los recursos financieros empleados en cuidados como los dispensados en el Hospital de la Caridad, en Santiago, en la isla La Española. Cuando en 1534 Carlos V otorgó un privilegio de fundación al Hospital de San Sebastián, en Cartagena de Indias, previó que fuera financiado mediante escobillas. En la Corte los oficiales reales responsables habían pasado por alto el hecho de que Cartagena no tenía minas. Para sustituir las inexistentes escobillas, el hospital recibió un porcentaje de las multas impuestas en sentencias de juicios locales a partir de 1538; en 1560 le agregaron una parte de los ingresos de la Real Hacienda por muertes «abintestato», aquellos fallecidos sin testamento o sin heredero legítimo conocido. Contribuciones ocasionales compensaron las deficiencias financieras. A pesar de la naturaleza bastante desesperada de algunas medidas, hacia 1612 el hospital se hacía cargo de más de mil pacientes al año, cuando la orden de San Juan de Dios lo asumió como propio. Las escobillas eran mucho más abundantes en Lima, donde suministraron, con la ayuda de un porcentaje de las multas y la contribución de numerosos donantes, gran parte de los cien mil maravedíes al año que Carlos V previó en 1537 que costaría el Hospital de Nuestra Señora de la Concepción.[49]

En efecto, las fundaciones episcopales y las órdenes religiosas pagaban con fondos públicos, en concreto del porcentaje de diezmos recibidos por el Real Tesoro gracias a los acuerdos por los que el papado había confiado a la Corona española la protección de la Iglesia. El sistema implicaba una contabilidad alucinante. La mitad de los diezmos de cualquier diócesis iban al obispo y al capítulo de la catedral, para distribuirlo a discreción. Una parte se destinaba de manera usual a la atención de la salud en fundaciones, o a iniciativas propias de carácter temporal. El cincuenta por ciento restante se dividía en nueve partes iguales, de las cuales dos iban al fisco real para el mantenimiento de obras públicas, incluidos los hospitales, y otras cuatro eran para iglesias de la diócesis. De las tres partes restantes, la mitad iba a sufragar costos de ampliación y mantenimiento de los edificios de la catedral. La mitad (menos el 10 por ciento que el capítulo retenía para atender cualquier hospital que tuviera bajo su propio control) iba a hospitales en general. En consecuencia, el 18,61 por ciento de los diezmos estaban disponibles para obras públicas bajo el control del obispo y del capítulo catedralicio. El 9,15 por ciento restante era para otras obras públicas. La Corona podía alterar la distribución de vez en cuando, según aparecían otras necesidades.[50]

DOTACIÓN DE PERSONAL SANITARIO

Los cabildos municipales solían participar en la atención hospitalaria, normalmente en asociación con otras entidades: la Iglesia, el monarca, las cofradías y benefactores individuales. Como consecuencia de ello, las querellas jurisdiccionales fueron normales incluso después de 1565, cuando por real cédula los cabildos recibieron el control formal de todos los hospitales que fundaran. En 1574, la Real Hacienda intentó asumir toda la administración hospitalaria por decreto. La oposición de la amplia gama de corporaciones implicadas hizo inútil el esfuerzo.

Los ejemplos hasta ahora revisados muestran el papel jugado por las órdenes religiosas y las cofradías en la atención hospitalaria. En algunos de los casos en que estas organizaciones participaron, desde luego proporcionaron atención médica y de enfermería. En otros, se hicieron cargo de la administración del hospital en cuestión, o contribuyeron a fundarlo, o compartieron la responsabilidad de cobrar los ingresos asignados por las autoridades públicas. De acuerdo con la legislación publicada en 1541 —la misma que decretó el objetivo de establecer un hospital en cada núcleo de población de las Indias—, repetida en 1630, las órdenes religiosas solo podían administrar hospitales «no como dueños y señores de ellos y de sus rentas y limosnas, sino como ministros y asistentes de los hospitales y sus pobres».[51] Según un recuento de 1774, la orden de San Juan de Dios, la mayor proveedora de atención hospitalaria y de hospicios, disponía de 36 hospitales en México, con un total de 1.316 camas. Entre 1768 y 1773, un total de 129.983 pacientes cruzaron el umbral de sus porterías. Si los registros que la orden conservó son confiables, murieron 9.829. Los servicios de los hospitalarios incluyeron, desde 1608, el Hospital de San Bartolomé, para trabajadores mineros indígenas en Huancavelica, y el pequeño Hospital de la Vera Cruz en Guadalajara, anteriormente dirigido por una cofradía residente que había recibido ayuda del monarca por un plazo breve. Los religiosos de San Juan de Dios tomaron control de sus 16 camas en 1606. La orden religiosa más antigua fundada en el Nuevo Mundo, la hermandad de Nuestra Señora de Belén, operaba refugios para pobres en gran parte de América Central, y, a partir de 1672, también se ocupó del Hospital del Carmen, en Lima, con un presupuesto diario por paciente de 12 reales al día para la comida. El virrey pagaba doce días de gastos alimenticios al año y su esposa agregaba un decimotercero. Los dominicos fueron los únicos responsables de los hospitales de Manila durante la mayor parte del periodo hispano.[52]

Cuando las decisiones se entrelazaban, o cuando los hospitales competían para servir a los mismos distritos o donde saltaba a la vista que la distribución de fondos era irracional, los compromisos surgían gradualmente como resultado de negociaciones entre cabildos, autoridades de la iglesia local, cofradías u órdenes religiosas implicadas y representantes de la Corona. En Puebla, el Hospital de San Juan de Letrán tenía una dotación aportada en parte por el cabildo y, en parte, por la cofradía de los Negros del Cristo de la Expiación. Contaban con la recaudación de limosnas, mientras que San Pedro, el hospital rival, era mantenido por el capítulo de la catedral. Costó casi cien años resolver la demarcación de sus respectivas jurisdicciones, con San Pedro ocupado a partir de 1645 solo por pacientes masculinos, mientras que San Juan de Letrán se dedicó en exclusiva a las mujeres.[53] Desde 1538, el cabildo de Santo Domingo pagó cien pesos al año destinados al salario del director del Hospital de la Rinconada. En Lima, el de San Andrés, fundado en 1546, disponía de quinientas camas a cargo de un médico pagado con los fondos del cabildo. En 1549 el arzobispo dotó el Hospital de Santa Ana para indios y el de San Bartolomé para negros. El de la confraternidad de la Caridad fue fundado en 1552 según los principios generales de la institución. Llegó a especializarse en el tratamiento de mujeres y niñas españolas.[54] En México, durante las décadas de 1770 y 1780, el arzobispo Alonso Núñez de Haro acometió una racionalización que implicó la fundación de un nuevo hospital general, dedicado a san

Andrés. Instalado en un edificio desocupado por la expulsión de los jesuitas, fue quizá la instalación médica mejor equipada del Nuevo Mundo, pues contaba con una capacidad de mil camas, una farmacia de dimensiones legendarias y teatros para disecciones y autopsias. Entre las instituciones que el arzobispo incorporó estaba el Hospital del Amor de Dios, que se especializó en enfermedades venéreas y disfrutó de un generoso patrocinio real y eclesiástico. Este incluyó la asignación de fondos del Real Patronato, rentas asignadas a la catedral e ingresos reales de la ciudad de Ocuituco, en lo que hoy es Morelos.[55]

PROFESIONALES MÉDICOS

Además de construir hospitales, proveer servicios de ingeniería o de administración y organizar la higiene, el Estado contribuyó a la salud pública mediante la regulación de la práctica médica, al menos en las ciudades, donde los cabildos a menudo disputaron con los funcionarios nombrados por la Corona la licencia de los practicantes y el castigo de los charlatanes. En 1527, el primer protomédico de la ciudad de México, Pedro López, fue un candidato del cabildo cuyo trabajo, examinar y controlar a quienes practicaban la medicina, se asemejaba a una navegación en «mares turbulentos». De modo comprensible, en las fronteras remotas de la monarquía aparecieron cuentistas y expulsados de los colegios médicos de otros lugares. El cabildo mexicano tuvo que lidiar con nombramientos temporales incluso después de 1570, cuando el rey elevó a Francisco Hernández al cargo de protomédico, con responsabilidad nominal sobre todo el virreinato de la Nueva España. Esta designación parece que fue más un medio de dotarle de un salario que de atender a la necesidad de nombrar a un médico renombrado para la capital virreinal. Sus energías, de hecho, estuvieron dedicadas a las investigaciones botánicas que el monarca le exigía. Si Hernández alguna vez interfirió en la gestión de asuntos médicos, no quedó rastro en los archivos. La amplitud de sus instrucciones en lo referente a la supervisión de la medicina local solo aumentó la confusión general y multiplicó las oportunidades de intrusos y timadores que, según dijeron, «practicaban la medicina sin temor de Dios nuestro señor y sin la licenciatura requerida». En 1585, el virrey nombró para el cargo a un recién llegado de impresionante trayectoria. Luis de Porras era catedrático de Salamanca y antiguo médico del real dormitorio. Literalmente era un hombre flamígero, ya que llegó cargado con cuatro espadas y su propio arcabuz. El cabildo lo rechazó alegando que su propio derecho a nombrar protomédicos era indiscutible. Mientras tanto, Lima no experimentó problemas similares de jurisdicción. El primer inspector de práctica médica, Hernando de Sepúlveda, arribó en 1537 con un inequívoco mandato real.[56]

El alcance de la regulación médica estaba, en todo caso, limitada por consideraciones prácticas: escasez de personal cualificado, rivalidades entre fundaciones religiosas y médicos laicos, problemas de verificación de reclamos sobre la actividad de impostores y dependencia de curanderos tradicionales o de cirujanos, que a menudo tenían poca educación formal y buscaban el trabajo como medio para escapar de la esclavitud, la pobreza y las restricciones sociales. El número de individuos calificados nunca satisfizo la demanda. En 1791, por ejemplo, 56 cirujanos atendían en Lima a aproximadamente sesenta mil personas; más de cuarenta eran negros o mulatos.[57] Los protomédicos no podían hacer cumplir las exigencias de la profesión. En 1791, un caso llamativo que aconteció en México involucró al practicante de cirugía sin título Manuel de San Ciprián, quien, tras negarse a cerrar una de sus dos peluquerías, huyó —según manifestó— de un espadachín contratado por el protomédico y acudió al virrey, a quien señaló que era perseguido por negarse a pagar un soborno.[58]

Los médicos titulados solían estar, por lo general, a disposición de los ricos. Sin embargo, los esfuerzos por proporcionar atención sanitaria gratuita o casi gratuita a los pobres los involucraron en la mejora de la salud pública. Ya en 1511, Gonzalo Velloso, cirujano real designado para Santo Domingo, fue el encargado de tratar a esclavos e indios a cargo del Real Tesoro.[59] Tal provisión fue complicada de aplicar. Tarde o temprano, observó John T. Lanning, cada ciudad de la América española tuvo un médico público, mas los servicios nunca fueron los mismos en dos lugares. El juramento de los doctores normalmente incluía la disponibilidad para atender a los pobres como acto de misericordia. La buena reputación en el cumplimiento de este juramento podía ser una ventaja en la competencia por puestos asalariados. En 1553, el doctor Juan de Alcázar, primer egresado en medicina de la Real y Pontificia Universidad de México, anunció que ofrecería tratamiento gratuito a pacientes pobres, al parecer como parte de su campaña para que le nombraran protomédico y, por tanto, gobernar la profesión. No fue hasta principios del siglo XVII que el lamentable estado sanitario de la cárcel pública obligó al cabildo a proveer una atención médica sistemática para los pobres en la ciudad de México. El cabildo empezó a dotar puestos asalariados para el cuidado de indigentes. De 1607 a 1643 se mantuvieron a cargo del presupuesto público seis médicos, ocho farmacéuticos, seis cirujanos, tres componedores de huesos, tres flebotomistas y un oculista.[60]

En Lima, el cabildo empezó a pagar por un médico para tratar a los pobres en el hospital para españoles en 1552; en el de indios no más de tres años después. Los fondos eran concedidos siempre a regañadientes, y el cabildo suspendía con frecuencia los pagos, argumentando que los hospitales podían cubrir esos costos con su propio capital inicial.[61] Quito tuvo muchos problemas para encontrar y mantener a los médicos públicos, a pesar de la voluntad del cabildo. A partir de la década de 1570, impuso un gravamen con tal propósito. Cuando hallaban un médico, no siempre podían confiar en él para tratar a los pobres si se encontraban a la espera pacientes más acomodados. En 1610, el doctor Francisco Meneses, por ejemplo, fue reprobado porque «solo trataba a los que le podían pagar».[62] Incluso en caso de éxito, los esfuerzos para mejorar la salud de los menesterosos no eran del todo desinteresados. Las razones de la campaña del presidente de la Audiencia, Juan Jorge Villalengua y Marfil, para sacar a los pobres de Quito de las calles e ingresarlos en hospicios partieron de la convicción de que propagaban enfermedades.[63]

Más allá de la provisión de instalaciones médicas y de la regulación de los cuidados, la política pública contribuyó a la salud a través de obras de ingeniería dirigidas a la mejora de la higiene urbana y el saneamiento, así como mediante iniciativas para combatir la propagación de las enfermedades. Las instituciones se encargaron de hacer cumplir las cuarentenas en tiempo de epidemia, de regular el almacenamiento y la distribución del grano en tiempos de hambruna y de promover inoculación y vacunación cuando la ciencia médica tuvo a su alcance estas nuevas técnicas. La erradicación de la viruela fue el objetivo de las campañas de inmunización de finales del siglo XVIII, a menudo con un impacto extraordinario. En Chile, por ejemplo, la epidemia de 1769 mató a un tercio de los pacientes infectados. Cuando la enfermedad golpeó de nuevo en 1774, habían inoculado a quinientas personas, las cuales todas sobrevivieron. En Guatemala, durante las dos décadas siguientes, José Felipe de Flores lideró una campaña que logró 14.000 inoculaciones. Solo 46 de sus pacientes murieron en la epidemia de 1796. Las autoridades públicas no siempre se comprometieron con tales esfuerzos, que se apoyaron en pioneros heroicos. Sin embargo, cuando la tecnología de vacunación estuvo lista, la unidad de acción de la Iglesia y el Estado resultó notable. Al igual que en otras áreas, en lo referente a la organización de campañas de vacunación pública, el prejuicio secular ha culpado al clero de la monarquía española de oscurantismo y obstrucción, cuando fue al revés. En realidad, los obispos y otras autoridades fueron cruciales para instar al cumplimiento de las campañas. El clero local fue por lo general incansable en el convencimiento de sus feligreses, y hasta se ocupó del trabajo de vacunación.[64] Los casos de ejemplaridad estimularon la emulación. Incluso antes de que la Real Expedición Filantrópica de la Vacuna, patrocinada por la Corona española, llegara a América en 1803, con el fin de visitar las Américas y Filipinas y de extender su aplicación, el doctor Alejandro Arboleys, médico personal del virrey de México, vacunó a su hijo junto con cinco huérfanos «para animar a los demás». Según el modelo francés, se crearon «juntas» para organizar el trabajo. Primero en México capital, con ocho laicos conocidos por su «celo en el bienestar público», seis médicos, un regidor veterano y el abogado de la ciudad.[65]

¿Cómo sirvió la infraestructura de salud a la monarquía? Obviamente ayudó a mantener a las tropas en el campo y a los marineros a bordo de los barcos. También favoreció la proyección de la imagen de un rey benevolente que, en la tradición del «espejo de príncipes», se ocupaba del bienestar de sus vasallos. Contribuyó asimismo al dinamismo demográfico de los territorios ultramarinos. Aunque las misiones poseían un registro mixto, pues fueron vilipendiadas por su insensibilidad hacia las culturas indígenas, por prioridades que solo se ocuparon de lo religioso o por ocasionales fallas morales de algunos de sus ministros, la evidencia demográfica demuestra que, después de los choques iniciales causados por los primeros contactos, tuvieron éxito a la hora de cuidar y alimentar a poblaciones en crecimiento. Los registros oficiales sugieren que los hospitales también fueron relativamente eficaces en la conservación de la vida humana. En 1793, más de 4.500 pacientes pasaron por el de Santa Ana, en Lima. Solo se registraron 421 fallecimientos. Los registros de supervivencia del hospital principal de México entre 1777 y 1781 muestran que atendieron a casi 3.500 pacientes en un año promedio. En 1793 hubo 4.372, de los cuales 295 murieron en sus instalaciones. En el pormenor de los registros, entre 1768 y 1773, la orden de San Juan de Dios trató en la capital virreinal a 1.785 pacientes, de los cuales 252 fallecieron a su cuidado. Las cifras pueden ser engañosas: los pacientes moribundos podían haber sido dados de alta una vez que los hospitales asumieran su condición terminal. Pero si la eficacia de la atención sanitaria parece, en retrospectiva, merecer elogio, ¿fueron más leales los súbditos como consecuencia de su existencia?

¿Apreciaron así una relativa benignidad de la monarquía española en aspectos relevantes en comparación con imperios rivales? No hay que precipitarse. En 1582, el corregidor de Otavalo se quejó de que los recursos del Hospital de la Caridad —que incluían más de cuatro mil ovejas— se desperdiciaban porque no había pacientes: «No hay indio que caiga enfermo que quiera curarse en él, porque tiene por seguro que si entra allí se morirá luego».[66]

X
LAS MISIONES
COMO INFRAESTRUCTURA IMPERIAL

No me he quedado callado acerca de tu justicia;
he hablado de tu fidelidad y salvación.
Jamás he ocultado tu amor y verdad
ante tu pueblo numeroso.

SALMOS, 40, 10

El gran camino a través de las montañas y por la jungla empezaba en Andamarca, uno de los lugares más altos y remotos del Imperio español. En 1590, después de un viaje de dieciséis días, Nicolás Mastrillo, el futuro provincial jesuita, que en ese momento era un novato en su primera misión, había experimentado casi todas las ecologías que los Andes pueden ofrecer, desde el aire ligero y el frío espantoso de los valles altos hasta las agrestes planicies cercanas, con una vegetación que lo invadía todo. La primera carta a casa, dirigida a sus hermanos de orden del noviciado de Andalucía, rememoraba aventuras en busca de nativos sin evangelizar con un entusiasmo infantil y lleno de energía. Explicaba en ella todas las pruebas y peligros experimentados, en compañía de un padre ya veterano y un muchacho nativo que hacía las veces de intérprete para la ocasión. Cuando por fin encontraron un pequeño grupo de potenciales nativos neófitos, se sentaron a compartir una comida con ellos y lograron comunicarse mediante sonrisas y gestos. Todo parecía transcurrir de modo prometedor, con los anfitriones respondiendo de modo similar a la alegría de los jesuitas por hallarse en tan grata compañía. De repente, sin motivo aparente, un jefe al que Mastrillo llamó Liquito apareció con un grupo de forasteros que mostraban un peligroso mal humor. «Estos no son padres —entendió Mastrillo decir a Liquito con el ceño fruncido—, sino falsos españoles». Casi al mismo tiempo la atmósfera cambió de nuevo, en esta ocasión para mejor, tras una reconsideración de lo que ocurría por parte del jefe. «No —decidió—, tienen que ser padres de verdad, porque están compartiendo nuestra comida». La diferencia entre los buenos modales y la disponibilidad de los jesuitas en contraste con los de algunos españoles seculares, con quienes habían tenido contacto, era tan enorme que resultaba inconcebible que ambos tipos de extranjeros pertenecieran a la misma nación.[1]

En cierto modo, la carta de Mastrillo muestra la precaria situación de la monarquía española, pues la misiva nunca llegó a su destino. Fue capturada en el mar por piratas ingleses y acabó en manos de agentes reales, que la estrujaron en busca de información antes de que languideciera entre los papeles de Estado en los archivos nacionales de Gran Bretaña, donde todavía se halla. Quizá, de modo idóneo para los propósitos que nos ocupan, la carta muestra también el papel independiente que los misioneros jugaron en la formación y el mantenimiento de la monarquía española, en comparación con los soldados, colonos y comerciantes, que se diseminaron por todo el Imperio. Los misioneros fueron ingenieros imperiales en un sentido literal, pues diseñaron iglesias, casas, enfermerías, molinos, colegios, establos, corrales y toda suerte de dependencias para atender a sus laboriosas comunidades. También organizaron sistemas de irrigación y suministro de agua, cavaron zanjas, erigieron defensas y fabricaron prototipos, escaleras de cuerdas e incluso la maquinaria necesaria para los artesanos que habían entrenado en la fabricación de bienes a una escala que solo se puede calificar de industrial. En algunos casos, en regiones remotas, incluso levantaron armerías improvisadas dedicadas a la fabricación de artefactos de fuego de ocasión, como barriles de pistolas fabricadas de caña o ingenios de madera hueca, como los usados por milicias nativas para repeler ataques de los cazadores de esclavos. En 1713, el franciscano Fernando de San José resumió sus trabajos en las laderas selváticas del oriente andino, con ocasión de una solicitud de fondos remitida a la Real Hacienda. Los misioneros, contaba, abrían trochas de centenares de leguas y construían «puentes sobre ríos enormes y de curso tempestuoso». Debido a ello, promovían «la expansión hacia nuevos dominios».[2] Las misiones extendieron la infraestructura del Imperio en regiones remotas y fronterizas, fuera del alcance de la capacidad militar española. Allí los religiosos reemplazaron o auxiliaron al personal habitual y a las instituciones de gobierno. En realidad, una opinión extendida por aquel entonces, o al menos recurrente entre miembros de órdenes religiosas, mantenía que la administración del Imperio funcionaba mejor si se dejaba del todo, o en buena parte, en manos de misioneros. Dos circunstancias ayudan a explicar semejante punto de vista.

En primer lugar, vale la pena recordar que los conflictos de poder entre Iglesia y Estado, especialmente en Occidente, fueron continuos durante la Edad Moderna. La reforma protestante constituyó en ciertos aspectos un intento secular de control de los clérigos. Dondequiera que la Iglesia lograba resistir el intento de dominio por parte de las autoridades, las jerarquías eclesiásticas pugnaban por preservar su influencia social, endurecían el control en todo lo referente a la disciplina marital y afirmaban su monopolio sobre la regulación de la vida familiar. La distribución de los beneficios de impuestos pagados a la Iglesia, la extensión de interferencias en nombramientos eclesiales, la jurisdicción de los tribunales eclesiásticos o el número de propiedades inalienables asociadas con fundaciones religiosas constituyeron fuentes de tensión más o menos constantes. En el Nuevo Mundo, la rivalidad entre el clero y los seglares se exacerbó a causa de la lucha por recursos económicos estratégicos. En el caso del trabajo indígena, las órdenes religiosas en parte pretendían reservarlo para sus propios fines, en parte querían proteger a los nativos de la sobreexplotación de señores inescrupulosos. Un episodio acontecido a mediados del siglo XVI en Chucuito, en el Perú, ilustra este punto de manera incontestable. Los investigadores llevaban largo tiempo extrañados por la cantidad y el tamaño de las iglesias que los frailes dominicos erigieron en la región durante solo veinte años. En la década de 1980, sin embargo, la historiadora de la arquitectura Valeria Fraser resolvió el misterio, pues descubrió una serie de peticiones de los dominicos a la Corona, en las cuales los frailes explicaban que no podían cumplir con las reales cédulas que conminaban la entrega de operarios indígenas a las autoridades seculares, precisamente porque estaban muy ocupados en la construcción de templos.[3] Las comunidades religiosas de la región pronto tuvieron más templos de los que podían gestionar, mas continuaron dando largas para mantener a los trabajadores nativos fuera del alcance de señores seculares, que consideraban rapaces y pecadores. Todos los conflictos habituales en la relación Iglesia-Estado giraron alrededor del control de las fuentes de riqueza y poder.

No podemos olvidar que la única vía por la cual los gobernantes españoles quisieron de manera constante y determinada transformar el Imperio que regían, al menos hasta que los valores seculares se apoderaron de la manera de pensar de la mayoría de la élite imperial gobernante durante el siglo XVIII, fue la religión. La explotación económica era, por supuesto, una pieza necesaria en la relación entre metrópoli e imperio, si bien el objetivo de la introducción de nuevas actividades económicas fue la generación de riqueza, en vez de la transformación de las culturas indígenas. Por el contrario, en la mayoría de la América Central, los Andes y Filipinas, la producción indígena tradicional con métodos que ya existían fue una de las constantes que vincularon el pasado indígena con el presente español, en franco contraste con intervenciones económicas más radicales, típicas de los imperios inglés, holandés y portugués en las Américas. La mayoría de las formas organizativas indígenas ancestrales permanecieron inalteradas en las regiones gobernadas por España. Las élites políticas locales no sufrieron mayor alteración. Aunque hubo cambios en sus componentes, casi siempre se produjeron dentro de los mismos grupos e incluso en las mismas dinastías. Así había ocurrido siempre y era también la naturaleza de una monarquía compuesta, como la de los Austrias. Los esfuerzos en el postergamiento de idiomas nativos fueron, si acaso, esporádicos. En disputas planteadas por los indígenas ante los tribunales, los jueces tendieron a apoyar el cumplimiento de las leyes y costumbres tradicionales, excepto cuando entraban en conflicto con el cristianismo. Esta sustitución del paganismo por la religión católica fue sin duda el objetivo fundamental. Era una causa genuina y conscientemente integrada en el corazón de la monarquía. Además, la legitimidad de la conquista española dependía precisamente de la concesión papal para la extensión de la fe cristiana. Para algunos clérigos, en especial de la orden franciscana, en la cual el milenarismo estaba muy extendido, la oportunidad que representaba el Nuevo Mundo venía del propio Dios. América ofrecía recrear una iglesia apostólica dedicada a remediar la pobreza y extender la caridad, a revelar la pureza y santidad soñadas por las órdenes mendicantes y a implantar una «edad del Espíritu Santo», según la habían profetizado generaciones anteriores de franciscanos revestidos de mesianismo. Semejantes esperanzas hicieron de la evangelización americana una tarea urgente, con la presencia de españoles seculares tan aborrecibles como una espina clavada en la carne.[4]

EFECTIVIDAD DE LAS MISIONES

Las publicaciones académicas han dado a conocer de modo regular las deficiencias y los fracasos de las misiones a la hora de extender la fe e inculcar lealtad a la monarquía española. Fueron incubadoras de enfermedades. Exacerbaron las plagas al incorporar ganado que actuaba como un reservorio de infecciones. Sus métodos de evangelización fueron a menudo superficiales. Los dominicos fueron muy críticos con los franciscanos por la falta de atención al dogma, y con los jesuitas por la tolerancia que mostraron en asuntos dudosos, vinculados al trato con culturas indígenas precristianas. El abuso físico pareció a veces una solución en el mantenimiento de la disciplina, debido a la carencia de misioneros. El látigo, a pesar del esfuerzo de clérigos decentes que delegaron la pastoral en intermediarios nativos o negros, fue en ocasiones remedio habitual. Las rebeliones indígenas eran, si no habituales, sí recurrentes. Algunas órdenes parecieron verlas como oportunidades para el martirio. Sin embargo, es importante observar que las misiones en su conjunto fueron sorprendentemente exitosas en la procura de neófitos y en la extensión de lazos comunitarios de afectividad. Los franciscanos, en áreas remotas de las selvas orientales en el piedemonte andino, donde implantaron sus misiones en el siglo XVIII, parecieron beneficiarse del precioso suministro de sal y herramientas de hierro que podían gestionar.[5] La lealtad que inspiraron parece en todo caso inexplicable si la calculamos a base de números. El investigador Cameron Jones descubrió lo que llama «una preferencia» por los misioneros, que fueron alimentados por los indígenas a su cargo durante hambrunas y protegidos hasta la muerte de asaltos de nativos paganos.[6]

Las reclamaciones sobre intromisiones seculares que obstaculizaron la evangelización se basaban en evidencias creíbles y opiniones fundamentadas. La noción según la cual los pecados perpetrados por españoles seculares eran fuente de mal ejemplo para los indígenas constituyó uno de los temas de homilía de los dominicos desde fechas tan tempranas como 1511, cuando fray Antonio de Montesinos, un predicador tan pequeño, ruidoso y ajeno a todo compromiso como san Pablo, lanzó su famoso sermón contra la rapacidad española y convenció al joven Bartolomé de Las Casas, futura tronante voz de disenso en el Imperio, de que dedicara su vida a la protección «de los indios». En 1517, escrúpulos similares llevaron a la Corona a delegar el gobierno de los reinos americanos en una comisión de tres frailes jerónimos. En 1522, Las Casas, a quien por aquel entonces se confirió la misión de proteger a los nativos contra injusticias y maltratos, dio a conocer su primer proyecto para aliviarlos de imposiciones excesivas: propuso la transferencia de algunos de sus cometidos laborales a campesinos españoles emigrados. Una de sus quejas incesantes era que la «conversación», es decir, el contacto estrecho con intrusos seculares, era fatal para la conversión de los vasallos nativos de la Corona e indefectiblemente destruía sus almas. Su siguiente gran proyecto, puesto en marcha en 1537, fue una colonia en Guatemala que llamó «La Vera Paz», de la cual los seculares fueron excluidos por completo. Al final, los dominicos encontraron la colonia imposible de gestionar sin el apoyo de soldados españoles, mas la idea de un imperio de amor, libre de cargas derivadas de propósitos mundanos e incorrupto por la presencia secular, continuó fascinando las sensibilidades eclesiásticas. Sobre semejante trasfondo, la contribución de las misiones que sobrevivieron como forjadoras del Imperio resulta comprensible.

En la mayoría de los lugares, los religiosos descubrieron que, en la práctica, no podían trabajar sin la colaboración del «brazo secular», y, en particular, sin la protección de una escolta armada. Los dominicos abandonaron La Vera Paz. Los jesuitas masacrados en 1571 en la bahía de Chesapeake, en los actuales Estados Unidos, habían rehusado una escolta armada, igual que los franciscanos muertos en Texas, en San Sabá, en 1758. Los jesuitas que plantaron en 1668 la primera misión en una isla del Pacífico, en Guam, eran invitados de un jefe local que, en una demostración clásica del llamado «efecto del extranjero», el cual otorgaba al recién llegado a una comunidad una relevancia inexplicable, les cedió tierras para que levantaran una iglesia. Pretendieron continuar sin escolta de tropas españolas y con exclusión de seculares, pero el martirio del superior en 1672 trajo como consecuencia una violenta conquista española.[7] Precisamente la valoración del martirio por parte de los jesuitas resultó casi herética por su grado de fanatismo, pues recordó a la sed de autoinmolación que san Agustín atribuyó a los donatistas y que le permitió contribuir a que asumieran riesgos fuera de toda medida.[8] Su misión entre los guaycurús, de Paraguay, en la década de 1590, fracasó tan miserablemente que tuvieron que pensar en retornar a base de «fuego y espada».[9] Aun así, hubo tres regiones en América que fueron campos de misión en las cuales las fundaciones de franciscanos y jesuitas configuraron infraestructuras imperiales y mantuvieron su presencia institucional con pocos o sin ningún miembro del brazo secular: Florida, California (al margen de los presidios) y la frontera interior española en América del Sur, a través de los sistemas fluviales del Amazonas y el Paraguay.

Florida fue la primera. «En el futuro —proclamó Pedro Menéndez de Avilés en 1565, que se esforzaba en convencer al rey Felipe II de que invirtiera en la conquista de lo que es hoy el sureste de Estados Unidos—, Florida rendirá mayor riqueza a Su Majestad y, en valor para España, superará a la Nueva España e incluso el Perú».[10] Estas palabras fueron un disparate. Todo el proyecto de colonización de Florida reposaba en suposiciones falsas y en particular en construcciones mentales totalmente inventadas sobre la geografía inexplorada de aquel hemisferio. Menéndez de Avilés había elegido Santa Elena para el primer asentamiento español en Florida, porque, de manera errónea, pensó que estaba cerca de la mítica «Tierra de Chícora», barruntada por un explorador anterior y situada, según él, a solo 1.255 kilómetros de las minas de plata mexicanas de Zacatecas. En realidad, la distancia era de casi tres mil kilómetros, y el río Mississippi estaba por medio. El virrey Luis de Velasco imaginó que la colonia podía hallarse tan cerca de México que el suministro se podía realizar mediante carretas de ganado, y plantó guarniciones temporales e inviables a lo largo de la supuesta ruta.[11]

Para 1619, cuando el fraile Luis Jerónimo de Oré escribió su *Relación de los mártires de las provincias de La Florida*, la cruda verdad se había hecho obvia. «Uno no tiene esperanza —advirtió el fraile al monarca— de ninguna ganancia temporal de los muchos miles que Su Majestad gasta en sostener a los soldados en el presidio, o de los numerosos religiosos involucrados en la predicación de la ley de Cristo».[12] La provincia recién adquirida no contaba con recursos que los españoles pensasen que valía la pena explotar. Las costas, desde Chesapeake hacia el sur, solo tenían interés porque sus bahías jalonaban la corriente del Golfo, que unía el Caribe con la zona de vientos occidentales en el Atlántico Norte, es decir, la ruta de la Flota de Indias de regreso a España. La única razón estratégica para ocupar aquella costa era mantenerla alejada de las manos avariciosas de «piratas» extranjeros. Florida era para la economía imperial una batalla perdida.

La voluntad monárquica de costear las misiones franciscanas en lo que ahora es el norte de Florida y el sur de Georgia se atribuye a menudo a la piedad de la persona real. Sin embargo, el texto de Oré ayuda a entender que los frailes sabían que debían añadir valor a la inversión de la Corona. Comparados con los soldados, los franciscanos resultaban baratos de mantener. Librarse de ellos era fácil, y poseían como posibles mártires un enorme potencial propagandístico. Según un juicio recogido en la *Relación* de Oré, «pagaban por lo que custodiaban». En su día, la compilación de materiales a medio hilvanar que reunió circulaba en versión manuscrita, al modo de una amalgama de textos que apuntaban a cierta tradición historiográfica. Para nosotros constituye una mina de anécdotas increíbles sobre sufrimientos santificadores y huidas por los pelos. El escrito está lleno de datos prácticos sobre problemas a los cuales los frailes hacían frente a causa del concubinato, nociones de santidad y martirio, métodos de evangelización, aversión a las «supersticiones» nativas (que recuerdan tanto la cultura popular de los talismanes, tabúes y tratamientos no científicos que devotos entrometidos exportaron a Europa en el mismo periodo), furibundas respuestas a la amenaza de piratas ingleses y hasta modestas expectativas de que acontecieran milagros. Oré no pudo ignorar a un perro que murió tras profanar el cuerpo de un fraile martirizado. Los cuervos, quién sabe, quizá prosperaron al mostrarle mayor respeto, o tuvieron mejor gusto. La larga lista de mártires alabados por Oré fue, en cierto modo, desalentadora. A pesar del gran despliegue de enardecidos misioneros durante las décadas iniciales de la conversión, Florida representó un éxito sorprendente para España, mas por otros motivos: desde fecha tan temprana como 1560, jefes indígenas buscaron la alianza de representantes de la Corona española. A finales del siglo XVII y durante el XVIII, cuando competidores británicos intentaron sobornar e intimidaron a las comunidades indígenas a fin de formalizar con ellas una nueva alianza, resultó sorprendente la lealtad de la mayoría a una monarquía española carente de recursos para defenderlas o recompensarlas de modo adecuado. Los misioneros hacían el trabajo de la monarquía. Después de describir los bestiales martirios acontecidos en la década de 1580, Oré narró una transformación sorprendente: «Era todo la voluntad de Dios, pues poco a poco estas condiciones difíciles desaparecieron, de tal modo que hoy los indios consideran un gran honor ser cristianos. En efecto, persiguen a los que no lo son y los insultan, así que los religiosos tienen que aplicarse a defender a estos *hanopiras*, como llaman a los paganos recalcitrantes».[13]

Las misiones quizá deban ser alabadas, no por funcionar bien, sino por lograr hacerlo de algún modo en consonancia con el Imperio del que formaban parte. Desde 1590 en adelante, los franciscanos establecieron fundaciones en la costa de Georgia y tierra adentro, en territorio timucua y los Apalaches. Como ocurrió con los reyes paganos a finales de la Antigüedad y principios de la Edad Media europea, durante episodios de la evangelización los líderes indígenas se las arreglaron desde el principio para manipular a los frailes, a veces asociándolos a sus propias reclamaciones de autoridad, a veces usándolos como asesores y expertos, o bajo el papel de mediadores con una fuente de poder trascendente. El cumplimiento de estos pactos resultó poco fiable, y normalmente dependió de sobornos en forma de entregas de bienes europeos o de ayuda material en luchas contra otros indígenas. En el interior, el Imperio español se apoyó en misiones no fortificadas y por lo general sin guarniciones armadas, que eran viables mientras nadie intentase imponerse por la fuerza de las armas. En todo caso, tendieron a ser frágiles desde un punto de vista económico y débiles como agentes de cristianización. Uno de los jesuitas que puso en marcha la misión de Santa Elena resumió las dificultades en una carta a Menéndez de Avilés, nombrado gobernador de Cuba en 1570. Las migraciones estacionales interferían con la evangelización, de tal modo que «para obtener fruto en las almas ciegas y pobres de estas provincias, es necesario primero agrupar a los indios para que vivan en pueblos y cultiven la tierra». Esto se debe hacer, continuó,

> de manera correcta, como manda nuestro señor, ni obligándoles ni con mano lejana. Y esto por dos razones: la primera, que han estado acostumbrados a vivir del modo presente durante miles de años y sacarles de ello es como la muerte para ellos; la segunda, que, incluso cuando están dispuestos, la pobreza de la tierra y su rápido agotamiento no lo permitiría. A no ser que esto se haga, aunque los religiosos se queden entre ellos cincuenta años, no habrá más fruto que el logrado por nosotros en los cuatro años que llevamos allí, que es nada, ni siquiera una esperanza, ni una apariencia de ella.[14]

Los franciscanos que sucedieron allí a los jesuitas hicieron una gran inversión en recursos y envío de misioneros. Hacia 1675, tenían nueve misiones en la costa de Florida, situadas a intervalos desde San Agustín hacia el norte, hasta casi tan lejos como la moderna Savannah. Otras 26 se apretaban tierra adentro, más allá del río Apalachicola. La mayoría tenían unas pocas docenas de nativos. Había 150 en Santa Catalina, la más grande y más al norte. Las misiones situadas hacia el occidente eran, sin embargo, proclives a las rebeliones e insostenibles. La seguridad de la que disfrutaban terminó a finales del siglo XVII, cuando aventureros y buscavidas franceses e ingleses empezaron a infiltrarse hacia Georgia y Florida, respectivamente, desde el Mississippi y Carolina.

En 1670 un tratado fijó la frontera española con la América inglesa, un poco al sur de Charleston. Los cazadores de esclavos, por supuesto ingleses, nunca la respetaron. Entre 1680 y 1706, la mayoría de las misiones de Georgia colapsaron, aunque fuera de modo temporal, como resultado de sus incursiones, culminadas en 1704 con la que dirigió James Moore, antiguo teniente de gobernador de Charleston. Moore destruyó las misiones, quemó a los misioneros clavados en estacas y esclavizó a más de cuatro mil mujeres y niños indígenas, tras matar a la mayoría de los hombres. «Nunca he oído —señaló orgulloso Moore— de una acción más astuta o de menos coraje».[15] Los provinciales franciscanos calificaron a los ingleses de «lobos hambrientos» que masacraban a los indios «hasta que la hierba se teñía de rojo con la sangre de aquellos desgraciados».[16]

Una manera de medir el éxito o fracaso de las misiones se hallaba sin duda en que los nativos mostraron una notable inclinación por imitar los modales de los españoles, incluso si estaban fuera del alcance de los misioneros. En la década de 1740, un jesuita de visita se sorprendió al descubrir que los habitantes de la desembocadura del río de Miami hablaban español, como efecto de la extensión hacia allí de las redes comerciales del Caribe hispano.[17] Hacia 1770, William Bartram, artista botánico y cazador de plantas obsesionado con buscar especies para catalogar, se dio cuenta de que los creeks y los seminolas «manifestaban predilección por las costumbres e idioma de los españoles».[18] De acuerdo con un patrón repetido a menudo en la historia de las relaciones de los nativos americanos con los imperios «blancos», diversas facciones se rebelaban contra sus líderes, infringían tratados y hacían un uso abusivo de las armas que los españoles les entregaban; hacían la guerra según su propia voluntad. Aun así, cuando empezó la guerra de los Siete Años —o «franco-india»— en 1756, casi todos los indígenas de Florida, con grados diversos de entusiasmo, eran aliados o sumisos a España. Se habían dado cuenta de que, por lo general, eran amistosos, mientras que los colonos procedentes de Estados Unidos les traicionaban. En junio de 1784, Alexander McGillivray, un jefe creek cuyo padre era un comerciante escocés, firmó un tratado con España y señaló que así «la Corona española ganaba y se aseguraba una barrera poderosa contra los estadounidenses, ambiciosos e intrusos».[19]

JESUITAS

Como custodios de la frontera española, los franciscanos fueron igualados o superados por la Compañía de Jesús. Cuando llegaron por primera vez a América, en la década de 1560, los jesuitas no contemplaban establecer misiones permanentes del tipo organizado por las órdenes religiosas que les precedieron. Por el contrario, introdujeron métodos de evangelización propios de la era de la Contrarreforma, en la que se originaron y crecieron. Así, organizaron comitivas itinerantes para la conversión, que cayeron literalmente sobre los pueblos y ciudades existentes. En 1580, aún con el apoyo del virrey del Perú, que los contemplaba como agentes potenciales de la política imperial de Felipe II, se orientaron hacia proyectos de colonización un paso más allá de la mera conquista espiritual, por lo que atrajeron a indios de desiertos y selvas de modo que se vincularan a empresas agrícolas y se acostumbraran a la vida sedentaria. No hay duda de que, al menos en parte, sus esfuerzos de reclutamiento se beneficiaron de que los nativos a su cuidado estaban, por lo general, exentos de pagar tributo en dinero o trabajo a los españoles, como acontecía en otros lugares. Los jesuitas, por su parte, abjuraban de que los nativos prestaran servicio personal.

Al comienzo, según el espíritu del viaje de Nicolás Mastrillo ya descrito, visitaron lugares sin evangelizar para fundar pueblos donde los naturales estuvieran realmente dispuestos a aceptar su gobierno y preeminencia. No ocurrió así siempre. En Santa Cruz de la Sierra, uno de los territorios de sus primeras misiones, tuvieron que llegar a compromisos dolorosos para ellos con los valores y las culturas nativas, pues se vieron obligados a tolerar y hasta ignorar la práctica de torturas crueles y la esclavitud de enemigos capturados en guerras locales.

Al igual que los franciscanos, nunca pudieron estar seguros del todo de la lealtad de los neófitos, y se vieron obligados a promover secesiones de las comunidades que fundaban, mandando a los descontentos en las reducciones y en los pueblos indígenas, convertidos en un paraíso alternativo de libertad y relativo bienestar, de vuelta a las selvas y a la vida de recolectores que habían dejado atrás. Tras los fracasos, vinieron las deserciones. No tan relacionadas con derrotas ocasionales, sufridas a manos de esclavistas e invasores de Brasil, como con epidemias que diezmaban toda comunidad indígena receptiva a transmisores europeos de patógenos desconocidos, e incluso con arriesgados ajustes a nuevos nichos ecológicos favorables para la propagación de enfermedades en campos de cultivo o debidas a la acción de especies invasoras. En 1618, después de que las plagas asolaran las nuevas misiones paraguayas de Loreto y San Ignacio, los religiosos supieron que algunos fugitivos huyeron a la selva «para beber con alegría con el cráneo de un misionero como recipiente».[20] Otros hallaron sus propias maneras de sobrellevar el lado oscuro de la vida en las misiones. Fray Martín Dobrizhoffer, cuyas historias realistas y sensibleras sobre la vida en Suramérica eran las favoritas de la emperatriz María Teresa de Austria tras el retorno a su tierra natal, acabó por convertirse en una suerte de mascota cortesana, al modo de la princesa Sherezade de *Las mil y una noches*, pues vivía solo para contar cuentos. El misionero vivió los síntomas de fatiga con coraje sobresaliente y no se dejó impresionar por «aquellos cuerpos bañados en sudor y ardiendo de calor». Los nativos exclamaron: «*La yvichigui*, ahora mi sangre está enfadada». Según refirió a la fascinada emperatriz, «dejaron atrás su ira dejando fluir la sangre, mirando cómo fluía un rato ante sus ojos complacidos».[21]

En franco contraste con estas actitudes, en algunas de las fronteras más remotas, alejadas de las desembocaduras de los ríos Amazonas, Paraguay o Paraná, hubo nativos que manifestaron el «efecto del extranjero», una cultura de aceptación y hasta de veneración de los extraños, recibidos como árbitros objetivos u hombres sagrados. La fundación de misiones aconteció al menos tantas veces por peticiones de jefes nativos conscientes de las ventajas del patronazgo jesuita como por iniciativa de los propios religiosos. Carentes del apoyo de una escolta armada de tropas españolas, los misioneros jesuitas repitieron la secuencia de acontecimientos padecida con machacona reiteración por religiosos de todas las órdenes en entornos favorables de las Américas. Con impunidad, destronaban a los ídolos. Luego los reemplazaban con altares cristianos y purgaban a los chamanes recalcitrantes. Resulta tentador pensar que quienes apoyaron a las nuevas autoridades estuvieron encantados de que los antiguos jefes espirituales fueran relegados. El fenómeno, que en el Imperio británico David Cannadine definió como «ornamentalismo», puede que jugara un papel. Según el mencionado fraile Dobrizhoffer, evangelizador dieciochesco de los abipones del Paraguay, belicosos jinetes y avaros insaciables, muchos de ellos compartían con los españoles una «estúpida afición» por los honores formales, y les encantaba recibir títulos y señales de rango que los jesuitas otorgaban como reconocimiento de amistad.[22] Las divisiones entre indígenas resultaban favorables desde el punto de vista misionero. Hacia finales del siglo XVII, por ejemplo, en los valles donde moraban las víctimas de las incursiones esclavistas padecidas en áreas remotas montañosas del Alto Perú, los indígenas conocidos por los españoles como «chiquitos» dieron la bienvenida a los jesuitas. Quizá los vieron como protectores contra las depredaciones de los cruceños de las cordilleras cercanas, de esclavistas españoles seculares y, por supuesto, de «bandeirantes» brasileños, cuyas atroces incursiones sostenían buena parte de la economía regional.

Las descripciones iniciales de los jesuitas parecen calculadas para justificar la subordinación de los nativos, pues llaman la atención sobre la irregularidad y el salvajismo de su condición nómada, una vida basada en la recolección, la desatención a valores espirituales, la entrega a placeres momentáneos, la desnudez, la falta de fidelidad hacia parejas sexuales, la naturaleza rudimentaria de las prácticas educativas y la supuesta falta de civilidad, entendida como la inexistencia de instituciones de gobierno reconocibles como tales desde la perspectiva europea. En contraste, los jesuitas fueron sensibles al evidente potencial de conversión de aquellos nativos, especialmente por su amor a la música e indiscutible talento para la amistad y la práctica de la caridad. El proyecto en el que estaban embarcados los padres comprendió no solo enseñarles el cristianismo o evitarles el sufrimiento padecido en la sierra cruceña, sino también reorganizar la sociedad de arriba abajo. Es decir, imponerles el sedentarismo, primar la agricultura sobre la recolección, establecer escuelas y organizar la vida común o la espiritualidad en conformidad con la enseñanza cristiana, mientras quedaban sometidos a un sistema de gobierno en cuya cúspide se hallaban los misioneros.[23]

Como resultado de la nueva situación, las reducciones, como fueron conocidos los pueblos jesuitas, se convirtieron en empresas muy productivas y pobladas. En Chiquitos llegaron a contar con 24.000 indígenas, y se especializaron en la producción y la exportación de miel a gran escala, si bien también promovieron un campesinado dedicado a cultivar el maíz como producto básico y un artesanado excelente y entrenado, que poseyó todas las capacidades necesarias para suministrar los bienes que los jesuitas asociaban con la deseada vida civilizada. En el caso de misiones suficientemente cercanas a arterias de comunicación, florecieron otras producciones. En Yapeyú, el cultivo listo para exportar y obtener beneficios era la yerba mate. Muchas misiones exportaban pieles. «Y así viven los indios ahora —informaron los jesuitas de Chiquitos—, en circunstancias muy diferentes a las que tenían antes. Poseen todo lo que necesitan para sostener la vida. Ya no van desnudos, sino que tienen sus propios vestidos. Tienen casas para habitar, con un gobierno que vigila que hacen su trabajo. No se van a vagar sin más en varias direcciones por las montañas».[24] Una prueba de la eficacia de los jesuitas en el manejo de la economía local fue la envidia que suscitaron en las administraciones seculares y ocasionalmente en obispos, que tendían a asumir que la prosperidad visible que distinguía a sus empresas se explicaba por algún método de explotación oculto o por la existencia de fuentes de riqueza no declaradas. Sin embargo, de manera genuina, los resultados parecen haber estado vinculados, sin discusión posible, con la eficiencia de los jesuitas en la obtención de beneficios y con su reinversión en trabajos e infraestructuras de las misiones. Cuando en 1683 un gobernador de Buenos Aires admitió que «no acumulaban más de lo estrictamente necesario», pareció haber comprendido mejor que nadie cuáles eran sus métodos.[25]

En un aspecto, los jesuitas se separaron radicalmente de los ideales de los misioneros anteriores y también de sus propios planes iniciales: organizaron sus propios ejércitos. Al principio resultaron impresionantes sus esfuerzos por practicar la no violencia. En 1631, Antonio de Montoya, prolífico fundador de reducciones, evacuó cerca de diez mil indígenas de regiones vulnerables frente a las acometidas de esclavistas en balsas y a pie, como si aquello fuera un nuevo Canaán bíblico, todos en tránsito hacia la Tierra Prometida. Recorrió 1.126 kilómetros a lo largo del río Paraná, a través de rápidos y cataratas, en medio del acoso constante de las tropas esclavistas. Más de la mitad de los indígenas evacuados murieron.[26] En semejantes circunstancias resultó inevitable una respuesta armada. En 1637, jesuitas exsoldados empezaron a entrenar milicias nativas para rechazar a los bandeirantes brasileños. En una batalla de canoas sostenida en el río Acarigua entre 1640 y 1641, el mismísimo san Francisco Javier, según refirieron, «dirigió las balas» disparadas desde cañones de barriles de junco envueltos en cueros de buey, bajo el mando del talentoso capitán guaraní Ignacio Abiarú.[27] Desde la década de 1670, y de manera periódica, milicias indígenas armadas con bolas, lanchas, hondas y flechas revestidas de puntas de hierro, fabricadas en forjas de las misiones, escoltaron los desplazamientos de grandes rebaños de ganado. También intervinieron para expandir la frontera española hacia el interior continental, y defendieron sus propias tierras contra esclavistas e invasores posteriores. En Chiquitos, los jesuitas crearon una milicia formidable que contribuyó, por ejemplo, con trescientos guerreros para la defensa contra la incursión portuguesa de 1727, con cuatrocientos para una expedición de castigo contra asaltantes de una misión cercana en 1729 y con mil en 1761, cuando la región entera se hallaba en peligro por los asaltos de los indígenas paganos guaycurús. Entre 1762 y 1763, las quince misiones todavía jesuitas del Paraguay despacharon seis mil soldados armados para ayudar a España a recobrar de los portugueses intrusos el flanco oriental del Río de la Plata.[28]

VIDA MISIONAL

Como celebración de la ingeniería, las misiones de los jesuitas fueron admirables, en especial en Paraguay, donde a pesar de los esfuerzos subvalorados de hormigas excavadoras y termitas, que los constructores siempre deploraron, lograron contar con calles empedradas y soportales en un periodo en el que todavía tales extravagancias urbanas eran raras en todos sitios. Los planificadores eligieron un terreno elevado donde fuese posible, para que la lluvia y el acueducto pudieran fluir hacia el río más cercano. De manera habitual, las letrinas tuvieron compuertas que desviaban las aguas fecales hacia riachuelos próximos. El modelo urbano que se reprodujo en casi todos sitios, con independencia de las condiciones ecológicas, tenía una plaza central, de unos 125 metros de lado, con una estatua en medio dedicada a la Virgen o al santo en cuyo honor se había establecido la misión. Junto a la iglesia construían las casas de los sacerdotes, alrededor de un patio y sobre un lado de la plaza. Almacenes contiguos llenos de yerba mate, algodón, grano y otros productos necesarios para la vida de los indígenas tenían talleres cerca. A las afueras de la iglesia solía existir un refugio para viudas y huérfanos, «una casa buena, fuerte y cómoda —indicaban las instrucciones diseñadas en 1715— donde pudieran recogerse», un añadido que viene a probar el atractivo que seguía poseyendo la vida nómada, pues allí residían «las viudas de aquellos hombres que habían abandonado la misión».[29] El cementerio, en cuya difusión los jesuitas fueron pioneros debido a su esfuerzo en eliminar el peligro que representaban para la salud los cuerpos en putrefacción dispuestos en los interiores de las iglesias, se hallaba detrás del edificio. Solía plantarse con naranjos, palmeras y cipreses.

Desde la plaza irradiaban calles de igual longitud y, a los lados, se sucedían casas individuales de familias indígenas. Cada una tenía un corral para animales domésticos. Perros y gatos —en Paraguay las casas normalmente tenían tres o cuatro de cada especie— compartían las viviendas, de cinco o seis metros cuadrados en su área común, detrás de puertas de cuero, con paredes de adobe bajo techos de paja. Con el paso del tiempo, los jesuitas reemplazaron el adobe con piedra y la paja con tejas, importadas al principio de Potosí, desde 1714 en adelante, producidas cada vez más en sus propios talleres. Justo ese año, el padre provincial ordenó la suspensión de todos los proyectos comunes de construcción, de modo que los indígenas, que trabajaban en turnos de ocho o quince días, se dedicaran solo a la fabricación de casas propias y decentes de piedra, «con tanto cuidado que no sea necesario tumbarlas y reconstruirlas o repararlas cada año».[30] Los resultados son todavía visibles, por ejemplo, en las casas de ladrillos rojos que testimonian la etapa más brillante de la reducción de Santiago.

La planificación casi opresivamente uniforme, la inflexibilidad del modelo único, la manera en que los pueblos tomaron forma a medida que los jesuitas dividían a los trabajadores nativos a fin de realizar proyectos existentes solo en su imaginación, todos los rasgos de la ingeniería y la planificación de las reducciones parecen prefigurar el paternalismo de los primeros magnates de la era industrial, que al principio construyeron utopías para alojar a su personal en Pullman o en Puerto Sunlight, o experimentos urbanos parecidos. En urbanismo y gobierno, francamente, el estilo jesuita ha sido considerado «dirigista». En un sentido literal, paternal. La imagen más común que los jesuitas usaban en referencia a los indios de sus misiones era la de niños, un término evocador de la subordinación natural, la amabilidad y la inocencia edénica, en el sentido de ignorancia del pecado: todas las cualidades que los misioneros pretendían encontrar en sus conversos. Los relatos de algunos misioneros sobre sus experiencias refieren su impaciencia con la supuesta obstinación de los nativos y la invencibilidad de su ignorancia. A mediados del siglo XVII, el estudioso de la lengua tupí Juan Felipe Bettendorf mostró insatisfacción, patente en la opinión de los padres un siglo después sin cambio alguno. Las recaídas y la apostasía producían frecuentes lamentos y denuncias de pérfidos chamanes que maniobraban para conservar su poder.

Siempre aparecían paganos intratables que contemplaban, impasibles, el trabajo de los misioneros. «Los bárbaros —informó un relator jesuita en 1675— observan los funerales cristianos con curiosidad, porque los ritos difieren de muchas maneras de los suyos, dentro de su miope paganismo».[31]

En conjunto, sin embargo, la evidencia de la efectividad de las misiones jesuitas resulta indiscutible. Los lectores pueden percibir la alquimia de la hibridación cultural entre líneas, por ejemplo, en referencias de Dobrizhoffer sobre mezclas culturales en las comunidades que no hablaban, mantuvo, «ni español ni guaraní correcto», dando lugar a una suerte de encuentros criollos en los que ambos idiomas se entrelazaron. La religión híbrida, por supuesto, jamás satisfizo a los jesuitas que predicaban el evangelio. Una evidencia de conversión genuina y profunda basada, claro, en un testimonio interesado, es la de fray Marcial de Lorenzana. Este informó en 1610 que resultaba innecesario asombrar a los indios demostrando que se poseían poderes para curar, o seducirles con sobornos espirituales. Él prefería la oración, o se sentaba para atraer conversos. Su misión, refirió a su superior,

> va fortaleciéndose día a día de todas las maneras, y los indios hombres y mujeres acuden por su propia voluntad a nuestro asentamiento. Desde mi retorno aquí, su entusiasmo ha crecido y me han dicho que saben todo lo que los amo. Está llegando más y más gente, evidenciando deseo del bautismo. No perdemos más vidas que debido a las epidemias. Los bautizados *in articulo mortis* se han recuperado. Su devoción al evangelio es grande y dicen que cuando llega un sacerdote y les pone las manos sobre la cabeza, los cura de manera inmediata. Aquellos que tienen dos esposas las dejan y, cuando se dedican a otras cosas, tienden a mostrar temor de Dios.[32]

Aunque los éxitos de los jesuitas resulten difíciles de creer, los registros de bautizos, muertes, matrimonios y confesiones muestran que las prácticas cristianas se hicieron regulares, y el informe anual contiene datos creíbles, precisamente porque tales triunfos resultaban provisionales. El informe de 1637-1639, por ejemplo, menciona la expulsión de un congregante por conducta moralmente desviada, su suicidio consiguiente y la disección del cuerpo por bestias salvajes, «un horrible ejemplo de justicia divina —remarca el informador—, que dejó a todo el mundo estremecido y promovió la conservación de buenas costumbres». El mismo documento alaba a los nativos por la precaución respecto al pecado y la severidad de las contramedidas que tomaban:

> Rezan el rosario todos los días, se dan latigazos y usan arpillera durante una semana. Hablan a las mujeres con los ojos bajos, como hacen los jesuitas, y confiesan de manera regular. También son los guardianes más diligentes sobre pecados de otros, amonestan a la parte culpable e informan a los misioneros. Antes de dejarse seducir por el pecado, se esfuerzan en gobernar sus impulsos. Llegan a ser maestros de sus pasiones con castigos a sus cuerpos. Con voces lastimosas, mujeres y niños invocan la merced de Dios y responden formando un coro. Los hombres salen y las mujeres entran, ellas se disciplinan con no menor pasión que los hombres.[33]

Durante cierto tiempo, la Corona hizo suya la opinión original del virrey de México Luis de Velasco, según la cual las fronteras remotas de la monarquía podían ser delegadas en manos de jesuitas. En 1608, una real cédula confirmó que la gobernación del Paraguay por fuera de las fronteras existentes quedaría en manos de los misioneros, sin escolta militar. Cédulas posteriores eximieron a los residentes de las reducciones de tributos y servicios, excepto los requeridos por los jesuitas. Las reducciones se convirtieron en víctimas de su propio éxito en dos sentidos. En primer término, el sedentarismo afectó a los residentes, como siempre ocurre cuando es impuesto a poblaciones nómadas, al crear nichos ecológicos favorecedores de epidemias ante las que sucumbieron poblaciones agrupadas sin inmunización. Las misiones nunca superaron los peligros de las plagas, ni siquiera con medidas diligentes; tampoco monopolizaron los afectos de los indígenas. Muchos miles prefirieron su estilo de vida tradicional. Aun así, los jesuitas los atrajeron en gran número. Según sus propios cálculos, eran unos 140.000 en 1732, el momento de mayor implantación de las misiones. Los administradores seculares sospechaban de todos modos que los jesuitas habían manipulado el censo y eran más, pues de ese modo esquivaban pagar incluso los modestos impuestos que abonaban a la Corona.

Para ellos, sin duda era una carga añadida que tantas almas productivas estuvieran fuera del alcance de exacciones en forma de trabajo, impuestos y servicio militar. Los esclavistas lamentaban la efectividad con que los jesuitas organizaban sus milicias nativas. Los portugueses de Brasil ocupaban de manera ilegal territorios que la Corona española tenía poco interés material en conservar. El paternalismo jesuítico pudo parecer a algunos símbolos de insensibilidad cultural o, incluso, según sus enemigos posteriores, de racismo. La autonomía de la que disfrutaban fue denunciada de modo incesante por sus enemigos contemporáneos como traición al monarca o delito de lesa majestad. Su eficiencia económica fue presentada como avaricia; su disciplina, como tiranía. Las órdenes rivales les acusaron de aprovechados, al «poner su hoz en nuestro trigo listo para cosechar». La insistencia en la distribución de todos los beneficios del trabajo de la comunidad de manera equitativa mostraba, según el juicio del observador, una grandeza mayestática que hasta ha sido considerada precedente del comunismo. Los muros que cerraban sus asentamientos servían para mantener a los indígenas dentro sin escapatoria posible, o para impedir la entrada de enemigos, dependiendo del punto de vista del observador. Los detractores de los jesuitas no estuvieron por la labor de explicar las quejas o de dar oportunidades para que hubiera cambios.

Mientras tanto, el mundo alrededor de las misiones cambió. Si pretendemos encontrar imágenes que contrasten el espíritu de la Ilustración con la era precedente de la monarquía española, lo mejor que podemos hacer es comparar el Palacio Real erigido por los Borbones en Madrid con El Escorial, que encarna la filosofía de la dinastía precedente de los Habsburgo, según la personificó Felipe II. El Escorial es un monasterio que encierra un palacio. El lugar fue seleccionado para mostrar la supremacía de Dios, manifiesta en la manera en que las cumbres de las montañas circundantes dominan la cúpula y las torres. La habitación real mira a la capilla, con una vista privilegiada al Santísimo Sacramento, del cual los Austrias eran custodios hereditarios por concesión papal. Los reyes, cuyas imágenes siguen el horizonte sobre la capilla, no son de España, sino del antiguo Israel. En los grandes vestíbulos y salones del palacio madrileño, por el contrario, imágenes divinas también pueblan las pinturas de Tiepolo, pero son de dioses romanos. La monarquía española siempre tuvo dos modelos en mente: el Reino de Dios y el Imperio de Roma. El primero dominó hasta el siglo XVIII, cuando el segundo lo sobrepasó. Clasicismo y secularismo formaron parte de la caja de herramientas ideológica de la Ilustración.

Así que, ciertamente, el anticlericalismo afectó a los jesuitas, por lo menos tanto como a otras secciones de la Iglesia. En 1759, Portugal expulsó la orden y confiscó sus propiedades. Entre 1764 y 1773 fue abolida en casi todo el resto del mundo occidental; al final el papa Clemente XIV la suprimió. Ciertas alegaciones contra las reducciones eran fantásticas, como la sospecha repetida de que eran una tapadera de minas secretas de oro y plata, que embrujaban a los indígenas y los conducían a la sumisión, o que sus métodos de castigo, que según era habitual cuando no había prisión se basaban en azotes, equivalían a un abuso sádico. Otras quejas eran más plausibles, como que el gobierno de los jesuitas era autoritario y su disciplina ajena al «tiempo de las luces».

La controversia sobre el equilibrio entre propiedad e inadecuación en la conducta de los jesuitas resultó al final irrelevante en el destino de la Compañía de Jesús. El equilibrio de poder en la lucha entre Iglesia y Estado cambió decisivamente a favor del segundo en el siglo XVIII. Los jesuitas, por su militancia, tenacidad, poder, riqueza, influencia social y preferencia por una visión universal sobre las prioridades de estados y naciones, fueron el objetivo principal de los secularizadores en todos sitios.

Para los servidores de la Corona española, uno de los privilegios más ofensivos que disfrutaban los jesuitas era la manera en que modificaban el patronato, el poder otorgado por los papas a los monarcas en nombramientos eclesiásticos. Los jesuitas retuvieron el derecho a nombrar a los detentadores de oficios o, en el mejor de los casos, facilitaban una lista corta de la cual las autoridades seculares tenían que escoger.[34] Al final, en América del Sur el sacrificio que tuvo que realizar la Corona a cambio del acomodo territorial con Portugal fue la destrucción de las reducciones paraguayas.

Los ajustes de la frontera brasileña a su favor empezaron en 1750, con la consecuente supresión de las misiones. A intervalos, durante la siguiente década, los jesuitas de vez en cuando animaron la resistencia armada de los indígenas y hasta se pusieron al mando, dando así la razón a quienes los acusaban de haber erigido una república de curas que querían arrogarse la soberanía del Imperio en un acto de traición y ruptura. En cualquier caso, las misiones fueron borradas del mapa durante la racionalización mortífera de unas vagas fronteras previas, un ejemplo típico de idealismo ilustrado que resultó en catástrofe.[35] En 1760, los jesuitas fundaron su última misión. Cuando llegó su extrañamiento de la monarquía española en 1767, se marcharon sin resistencia armada y casi sin objeciones. Durante el transcurso de solo una generación, las comunidades nativas se habían dispersado y reducido casi a la nada. Ahora apenas quedan «ruinas desnudas donde los pájaros cantan». En fragmentos de esculturas de las misiones de la iglesia de la Trinidad, al sur de Paraguay, todavía se pueden ver cantantes y músicos en el momento de ofrecer su arte a jesuitas y allegados. En San José de Chiquitos, donde los bosques fueron cortados y reducidos a cenizas, cuatro fachadas de piedra enormes ocupan el lado oriental de lo que fue la plaza mayor. Sus frontales impostados contienen la única piedra que se puede hallar en muchos kilómetros a la redonda. Detrás de las estructuras edificadas solo hay madera y barro, bajo tejados de hojalata que todavía protegen pinturas de vírgenes y ángeles, tal como quedaron tras la expulsión.[36]

FRANCISCANOS

Mientras que el papel de las misiones fue desapareciendo en Paraguay y Paraná, en California cumplieron su papel, si bien bajo los designios de los franciscanos en vez de los jesuitas. De algún modo, la Alta California, aunque colonizada dos siglos después de Florida, parecía de una época anterior. Se trataba de otra avanzada imperial que, por el momento, ofrecía poco beneficio, mas debía ser integrada por razones estratégicas de control de la corriente de Acapulco, en el caso de California, del mismo modo que Florida daba acceso a la corriente del Golfo. A finales de la década de 1760, José de Gálvez, llegado de la península para efectuar una reforma del Gobierno virreinal en la Nueva España, decidió por una vez adelantarse a los rivales británico, francés y ruso y se aseguró el control de los excelentes puertos de la costa californiana. La decisión vino en un mal momento para el reclutamiento de mano de obra. Con la expulsión de la Compañía de Jesús, la Corona había perdido a sus más experimentados agentes de frontera. Por entonces, la Baja California era virtualmente una república jesuítica que recordaba las antiguas reducciones del Paraguay. En 1768, Gálvez acudió a los suplentes habituales de los jesuitas, los franciscanos.

Junípero Serra, que llegó a la jefatura de los intentos franciscanos aquel mismo año, se mortificaba con ropa interior de púas o alambres y practicaba un programa de implacable autoflagelación. Su objetivo no consistió solo en ocupar las antiguas misiones jesuitas, pues pretendió extender el avance español hacia el norte, por lo menos hasta Monterrey, a fin de conjurar el peligro del avance ruso y mantener los grandes puertos de California fuera del alcance de otras potencias. Una marcha de cuatrocientos kilómetros le llevó hasta San Diego. Expediciones navales y militares para encontrar Monterrey exigieron muchísimo tiempo, pero localizaron un puerto incluso mejor al norte de San Francisco. El problema radicaba en que ambos tenían que ser ocupados de manera efectiva.

Los indígenas respondieron a los franciscanos con indiferencia en algunos sitios, y con violencia en otros. La empresa parecía que iba a fracasar y en la Nueva España era patente la falta de interés. Serra, sin embargo, se empeñó en continuar, pues escuchaba «la llamada de miles de paganos que esperan en California en los umbrales del sagrado bautismo, en un camino cuyo final es el honor y la gloria de Dios».[37] Su determinación fue muy heroica, o quizá extremadamente inconsecuente. Tuvieron un destacado papel exploradores laicos, en especial Juan de Anza, que dibujó mapas del interior continental y abrió caminos a la Nueva España hasta áreas tan lejanas como las Montañas Rocosas y el lago de Utah. También oficiales navales, entre los que destacó Juan Francisco de la Bodega y Cuadra, quien cartografió la costa pacífica de América del Norte y la convirtió en segura para la navegación española. Pocos años después, la colonización de California parecía viable.

A principios de la década de 1780, una cadena de misiones precarias en su economía jalonaba la ruta entre San Diego y San Francisco, donde el arribo anual de un barco era el único contacto con el resto de la monarquía española. Aquello transformó el paisaje al tiempo que disuadió a los nativos de continuar con el nomadismo. Nuevos productos agrícolas como trigo, uvas, cítricos u olivos arraigaron sobre la tierra. En 1783, las feraces misiones produjeron 22.000 toneladas de grano, que subieron a 37.500 en 1790 y a 75.000 en 1800. Serra también fundó verdaderas industrias. San Gabriel tenía telares y forjas. Se fabricaban objetos de madera, ladrillos, ruedas, arados, yugos, tejas, jabón, velas, porcelana, adobe, zapatos y cinturones de piel. La productividad de la economía misional se puede medir por la contribución que hizo San Gabriel, de 134 pesos, a la aportación española para la guerra de la Independencia de Estados Unidos. Las once familias que residían en la nueva ciudad de Los Ángeles solo contribuyeron con quince.

El establecimiento de ranchos en la tierra de las misiones resultó incluso más exitoso. Los franciscanos solo tenían 427 cabezas de ganado en 1775. Entre 1783 y 1790, el número de caballos, mulas y vacas subió de 4.900 a 22.000 cabezas; otras categorías se incrementaron de 7.000 a 26.000. Para 1805, contaban como mínimo con 95.000 cabezas. Solo San Gabriel tenía 12.980 vacas, mas 4.443 en arriendo a los colonos, junto a 2.938 caballos y 6.548 ovejas. En 1821, la misión poseía 149.730 vacas, 19.830 caballos y 2.011 mulas.[38] En cabezas de ganado por habitante de la misión, habían pasado de 1,3 por persona en 1785 a 7,3 en 1820.

Los frailes también explotaron el potencial para el intercambio de pieles con los comerciantes yanquis, que hacia 1790 realizaron difíciles viajes bordeando América del Sur para llegar allí los primeros y aprovechar la oportunidad de negocio. William Shaler, de Connecticut, los visitó en 1804 de regreso de un periplo comercial que lo había llevado hasta Cantón, en China. Hizo buenos tratos adelantando suministros para las misiones a cambio de la entrega de pieles. Su diario revela que «durante años pasados los barcos mercantes de Estados Unidos han frecuentado esta costa en búsqueda de pieles, por lo que han aportado al país unos 25.000 dólares en plata y mercancías. Los misioneros son los detentadores principales de este tráfico de pieles, los demás habitantes también han tomado parte en él».[39]

Resultó incluso más llamativo que el éxito económico de las misiones que incrementaran de modo espectacular sus poblaciones. Para empezar, sobrevivieron al terrible desastre demográfico que aconteció en California, al igual que en otros sitios, cuando las intrusiones europeas expusieron a los nativos a enfermedades desconocidas. Bajo tutela franciscana, los indígenas vivieron una era de prosperidad desconocida, con las ventajas de nuevos suministros de comida, animales y cultivos introducidos por los misioneros, que además llegaron con la energía muscular extra representada por mulas, bueyes y caballos traídos de la Nueva España. El efecto, aun así, fue motivo de queja para los franciscanos, según los cuales los nativos «tan pronto como implantamos un modo de vida cristiano en comunidad, engordan, enferman y mueren». Como las misiones continuaron su expansión, atraían indígenas, y la población activa, menos tendente a sucumbir a la enfermedad, no hacía más que aumentar. Cuando murió san Junípero Serra, había 4.650 indios en las misiones. En 1790, el número creció a 7.500. En 1800, eran 13.500. Para 1821, cuando México asumió el gobierno de California de manos de la monarquía española, había por término medio más de mil indígenas en cada una de las veinte misiones.[40] La población seglar fuera de las misiones se había incrementado hasta 3.000 personas.

La empresa misional logró estas transformaciones en medio de los conflictos usuales entre frailes y autoridades seculares. Los ultrajes de los soldados hacían más difícil el trabajo de los frailes y provocaban una alianza hostil entre tribus locales antes separadas. Felipe de Neve, gobernador de California de 1779 a 1782, indiferente a la piedad, una actitud típica del anticlericalismo ilustrado, estaba celoso del éxito de los frailes. Al principio tuvo problemas con Serra y no dejó de recordarle la amenaza de secularización de las misiones, revocables en su titularidad por una real orden, concebidas en todo caso como una institución temporal que debía revertir a la jurisdicción secular cuando hubiera cumplido su cometido.[41] El premio de los frailes sería pues la incautación. Neve desafió el derecho de los franciscanos a confirmar indios bautizados, y los acusó de desobediencia, orgullo altanero y maquinaciones inconcebibles. De hecho, ignoró las misiones en sus planes de futura colonización.

Casi logró establecer dudas sobre la eficacia de las conversiones. Toda evangelización involucra un compromiso con las culturas y tradiciones de los neófitos. Los frailes tendían a ser estrictos en lo referente al sexo y mantenían a las chicas jóvenes bajo custodia por las noches, pero eran más indulgentes en torno a tradiciones para ellos indiferentes, incluso bailes y curas tradicionales.[42] Hugo Reid, un escocés que residió en Los Ángeles desde 1832 y que aprovechó la secularización de la propiedad de la Iglesia hecha por el Gobierno mexicano, pensaba que los indios de San Gabriel «tenían dos religiones presentes, una representada por sus costumbres y otra por su fe. El infierno es para los blancos, no para los indios, o los padres lo hubiesen sabido». El demonio, sin embargo, estaba muy presente. Lo llamaban Zizu, y aparecía en todas ocasiones. «Es tan solo una pesadilla conectada con la fe cristiana, no tiene que ver con ellos».[43]

Esta opinión era interesada y ajena a la sutileza de la devoción católica. Ciertamente, los frailes tenían que batallar de continuo contra la indiferencia e intratabilidad de los nativos. Cuando se fundó San Gabriel, «se hicieron tan raros —señaló uno de los ayudantes de Serra— que después de meses apenas se veía alguno». Los locales se habían mudado a un sitio lejano. En 1775, Fernando Rivera y Moncada, capitán de Baja California, informó de una rebelión en la misión de San Diego de Alcalá, en la cual el fraile Luis Jaume fue martirizado porque los indios «querían vivir como antes».[44] En octubre de 1785, una bruja de ojos verdes llamada Toypurina se rebeló en San Gabriel porque, según declaró, «tenía odio a los padres y a todos vosotros, por vivir aquí en mi tierra natal, por haberos establecido en el solar de mis padres». Cuando en 1824 los nativos tomaron las armas en algunas misiones de California, sus chamanes usaron talismanes y amuletos para prevalecer sobre los españoles.[45]

La decisión habitual entre sentir pavor ante las rebeliones indígenas o sucumbir a ellas no servía en las misiones. La evidencia típica de un fraile apuntaba con naturalidad que, si se preguntaba a los líderes por qué salían corriendo, dirían que para ganar su libertad y lograr mujeres. Mas el testimonio de huidos recapturados en Dolores, cerca de San Francisco, en 1797, muestra el hambre y el temor a castigos excesivos como razones para escapar.[46] En 1801, fray Fermín Lasuén explicó que los descontentos solían decir que tenían hambre y se querían ir de caza una semana a la montaña. El hambre era más una apelación a un modo de vida perdido que una alusión a los alimentos, que abundaban en las misiones. «Le dije con cierta sorpresa —continuó el fraile—: Me has hecho pensar que, si te doy un toro joven, una oveja y un montón de trigo, todos los días, aun así querrías perderte por tus montañas y tus playas. El más brillante de los que escuchaba me dijo, sonriendo y medio avergonzado: Lo que dice es verdad, padre».[47]

Los frailes en el extremo de la frustración o la desesperación solo tenían el recurso de los castigos físicos. En realidad, la vida de la misión era, a su manera, tan difícil para ellos como para los indios. Los franciscanos, alejados de sus ambientes y modos de vida familiares, expuestos a situaciones inhumanas, enfrentaron a veces las tentaciones comunes con excesos de autodisciplina.[48] Como si no tuviesen suficiente, estaban los *flagela Dei*, en forma de oficiales secularizadores. La tensión entre Estado e Iglesia en aquella frontera siempre interfirió en la eficiencia del Imperio y la preservación de la paz civil. En California, las políticas de Felipe de Neve marcaron el tono. La liquidación de las misiones en Texas empezó en la década de 1790, y estuvo vinculada sin duda a sus éxitos. En 1792, por ejemplo, el provincial franciscano reportó que la misión de San Valero había completado su tarea. Todos los indios eran cristianos y «no queda ningún pagano en 150 millas a la redonda». La misión podía clausurarse.[49] Eran instituciones caras y menguantes. Aunque las de California sobrevivieron al final de la etapa española, las dificultades de mantenimiento eran obvias. Las reducciones jesuitas de Suramérica, como hemos visto, apenas se mantuvieron tras la expulsión. En 1781, la misión de San Juan Bautista, la más relevante de las texanas, que había bautizado a 1.434 indios en 1761 y solía contar con 300 residentes nativos, había bajado a 169, de los cuales solo 63 estaban bajo instrucción. En la década de 1820, todas las misiones de Texas declinaban en número de neófitos. Su desvanecimiento reforzaba la idea de que el éxito había sido más aparente que real.

Aun así, *si monumentum requires, circumspice* («si buscas su monumento, mira a tu alrededor»). La red de misiones que delineó las fronteras de la monarquía española con tan pocos recursos pudo no satisfacer a largo plazo los criterios seculares. Excepto en el caso de algunos jesuitas, fueron incompetentes en general y en el largo plazo sucumbieron frente a enemigos externos.

Lograron lo que se propusieron: ganar la alianza de cientos de miles de indígenas, gestionar recursos de la monarquía española que, si no fueron acrecentados, no cayeron en manos extranjeras, y cumplir con la tarea encomendada de transformar a los indígenas que las habitaron, no en españoles de pega o de segundo rango, sino en católicos reales, idiosincráticos. En términos de teoría política, por largo tiempo las misiones fueron lo único que existió, firme y tangible, de la monarquía española, merced a la capacidad inventiva de aquellos frailes, tantas veces ingenieros forzosos en el límite de lo que se podía concebir, trasplantar o inventar.

XI
EL ÚLTIMO SIGLO. INGENIEROS EN LAS POSTRIMERÍAS DEL IMPERIO

Será el más modesto de los reinos
y no volverá a erguirse contra las naciones.

EZEQUIEL, 29, 15

En 1960, el pintor británico Lucien Freud acudió al Museo Goya, en Castres, con el fin de contemplar un cuadro que le fascinaba. Buscaba contemplar retratos de personas, «no aquellos que solo se les parecieran», y el trabajo de Goya le parecía el modelo a imitar. Admiraba en especial la obra *Junta de la Real Compañía de Filipinas*, de 1815, que consideró capturaba el vacío absoluto: «No refleja nada real».[1] La pintura se sitúa en la tradición de lo que podríamos considerar los antirretratos españoles, de *Las meninas* de Diego Velázquez a *La familia de Carlos IV* del propio Goya, obra tan devastadora como pretendidamente ingenua en la visión de los personajes. Se trata de una aproximación no solo física, sino moral, al monarca. En efecto, Fernando VII aparece difuminado entre los directores de la Compañía que, envueltos entre sombras, lo ignoran, conversan entre sí o miran al vacío, como si todo diera lo mismo. La única luz proviene de la puerta, una franja vertical a la derecha. Se trata del punto focal del cuadro, lo que asemeja la escena a un funeral. El mensaje moral del pintor es claro: el único futuro que vale la pena está fuera, al aire libre, al margen de reyes siniestros y camarillas caciquiles.[2]

El siglo XIX ha sido considerado la «era de los ingenieros», pues su impronta y sus acciones fueron fundamentales.[3] Las continuidades con la centuria anterior, a veces poco consideradas, deben ser tenidas en cuenta. El historiador Frank Safford, por ejemplo, en su clásica obra *El ideal de lo práctico* (1976), propuso la existencia de una etapa «neoborbónica» entre 1821 y 1845, indiferenciada de lo anterior en aspectos clave y marcada por la continuidad de familias y dinastías científicas en la América independizada de España. José Manuel Restrepo, autor de la *Carta corográfica de la República de Colombia* (1825), de perdurable influencia, fue el sucesor intelectual de Vicente Talledo, ingeniero militar de procedencia cántabra y autor de cuarteles, puentes y baterías, así como del formidable *Mapa corográfico del Nuevo Reino de Granada* (1814).[4] Como mencionó Safford, hubo una permanencia de programas modernizadores que hoy llamaríamos «tecnocientíficos» orientados a lograr «conocimientos útiles» para la nueva República. Quienes los ejecutaron —ingenieros, matemáticos, cartógrafos, pilotos— fueron los mismos discípulos, vinculados y en todo caso herederos de sus predecesores.[5]

Ciertamente, los imperios no suelen desaparecer en un instante. Por eso los españoles peninsulares perdieron las guerras de emancipación hispanoamericanas, mas tuvieron un siglo XIX ultramarino.[6] Bajo sucesivos gobiernos, incluso antagonistas entre sí, la política tuvo un sesgo uniforme. El objetivo era el mantenimiento de lo que quedaba del Imperio y la puesta en marcha de una administración uniforme.[7] En 1847, fue creada la Dirección General de Ultramar, convertida en 1863 en Ministerio de Ultramar. Hasta el desastre de 1898 y la pérdida de Cuba, Puerto Rico, Filipinas y las islas Carolinas, Marianas y Palaos, todas fueron posesiones españolas.[8] La República Dominicana se reintegró a España entre 1861 y 1865. Guinea Ecuatorial le perteneció hasta 1968, y el Sáhara español hasta 1975. En todos estos territorios, como ha mostrado la investigación reciente, el trabajo de los ingenieros españoles nunca se detuvo. Fueron siempre, por así decirlo, personal esencial. La economía y la flexibilidad con que afrontaron sus tareas se pueden calificar de asombrosas en sus efectos, pues conectaron continentes e imprimieron en los territorios ultramarinos españoles un aura de tardía eficacia. El primer ferrocarril español y, quizá lo más importante, el séptimo del mundo, con 29 kilómetros, estuvo en Cuba y unió La Habana con Bejucal el 19 de diciembre de 1837. Años atrás, un sevillano residente en Londres, Marcelino Calero, había informado a las autoridades de la conveniencia de implantar allí el nuevo sistema de transporte. El primer accidente se produjo cuando la locomotora Villanueva descarriló por la acometida de un buey, asustado por sus atronadores silbidos. También en La Habana, el 1 de noviembre de 1877, fue recibida en el cuartel de bomberos la primera llamada telefónica en territorio español. El jefe local de los telégrafos nacionales, Enrique Arantave y Bellido, se las había arreglado para conseguir en Estados Unidos un par de aquellos aparatos que transmitían la voz humana. Los remitió de inmediato a Madrid, donde llegaron por Navidad, con el fin de que fueran copiados y mejorados.[9] Al otro extremo de la Tierra, en Filipinas, el telégrafo óptico funcionó desde 1836. Un cable eléctrico unió Manila y Hong Kong a partir de 1880.[10]

Todo esto acontecía mientras arreciaban polémicas sobre la incapacidad tecnológica de los españoles y otras razas latinas «decadentes», en comparación con el talento para la mecánica y las matemáticas que exhibían británicos, alemanes y estadounidenses. Ya en el siglo XVIII, algunos pensadores habían mantenido la existencia de una suerte de «esencia española» que privilegiaba lo literario y artístico, en menoscabo de lo científico y técnico.[11] En un aspecto, sin duda, España se hallaba mal equipada. Destacadas innovaciones como el ferrocarril, así como la irrupción del petróleo y de la electricidad demandaban protocolos y lenguajes que ni siquiera existían en el idioma español. A alguno la solución le pareció que empezaba por contar con un buen diccionario de términos técnicos equivalentes a los extranjerismos. Ramón Arizcun, inspector de ingenieros militares, señaló que «la elegancia de palabras depuradas» era la norma que había que seguir. De lo contrario, señaló con horror, «diremos *pulisar* por "pulir", *repulser* por "ahondado" y *bornes*, *guilloger* y tantos otros vocablos extranjeros».[12] España necesitaba una tecnología que favoreciera la industrialización, como ocurría en el resto del mundo occidental, por razones comerciales, financieras, militares, culturales y educativas.[13]

REDES PROFESIONALES

Las obras públicas fueron parte de la acción del Estado, si bien hubo dos cambios significativos que iniciaron una nueva etapa de colaboración con el sector privado. En 1841, quedó abolida fuera de la Península la Ley de Expropiación Forzosa por utilidad pública, que había tenido un efecto legal limitante. Además, después de 1866 los ingenieros civiles accedieron al trabajo en las obras públicas en ultramar, hasta entonces reservadas a profesionales militares y navales. La organización de juntas locales integradas por ingenieros de caminos marcó desde entonces una significativa diferencia.

La expansión de la educación de los ingenieros en el ámbito civil supuso cambios decisivos. La real ordenanza de 1803 había señalado: «La profesión del ingeniero abraza muchos y diversos ramos y cada uno requiere especiales talentos e inclinación».[14] En 1821 se había fundado una escuela politécnica militar y civil, y en 1825 el cuerpo de ingenieros de marina se transformó en otro de constructores e hidráulicos. La Escuela de Minas se fundó en 1835. En 1843 apareció la de Ingenieros de Montes y Plantíos. «Saber es hacer. El que no hace, no sabe», señaló su fundador y primer director, Bernardo de la Torre.[15] Dos años antes había reabierto la Escuela de Ingenieros de Caminos. En 1847 se comenzó a publicar el célebre *Memorial de ingenieros*, con «artículos y noticias interesantes al arte de la guerra en general y a la profesión del ingeniero en particular». En 1850, el Real Conservatorio de Artes se transformó en Real Instituto Industrial, y comenzó la formación de ingenieros. Las responsabilidades del Ministerio de Fomento, establecido al año siguiente, incluyeron la gestión de las escuelas de ingeniería y arquitectura, industriales y de comercio. También eran responsabilidad suya los caminos vecinales y torres telegráficas. En 1854 se creó el Cuerpo de Ingenieros de Montes, gracias a que por fin había suficiente personal graduado. Al establecimiento del Real Cuerpo de Telégrafos y al de la Escuela Central de Agricultura siguió en 1868 el Cuerpo de Topógrafos, en el cual, desde 1880, pudieron trabajar mujeres. En 1896 fue creado el Cuerpo de Ingenieros Mecánicos de Ferrocarriles, y en 1900 el de Ingenieros Geógrafos.

La adscripción de las ingenierías al Ministerio de Fomento permanecieron por encima de vaivenes políticos, de modo que los llamados «cuerpos facultativos», cuyos especialistas uniformados ejercían una suerte de sacerdocio laico, se mantuvieron.[16] Los cuerpos controlaban un acceso reglado a escuelas que eran su «dependencia directa». Admisiones y promociones, sujetas a ascenso por antigüedad, estuvieron en manos de juntas que contaron con representación ministerial. En la España del siglo XIX, los ingenieros fueron armadura del Estado y vanguardia de la nación.[17]

Podríamos pensar que la intervención de los ingenieros militares en ultramar resultó de una precedencia a su favor, pero no fue así. Por el contrario, fue su capacidad profesional lo que preservó su amplio campo de competencias y a menudo los obligó a trabajar en el sector privado o de los ferrocarriles. Hasta la década de 1860, un número importante de ingenieros militares no tuvo destino fijo. Figuraban como supernumerarios de modo provisional en algún negociado o comisión ministerial, o estaban a la expectativa de destino.[18] El cuerpo tenía cerca de doscientos miembros en 1820. En 1828, cuando la persecución absolutista, con razón, identificó ingeniero con liberal, se planteó una reducción de efectivos del 65 por ciento. En 1846 la plantilla contaba con ochenta plazas nuevas, pero solo 31 estaban cubiertas y dotadas de salario. Hasta 1875, no hubo coincidencia entre plazas disponibles y financiadas. Así las cosas, los trabajos docentes en academias de formación militar o los «servicios de obras», tan importantes en ultramar, les ayudaron a ganarse la vida. Resultaba incomprensible que un personal tan bien preparado no fuera mejor aprovechado por el Estado.

A pesar de la especialización creciente en la educación de la ingeniería, los graduados tenían que ser flexibles y prepararse para labores variadas. Mariano Albó, ingeniero militar exiliado tras el final del Trienio Liberal, en 1823, trabajó como arquitecto en Gibraltar antes de retornar en 1833 a Madrid. Allí, la Real Academia de San Fernando, institución artística que todavía disponía de facultades en el ejercicio de la profesión, le eximió de los ejercicios reglamentarios para que trabajara en el Ayuntamiento. En 1859, el capitán de ingenieros militares Juan Bautista Orduña obtuvo permiso oficial para ser nombrado arquitecto municipal de La Habana. Allí le asignaron, o asumió de modo voluntario, la comandancia del Real Cuerpo de Bomberos. La escasez de ingenieros civiles y su alto costo por los «sueldos, gratificaciones y comodidades» que disfrutaban favoreció que ingenieros militares se encargaran de los caminos de Cuba, Filipinas y otros lugares.[19] En Guinea, el puesto de jefe civil de obras públicas estuvo ocupado por un ingeniero militar, nombrado por el Ministerio de Estado. Los ingenieros de caminos poseían competencia exclusiva en infraestructuras portuarias, pero ingenieros militares, en ocasiones, fueron subcontratados. En 1902, el ingeniero militar Eduardo Gallego criticó una sentencia del Consejo de Estado porque no veía justificación para

> la exclusiva competencia legal de los arquitectos civiles en edificios públicos y particulares; autorización para proyectar y dirigir caminos, puentes, canales, conducciones y distribución de aguas para el saneamiento de poblaciones; trabajos de fontanería y topográficos; aprovechamientos de agua para usos industriales; verificación de contadores de agua e instalaciones eléctricas.[20]

Es posible que Gallego, empresario y fundador de una sociedad anónima dedicada a la ingeniería, protestara en demasía y desde un punto de vista parcial. Un superior suyo, el general de ingenieros José Marvá y Mayer, afirmó en el «Congreso de la Asociación para el Progreso de las Ciencias» de 1909 que el ingeniero poseía una función técnico-social, ya que era intermediario entre capital y trabajo. En un régimen de libre competencia, mantuvo, aportaba «reflexiones y evidencias empíricas sobre las condiciones laborales derivadas del maquinismo».[21]

Quizá fuera más fácil entender la situación en ultramar, de donde procedían, según datos de 1892, tres ingenieros civiles cubanos, dos puertorriqueños y uno filipino. En Cuba, la dinámica industrializadora estaba en marcha en 1832, cuando se organizó la Real Junta de Fomento. La primera revolución industrial, la del hierro, el carbón y el vapor, tranformó la producción y el transporte. La Junta, activa hasta 1854, pretendió financiar obras públicas con impuestos y peajes diversos.[22] Entre sus colaboradores estuvo el ingeniero militar Carlos Benítez, inspector del ferrocarril de Sabanilla y diseñador de faros, puentes y edificios. También intervino en el puerto de Matanzas.[23] Su colega Francisco de Albear y Fernández de Lara, cubano de nacimiento, tuvo una trayectoria impresionante. Desde 1847 fue ingeniero director de obras en la isla. Además de empresas militares, como el cuartel de caballería de Trinidad, la batería de la Pastora o el depósito de pólvora y torres ópticas defensivas, en el ámbito civil dejó su huella en almacenes de la Real Hacienda, la lonja, el malecón, el Jardín Botánico, la Escuela Agronómica y el convento de la Trinidad. En 1848 fue nombrado director de telégrafos. Encontró tiempo para el proyecto del ferrocarril de Macagua a Villa Clara, la ampliación de los muelles de Cienfuegos y hasta para proteger a la capital de la malaria, la disentería y la fiebre amarilla mediante un nuevo sistema de abastecimiento de agua que sustituyó la turbia y contaminada procedente del río de la Chorrera o del Almendares.

AGUA PARA EL CRECIMIENTO

El trabajo de Albear fue un ejemplo de la vasta acción de los ingenieros en la creación de infraestructuras. La demanda de agua creció de manera exponencial a causa de la industrialización y del crecimiento demográfico. Entre 1831 y 1835, el conde de Bagaes y Nicolás Campos pusieron en marcha un acueducto que llevó el nombre de Fernando VII. Las aguas del río Almendares llegaban a un gran depósito de purificación dotado de filtros de arena y carbón vegetal. Desde allí, el agua era bombeada a La Habana por una tubería de 42 centímetros de ancho y 7,5 kilómetros de largo, con 22 metros de desnivel y tres milésimas de pendiente. No era suficiente. En teoría podía transportar cuarenta mil metros cúbicos diarios, pero apenas fluía una décima parte. En esas condiciones, los 895 aljibes y los 2.976 pozos habaneros suministraban el agua que faltaba. Para remediar la situación, Albear afrontó en 1861 una primera fase de obras dedicada a salvar el curso del Almendares y evitar así la contaminación de las frescas y limpias aguas de los manantiales de Vento. En 1865 terminaron los cimientos de un gran depósito. En 1878 las aguas de la nueva infraestructura por fin llegaron, y La Habana fue una fiesta. Obras complementarias mejoraron el sistema en 1892.

La segunda ciudad de la isla, Matanzas, tuvo su acueducto desde 1872 gracias a la capacidad del ingeniero mexicano Juan Francisco Bárcena, que contó con el apoyo de empresarios locales. El agua procedía del manantial de Bello, situado a 14 kilómetros.[24] En San Juan de Puerto Rico, el ingeniero militar Juan Manuel Lombera proyectó un acueducto con arietes hidráulicos para la elevación del agua, según un procedimiento de Montgolfier que había visto funcionar en un viaje a Filadelfia.

Las Filipinas se convirtieron en un laboratorio para el diseño de acueductos. Francisco de Carriedo, un militar de origen santanderino que llegó a ser alcalde de Manila, dejó a la ciudad en su testamento diez mil pesos para la construcción de esta vital infraestructura. Después de innumerables peripecias fue inaugurado en 1882, según el diseño del ingeniero de caminos Genaro Palacios y Guerra. Este planeó una galería subterránea de 160 metros de longitud y 1,70 de altura para transportar agua desde el río San Mateo. Una vez filtrada por lajas de piedra porosa, era elevada mediante el uso de máquinas de vapor hasta una cota desde la cual, por simple gravedad, fluía hasta la ciudad. El suministro, unos 8.000 metros cúbicos por día, requirió para la distribución de un túnel de 3.290 metros, con 29 pozos verticales, un sifón de 400 metros de longitud sobre el barranco del Ermitaño, puentes, galerías, tuberías e incluso dos grandes depósitos subterráneos, cada uno de 56.000 metros cúbicos, situados en San Juan del Monte, la colina más elevada de Manila.

En la cercana Joló, el hábil ingeniero militar Carlos de las Heras construyó un acueducto de kilómetro y medio de longitud. Iba desde una presa construida en el arroyo de la Sultana hasta tres fuentes de piedra coralina en la plaza principal y otra más en una secundaria. Los comerciantes chinos contribuyeron a la construcción con 96 barricas de cemento Portland traídas desde Singapur; los ladrillos vinieron de Borneo; las tuberías de hierro colado de diez centímetros de diámetro fueron adquiridas en la subasta por quiebra de una fábrica de azúcar próxima. Los 2.590 habitantes de Joló contaron con al menos sesenta litros de agua por día. Ya no tuvieron que recurrir a los costosos aguadores chinos.[25]

EMBELLECIENDO LA HABANA

En los territorios que restaban del Imperio español y, de manera sobresaliente, en Cuba, el boom azucarero lo cambió todo. Se trató de una industria innovadora, mecanizada en casi todos sus procesos durante la segunda mitad del siglo XIX. En 1849 fue introducida la primera centrifugadora para el beneficio de caña en el ingenio La Amistad, en Güines.[26] El crecimiento de la economía azucarera y la demanda de mano de obra transformaron la «perla de las Antillas». Entre 1511 y 1762, Cuba recibió unos 60.000 esclavos africanos. En 1791 había 85.000, en 1817 eran 199.000 y en 1841 llegaron a 436.000. El gran aumento de población de color favoreció también la llegada de blancos. El mayor promotor de esta colonización blanca fue José Antonio Saco, un cubano inspirador del autonomismo dentro de la nación española y opuesto al anexionismo con Estados Unidos. En 1862, presentó en una junta sus planes opuestos a la esclavitud y al poder de los barones del azúcar. Creyó necesaria una diversificación agrícola mediante el cultivo de arroz, naranja y añil. El 57 por ciento de la población blanca trabajaba por entonces en la agricultura.[27]

El aumento de la población requirió la mejora de las comunicaciones. Entre 1792 y 1800 aparecieron cerca de ochenta núcleos urbanos que demandaron caminos, canales y acceso a las rutas marítimas internacionales. Entre 1796 y 1802, el conde de Mopox, el habanero Joaquín de Santa Cruz, dirigió la Real Comisión de Guantánamo, que tuvo tres objetivos: la apertura de caminos, la construcción de un canal desde los montes de Güines —por donde décadas después transcurriría el ferrocarril— y la repoblación de la bahía de Guantánamo.[28]

Aunque los cambios fueron tan intensos en La Habana, también resultaron ostensibles en Manila. Ambas capitales exhibieron una aspiración metropolitana que recuerda los esplendores virreinales de México y Lima y que vincula los siglos XVIII y XIX. Los patriciados criollos se acomodaron a las estructuras imperiales y no dudaron en practicar un exhibicionismo francamente barroco. Ciertas obras públicas lindaron la extravagancia, pues mostraron riqueza, poder y ansia de reconocimiento. La obsesión por el «buen gusto» se mostraba en la esfera pública, la infraestructura cívica o un paisaje rural «de postal», en el que todo parecía armonía y felicidad.

En la década de 1870, el viajero estadounidense Samuel Hazard visitó La Habana y alabó la generosidad de sus magnates, en comparación con la mezquindad de los ricos en su país natal:

> En el centro del paseo está la bella glorieta y la fuente de la India, rodeada de palmas reales. Trabajo de considerable belleza, esculpido con mármol de Carrara, fue erigida a expensas del conde de Villanueva. Es una de las fuentes públicas más bellas y un ejemplo que algunos de nuestros millonarios, que acumulan su dinero sin goce para obras mundanas, harían bien en imitar, embelleciendo sus ciudades de nacimiento.[29]

La fuente de la India, en extramuros, estuvo inspirada en la Cibeles madrileña. Otro hijo de la ciudad, Claudio Martínez de Pinillos y Ceballos, intendente de Hacienda y número dos en el Gobierno de la isla, trajo desde Italia, en 1836, la fuente de los Leones, pagada de su bolsillo, esculpida por Giuseppe Gaggini. La competencia con el gobernador, Miguel Tacón, dotó a la capital de obras públicas extraordinarias. Tacón, veterano de las guerras de la Independencia en la América continental, comisionó, también en Italia y en 1836, la bella fuente de Neptuno. Fue situada, con toda intención, en una plazuela cerca a la entrada al puerto: la riqueza mercantil, quiso decir, dependía de sus designios. Además, a cambio del monopolio de la venta de pescado, logró que el traficante de esclavos catalán Francisco Martí y Torrens financiara una moderna pescadería intramuros de la capital, con una casa de la nieve y un vivero, para la conservación del género.[30] Por el mismo método —un contrato temporal firmado con un particular «de confianza»—, Tacón abordó la construcción de un mercado en la plaza mayor, o de Fernando VII. Tuvo forma de claustro medieval, con tiendas alrededor y viviendas en la segunda planta. Menos voluminoso y más contemporáneo en su concepción fue el mercado establecido en la plaza del Cristo, con planta alargada y estructura porticada, accesible desde el exterior, al modo de Faneuil Hall en Boston, Covent Garden en Londres y el desaparecido Les Halles en París. La decisión de Tacón de establecer otro mercado más, llamado «del Vapor», extramuros de La Habana causó sensación. Fue un único edificio, precursor del «gran almacén», con un rectángulo de unos 120 metros de largo y 92 de ancho, y dos pisos. Hacia el exterior fueron dispuestas tiendas «de todos los artículos, industrias y oficios». Los interiores fueron reservados para puestos de comida, bajo portales con columnas y dotados de pavimento de baldosas: «Aun en París o Londres hay muy pocos que le excedan. Se provee de agua para su limpieza y el consumo de su numeroso vecindario, de una elegante fuente de piedra con cuatro caños, colocada entre las galerías y la carnicería».[31]

Tacón también promovió la construcción de un teatro y de un paseo conocido en adelante por su apellido, con cinco glorietas intermedias, rodeado de majestuosos álamos y pinos. Mercedes Santa Cruz y Montalvo, la cosmopolita condesa de Merlín, hija del conde de Mopox, retornó por dos meses a su Habana natal en 1840, tras enviudar de un ambicioso —e implacable— militar francés, Christophe Antoine Merlin, responsable del saqueo de Bilbao en 1808. En su famoso *Viaje*, publicado en forma epistolar en 1844 en tres volúmenes, reflejó la atmósfera del lugar:

> A las seis todos los quitrines [carruajes ligeros de un eje] aguardan a la puerta de las casas; las mujeres con la cabeza descubierta y flores naturales en ellas, y los hombres de frac y corbata, chaleco y pantalón blanco, todos perfectamente vestidos, suben y van al paseo de Tacón, a aquellas bellas alamedas donde sea por ociosidad, sea por indolencia o por orgullo, nadie pasea a pie.[32]

Más allá se encontraba la alameda de extramuros, extendida por kilómetro y medio a lo largo de 16 barrios, igualmente remodelada durante el gobierno de Tacón. Fue otro espacio para «ver y ser visto» en «La Habana elegante». En 1863, la demolición de las murallas facilitó que los suburbios fueran integrados a la expansión urbanística. La implantación en 1842 del ómnibus, una diligencia tirada por caballos, así como del tranvía en 1859, con líneas regulares y atendido por vagones de 36 asientos, fue otra expresión de los nuevos tiempos. El empresario español José Domingo Trigo obtuvo la concesión y promovió la urbanización de El Carmelo, luego incorporado a El Vedado. En 1897, el Gobierno autorizó la electrificación de las líneas de tranvías de La Habana. Todavía a principios de 1898, Mariano de la Torre, marqués de Santa Coloma, solicitó al Ayuntamiento concesión para construir y explotar cinco líneas de trenes eléctricos, con una longitud de 18 kilómetros.[33]

ECOS EN MANILA

Los progresos de La Habana parecieron inspirar a Manila. Paisajes, calles, monumentos y hasta el estilo cartográfico y el diseño de documentos recogieron ecos del Caribe. Desde 1571, Manila contaba con una larga historia imperial como «corazón» y «cabeza» del archipiélago filipino, y se la consideraba la «Roma del Extremo Oriente», por su papel en la irradiación del catolicismo.[34] El trauma que supuso la breve toma británica de la ciudad en 1762 impuso una atmósfera cauta, preclusiva. Amurallada, rodeada de agua y vigilada por centinelas, tenía ocho puertas que, hasta 1852, se cerraban de noche.

El núcleo urbano original era pequeño. Una trama de diecisiete calles espaciosas estaba dominada por edificios civiles y eclesiásticos, como la Universidad de Santo Tomás, la más antigua de Asia, fundada en 1611. En los arrabales manileños, el 80 por ciento de los vecinos residía en viviendas de madera y fibras vegetales. Eran jornaleros, empleados de compañías comerciales o conductores de canoas. Las líneas de separación social y étnica estaban menos marcadas que en otras urbes de Asia. El barrio de los chinos o sangleyes, frente al río Pásig, causaba miedo y resentimiento por su habilidad en los negocios y su pasado insurrecto. Hacia 1880, eran unos 40.000 en Manila; hasta 100.000 en todo el archipiélago. Controlaban el comercio al por menor y la artesanía. En la calle del Rosario, en el barrio de Binondo, mestizas chino-filipinas administraban tiendas que eran celebradas por comerciantes y empresarios de origen español e internacional, apenas un 5 por ciento de la población. En el área de Tondo se producía leche, manteca y queso. En Mesig se encontraba la fábrica de tabaco. San Miguel, donde estaba situado el palacio de verano del gobernador, poseía industrias azucareras y aserraderos, mientras que Sampaloc reunía fábricas de cordelería e imprentas. Malate estaba lleno de escribientes y bordadoras.[35]

En agosto de 1898, cuando se arrió la bandera española en la ciudad de Manila, había telégrafo, teléfono y ferrocarril, servicio de cable a Hong Kong y una línea de vapores-correo que llevaba a España en menos de un mes por la ruta del canal de Suez.[36] Filipinas había estado inmersa en un programa de modernización, en especial desde 1875, pues la restauración de la monarquía borbónica trajo un periodo de estabilidad. Es más, a partir de 1882, el Gobierno proyectó con modestia una política integradora de la Micronesia española —islas Carolinas, Palaos y Marianas—, a pesar de las tentadoras ofertas de compra de un Japón crecientemente expansionista.[37] La historiografía reciente ha cuestionado la difundida idea de que, hasta que no llegó Estados Unidos, en el Pacífico español solo hubo carencia y atraso. Por el contrario, el desfase entre concepción y ejecución se redujo a medida que los ingenieros hicieron su trabajo. Las permanencias visibles hasta la actualidad resultan llamativas. [38]

La distancia ha determinado la imagen de Manila y Filipinas en Europa y América.[39] Tras la desaparición en 1821 del galeón que la enlazaba con Acapulco, las comunicaciones con el ancho mundo dependieron de fragatas desde Cádiz que cruzaban el cabo de Buena Esperanza. Desde la década de 1840, para trasladarse a Filipinas los españoles usaron navíos británicos de la ruta de la India. Con posterioridad, el ferrocarril de Alejandría a Suez, abierto en 1858, constituyó la mejor alternativa. En 1859, el viajero Máximo Cánovas, aburrido de tener que departir con otros, encontró que lo mejor era leer y contemplar «monstruos marinos», como delfines y ballenas. La apertura del canal de Suez en 1869 lo cambió todo. Vapores franceses sirvieron la nueva ruta, atendida desde 1871 por la compañía española Olano, Larrinaga & Cía, con sede en Liverpool. En 1880, la empresa del marqués de Campo logró una concesión oficial subvencionada para la ruta directa a Manila, que pasó a servir la poderosa Compañía Trasatlántica.

Al final del viaje se hallaba el tramo más peligroso, el estrecho y el mar de Java, llenos de bajíos, tormentas y corrientes. Si se había tomado pasaje a vela, más barato, rodeando África por el cabo de Buena Esperanza, durante tres de los cinco o seis meses de navegación no se veía tierra. A los que llegaban a Manila les esperaban edificios e instalaciones diseñadas o modificadas por el ingeniero militar gaditano Ildefonso de Aragón y Abollado, de espíritu incansable e insólita eficiencia. En 1800 fue arrestado por «insultar» al gobernador militar de Lérida, y dos años después lo mandaron «castigado» a Filipinas. Allí permaneció hasta 1827, en calidad de jefe de la comandancia de ingenieros, a pesar de que le ordenaron el retorno sucesivas veces. Para no obedecer acudió a la excusa habitual: la vida de un ingeniero era una cadena de urgencias. El mismo año de su llegada levantó planos de camarines en el fortín del río Pásig, «para guardar en ellos las lanchas cañoneras». En 1804, tras un rápido diagnóstico de la situación, reorganizó la compañía de obreros de Manila y la incorporó al cuerpo de ingenieros. Los puentes fueron su especialidad. Ejemplos notables de su trabajo fueron uno de madera sobre pilastras de mampostería, que enlazaba las dos orillas del río Pásig, levantado en 1814; el de San Antonio Abad, de 1804, con dos arcos y tablero; el de Las Piñas, de 1803, a la salida del pueblo de ese nombre, de sillería y bóvedas de casi seis metros, para cruzar un riachuelo de curiosa denominación, «Tripa de Gallina», o el puente del Sampaloc, sobre terreno anegadizo. En 1818 Aragón y Abollado creó el depósito topográfico, y guardó allí mapas, vistas y planos del cuartel de artillería y el arsenal de Cavite, del cementerio, de fortificaciones y proyectos de puentes sobre el Parián —donde residía la colonia china—, junto a descripciones de las provincias de Tondo, Luzón y Pampanga. También colaboró en la fundación de la Real Sociedad Económica de Manila. En 1816 preparó un proyecto para fábricas y almacenes de tabaco en Binondo. Todavía en esa fecha, la Nao de Acapulco operaba y las Filipinas dependían de la plata mexicana. Sin embargo, estaba en marcha una renovación económica y política.[40] La vida no iba a consistir solo en esperar. En junio, la salida del galeón; el resto del año, su feliz regreso. En marzo, la llegada de los champanes chinos.

En 1887, Manila contaba con 157.062 habitantes. Tras La Habana y Barcelona, era la tercera capital ultramarina española. En su novela *El filibusterismo*, de 1891, José Rizal contrapuso la vieja urbe intramuros, «albergue de la nulidad presumida», con los emergentes y dinámicos suburbios.[41] La demanda explosiva desde China del tabaco filipino, el café, el azúcar y otros alimentos, en especial arroz, pero también pepino de mar, aleta de tiburón y nidos de salangana (una especie de golondrina), así como maderas y cáñamo, fue un gran estímulo comercial. Algunos se involucraron en el tráfico de opio.[42] Las empresas se vincularon para crecer con obras de infraestructura. Junto a la Compañía General de Tabacos de Filipinas estuvieron la Marítima Transatlántica, Pinillos Izquierdo y Cía, otras de ferrocarriles y tranvías o la Sociedad de Luz Eléctrica. Azucarera La Carlota se dedicó al cultivo y la exportación; Luis Garriga a la fabricación y la exportación de cuerdas de abacá; Hermanos Borri y Escolta a la alimentación. La Compañía de Colonización de Mindanao, constituida por un grupo de ingenieros de montes en 1889, se ocupó de la explotación forestal.

CAMINOS Y PUENTES

Al igual que ocurría en España, un frenesí caminero alcanzó los territorios de ultramar. La pasión por el ferrocarril, para unos competencia, para otros complemento feliz de las vías tradicionales, ocupaba los debates públicos y privados. Una de las primeras prioridades de la Junta de Fomento establecida en Cuba en 1834, que intentó atraer capital privado mediante concesiones de portazgos o peajes, fue la extensión de la red. El despegue azucarero, que atrajo técnicos de dudosa o nula competencia, hacendados, antiguos convictos, esclavos y emancipados o asalariados, creó la oportunidad. En 1830, las obras de un camino estaban a cargo de negros cimarrones penados que trabajaban allí en redención de su condena; en 1850, varios esclavos lograron fugarse de una de ellas. Preocupaba mucho que estas «peligrosas cuadrillas» influyeran en los peones esclavos y libres, pues los podían «atraer a la vagancia».

La falta de planes de mantenimiento de las obras públicas en general y de los caminos en particular parecía un obstáculo insalvable. En 1831, Rafael Quesada, jefe de obras de la Junta de Agricultura, señaló: «Mientras permanezca esta incuria de no pensar más que en el día, nunca habrá por dónde transitar, ni tesoros bastantes para sepultarlos en los campos».[43] José Antonio Saco, político, educador y estadista, señaló entonces: «El agua que se infiltra en el suelo es la mayor causa de la ruina de los caminos». Este principio, expuesto por el escocés John McAdam (1756-1836), sirvió a Saco para proponer que se elevaran los caminos sobre el terreno natural, dotándolos de cunetas laterales bajas a fin de que la lluvia no se acumulara y los destruyera.[44] El debate sobre los métodos y los materiales a utilizar en la construcción de caminos, adoquines, piedras pequeñas o grava fue tan popular en Cuba como el que enfrentó a opositores y partidarios de los ferrocarriles o, en el terreno político, el que sostuvieron autonomistas, como el propio Saco, contra partidarios de la anexión con Estados Unidos e independentistas.[45]

Como constructor de caminos, el consulado de comerciantes resultó un fracaso. Sus críticos recordaron que en treinta y seis años solo logró que se construyeran dos leguas, con un gasto enorme de tres millones de pesos. En realidad, los ferrocarriles marcaron la pauta. En 1856 fueron publicadas unas *Ordenanzas para la conservación y policía de las carreteras*. Seis años antes, el capitán general José Gutiérrez de la Concha había anotado con asombro que era palpable una resistencia a introducir novedades en esta materia. La colocación de empedrado, señaló, «no tenía por qué causar estupor».

En 1865, la situación había mejorado. El Camino Real, central, del interior o de Vuelta Abajo, pues de todos los modos era conocido, cruzaba la isla a lo largo de 1.450 kilómetros, desde Baracoa en el este hasta Mantua en el oeste. En los tramos mejor acondicionados, la anchura de la calzada alcanzaba los diez metros; en otros, señalaban los críticos, más parecía senda ganadera que camino carretero. Las vías secundarias vinculaban urbes viejas y nuevas, la mayoría vecinales, el 80 por ciento de las existentes. Los intereses de los señores del azúcar, poco sensibles a la planificación pública, determinaron las rutas. Inundaciones, temporales y mala construcción afectaron diversas obras. Los costos y la complejidad técnica de los puentes aumentaron con la utilización masiva de piedra. El ingeniero director Albear aprobó el uso de madera en los puentes de Bucaranao (1848) y Las Vegas (1853). Para el puente de Alcoy, sobre el río Luyanó, en La Habana, el ingeniero civil encargado, el francés Jules Sagebien, vinculado primero como «subalterno» y luego como «voluntario» al Cuerpo de Ingenieros Militares, planeó una superestructura de madera apoyada en dos pilares sobre estribos y arcos de medio punto rebajados, con el fin de lograr una máxima apertura. Sagebien también construyó la torre del reloj de la iglesia de Guanabacoa, y en La Habana, donde acabó por asentarse con su esposa canaria y sus diez hijos, edificó en 1848 los almacenes de Casa Blanca. Diez años después fue el constructor del observatorio meteorológico, y en 1861 dirigió la remodelación del teatro Tacón. Obligado a regresar a Francia por la enfermedad de uno de sus hijos, allí se consumió de nostalgia.

Matanzas, donde Sagebien residió largo tiempo, es conocida como «la ciudad de los puentes». Dos ríos, el San Juan y el Yumurí, rodean el casco urbano y desembocan en su bahía.[46] En época de zafra o cosecha, el puerto matancero era el segundo más importante de la isla, y, a falta de puentes, había que llevar el azúcar en cabalgaduras y carromatos. En un lugar llamado de modo muy adecuado «el tumbadero», en el río Canímar, Sagebien propuso fabricar un puente de cantería. En el río San Luis fue construido un puente con pilar de cantería y estructura de madera, tipología de enorme rendimiento en territorios ultramarinos. En 1849, fue diseñado el puente de Bailén por el comandante de ingenieros Carlos Benítez, con estructura articulada de hierro sobre dos pilares de cantería y tres amplios arcos. Quedó anclado sobre pilotes de madera. Para colocarlos, Benítez inventó un martinete «de fuerza de seis caballos» operado por una máquina de vapor, además de grúas y sierras. A pesar de conocer bien la tecnología de puentes de hierro, no era partidario de su uso masivo en Cuba, por su elevado coste y rápido deterioro. Cantería en los pilares, excelente madera local dura y fiable en el pavimento y hierro en barandas le parecían una combinación excelente, en especial debido a la presumible falta de mantenimiento: «En Francia e Inglaterra empiezan los gastos el mismo día en que se concluyen las obras, por eso se conservan en su primitivo estado de frescura y nuevas, entre nosotros no se las repara ni se rejuvenecen».[47] Ni el mejor mantenimiento del mundo hubiera salvado en 1870 su precioso puente de Bailén: el terrible huracán San Marcos lo destruyó por completo.

No lejos de allí, en Puerto Rico, la influencia de la experiencia cubana fue irresistible, y los efectos del boom azucarero, palpables. Hacia 1850 la isla tenía 257 ingenios azucareros hidráulicos y 211 trapiches movidos por bueyes.[48] La mejora de la red viaria constituyó un objetivo de primera importancia. Entre los ingenieros destinados a Puerto Rico destacó el navarro Evaristo Churruca. Inspector general desde 1870, fue con posterioridad autor del famoso puente colgante de Bilbao. Llegó a la isla con dos compañeros más en 1867, dentro de un grupo de 16 enviados por primera vez a ultramar. A Cuba fueron ocho, y a Filipinas, cinco.[49] Churruca construyó los puentes de Bayamón, Caguas y Mayagüez, y reconstruyó muchos edificios destruidos por el terremoto de 1867, entre ellos las iglesias de Guayama y Humacao. También proyectó el faro del Morro de San Juan y realizó un estudio de mejora del puerto. Otra figura destacada fue Miguel Martínez de Campos y Antón: nacido en Madrid en 1839, número uno de la promoción de 1860, redactó planes de alumbrado marítimo, puertos, carreteras y caminos vecinales, con puentes de hierro y de fábrica.

En 1891, el ingeniero Eduardo Cabello señaló que la isla contaba con 235 kilómetros de carreteras «en regular estado de conservación» y que había otros 54 en construcción. Baldomero Donnet resultó menos optimista. La falta de financiación, mano de obra y materiales, junto a las lluvias torrenciales, justificaban los retrasos. De 880 kilómetros de carreteras solo se habían terminado 230, y había otros treinta en construcción. En 1898 existía una carretera central de 134 kilómetros que cruzaba la isla de norte a sur, desde San Juan hasta Ponce, por el río

Piedras, Caguas, Cayey, Aibonito, Coamo y Juana Díaz. Otra carretera, desde Arecibo hasta Ponce, estaba en construcción. Entre las obras realizadas destacaron dos viaductos: el de Aguadilla, en la carretera de Utuado a Arecibo, de 36 metros, y el de Arecibo, de 45 metros, ambos diseñados por el ingeniero de caminos José María Sáinz.

En Filipinas, con siete mil islas, ríos caudalosos, montañas abruptas, tifones y épocas de fuertes lluvias, además de ocasionales terremotos, las condiciones para la construcción de caminos no fueron menos difíciles. La opción preferencial por la navegación de cabotaje y fluvial no admitía discusión. Los caminos exigían la disposición de fondos, materiales y mano de obra; las cabalgaduras eran escasas, y la demanda de transporte, estacional. Hubo varios planes de conservación y fomento de carreteras generales en 1868, 1875 y 1897; otro fue destinado a los jefes de provincia y el clero parroquial.

Las obras públicas requerían financiación. En 1869 fueron eliminados los aranceles a materiales importados para obras públicas, como hierro o máquinas de dragado. Los ingenieros intentaron reducir las comisiones de estudio, que generaban gastos y expectativas indeseadas. A cargo del presupuesto local, cuarenta peones, dos capataces y dos guías nativos pasaron cuatro meses de 1880 en Bucay, al norte de Luzón. No sirvió para nada. La obra a cargo de la Administración o la contrata financiada por el presupuesto público fueron los procedimientos viables, ya que la oferta de entrega a cambio de una concesión o el cobro de un peaje no atraía inversores. El tráfico era inexistente o imprevisible. El ferrocarril tuvo cierto efecto adverso en el desarrollo de caminos. El ingeniero Genaro Palacios propuso que la red principal fuera de ferrocarriles. A pesar de que el kilómetro ferroviario costaba 25.000 pesos y el de camino 14.000, el capital privado, creía Palacios, tendría interés en explotarlos. En los intersticios del sistema de ferrocarriles, las autoridades provinciales y locales desarrollarían por su propia iniciativa la trama secundaria.

En fecha tan tardía como 1897, en Luzón existían tres carreteras de primera clase, pavimentadas y de buena anchura, con mantenimiento y drenaje adecuados: la del noroeste iba desde Manila hasta Laogag, con una extensión de 545 kilómetros; la del nordeste, de Manila a Aparri, de 565 kilómetros, y la del sur, hasta Albay, de 486 kilómetros. Entre las vías secundarias destacaba la que recorría el oriente de Luzón hasta Morong, de 44 kilómetros. Los caminos locales y vecinales, muchos de ellos de tierra, impracticables durante las lluvias, eran usados en época seca por carromatos y carretones de dos ruedas. Un proyecto de extensión de la carretera por el norte de Luzón, de unos setenta kilómetros de Dagupan a Baguío por el valle de Benguet, haría el milagro de reducir un viaje de tres días a caballo en penosas condiciones a otro de solo siete u ocho horas. La Junta de Caminos despachó realizar estudios previos a los ingenieros José Cavestany y José Herbella Zóbel; el 3 de septiembre de 1898 fueron capturados por insurgentes tagalos mientras trabajaban, y más tarde los liberaron. La Administración estadounidense, que clasificó 1.596 kilómetros de caminos filipinos como de primera clase, siguió luego su plan de construcción y terminó el proyecto.[50]

En realidad, la lejanía a la que se hallaban las Filipinas, así como la relativa carencia de atractivo para inversores privados, retrasó la transición desde una ingeniería predominantemente militar a otra civil. El caso de los puentes es significativo: de un total de 124 proyectos preparados para su ejecución durante el siglo XIX, solo 14 fueron ejecutados por ingenieros civiles.[51] Estos solían llegar dispuestos a fabricar puentes de mampostería, ladrillo o estructuras de hierro, pero se impuso la opción asequible postulada por ingenieros militares: puentes de pilares de piedra y pavimentos de maderas locales. La calidad de estas facilitó la fabricación de puentes de celosía. Como «feo, pero sólido» fue calificado el de Tabucán, de cuatro vanos y celosías enrejadas, proyectado por el ingeniero de caminos Damián Quero en 1876. En 1855, el ingeniero militar Nicolás Fernández, que había estado destinado en Puerto Rico, proyectó un precioso puente tubular de celosías de hierro sobre torres fortificadas de estética neomedieval, de 75 metros de luz, con un puente giratorio suplementario. Aprobado para construcción en 1860, quedó descartado tras el terremoto acontecido tres años después. Otra tipología innovadora fue la de puentes colgantes sujetos por cables de eslabones de hierro o acero, con tablero recto. El más importante, de peaje, fue construido para cruzar el río Pásig entre Quiapo y Arroceros. Fue inaugurado con enorme alborozo el 4 de enero de 1852. Tenía 110 metros de largo y siete de ancho. También sobre el río Pásig, el ingeniero de caminos Eduardo López Navarro construyó en 1863 el puente de la Convalecencia, de madera y en dos tramos. Quedó arruinado en 1890. El puente flexible llamado «de España» fue diseñado por Casto Olano y se abrió en 1876. Dotado de ocho vanos de luces muy desiguales y cimentación sobre pilotes, resistió mejor los embates de la naturaleza.

FERROCARRILES

El capitán general de Cuba Miguel Tacón, que gobernó en la isla entre 1834 y 1852, no fue un entusiasta del ferrocarril, que consideró una moda pasajera. Sin embargo, como bien sabemos, su atractivo fue irresistible. En fecha tan temprana como 1831, los toros fueron sustituidos en la plaza de La Habana por una pequeña locomotora de vapor que los vecinos, previo pago de entrada, pudieron contemplar dando vueltas por el coso.[52] El propósito de los organizadores era, además de ganar dinero con el espectáculo, vencer resistencias que los caminos de hierro pudieran suscitar dando a conocer el invento.

El año anterior habían constituido una junta para estudiar la posibilidad de tender líneas férreas de La Habana a Güines y en la costa de Matanzas.[53] Dos años después estuvo preparado el plan del primer ferrocarril, que siguió la traza del canal de navegación proyectado en 1801 por los ingenieros militares Félix y Francisco Lemaur. Para financiarlo, la sociedad promotora tomó en Gran Bretaña, en 1834, un empréstito al 6 por ciento de interés. Compraron rieles y las primeras locomotoras, de un modelo similar a la excelente «Rocket» de Stephenson. Los carriles fueron tendidos sobre una capa de grava de quince centímetros, y utilizaron traviesas de sillería, no de madera, dispuestas a unos 3,6 metros de distancia unas de otras. El 19 de noviembre de 1837, onomástica de la reina Isabel II, fue inaugurado el tramo desde La Habana hasta Bejucal, y un año más tarde el restante, hasta Güines, con un total de 45 kilómetros. Gracias al ferrocarril, la tarifa de transporte del azúcar bajó un 70 por ciento. La competencia creciente de la remolacha, que ya cubría un 10 por ciento de la demanda mundial, fue un estímulo añadido a su extensión.

Una junta de caminos de hierro compuesta por miembros del consulado de comerciantes y el Ayuntamiento de La Habana, asesorada por los ingenieros militares Francisco Lemaur y Manuel Pastor, se ocupó de la planificación de la red. El ancho de vía quedó fijado en 1.435 metros, aunque hubo excepciones arbitrarias. Fueron contratados dos expertos ingenieros estadounidenses: Alfred Kruger y Benjamin Wright, padre e hijo. En 1839 fue abierto un segundo tramo en Cárdenas, que se extendió de inmediato hasta Montalvo, con 28 kilómetros de recorrido. El proyecto era del ingeniero Manuel José de Carrerá y Heredia, hijo del realista homónimo venezolano que había rendido las armas españolas en Puerto Cabello en 1823, para luego retirarse a la fiel Cuba. Carrerá hijo no perdió el tiempo. Fue nombrado administrador del ferrocarril de Sabanilla en 1850, diseñó la estación de Matanzas y destacó en la construcción de inmuebles anexos a las vías férreas. De alguna manera, vio el negocio de los terrenos y la necesidad de instalaciones complementarias. Primero se ocupó de paraderos, estaciones o «casas de pasajeros», fabricadas en estilo neoclásico, neogótico y hasta orientalista en algún caso. Luego diseñó instalaciones técnicas y administrativas, almacenes, estafetas de correo, cabinas de señales y casillas de guardabarrera. También talleres, conocidos como «casas de máquinas», oficinas del jefe de estación e incluso alojamientos para empleados y operarios.[54]

Las necesidades y localizaciones de los ingenios azucareros impusieron que las vías férreas siguieran los cursos fluviales, pues enlazaban con las redes de cabotaje que iban desde las desembocaduras hasta los puertos. En 1842, la Junta de Fomento vendió la primera línea a la Compañía de Caminos de Hierro de La Habana, sociedad anónima recién constituida por hacendados azucareros. Trenes y cañaverales parecían socios ideales. El ferrocarril del Júcaro, diseñado por el prestigioso Alfred Kruger, no pretendió atender un área de concentración de ingenios, como había ocurrido hasta entonces, sino abrir una frontera de colonización. Su conclusión en 1844, con cincuenta kilómetros de recorrido, resultó clave para el desarrollo azucarero de Cárdenas. Ese mismo año se abrió el ferrocarril del Cobre, que unió las minas de Santiago del Prado con un embarcadero situado en el puerto de Santiago de Cuba. Diseñado por el renombrado ingeniero Sagebien, contó con un sistema por el cual los vagones cargados de mineral que descendían hacían subir a los otros, que ascendían con maquinaria, herramientas o carbón. No usaban máquina de vapor; si era necesario, acudían a animales de tiro. En 1853 el ferrocarril de Cárdenas y el de Júcaro se fusionaron para eliminar la competencia. Estados Unidos adquiría ya más de la mitad del azúcar cubano, y se habían construido 558 kilómetros de vías férreas. En 1868 existían más del doble, con 21 compañías operadoras.

La guerra de los Diez Años, que duró de 1868 a 1878, detuvo el desarrollo ferroviario cubano. Sin embargo, el resto del siglo se construyeron otros 532 kilómetros de vía. El sistema ferroviario continuó siendo un rompecabezas de piezas desconectadas, debido a que hacendados locales y compañías de navegación lograron frustrar la construcción de una línea central que atravesara la isla de un extremo a otro. Los militares, grandes defensores de su existencia, no lograron imponer su criterio.

En Puerto Rico, el Ministerio de Ultramar dispuso en 1874 que se estudiase la construcción de un ferrocarril por la costa, para unir núcleos urbanos en cuyas cercanías se hallaban las haciendas de café, tabaco y azúcar. El abrupto y montañoso interior quedó descartado. Tres años más tarde, el ingeniero de caminos Leonardo de Tejada concluyó una memoria que ordenó los trabajos posteriores. Hubo varias licitaciones fallidas, y solo en 1881 se concluyó al oeste de la isla un primer tramo de diez kilómetros. En 1891 fue inaugurado un tramo de 73 kilómetros entre Martín Peña y Arecibo. Siete años después, había 240 kilómetros en explotación, doce en construcción y 217 en proyecto.

En Filipinas, el ingeniero de caminos Eduardo López Navarro diseñó en 1875 un proyecto para el aprovechamiento ferroviario de Luzón. Los representantes de una sociedad de banqueros y constructores británicos, Barry, Brenon y Peralta, presentaron a las autoridades una propuesta exigente en términos de garantía, pues «había de estar basada en un privilegio, la garantía del Estado para concurrir con seguridad y confianza».[55] En 1883 fue propuesta la construcción de una red de 1.730 kilómetros. Cuatro años después, otra compañía británica, la Manila Railway Company, comenzó las obras del tramo de Manila a Dagupan, con una concesión de 99 años y una rentabilidad fija garantizada por el Gobierno del 8 por ciento sobre su inversión. Costó 7.899.000 pesos: un 63 por ciento más de lo presupuestado. Fue inaugurado en 1892 e incluyó un puente sobre soportes de hierro en Pampanga. El objetivo, más que el transporte de pasajeros, fue llevar mercancías a la capital, en especial arroz y azúcar. Los convoyes constaban de vagones de cuatro clases y llevaban pasaje, mercancías y animales. Fue un éxito instantáneo, hasta tal punto que los beneficios operativos fueron repartidos al 50 por ciento, como se había pactado, entre la empresa concesionaria y la Real Hacienda.

Al mismo tiempo la Compañía de Tranvías de Filipinas, fundada por el empresario Jacobo Zóbel, el ingeniero Luciano Bremon y el banquero Adolfo Bayo, puso en marcha en 1888 una primera línea de 16 kilómetros con máquinas a vapor para conectar Manila con Malabón, hacia el norte.[56] También hubo ferrocarriles en algunas minas y uno de uso militar en Mindanao.

Las líneas de telégrafo fueron otra infraestructura que acompañó a la expansión de los ferrocarriles. En 1852 funcionó el telégrafo eléctrico en la línea férrea recién inaugurada en la península, de Madrid a Aranjuez. Al año siguiente, el ingeniero militar Manuel Portillo puso en marcha el primer servicio público de telégrafos en Cuba, entre La Habana y Batabanó; también organizó la Escuela de Telegrafistas y fijó las tarifas al público. En Filipinas hubo telégrafo óptico desde 1836, cuando el gobernador de Albay, José María Peñaranda, veterano de la lucha contra los piratas musulmanes, incorporó una red de señales a los fuertes que defendían la provincia contra los moros de Masbate. Los gobiernos españoles sabían que el enlace por cable con el archipiélago era prioritario. En la práctica, la única conexión posible era vía Hong Kong. A partir de 1869, una comisión del Real Cuerpo de Telégrafos tendió las líneas necesarias entre Manila, la punta de Santiago y el cabo Bolinao. En 1872 fundaron una escuela de telegrafistas, y en 1876 había más de mil kilómetros de línea. Para asegurar la conexión internacional fue convocado un concurso público, que ganó una compañía británica.[57] El 2 de mayo de 1880 fue cursado el primer telegrama entre Filipinas y España. El texto consistió en un saludo al rey Alfonso XII «de sus seis millones de súbditos isleños, con amor, lealtad y veneración».

PUERTOS Y FAROS

En 1882 ocurrió una terrible tragedia: el faro de San Nicolás, uno de los situados en la isla de Corregidor, junto a Manila, fue arrancado de manera brutal por un tifón. El faro y la vivienda aneja, con las trece personas que allí vivían, los torreros y sus familias, desaparecieron sin dejar rastro. Seis años antes lo había edificado el ingeniero de caminos José Echevarría, según dictaba la última tecnología disponible en Europa, con una estructura metálica atornillada al terreno mediante pilotes de rosca. El método servía en Cádiz o La Coruña, pero no en suelos volcánicos o arenosos.[58] Aquellas eran costas peligrosas, la navegación era arriesgada y las referencias inexistentes. En ultramar, era precisa una mejora constante de puertos, muelles y faros.

Desde 1845, La Habana contó con el muelle de San Francisco, gracias a los trabajos del ingeniero militar Juan María Muñoz. Constaba de una escollera vertida con un fuerte talud, cimentada sobre el fino fango del fondo mediante dos hileras de pilotes. Un muro y una plataforma con argollas para amarre de navíos completaban la obra, cuya longitud era de unos 140 metros. Con posterioridad, se construyeron otros siete muelles. En Matanzas, donde el puerto contó desde 1819 con el servicio de una embarcación a vapor que iba a La Habana los miércoles y retornaba los domingos, una barra de arena obligaba a los buques de mayor calado a fondear en el centro de la bahía. En 1848 los ingenieros militares Carlos Benítez y José Pérez Malo resolvieron el problema con una draga arenera. Benítez propuso también construir una dársena artificial, definida por dos grandes espigones. Hubo también muelles nuevos en Casilda, la bahía de Jagua y otros lugares de la costa.

En Filipinas fue establecida en 1880 una junta de obras del puerto de Manila, que puso fin a las dificultades experimentadas por el escaso tamaño y el calado del puerto interior. En 1883, con diseño del infatigable Eduardo López Navarro, cuyos repetidos servicios lo convirtieron en el ingeniero más importante de las últimas décadas del siglo, la obra fue concluida. Consistió en la construcción de un dique de abrigo de dos kilómetros al sur del que canalizaba la desembocadura del río Pásig. La escollera medía 335 metros de largo, con 4,5 metros de altura sobre el nivel medio del océano. Otro ingeniero de caminos, José García Morón, dispuso la utilización de remolcadores, dragas, perforadoras y cuanta maquinaria encontró disponible para sustituir las piedras de escollera por bloques artificiales de hormigón hidráulico, más absorventes.

La especialidad de López Navarro fueron los faros. De nada servía un puerto invisible a los azorados navíos que se acercaban en busca de resguardo. En el acercamiento a Manila fue necesaria la colocación de una baliza luminosa en el bajo de San Nicolás.[59] En 1846, la Junta de Comercio inauguró un faro al norte del Pásig. Su sólida torre cónica resistió los terremotos de

1852 y 1863. La vivienda anexa sirvió para alojamiento del torrero y su familia; gente «acostumbrada a la obediencia y la disciplina», con frecuencia militares y marinos licenciados. Para el alumbrado se instalaron ocho lámparas inglesas, apoyadas con reflectores parabólicos de plata, y 560 espejos repetidores. El temor a que las luces de los faros fueran confundidas con otras que hubiera en la costa y ello condujera a las embarcaciones a naufragios era constante. Por eso, la introducción de las ópticas de Fresnel, que usaban lentes escalonadas de vidrio en vez de reflectores parabólicos, marcó una nueva etapa. El ingeniero López Navarro realizó en 1868 un proyecto de mejora del alumbrado del faro situado en la desembocadura del Pásig. Consistió en la mejora de la zona alta de la torre y la instalación de una moderna óptica de la casa parisina Barbier Bernard y Turenne, dotada de tres lámparas y una linterna poligonal de ocho caras, rematada por cúpula de cobre. El nuevo equipo entró en servicio en 1870. Tenía un alcance de nueve a diez millas, con una altura del haz de luz de 16,25 metros sobre el nivel del mar. También en Filipinas, en la isla de Cabra, en Luzón, 45 millas al suroeste de la bahía de Manila, fue encendido la noche del 1 al 2 de mayo de 1889 un curioso faro cuadrado de ladrillo con óptica giratoria, sobre basamento de mercurio. En Melville, sobre el mar de Joló, el ingeniero de caminos Guillermo Brockman diseñó un faro similar con elementos tradicionales y una torre octogonal de piedra. En 1893, el ingeniero de caminos Baldomero Donnet realizó un minucioso informe. En el balance señaló que en Filipinas existían 19 faros y 15 luces portuarias, y había dos faros más en construcción.

Los tifones de Filipinas se llaman huracanes en Cuba. En 1845, por su mejor resistencia al viento fue levantada una torre perfectamente cilíndrica en la fortificación de El Morro de La Habana. El ingeniero militar José Benítez eligió la misma forma para el faro Colón, una torre de 51,8 metros de altura dotada de linterna Fresnel, situada en el peligroso canal de las Bahamas. En 1868 Cuba disponía de doce faros en funcionamiento, y en 1876 fue aprobado un plan de alumbrado marítimo que cubrió todas las costas. En Puerto Rico, la entrada de San Juan fue dotada con un moderno faro en 1846. Treinta años después, el último proyecto allí del gran Evaristo Churruca fue precisamente su sustitución por una nueva torre con óptica Fresnel.

COLOFÓN FORESTAL

El 17 de abril de 1917, un vapor-correo que había partido de Cádiz en dirección al archipiélago filipino con setenta pasajeros y cien tripulantes chocó con una mina al llegar a Ciudad del Cabo y se hundió. Habían tomado esa ruta y no la del canal de Suez precisamente para evitar riesgos a causa de la guerra. Entre las víctimas se encontraba el explorador, geólogo, etnógrafo, cartógrafo e ingeniero de minas de profesión Enrique D'Almonte y Muriel, nacido en Sevilla, que había hecho más que nadie por cartografiar el Imperio español. Retornaba a Manila para completar sus estudios sobre las tierras y gentes del Asia oriental. Todo indica que se hallaba en una misión confidencial y de espionaje. Nadie podía ser más adecuado para una tarea de esa índole. Como señaló otro explorador, Emilio Bonelli, D'Almonte se acordaba de todos los nombres y resistía todos los climas.[60] Residió entre 1880 y 1898 en Filipinas, de 1900 a 1912 en Guinea y los dos años siguientes los pasó en el Sáhara Occidental. Sus proyectos en la colonia guineana española del río Muni le llevaron a proponer —nada menos— la construcción de un ferrocarril que fuera desde Puerto Iradier, en la desembocadura fluvial, y cruzara todo el continente africano hasta el océano Índico. También participó en comisiones de límites de 1901 a 1911 y, según su costumbre, se enfrentó a los alemanes dondequiera que los encontraba, en este caso en la frontera con Camerún. D'Almonte propugnaba que la riqueza forestal del territorio del Muni fuera integrada en un plan de colonización español que, en efecto, se consolidó durante los años veinte. La firma de un tratado limítrofe con Francia en 1900 resultó decisiva y supuso el final de una etapa iniciada en 1858, cuando una estación naval de la Armada había afirmado la presencia española.[61]

La fama de D'Almonte, merecida por sus méritos y engrandecida por su muerte misteriosa, excedió la de un predecesor que le había influido mucho, el ingeniero de montes barcelonés Sebastián Vidal y Soler. Este llegó en 1872 a Filipinas y se hizo cargo de la Inspección de Montes, fundada en 1863. A cargo de la comisión de flora y estadística forestal, Vidal reunió 2.060 ejemplares de plantas y gestionó el jardín botánico de Manila. Durante la década siguiente, si la malaria no le obligaba al reposo, realizaba estudios en Mindanao. También escribió un *Reglamento y memoria para el servicio del ramo de montes en Filipinas*. Otro ingeniero de montes con el que colaboró, Ramón Jordana, publicó una importante *Memoria sobre la producción de los montes públicos de Filipinas*.

Ambas trayectorias profesionales muestran la transición desde un antiguo régimen forestal, en el cual los bosques dependían de la legislación general y de marina, hasta otro nuevo gestionado por los ingenieros de montes. Frente a versiones edénicas de la naturaleza tropical, Vidal y Jordana propusieron conocer científicamente las existencias forestales, clasificarlas, deslindar la propiedad y elaborar un plan de aprovechamiento y conservación, hoy diríamos de sostenibilidad.[62] Según sus cálculos, de los 19 millones de hectáreas boscosas que había en Filipinas, nueve eran susceptibles de explotación. Aunque pensaban que la situación de los bosques filipinos era mucho mejor que la de los cubanos, los niveles de destrucción eran peligrosos. «Tras las rozas el arbolado no se recupera jamás», señaló Vidal, cuyo fallecimiento en Manila en 1889 supuso un duro golpe para todos.[63]

Las conjeturas referentes a Cuba no iban descaminadas. En 1852, el 40 por ciento de la superficie de la isla era boscosa. En 1923, solo el 16 por ciento. El desmonte del bosque se explicaba porque los troncos se llevaban al ingenio para usarlos como combustible en el refino del azúcar, lo que denominaban en las haciendas «tumba y limpia». Otras veces, los dejaban como abono para la siembra en el terreno que ocupaban de inmediato;

eso era «tumba y deja».[64] El brillante Ramón de la Sagra habló de «cultivo de rapiña» en referencia a la deforestación causada por la explotación azucarera. En 1859 Francisco de Paula Portuondo, hijo de unos hacendados locales, se convirtió en el primer ingeniero de montes cubano. En 1876 se promulgaron unas ordenanzas que tuvieron escaso efecto. «Todo está por hacer» fue el juicio inapelable de un informe oficial contemporáneo.

No solo en el campo de la conservación del entorno, sino en casi todos los demás, la tarea era ingente. Pese a ello, en lo referente a las infraestructuras de la monarquía global española, los logros eran gigantescos. La medida de las prioridades del Estado y los esfuerzos de los ingenieros se vislumbran en la larga lista de obras públicas recogidas en las páginas anteriores, que sirvieron a la pacificación, civilización, salud, supervivencia, defensa, asentamiento, comunicaciones, productividad, evangelización y comercio de las comunidades multiétnicas que constituyeron el Imperio. Los españoles a menudo se compararon a sí mismos —para mal— con imperialistas al estilo de los romanos, de quienes se sirvieron como modelo en sus políticas y también en el énfasis en la ingeniería que asumieron. El Imperio romano duró, según los modos que se usen para evaluarlo, quizá mil años más que el español. Sin embargo, si no nos dejamos abrumar por la aceleración de los cambios actuales, no fue un logro menor mantener un imperio tan vasto y diverso tanto tiempo en las circunstancias tan poco favorables de la primera globalización. ¿Habría sido posible sin la inversión en bienestar que representaron las infraestructuras y obras públicas, o sin las alianzas ventajosas que supusieron para tantas comunidades y élites colaboradoras? Lo dudamos mucho.

NOTAS

I - INTRODUCCIÓN. HACIENDO FUNCIONAR EL IMPERIO

1 Percy B. Shelley, «Ozimandias», *Poetry Foundation*, 1817 [en línea] (9 de agosto de 2021), <https://www.poetryfoundation.org/poems/46565/ozymandias>.

2 James Bieri, *Percy Bysshe Shelley, A Biography: Exile of Unfulfilled Renown, 1816-1822*, Newark, University of Delaware Press, 2005, pp. 55 y ss.

3 William Dalrymple, *The Anarchy. The Relentless Rise of the East India Company*, Londres, Bloombsbury, 2019, pp. 55-77.

4 Angela Miller, «Thomas Cole and Jacksonian America: The Course of Empire as Political Allegory», *Prospects*, vol. 14, 1989, pp. 65-92; Louis L. Noble, *The Course of Empire. Voyage of Life, and Other Pictures of Thomas Cole, N.A.*, Nueva York, Cornish, Lamport & Company, 1853, pp. 177-178.

5 Felipe Fernández-Armesto, *Civilizations*, Londres, Macmillan, 2004, VIII.

6 Karl Wittfogel, *Oriental Despotism: A Comparative Study of Total Power*, Nueva York, Random House, 1957; Karl W. Butzer, *Early Hydraulic Civilization in Egypt*, Chicago, University of Chicago Press, 1956.

7 James B. Pritchard, ed., *Ancient Near Eastern Texts Relating to the Old Testament*, Princeton, Princeton University Press, 1969, p. 409.

8 Stanley D. Walters, *Water for Larsa*, New Haven, Yale University Press, 1970, pp. 33-35.

9 Sabine MacCormack, *On the Wings of Time: Rome, the Incas, Spain and Peru*, Princeton, Princeton University Press, 2007, pp. 5-12 y 274; Anthony Grafton *et al.*, *New Worlds, Ancient Texts: The Power of Tradition and the Shock of Discovery*, Cambridge, Harvard University Press, 1995; John H. Elliott, *El viejo mundo y el nuevo (1492-1650)*, Madrid, Alianza, 1990, pp. 21-27.

10 John Peter Oleson, ed., *Building for Eternity: The History and Technology of Roman Concrete Engineering in the Sea*, Oxford, Oxbow Books, 2014; Mathias Döring, *Römische Häfen, Aquädukte und Zisternen in Kampanien: Bestandsaufnahme der antiken Wasserbauten*, Darmstadt, Institut für Wasserbau und Wasserwirtschaft, 2007.

11 John Peter Oleson, ed., *The Oxford Handbook of Engineering and Technology in the Classical World*, Oxford, Oxford University Press, 2008, pp. 1-9.

12 Justine Christianson y Christopher H. Marston, eds., *Covered Bridges and the Birth of American Engineering*, Washington, National Park Service, 2015; Jessica B. Teisch, *Engineering Nature: Water, Development, & the Global Spread of American Environmental Expertise*, Chapel Hill, University of North Carolina Press, 2011.

13 Pierre Chaunu, «Les routes espagnoles de l'Atlantique», *Anuario de estudios americanos*, vol. 25, 1968, pp. 95-128.

14 Felipe Fernández-Armesto, *Millennium*, Londres, Bantam, 1995, p. 228.

15 Charles Verlinden, *Koloniale Expansie in de 15de en 16de Eeuw*, Bussum, Fibula-Van Dishoeck, 1975, pp. 35 y ss.

16 Guillaume Gaudin y Pilar Ponce Leiva, «Introduction au dossier: El factor distancia en la flexibilidad y el cumplimiento de la normativa en la América Ibérica», *Les Cahiers de Framespa*, vol. 30, 2019 [en línea] (21 de mayo de 2020), p. 6, <http://journals.openedition.org/framespa/5553>.

17 Richard Hakluyt, *Discourse of Western Planting*, en David B. Quinn y Alison M. Quinn, eds., Londres, Hakluyt Society, 1993.

18 Charles R. Boxer, «Piet Heyn and the Silver Fleet», *History Today*, vol. 13 (6 de junio de 1963), pp. 398-406.

19 Helen Rawlings, *The Debate on the Decline of Spain*, Manchester, Manchester University Press, 2012.
20 Henry Kamen, *Spain in the Later Seventeenth Century*, Londres, Longman, 1980, pp. 67-105.
21 Pekka Hämäläinen, *The Comanche Empire*, New Haven, Yale University Press, 2008; Sara Ortelli, *Trama de una guerra inconveniente: Nueva Vizcaya y la sombra de los apaches (1748-90)*, México, Colegio de México, 2007; Felipe Fernández-Armesto, *Our America*, Nueva York, Norton, 2014, pp. 65-69.
22 Thomas E. Chávez, *A Moment in Time: The Odyssey of New Mexico's Segesser Hide Paintings*, Albuquerque, Rio Grande Books, 2012.
23 John L. Kessell, *Mission of Sorrows: Jesuit Guevavi and the Pimas*, Tucson, University Of Arizona Press, 1970.
24 M.A. Goldberg, *Conquering Sickness*, Lincoln, University of Nebraska Press, 2016; David Weber, *The Spanish Frontier in North America*, New Haven, Yale University Press, 1992, p. 341. [Hay trad. cast.: *La frontera española en América del Norte*, México D. F., Fondo de Cultura Económica de España, 2000.]
25 Fernández-Armesto, *Millennium*, p. 192.
26 Weber, *The Spanish Frontier*, 1992, pp. 228-229.
27 Ibídem, pp. 300-304.
28 Douglas Monroy, *Thrown Among Strangers. The Making of Mexican Culture in Frontier California*, Berkeley, University of California Press, 1993, p. 21.
29 Thomas E. Chávez, *Spain and the Independence of the United States*, Alburquerque, University of New Mexico Press, 2002, p. 32; Gabriel Paquette y Gonzalo M. Quintero Saravia, eds., *Spain and The American Revolution. New Approaches and Perspectives*, Nueva York, Routledge, 2020, pp. 7-11.
30 Diego Barros Arana, *Historia general de Chile*, Santiago, Universitaria, 2001, vol. 7, p. 51.
31 Gwin A. Williams, *Madoc: the Making of a Myth*, Oxford, Oxford University Press, 1979, p. 146.
32 Felipe Fernández-Armesto, «Inglaterra y el Atlántico en la Baja Edad Media», en Antonio Bethencourt Massieu, ed., *Canarias e Inglaterra a través de los siglos*, Las Palmas, Cabildo Insular, 1995, pp. 11-28.

33 Mary W. Helms, *Ulysses' Sail. An Ethnographic Odyssey of Power, Knowledge and Geographical Distance*, Princeton, Princeton University Press, 1988, pp. 131-171.
34 Felipe Fernández-Armesto, «The Stranger-Effect in Early Modern Asia», *Itinerario*, n.º 24, 2000, pp. 80-103.
35 Gonzalo Fernández de Oviedo, en Juan Pérez de Tudela, ed., *Historia general y natural de las Indias*, vol. 3, Madrid, Atlas, 1959.
36 Ian Caldwell y David D. Henley, «The Stranger Who Would Be King», *Indonesia and the Malay World*, vol. 26, 2008, pp. 163-75.
37 Federico Navarrete, *Historias mexicas*, México, Turner, 2018, pp. 223-229.
38 Frank Salomon y George L. Urioste, eds., *Huarochirí Manuscript: A Testament of Ancient and Colonial Andean Religion*, Albuquerque, University of Texas Press, 1991.
39 Mathew Restall, *Maya Conquistador*, Boston, Beacon Press, 1998, pp. 144 y ss.
40 Geoffrey McCafferty, «The Cholula Massacre: Factional Histories and Archaeology of the Spanish Conquest», en Matthew Boyd *et al.*, eds., *The Entangled Past: Integrating History and Archaeology*, Calgary, University of Calgary Press, 2000, pp. 347-359.
41 Gregorio Mora-Torres, ed., *Californio Voices: The Oral Memoirs of José María Amador and Lorenzo Asisara*, College Station, University of North Texas Press, 2011, p. 63.
42 R. Alan Covey, *How the Incas Built their Heartland*, Ann Arbor, University of Michigan Press, 2011, p. 63.
43 Kenneth R. Wright, Jonathan M. Kelly y Alfredo Valencia Zegarra, «Machu Picchu: Ancient Hydraulic Engineering», *Journal of Hydraulic Engineering*, vol. 123, 1997, pp. 838-843.
44 John Hyslop, *The Inka Road System*, Nueva York, Academic Press, 1984; Craig Morris y Donald E. Thompson, «Huánuco Viejo: An Inca Administrative Center», *American Antiquity*, vol. 35, 1970, pp. 344-362.
45 Pablo de Alzola y Minondo, *Las obras públicas en España: estudio histórico*, Bilbao, Biblioteca de la Revista de Obras Públicas, 1899, p. 597; Manuel Díaz-Marta, «La ingeniería hidráulica española en América», *Cuatro conferencias sobre historia de la ingeniería de*

obras públicas en España, Madrid, Ministerio de Obras Públicas y Transportes, 1987, pp. 109-148; Nicolás García Tapia, *Del dios del fuego a la máquina de vapor: la introducción de la técnica industrial en Hispanoamérica*, Valladolid, Ámbito-Instituto de Ingenieros Técnicos de España, 1992, p. 64; Ignacio González Tascón, *Ingeniería española en ultramar, Siglos XVI-XIX*, vol. 2, Madrid, CEHOPU, 1992, p. 748; Ramón Serrera Contreras, *Tráfico terrestre y red vial en las Indias españolas*, Barcelona, Lunwerg, 1992, p. 335; <http://www.ub.edu/geocrit/menu.htm>; Luis García Ballester, dir., *Historia de la ciencia y de la técnica en la corona de Castilla*, Valladolid, Junta de Castilla y León, 2002, vol. 4; Manuel Silva Suárez, coord., *Técnica e ingeniería en España*, Zaragoza, Institución Fernando el católico, 2004-2019, vol. 9; María Antonia Colomar e Ignacio Sánchez de Mora, coords., *Cuatro siglos de ingeniería española en ultramar. Siglos XVI-XIX*, Madrid, Ministerio de Cultura-ASICA, 2019, p. 552 ; Biblioteca Virtual de la Ciencia y la Técnica en la Empresa Americana, Fundación Ignacio Larramendi-DIGIBIS, presentación de Xavier Agenjo Bullón, DOI, <http://dx.doi.org/10.18558/FIL139>, <http://www.larramendi.es/cytamerica/i18n/micrositios/inicio.do>.

46 Gaspar Pérez de Villagrá, *Historia de la Nueva México*, en Miguel Encinias *et al.*, eds., Alburquerque, University of New Mexico Press, 1992, pp. 124-126.

47 Rodolfo Segovia, *El lago de piedra: la geopolítica de las fortificaciones españolas del Caribe (1586-1786)*, Bogotá, El Áncora, 2006, pp. 11-13.

II - LLEGAN LOS INGENIEROS. CREADORES DE INFRAESTRUCTURAS Y SUS OBRAS

1 Vicente Casals, *Los ingenieros de montes en la España contemporánea (1848-1936)*, Barcelona, Ediciones del Serbal, 1996, p. 7.

2 Horacio Capel, «Remediar con el arte los defectos de la naturaleza. La capacitación técnica del cuerpo de ingenieros militares y su intervención en obras públicas», *Antiguas obras hidráulicas en América. Actas del Seminario de México, 1988*, Madrid, CEHOPU, 1991, pp. 508-511.

3 Clarence Glacken, *Traces on the Rhodian Shore. Nature and Culture in Western Thought From Ancient Times to the End of the Eighteenth Century*, Berkeley, University of California Press, 1990, pp. 461-462.

4 Francisco de Ajofrín, *Diario del viaje que por orden de la sagrada congregación de Propaganda Fide hizo a la América septentrional en el siglo XVIII*, Madrid, Real Academia de la Historia, 1958, vol. 1, pp. 75-76.

5 Neil Ferguson, *Empire. How Britain made the Modern World*, Londres, Penguin, 2007, p. 1. [Hay trad. cast.: *El Imperio británico. Cómo Gran Bretaña forjó el orden mundial,* Barcelona, Debate, 2005.]

6 John Darwin, *El sueño del imperio. Auge y caída de las potencias globales, 1400-2000*, Madrid, Taurus, 2012, p. 53.

7 Mark Elvin, *The Pattern of the Chinese Past*, Stanford, Stanford University Press, 1973, pp. 298-315.

8 Ferguson, *Empire*, pp. 1-2.

9 Guillermo Céspedes del Castillo, *América hispánica (1492-1898)*, Barcelona, Labor, 1983, p. 60.

10 Nicolás García Tapia, *Ingeniería y arquitectura en el Renacimiento español*, Valladolid, Universidad de Valladolid, 1990, pp. 46-53.

11 Alicia Cámara Muñoz, «La profesión de ingeniero», en Manuel Silva Suárez, ed., *El Renacimiento. Técnica e ingeniería en España,* Zaragoza, Real Academia de Ingeniería, 2004, pp. 158-161.

12 Nicolás García Tapia, «La fábrica del sitio», en Antonio Lafuente y Javier Moscoso, eds., *Madrid, ciencia y corte*, Madrid, Consejería de Educación y Cultura, 1999, p. 80.

13 Jose Manuel Lucía Mejías, «Un personaje llamado Miguel de Cervantes: una lectura crítica de la documentación observada», *Cuadernos AISPI*, vol. 5, 2015, pp. 24-25.

14 Miguel de Cervantes Saavedra, en Florencio Sevilla, ed., *El celoso extremeño*, Alicante, Biblioteca Virtual Miguel de Cervantes, 2001, p. 138, <http://www.cervantesvirtual.com/nd/ark:/59851/bmccj8b4>.

15 Alicia Cámara Muñoz, «La profesión de ingeniero. Los ingenieros del rey», *Técnica e ingeniería en España. I-El Renacimiento*, Zaragoza, Institución Fernando el Católico, 2004, p. 134.

16 Juan Agapito y Revilla, *Los abastecimientos de aguas de Valladolid*, Valladolid, Imprenta La Nueva Pincia, 1907, p. 23.

17 Alicia Cámara Muñoz, *Fortificación y ciudad en los reinos de Felipe II*, Madrid, Nerea, 1998, p. 128.

18 José Vicente Rodríguez, «Mariano Azzaro de Clementis», *Diccionario biográfico español*, Real Academia de la Historia [en línea] (30 de mayo de 2020), <http://dbe.rah.es/biografias/19482/mariano-azzaro-de-clementis>.

19 Juan Miguel Muñoz Corbalán, *Los ingenieros militares de Flandes a España (1691-1718)*, Madrid, Ministerio de Defensa, 1993, vol. 2, p. 153.

20 Bernal Díaz del Castillo, *Historia verdadera de la conquista de Nueva España*, Madrid, CSIC, 1984, p. 103.

21 Manuel Lucena Giraldo, *A los cuatro vientos. Las ciudades de la América Hispánica*, Madrid, Marcial Pons, 2006, p. 93.

22 María Luisa Laviana Cuetos, *Guayaquil en el siglo XVIII. Recursos naturales y desarrollo económico*, Sevilla, CSIC, 1984, p. 261.

23 Bernabé Cobo, *Historia del Nuevo Mundo*, Madrid, Atlas, 1964, vol. 1, p. 121.

24 Alejandro de Humboldt, *Ensayo político sobre el reino de la Nueva España*, París, Librería de Lecointe, 1836, vol. 5, p. 166.

25 Cobo, *Historia del Nuevo Mundo*, vol. 1, p. 122.

26 Alfredo Castillero Calvo, *La vivienda colonial en Panamá*, Panamá, Fondo de Promoción Cultural Shell, 1994, pp. 134-135.

27 Vicenta Cortés Alonso, «Tunja y sus vecinos», *Revista de Indias*, 1965, vol. 25, pp. 99-100, 160.

28 Francisco de Solano, *Cuestionarios para la formación de las relaciones geográficas de Indias, Siglos XVI-XIX*, Madrid, CSIC, 1988, pp. 99-111.

29 Manuel Lucena Giraldo, «Defensa del territorio y conservación forestal en la Guayana (1758-1793)», en Manuel Lucena Giraldo, ed., *El Bosque Ilustrado. Estudios sobre la Política Forestal Española en América*, Madrid, ICONA, 1991, p. 144.

30 Ignacio González Tascón, *Ingeniería española en ultramar, Siglos XVI-XIX*, Madrid, CEHOPU, 1992, p. 33.

31 Luis Javier Cuesta Hernández, «Alonso García Bravo», *Diccionario biográfico español*, Real Academia de la Historia [en línea] (30 de mayo de 2020), <http://dbe.rah.es/biografias/48900/alonso-garcia-bravo>.

32 González Tascón, *Ingeniería española en ultramar*, p. 300.

33 Alfonso Muñoz Cosme, «Instrumentos, métodos de elaboración y sistemas de representación del proyecto de fortificación entre los siglos XVI y XVIII», en Alicia Cámara Muñoz, ed., *El dibujante ingeniero al servicio de la monarquía hispánica. Siglos XVI-XVIII*, Madrid, Fundación Juanelo Turriano, 2016, pp. 18-21.

34 Fray Luis de Olod, *Tratado del origen y arte de escribir bien*, Gerona, Imprenta de Narciso Oliva, 1766, p. 89.

35 González Tascón, *Ingeniería española en ultramar*, p. 67.

36 Ibídem, p. 71.

37 Joseph Antonio Portugués, «Real Ordenanza e Instrucción dada en San Lorenzo el 4 de julio de 1718 para los ingenieros, y otras personas», *Colección general de las ordenanzas militares, sus innovaciones y aditamentos*, Madrid, Imprenta de Antonio Marín, 1765, vol. 6, pp. 756-770.

38 González Tascón, *Ingeniería española en ultramar*, p. 90.

39 Nicolás García Tapia, «La ingeniería», en José María López Piñero, dir., *Historia de la ciencia y de la técnica en la corona de Castilla*, Valladolid, Junta de Castilla y León, 2002, vol. 3, pp. 437-445.

40 María Portuondo, *Ciencia secreta. La cosmografía española y el Nuevo Mundo*, Madrid, Iberoamericana, 2013, p. 39.

41 Antonio Sánchez, *La espada, la cruz y el padrón. Soberanía, fe y representación cartográfica en el mundo ibérico bajo la monarquía hispánica, 1503-1598*, Madrid, CSIC, 2013, p. 303.

42 Ibídem, pp. 126-127.

43 Mauricio Nieto Olarte, *Las máquinas del imperio y el reino de Dios. Reflexiones sobre ciencia, tecnología y religión en el mundo atlántico del siglo XVI*, Bogotá, Universidad de los Andes, 2013, p. 43.

44 Ernesto Schäffer, *El consejo real y supremo de las Indias*, Madrid, Junta de Castilla y León-Marcial Pons, 2003, vol. 2, pp. 319-327.

45 José Luis Casado Soto, «Entre el Mediterráneo y el Atlántico. Los barcos de los Austrias», en Enrique García Hernán y Davide Maffi, eds., *Guerra y sociedad en la monarquía hispánica: política, estrategia y cultura en la Europa moderna (1500-1700)*, Madrid, Laberinto, 2006, vol. 1, p. 880.

46 Nieto Olarte, *Las máquinas del imperio y el reino de Dios*, p. 155.

47 González Tascón, *Ingeniería española en ultramar*, p. 271.

48 José Sala Catalá, *Ciencia y técnica en la metropolización de América*, Aranjuez, Doce Calles, 1994, pp. 41 y ss.

49 Tamar Herzog, *Frontiers of Possession. Spain and Portugal in Europe and the Americas*, Cambridge, Harvard University Press, 2015, p. 257.

50 Benito Jerónimo Feijoo, *Teatro crítico universal*, Madrid, Imprenta de Joaquín Ibarra, 1779, p. 314.

III - EL ANDAMIAJE DEL OCÉANO. ESTRUCTURA Y NAVEGACIÓN EN LAS RUTAS ATLÁNTICAS Y PACÍFICAS

1 John H. Parry, *The Spanish Seaborne Empire*, Berkeley, University of California Press, 1990, pp. 21-25 y 27. Formó parte de una serie sobre «civilizaciones» editada por John Harold Plumb. El título fue adaptado de volúmenes sobre los «imperios de ultramar» holandés y portugués, pero no está claro si Parry o Plumb, en este caso, propusieron utilizarlo.

2 Charles Verlinden, «Les Origines Coloniales de la Civilisation Atlantique», *Journal of World History*, vol. 1, 1953, pp. 378-392.

3 Anjana Singh, «Connected by Emotions and Experiences: Monarchs, Merchants, Mercenaries and Migrants in the Early Modern World», en Felipe Fernández-Armesto, ed., *The Oxford Illustrated History of the World*, Oxford, Oxford University Press, 2019, p. 318.

4 Felipe Fernández-Armesto, *The World: A History*, Upper Saddle River, Prentice Hall, 2011, pp. 434-461.

5 Geoffrey Parker, *The Army of Flanders and the Spanish Road, 1567-1659*, Cambridge, Cambridge University Press, 2004, pp. 70-90. [Hay trad. cast.: *El ejército de Flandes y el Camino Español (1567-1659)*, Madrid, Alianza, 2003.]

6 Agustín Palau Claveras y Eduardo Ponce de León, dirs., *Ensayo de bibliografía marítima española*, Barcelona, Diputación de Barcelona, 1943, p. 461.

7 «Carta de Pedro Vitoria a un oficial real de Cartagena», Santa Marta, 23 de mayo de 1595, *Public Record Office* (PRO), Archivo Nacional Británico, S.P., pp. 94-95, f. 25.

8 Greg Bankoff, «Aeolian Empires: The Influence of Winds and Currents on European Maritime Expansion in the Days of Sail», *Environment and History*, 2017, pp. 22-23 y 163-196.

9 Felipe Fernández-Armesto, *Pathfinders: A Global History of Exploration*, Oxford, Oxford University Press, 2006, pp. 35-36. [Hay trad. cast: *Los conquistadores del horizonte. Una historia global de la exploración,* Barcelona, Ariel, 2006.]

10 Edward Wilson-Lee, *Memorial de los libros naufragados. Hernando Colón y la búsqueda de una biblioteca universal*, Barcelona, Ariel, 2019, p. 239.

11 *Colección de documentos inéditos para la historia de Ultramar*, Madrid, Establecimiento Sucesores de Rivadeneyra, 1886, serie 2, vol. 2, pp. 109 y 213-215.

12 Ibídem, pp. 109 y 261.

13 Pierre Adam, «Navigation primitive et navigation astronomique», en Michel Mollat y Pierre Adam, eds., *Les aspects internationaux de la découverte océanique au quinzième et seizième siècles: Actes du cinquième Colloque international d'histoire maritime*, París, SEVPEN, 1960, pp. 91-110.

14 Felipe Fernández-Armesto, *Amerigo: The Man Who Gave His Name to America*, Nueva York, Penguin Random House, 2007, pp. 74-78. [Hay trad. cast.: *Américo. El hombre que dio su nombre a un continente,* Barcelona, Tusquets, 2008.]

15 Samuel E. Morison, *The European Discovery of America: The Southern Voyages. A. D. 1492-1516*, Oxford, Oxford University Press, 1974, pp. 26-66.

16 Rolando A. Laguardia Trías, *El enigma de las latitudes de Colón*, Valladolid, Casa-museo de Colón, 1974, pp. 13-17 y 27-28.

17 Felipe Fernández-Armesto, «Maps and Exploration in the Sixteenth and Early Seventeenth Centuries», en David Woodward, ed., *History of Cartography*, Chicago, University of Chicago Press, 2007, vol. 3-1, pp. 738-770.

18 *Cartas de Eugenio de Salazar, vecino y natural de Madrid, escritas a muy particulares amigos suyos*, Madrid, Imprenta y Estereotipia de M. Rivadeneyra, 1866, pp. 53-55.

19 José María Oliva Melgar, «La metrópoli sin territorio: ¿Crisis del comercio de Indias en el siglo XVII o pérdida del control del monopolio?», en Carlos Martínez Shaw y José María Oliva Melgar, eds., *El sistema atlántico español (Siglos XVII-XIX)*, Madrid, Marcial Pons, 2005, pp. 19-75.

20 Marcus Rediker, *Villains of All Nations: Atlantic Pirates in the Golden Age*, Boston, Beacon Press, 2004, pp. 38-53; Jody Greene, «Hostis Humani Generis», *Critical Inquiry*, n.º 34, 2008, pp. 683-705.

21 John H. Elliott, *Empires of the Atlantic World: Britain and Spain in America*, 1492-1830, New Haven, Yale University Press, 2006, p. 224. [Hay trad. cast.: *Imperios del mundo atlántico: España y Gran Bretaña en América (1492-1830)*, Barcelona, Taurus, 2021.]

22 Lutgardo García Fuentes, *Los peruleros y el comercio de Sevilla con las Indias, 1580-1630*, Sevilla, Universidad de Sevilla, 1997, p. 28.

23 Jan Pieter Heije, «Een triomfantelijk lied van de Zilvervloot», *Klassieke Nederlandstalige literatuur in elektronische edities*, Project Laurens Jz Coster [en línea] (7 de junio de 2020), <https://cf.hum.uva.nl/dsp/ljc/heije/zilver.htm>.

24 Oskar H.K. Spate, *The Spanish Lake*, Canberra, ANU Press, 2004, pp. 58-82.

25 Ralph Vaughan Williams y A. L. Lloyd, eds., *The Penguin Book of English Folk Songs*, Harmondsworth, Baltimore, Penguin, 1959, p. 163.

26 John Fisher, *Commercial Relations between Spain and Spanish America in the Era of Free Trade, 1778-1796*, Liverpool, Centre for Latin American Studies, 1985, pp. 92-115.

27 García Fuentes, *Los peruleros y el comercio de Sevilla con las Indias*, p. 28.

28 Pierre Chaunu, *Séville et l'Atlantique*, París, SEVPEN, 1959, vol. 8-1, pp. 96-97.

29 William Barr y Glyndr Williams, eds., *Voyages to Hudson Bay in Search of a Northwest Passage*, Londres, Hakluyt Society, 1993-1994, vol. 2, p. 171.

30 Fernando López-Ríos Fernández, *Medicina naval española en la época de los descubrimientos*, Barcelona, Labor, 1993, pp. 109-110.

31 Fernanda Molina, «La sodomía a bordo: sexualidad y poder en la Carrera de Indias (siglos XVI-XVII)», *Revista de Estudios Marítimos y Sociales*, 2010, vol. 3, pp. 9-21.
32 *Cartas de Eugenio de Salazar, vecino y natural de Madrid*, p. 40.
33 Ibídem, pp. 47-52.
34 Ibídem, p. 44.
35 Ibídem, p. 45.
36 Ibídem, pp. 40-41.
37 *Colección de documentos inéditos para la historia de España*, Madrid, Real Academia de la Historia, 1883, vol. 81, p. 194.
38 Antonio Miguel Bernal, *España: proyecto inacabado. Costes/beneficios del imperio*, Madrid, Marcial Pons, 2005, pp. 281-283.

IV - ABRIENDO CAMINOS. COMUNICACIONES TERRESTRES

1 Pablo Alzola y Minondo, *Historia de las obras públicas en España*, Madrid, Imprenta de la Beneficencia, 1899, pp. 298-299.
2 Francisco Javier Rodríguez Lázaro, *Las primeras autopistas españolas (1925-1936)*, Madrid, Colegio de Ingenieros de Caminos, Canales y Puertos, 2004, p. 303; Jimena Canales, *A Tenth of a Second. A History*, Chicago, University of Chicago Press, 2007, x.
3 Werner Stangl, «Scylla and charybdis 2.0: Reconstructing colonial Spanish American territories between metropolitan dream and effective control, historical ambiguities and cybernetic determinism», *Culture & History Digital Journal*, vol. 4, n.º 1, 2015 [en línea] (9 de junio de 2020) p. 3, <http://dx.doi.org/10.3989/chdj.2015.008>.
4 Xavier Gil, «City, Communication and Concord in Renaissance Spain and Spanish America», en Paschalis M. KitroMilides, ed., *Athenian Legacies, European Debates on Citizenship*, Florencia, Leo S. Olschki Editore, 2014, pp. 217-218.
5 Tomás Manuel Fernández de Mesa, *Tratado legal y político de caminos públicos y posadas*, Valencia, Imprenta de José Tomás Lucas, 1755, p. 134.

6 Juan de Castellanos, *Elegías de varones ilustres de Indias*, Madrid, Imprenta de Rivadeneyra, 1847, vol. 4, pp. 53, 58 y 63.
7 José Oviedo y Baños, *Historia de la conquista y población de Venezuela*, Caracas, Academia Nacional de la Historia, 1967, p. 225.
8 De Castellanos, *Elegías de varones ilustres de Indias*, p. 68.
9 Fray Tomás de Mercado, *Tratos y contratos de mercaderes*, Salamanca, Universidad de Salamanca, 2015, p. 3.
10 Gil, «City, Communication and Concord», pp. 202-203.
11 Serge Gruzinski, *La ciudad de México: una historia*, México, FCE, 2004, p. 323.
12 Gil, «City, Communication and Concord», p. 199.
13 Fernando Cobos, «Metodología de análisis gráfico de los proyectos de fortificación», en Alicia Cámara Muñoz, ed., *El dibujante ingeniero al servicio de la monarquía hispánica. Siglos XVI-XVIII*, Madrid, Fundación Juanelo Turriano, 2016, p. 120.
14 John Luke Gallup, Alejandro Gaviria y Eduardo Lora, *Is Geography Destiny? Lessons from Latin America*, Washington, Inter-American Development Bank, 2003, pp. 3-5.
15 Ignacio González Tascón, *Ingeniería española en ultramar, Siglos XVI-XIX*, Madrid, CEHOPU, 1992, p. 411.
16 Carl Langebaek Rueda, *Los herederos del pasado: indígenas y pensamiento criollo en Colombia y Venezuela*, Bogotá, Universidad de los Andes, 2009, vol. 2, p. 41.
17 González Tascón, *Ingeniería española en ultramar*, p. 444.
18 Emanuele Amodio, «Relaciones interétnicas en el Caribe indígena: una reconstrucción a partir de los primeros testimonios europeos», *Revista de Indias,* 1991, pp. 51-193 y 595; Sofía Botero Páez, «Redescubriendo los caminos antiguos desde Colombia», *Bulletin de l'Institut français d'études andines* [en línea], vol. 36, n.º 3, 2007 (16 de junio de 2020), pp. 347-348; <http://journals.openedition.org/bifea/3505>.
19 John Hyslop, *Qhapaqñan, el sistema vial incaico*, Lima, Instituto Andino de Estudios Arqueológicos-Petróleos del Perú, 1992, p. 78; Carl H. Langebaeck, «Los caminos aborígenes. Caminos, mercaderes y cacicazgos: circuitos de comunicación antes de la invasión española en Colombia», *Caminos reales de Colombia*, Bogotá, Fondo FEN, 1995, pp. 37-41.

20 González Tascón, *Ingeniería española en ultramar*, pp. 441-442.
21 Ramón María Serrera, *Tráfico terrestre y red vial en las Indias españolas*, Barcelona, Lunwerg, 1992, pp. 134-137.
22 Bernabé Cobo, *Historia del Nuevo Mundo*, Sevilla, Imprenta de E. Rasco, 1892, vol. 3, p. 266.
23 Pablo Fernando Pérez Riaño, *La cabuya de Chicamocha. Su trascendencia en nuestra historia*, Bogotá, Academia Colombiana de Historia, 2012, pp. 16-19.
24 María Luisa Pérez González, «Los caminos reales de América en la legislación y en la historia», *Anuario de estudios americanos*, vol. 58-1, 2001, pp. 35-36.
25 Nicolás García Tapia, «La ingeniería», en José María López Piñero, dir., *Historia de la ciencia y de la técnica en la corona de Castilla*, Valladolid, Junta de Castilla y León, 2002, p. 448.
26 Geoffrey Parker, *Felipe II*, Barcelona, Planeta, 2010, p. 482.
27 «De los caminos públicos, posadas, ventas, mesones, términos y pastos, montes y aguas, arboledas y plantío de viñas», *Recopilación de leyes de los Reinos de Indias*, Madrid, Imprenta Boix, 1841, vol. 2, libro IV, título 17, pp. 130-133.
28 Francisco Morales Padrón, ed., *Teoría y leyes de la conquista*, Madrid, Cultura Hispánica, 1979, p. 497.
29 Arndt Brendecke, *The Empirical Empire: Spanish Colonial Rule and the Politics of Knowledge*, Berlín, De Gruyter Oldenbourg, 2016, p. 17.
30 Pérez González, «Los caminos reales de América», p. 43.
31 Serrera, *Tráfico terrestre y red vial*, p. 27.
32 David J. Robinson, *Mil leguas por América. De Lima a Caracas, 1740-1741. Diario de don Miguel de Santisteban*, Bogotá, Banco de la República, 1992, p. 71.
33 *Recopilación de leyes de los Reinos de Indias*, vol. 2, libro IV, título 17, p. 130.
34 Pérez González, «Los caminos reales de América», pp. 51-52.
35 Francisco de Ajofrín, *Diario del viaje que por orden de la sagrada congregación de Propaganda Fide hizo a la América septentrional en el siglo XVIII*, Madrid, Real Academia de la Historia, 1958, vol. 1, p. 137.
36 Sergio Ortiz Hernán, «Caminos y transportes mexicanos al comenzar el siglo XIX», *Los ferrocarriles de México. Una visión social*

y económica, México, Ferrocarriles Nacionales de México, 1989, pp. 1247-1248.

37 José Omar Moncada Maya e Irma Escamilla Herrera, «Diego García Conde, un militar español en la transición al México Independiente», *Revista de Indias,* vol. 76, n.º 267, 2016, pp. 459-461.

38 Serrera, *Tráfico terrestre y red vial*, p. 31.

39 Jesús Ruiz de Gordejuela Urquijo, *Vivir y morir en México. Vida cotidiana en el epistolario de los españoles vasconavarros, 1750-1900*, San Sebastián, Nuevos Aires, 2011, p. 65.

40 Serrera, *Tráfico terrestre y red vial*, p. 46.

41 Ibídem, p. 61.

42 Clarence H. Haring, *El comercio y la navegación entre España y las Indias en época de los Habsburgo*, París, Desclée de Brouwer, 1939, p. 211.

43 Alfredo Castillero Calvo, *El descubrimiento del Pacífico y los orígenes de la globalización*, Panamá, Comisión Nacional para la Conmemoración del Quinto Centenario del Pacífico, 2013, pp. 83-86.

44 Serrera, *Tráfico terrestre y red vial*, p. 74.

45 Alfredo Castillero Calvo, «Panamá en la historia global», *Boletín de la Real Academia Sevillana de Buenas Letras*, vol. 43, 2015, pp. 104 y ss.

46 José Luis Mora Mérida, «Ideario reformador de un cordobés ilustrado: el Arzobispo y Virrey don Antonio Caballero y Góngora», en Bibiano Torres Ramírez y José J. Hernández Palomo, eds., *Andalucía y América en el siglo XVIII: actas de las IV Jornadas de Andalucía y América*, Sevilla, CSIC-Universidad de Santa María de la Rábida, 1984, libro II, vol. 2, 1985, pp. 254-255.

47 Emanuele Amodio, Rodrigo Navarrete y Ana Cristina Rodríguez Yilo, *El camino de los españoles*, Caracas, Instituto del Patrimonio Cultural, 1997, pp. 33-34.

48 Secundino-José Gutiérrez Álvarez, *Las comunicaciones en América*, Madrid, Mapfre, 1992, pp. 277-278.

49 Arístides Ramos Peñuela, «Los caminos al río Magdalena», *Credencial*, vol. 287, 2013, p. 98.

50 Serrera, *Tráfico terrestre y red vial*, p. 103.

51 Katherine Bonil-Gómez, «Free people of African descent and jurisdictional politics in Eighteenth-Century New Granada: The Bogas of the Magdalena River», *Journal of Iberian and Latin American Studies*, vol. 24-2, 2018, pp. 189-190.

52 Bernardo Ward, *Proyecto económico*, Madrid, Instituto de Estudios Fiscales, 1982, pp. 284-285.

53 Manuel Lucena Giraldo, «¿Filántropos u oportunistas? Ciencia y política en los proyectos de obras públicas del Consulado de Cartagena de Indias, 1795-1810», *Revista de Indias*, vol. 52, n.º 195/196, 1992, p. 635.

54 Jorge Juan y Antonio de Ulloa, *Relación histórica del viaje a la América Meridional*, Madrid, Imprenta de Antonio Marín, 1748, vol. 1, p. 286.

55 Antonio Vázquez de Espinosa, *Compendio y descripción de las Indias occidentales*, Washington, Smithsonian Institution, 1948, p. 348.

56 Serrera, *Tráfico terrestre y red vial*, p. 118.

57 Antonello Gerbi, *Caminos del Perú: Historia y actualidad de las comunicaciones viales*, Lima, Banco de Crédito del Perú, 1943, p. 1.

58 Sebastián Lorente, en Mark Thurner, ed., *Escritos fundacionales de historia peruana*, Lima, COFIDE, 2005, vol. 23, pp. 294 y ss.

59 John Hyslop, *Qhapaqñan. El sistema vial inkaico*, Lima, Instituto Andino de Estudios Arqueológicos-Petróleos del Perú, 1992, pp. 78 y ss.

60 Gerbi, *Caminos del Perú*, p. 31.

61 Concolorcorvo, *El lazarillo de ciegos caminantes. Desde Buenos Aires hasta Lima, 1773*, Buenos Aires, Solar, 1942, p. 112.

62 Concolorcorvo, *El lazarillo de ciegos caminantes*, XVII.

63 Serrera, *Tráfico terrestre y red vial*, pp. 242-247.

64 Enriqueta Vila Vilar, *Hispanoamérica y el comercio de esclavos. Los asientos portugueses*, Sevilla, CSIC, 1977, p. 139.

65 Serrera, *Tráfico terrestre y red vial*, p. 183.

66 Secundino-José Gutiérrez Álvarez, *Las comunicaciones en América*, p. 289.

V - AGUAS TURBULENTAS. A LO LARGO Y A TRAVÉS DE VÍAS ACUÁTICAS INTERIORES

1 Thornton Wilder, *El puente de San Luis Rey*, Barcelona, Edhasa, 2004, p. 5.

2 Luis Moya Blanco, «Arquitecturas cupuliformes. El arco, la bóveda y la cúpula», *Curso de mecánica y tecnología de los edificios antiguos*, Madrid, ETS de Arquitectura, 1987, p. 99.

3 Fray Diego de Ocaña, *Un viaje fascinante por la América hispana del siglo XVI*, Madrid, Studium, 1969, p. 268.

4 Ignacio González Tascón, *Ingeniería española en ultramar, Siglos XVI-XIX*, Madrid, CEHOPU, 1992, p. 592.

5 Alejandro de Humboldt, *Ensayo político sobre el reino de la Nueva España*, México, Porrúa, 1984, p. 195.

6 Pablo Fernando Pérez Riaño, *La cabuya de Chicamocha. Su trascendencia en nuestra historia*, Bogotá, Academia Colombiana de la Historia, 2012, p. 112.

7 Inca Garcilaso de la Vega, *Comentarios reales*, México, Porrúa, 1984, p. 109.

8 José de Acosta, *Historia natural y moral de la Indias*, Madrid, Atlas, 1954, p. 194.

9 Antonio Vázquez de Espinosa, *Compendio y descripción de las Indias occidentales*, Washington, The Smithsonian Institution, 1948, p. 467.

10 Jorge Juan y Antonio de Ulloa, *Relación histórica del viaje a la América meridional*, Madrid, FUE, 1978, vol. 1, p. 576.

11 Geoffrey Parker, *El ejército de Flandes y el Camino Español, 1567-1659*, Madrid, Revista de Occidente, 1976, pp. 121-122.

12 Rommel Contreras, «El puente Urrutia de Cumaná», *Documento de trabajo*, Cumaná, Academia de la Geohistoria del Estado Sucre, 2013, pp. 2-4, DOI: <10.6084/m9.figshare.5662024>.

13 Conde de Cabarrús, *Cartas (1795)*, Madrid, Fundación Banco Exterior, 1990, p. 67.

14 Dirk Bühler, «La construcción de puentes en las ciudades latinoamericanas como empresa de ingeniería civil que refleja las necesidades comunales y su impacto sobre el espacio urbano y social:

Puebla, Lima y Arequipa», en Eduardo Kingman Garcés, comp., *Historia social urbana. Espacios y flujos*, Quito, FLACSO, 2009, p. 105.

15 Manuel Lucena Giraldo, *Historia de un cosmopolita. José María de Lanz y la fundación de la ingeniería de caminos en España y América*, Madrid, Colegio de Ingenieros de Caminos, Canales y Puertos, 2005, pp. 106-113.

16 González Tascón, *Ingeniería española en ultramar*, p. 556.

17 José Omar Moncada Maya e Irma Escamilla Herrera, «Diego García Conde, un militar español en la transición al México independiente», *Revista de Indias*, vol. 76, n.º 267, 2016, p. 461.

18 Ramón Serrera Contreras, *Tráfico terrestre y red vial en las Indias españolas*, Barcelona, Lunwerg, 1992, pp. 34-37.

19 Alba Irene Sáchica Bernal y María del Rosario Leal del Castillo, *El puente del común. De obra pública a monumento nacional,* Bogotá, Universidad de La Sabana, 2015, p. 68.

20 Sergio Mejía Macía, *Cartografía e Ingeniería en la Era de las Revoluciones. Mapas y obras de Vicente Talledo y Rivera en España y el Nuevo Reino de Granada, 1758-1820*, Madrid, Ministerio de Defensa (en prensa) pp. 182-184.

21 González Tascón, *Ingeniería española en ultramar,* p. 587.

22 Ibídem, p. 588.

23 Richard Henry Stoddard, *The Life, Travels, and Books of Alexander von Humboldt*, Nueva York, Rudd and Carleton, 1859, pp. 170-3; «Noticias del viaje del padre jesuita Manuel Román al descubrimiento del caño Casiquiare (1744)», en Manuel Lucena Giraldo, ed., *Viajes a la Guayana ilustrada. El hombre y el territorio*, Caracas, Arte, 1999, pp. 44-49.

24 Felipe Fernández-Armesto, *The Americas. A Hemispheric History*, Londres, Random House, 2003, p. 75.

25 Neftalí Zúñiga, *Pedro Vicente Maldonado. Un científico de América*, Madrid, Publicaciones Españolas, 1951, pp. 184-194.

26 Félix de Azara, *Memorias sobre el estado rural del Río de la Plata en 1801*, Madrid, Imprenta de Sanchiz, 1847, p. 51.

27 Manuel Lucena Giraldo, «Una obra digna de romanos. El canal del dique, desde su apertura hasta la independencia», *El río Magdalena*, Bogotá, Credencial Historia, 2014, p. 94.

28 José Ignacio de Pombo, «Manifiesto del Canal del Dique», Cartagena (10 de julio de 1797); Antonio Ybot León, *La arteria histórica del Nuevo Reino de Granada. Cartagena-Santa Fe, 1538-1798,* Bogotá, ABC, 1952, pp. 367-372.

29 González Tascón, *Ingeniería española en ultramar,* p. 433.

30 Gerstle Mack, *The Land Divided: A History of the Panama Canal and Other Isthmian Canal Projects*, Nueva York, Knopf, 1944, pp. 40-47.

31 Alfredo Castillero Calvo, *La ruta interoceánica y el Canal de Panamá*, Panamá, Colegio Panameño de Historiadores e Instituto del Canal de Panamá y Estudios Internacionales-Universidad de Panamá, 1999, pp. 35 y ss.

32 Celestino A. Araúz, «Un sueño de siglos: El Canal de Panamá», *Tareas*, Panamá, Centro de Estudios Latinoamericanos Justo Arosemena, 2006 [en línea] (10 de noviembre de 2020), p. 123, <http://bibliotecavirtual.clacso.org.ar/ar/libros/panama/cela/tareas/tar123/02arauz.pdf>.

33 Robert S. Weddle, *Changing Tides: Twilight and Dawn in the Spanish Sea*, College Station, Texas A&M Press, 1995, p. 111.

34 Oskar H.K. Spate, *The Spanish Lake*, Canberra, Australian National University Press, vol. 9-10, 2004; Rainer F. Buschmann, Edward R. Slack Jr. y James B. Tueller, *Navigating the Spanish Lake: the Pacific in the Iberian World, 1521-1898*, Honolulu, University of Hawaii Press, 2014, p. 3.

35 «Introduction», en Gabriel Paquette y Gonzalo M. Quintero Saravia, eds., *Spain and The American Revolution. New Approaches and Perspectives*, Nueva York, Routledge, 2020, pp. 7-11.

36 «Derrotero de un viaje de Portobelo a Nicaragua y de regreso por la ruta de Costa Rica por el alférez y subteniente de milicias José de Inzaurrandiaga», *Documentos históricos*, San José, Academia de Historia y Geografía de Costa Rica, 1990, pp. 29-43; Elizabeth Fonseca Corrales, Patricia Alvarenga Venutolo y Juan Carlos Solórzano, *Costa Rica en el siglo XVIII*, San José, Universidad de Costa Rica, 2003, pp. 210-211.

37 Mack, *The Land Divided*, pp. 98-99.

38 Nicolás Bas Martín, *El cosmógrafo e historiador Juan Bautista Muñoz: 1745-1799*, Valencia, Universidad de Valencia, 2002, pp. 132-134.

39 Carlos José Gutiérrez de los Ríos y conde de Fernán-Núñez, «Respuesta a la memoria antecedente», Real Academia de la Historia (RAH), sig. 9-6039, n.º 2, pp. 20-32.

40 «Memorial dirigido al conde de Floridablanca por D. Ramón Carlos Rodríguez, representante de D. Joaquín Antonio Escartín, relativo a la apertura de un canal de comunicación entre el mar del Norte y el del Sur en América, proyectado por este», *Estado*, Madrid, Archivo Histórico Nacional de España (AHN), n.º 2923, exp.472, PARES, Portal de Archivos Españoles [en línea] (7 de diciembre de 2020), <http://pares.mcu.es/ParesBusquedas20/catalogo/show/12692354>.

41 Martin de la Bastide, *Mémoire sur un nouveau passage de la Mer du Nord au Mer du Sud*, París, Didot, 1791, pp. 25 y ss.

42 H.G. Miller, *The Isthmian Highway: A Review of the Problems of the Caribbean*, Nueva York, Macmillan, 1929, p. 8.

VI - ANILLOS DE PIEDRA. LA FORTIFICACIÓN DE FRONTERAS

1 A. R. Scoble, ed., *The Memoirs of Philip de Commines*, Londres, G. Bell & Sons Ltd., 1884, vol. 2, p. 77.

2 Fernando Cobos Guerra, «Ingenieros, tratados y proyectos de fortificación. El trasvase de experiencias entre Europa y América», en Pilar Chías y Tomás Abad, dirs., *El patrimonio fortificado. Cádiz y el Caribe: una relación transatlántica,* Alcalá de Henares, Universidad de Alcalá, 2011, pp. 175 y ss.

3 Ramón Paolini, «Fortificaciones españolas en el Caribe: Panamá, Colombia, Venezuela y Cuba», en Chías y Abad, dirs., *El patrimonio fortificado. Cádiz y el Caribe: una relación transatlántica*, pp. 348-349.

4 Juan Manuel Zapatero, *Historia de las fortificaciones de Cartagena de Indias*, Madrid, Cultura Hispánica, 1979, pp. 21 y ss.; Rodolfo Segovia Salas, «Cartagena de Indias. Historiografía de sus fortificaciones», *Boletín cultural y bibliográfico*, vol. 34/45, 1997, pp. 6-14; José Antonio Calderón Quijano, *Las fortifica-*

ciones españolas en América y Filipinas, Madrid, Mapfre, 1996, pp. 335-347.

5 Kathleen Deaghan, «Strategies of Adjustment: Spanish Defense of the Circum-Caribbean Colonies, 1493-1600», en Eric Klingelhoffer, ed., *First Forts: Essays on the Archaeology of Proto-colonial Fortifications*, Leiden, Brill, 2010, p. 20.

6 José Antonio Calderón Quijano, *Historia de las fortificaciones en Nueva España*, Madrid, CSIC, 1984, p. 357.

7 José Antonio Calderón Quijano, *Las defensas indianas en la Recopilación de 1680*, Sevilla, Escuela de Estudios Hispanoamericanos-CSIC, 1984, pp. 32-48.

8 Ross Hassig, *War and Society in Ancient Mesoamerica*, Berkeley, University of California Press, 1992, p. 65.

9 Richard J. Chacón y Rubén G. Mendoza, *Latin American Indigenous Warfare and Ritual Violence*, Tucson, University of Arizona Press, 2007, p. 19.

10 David Webster, «Lowland Maya Fortifications», *Proceedings of the American Philosophical Society*, vol. 120-5, 1976, pp. 361-362.

11 Robert Bradley, «Reconsidering the Notion of Fortaleza Kuelap», 2015 [en línea] (6 de agosto de 2018), <https://www.researchgate.net/publication/272089097_Reconsidering_the_Notion_of_Fortaleza_Kuelap>.

12 H.W. Kauffmann y J.E. Kaufmann, *Fortifications of the Incas, 1200-1531*, Oxford, Osprey, 2006, pp. 25 y ss.

13 John H. Parry y Philip M. Sherlock, *A Short History of the West Indies*, Nueva York, St. Martin's Press, 1986, p. 36.

14 Ramón Gutiérrez, *Fortificaciones en Iberoamérica*, El Viso, Fundación Iberdrola, 2005, p. 29.

15 Ray F. Broussard, «Bautista Antonelli: Architect of Caribbean Defense», *The Historian*, vol. 1-4, 1988, p. 508; Francisco de Solano, ed., *Cuestionarios para la formación de las Relaciones Geográficas de Indias, siglos XVI-XIX*, Madrid, CSIC, 1988, pp. 16 y ss.

16 Felipe Fernández-Armesto, *The Spanish Armada: The Experience of War in 1588*, Oxford, Oxford University Press, 1988, pp. 269-270.

17 Luis Gorrochategui, *Contra Armada. La mayor victoria de España sobre Inglaterra*, Barcelona, Crítica, 2020, pp. 261-265.

18 Gutiérrez, *Fortificaciones en Iberoamérica*, p. 25.
19 Sergio Paolo Solano D., «Pedro Romero, el artesano: trabajo, raza y diferenciación social en Cartagena de Indias a finales del dominio colonial», *Historia Crítica*, vol. 61, 2016 [en línea] (29 de diciembre de 2020), p. 155, DOI: <dx.doi.org/10.7440/histcrit61.2016.08>.
20 Gutiérrez, *Fortificaciones en Iberoamérica*, p. 204.
21 Calderón Quijano, *Las fortificaciones españolas en América y Filipinas*, p. 395.
22 Gutiérrez, *Fortificaciones en Iberoamérica*, p. 35.
23 Emilio José Luque Azcona, *Ciudad y poder: la construcción material y simbólica del Montevideo colonial*, Sevilla, Universidad de Sevilla, 2007, p. 159.
24 Luque Azcona, *Ciudad y poder*, pp. 87-90.
25 Alfredo Castillero Calvo, «Fortificaciones del Caribe panameño», en Chías y Abad, dirs., *El patrimonio fortificado. Cádiz y el Caribe: una relación transatlántica*, p. 416.
26 Deaghan, «Strategies of Adjustment», p. 53.
27 Calderón Quijano, *Las fortificaciones españolas en América y Filipinas*, p. 393.
28 Gutiérrez, *Fortificaciones en Iberoamérica*, p. 75.
29 Bernardo de Balbuena, *Siglo de oro en las selvas de Erífile*, Madrid, Ibarra, 1821, p. 55.
30 Gutiérrez, *Fortificaciones en Iberoamérica*, p. 152.
31 Antonio Sahady Villanueva, José Bravo Sánchez y Carolina Quilodrán Rubio, «Fuertes españoles en Chiloé: las huellas de la historia en medio del paisaje insular», *Revista INVI*, vol. 26, 2011 [en línea] (29 de diciembre de 2020), pp. 133-165, DOI: <10.4067/S0718-83582011000300005>.
32 Gutiérrez, *Fortificaciones en Iberoamérica*, p. 340.
33 Luque Azcona, *Ciudad y poder*, pp. 161-165.
34 Calderón Quijano, *Las fortificaciones españolas en América y Filipinas*, p. 64.
35 Ibídem, pp. 49-72.
36 Gutiérrez, *Fortificaciones en Iberoamérica*, p. 147.
37 Broussard, «Bautista Antonelli», p. 511.

38 Juan Marchena Fernández, «Sin temor de Rey ni de Dios: violencia, corrupción y crisis de autoridad en la Cartagena colonial», en Allan J. Kuethe y Juan Marchena Fernández, eds., *Soldados del Rey. El ejército borbónico en América colonial en vísperas de la independencia*, Castellón, Universitat Jaume I, 2005, pp. 45 y ss.

39 María Antonia Durán Montero, *Lima en el siglo XVII*, Sevilla, Diputación Provincial, 1994, pp. 87-88; Juan Günther Doering y Guillermo Lohmann Villena, *Lima*, Madrid, Fundación Mapfre, 1992, pp. 125-127.

40 Rodolfo Segovia, *El lago de piedra: la geopolítica de las fortificaciones españolas del Caribe*, Bogotá, El Áncora, 2006, p. 27.

41 Calderón Quijano, *Historia de las fortificaciones en Nueva España*, p. 360.

42 Gutiérrez, *Fortificaciones en Iberoamérica*, pp. 42, 86 y 191; Segovia, *El lago de piedra*, p. 15.

43 Gutiérrez, *Fortificaciones en Iberoamérica*, p. 31.

44 Gustavo Placer, *Los defensores del Morro*, La Habana, Ediciones La Unión, 2003, pp. 11-26.

45 Segovia, *El lago de piedra*, p. 50.

46 Tamara Blanes Martín, *Fortificaciones del Caribe*, La Habana, Letras cubanas, 2001, pp. 81-84.

47 Carlos Flores, «Fortificaciones españolas en el Caribe: México, Guatemala y Honduras», en Chías y Abad, dirs., *El patrimonio fortificado. Cádiz y el Caribe: una relación transatlántica*, pp. 275-276.

48 Gutiérrez, *Fortificaciones en Iberoamérica*, pp. 75 y 92.

49 Calderón Quijano, *Historia de las fortificaciones en Nueva España*, pp. 366 y 376-378.

50 Milagros Flores, «Fortificaciones españolas en el Caribe: La Florida y Puerto Rico», en Chías y Abad, dirs., *El patrimonio fortificado. Cádiz y el Caribe: una relación transatlántica*, p. 222.

51 Calderón Quijano, *Historia de las fortificaciones en Nueva España*, p. 245.

52 John R. McNeill, *Mosquito Empires. Ecology and War in the Greater Caribbean, 1620-1914*, Cambridge, Cambridge University Press, 2010, pp. 137 y ss.

53 Jorge González Aragón, Manuel Rodríguez Viqueira y Norma Elisabethe Rodrigo Cervantes, coords., *Corpus urbanístico: fortificaciones costeras de México en los archivos españoles*, México, Instituto Nacional de Antropología e Historia y Universidad Autónoma Metropolitana, 2009, pp. 40-114.

54 René Javellana, *Fortress of Empire: Colonial Fortifications of the Spanish Philippines, 1565-1898*, Nueva York, Bookmark, 1997, pp. 25 y ss; Pedro Luengo, «La fortificación del archipiélago filipino en el siglo XVIII. La defensa integral ante lo local y lo global», *Revista de Indias*, vol. 77-271, 2017, pp. 741-742.

55 Isacio Pérez Fernández, *O. P., Fray Toribio Motolinía, O. F. M., frente a Fray Bartolomé de las Casas, O. P.: estudio y edición crítica de la carta de Motolinía al emperador (Tlaxcala, a 2 de enero de 1555)*, Salamanca, San Esteban, 1989, pp. 66-80 y 236.

56 Max L. Moorhead, *The Presidio: Bastion of the Spanish Borderlands*, Norman, University of Oklahoma Press, 1975, pp. 10-11.

57 Thomas H. Naylor y Charles W. Polzer, comps., *The Presidios and Militia of the Northern Frontier of New Spain. A documentary history*, Tucson, University of Arizona Press, 1986, vol. 2, parte 1, p. 260.

58 Ibídem, pp. 335-365.

59 Ibídem, pp. 512-527.

60 Calderón Quijano, *Las defensas indianas*, p. 54.

61 Moorhead, *The Presidio*, p. 163.

62 Naylor y Polzer, comps., *The Presidios and Militia*, vol. 2, pp. 261-278.

63 Ibídem, pp. 465-471.

64 Vito Alessio Robles, ed., *Brigadier Pedro de Rivera: Diario y derrotero de la visita a los presidios de la América septentrional española*, Málaga, Algazara, 1993, pp. 111-116.

65 Naylor y Polzer, *The Presidios and Militia*, vol. 2, p. 473.

66 Guadalupe Curiel Defossé, *Tierra incógnita: el noreste novohispano según Fray Juan Agustín Morfí, 1673-1779*, México, Universidad Autónoma de México, 2016, p. 70.

67 Thomas H. Naylor y Polzer, comps., *The Presidios and Militia*, vol. 2, p. 287.

68 Ibídem, p. 145.

69 Ibídem, p. 303.

70 Lawrence Kinnaird, ed., *The Frontiers of New Spain: Nicolas de Lafora's Description 1766-68*, Berkeley, Quivira Society, 1958, p. 44.

71 Ibídem, p. 19.

72 Ibídem, pp. 23, 30 y 61.

73 David Weber, *Bárbaros: Spaniards and their Savages in the Age of Enlightenment*, New Haven, Yale University Press, 2005, p. 183. [Hay trad. cast.: *Bárbaros. Los españoles y sus salvajes en la era de la Ilustración,* Barcelona, Crítica, 2007.]

74 Felipe Fernández-Armesto, *Our America: A Hispanic History of the United States*, Nueva York, Norton, 2014, p. 67.

75 David Weber, *Bárbaros*, pp. 228-289.

76 Max L. Moorhead, *The Presidio*, p. 243.

77 Jack S. Williams, «San Diego Presidio: A Vanished Military Community of Upper California», *Historical Archaeology*, vol. 38, 2004, pp. 121-134.

78 Maynard Geiger, «A Description of California's Principal Presidio, Monterey, in 1773», *Southern California Quarterly*, vol. 49, 1967, pp. 327- 336.

79 Roberto L. Sagarena, «Building California's Past», *Journal of Urban History*, vol. 28, 2002, pp. 429-444.

VII - SOBRE EL LITORAL. PUERTOS Y ARSENALES

1 Pedro Navascués Palacio, «Las vistas de los puertos de Francia, España y Portugal», en Pedro Navascués Palacio y Bernardo Revuelta Pol, dirs., *Una mirada ilustrada. Los puertos españoles de Mariano Sánchez*, Madrid, Fundación Juanelo Turriano, 2014, p. 11; José Luis Peset Reig, «Ciencia y ejército en un mundo ilustrado y galante: en torno a *Los eruditos* de José Cadalso», *Cuadernos de Historia Moderna*, vol. 41.2, 2018, pp. 452-456, DOI: <http://dxd.oi.org/10.5209/CHMO.53818>.

2 José Luis Peset Reig, «La disputa de las facultades», en José Luis Peset Reig, dir., *Historia de la ciencia y de la técnica en la corona de Castilla*, Valladolid, Junta de Castilla y León, vol. 4, 2002, pp. 16-20.

3 Salvador Bernabéu, *Estudio crítico. Jorge Juan y Santacilia*, Madrid, Fundación Ignacio Larramendi, 2018, p. 2, DOI: <http://dx.doi.org/10.18558/FIL155>.

4 Juan Marchena y Justo Cuño Bonito, «Preámbulo: el buque como unidad de análisis», en Juan Marchena y Justo Cuño Bonito, eds., *Vientos de guerra. Apogeo y crisis de la Real Armada (1750-1823)*, Madrid, Doce Calles, 2018, vol. 2, p. 18.

5 Christopher Storrs, *The resilience of the Spanish monarchy, 1665-1700*, Oxford, Oxford University Press, 2006, p. 63.

6 Fernando Rodríguez de la Flor, *El sol de Flandes. Imaginarios bélicos del Siglo de Oro*, Salamanca, Delirio, 2018, vol. 1, pp. 281-294.

7 José Ramón Carriazo Ruiz, *Tratados náuticos del Renacimiento*, Salamanca, Universidad de Salamanca, 2003, pp. 190-192.

8 Storrs, *The Resilience of the Spanish Monarchy*, pp. 104-105; José Pérez Magallón, «Prólogo, y notas sobre las fuerzas navales españolas», *Magallánica*, vol. 4/8, 2018 [en línea] (4 de enero de 2021), pp. 7-8, <http://fh.mdp.edu.ar/revistas/index.php/magallanica>.

9 Miguel Antonio de la Gándara, *Apuntes sobre el bien y el mal de España*, Madrid, Instituto de Estudios Fiscales, vol. 122, 1988.

10 Agustín González Enciso, «Les infraestructures: Le développement des chantiers navals et des arsenaux», *La Real Armada. La marine des Borbons d'Espagne au XVIIIe siècle*, Agustin Guimerá y Olivier Chaline, dirs., París, Presses de l'Université Paris-Sorbonne, 2018), 100-114.

11 Delphine Tempère, «Vida y muerte en alta mar. Pajes, grumetes y marineros en la navegación española del siglo XVII», *Iberoamericana*, vol. 2-5, 2002, p. 117.

12 Felipe Pereda y Fernando María, eds., *El Atlas del rey planeta. La «Descripción de España y de las costas y puertos de sus reinos» de Pedro Texeira (1634)*, Fuenterrabía, Nerea, 2002, pp. 74-77.

13 Daniel Crespo Delgado, «Mar de la ilustración. El sueño de un mundo nuevo», en Pedro Navascués Palacio y Bernardo Revuelta Pol, dirs., *Una mirada ilustrada. Los puertos españoles de Mariano Sánchez*, Madrid, Fundación Juanelo Turriano, 2014, pp. 117-118.

14 Dolores Romero Muñoz y Amaya Sáenz Sanz, «La construcción de los puertos: siglos XVI-XIX», en Agustín Guimerá y Dolores Romero, eds., *Puertos y sistemas portuarios (Siglos XVI-XX),* Madrid, Ministerio de Fomento, 1996, p. 185.

15 Manuel Nóvoa, «Los puertos y su tecnología durante el siglo», *Proyección en América de los ingenieros militares. Siglo XVIII,* Madrid, Ministerio de Defensa, 2016, p. 454.

16 Emanuele Amodio, «Relaciones interétnicas en el Caribe indígena: una reconstrucción a partir de los primeros testimonios europeos», *Revista de Indias*, vol. 51, n.º 193, 1991, pp. 51-193 y 581-589.

17 Juan Antonio Rodríguez-Villasante Prieto, «Geopolítica para América en el siglo XVIII. El sistema portuario para el control del territorio», *Proyección en América de los ingenieros militares. Siglo XVIII,* Madrid, Ministerio de Defensa, 2016, pp. 96-97.

18 Thomas Calvo, *Espadas y plumas en la monarquía hispana. Alonso de Contreras y otras vidas de soldados,* Madrid, El Colegio de Michoacán-Casa de Velázquez, 2019, pp. 129-130.

19 Antonio García de León, *Tierra adentro, mar en fuera. El puerto de Veracruz y su litoral a sotavento, 1519-1821,* México, FCE, 2014, p. 469.

20 Ibídem, p. 479.

21 Gerardo Vivas Pineda, *La aventura naval de la Compañía guipuzcoana de Caracas,* Caracas, Fundación Polar, 1998, p. 237.

22 Ibídem, pp. 62-63.

23 Ibídem, p. 55.

24 Alfredo Castillero Calvo, *Portobelo y el San Lorenzo del Chagres: Perspectivas imperiales, siglos XVI–XIX,* Panamá, Novo Art, 2016, vol. 1, pp. 20 y ss; Alfredo Castillero Calvo, «El comercio entre Panamá y China en los comienzos de la globalización: evidencias de la cultura material», *Investigación y pensamiento crítico,* vol. 8-2, 2020, pp. 58-62, DOI: <https://doi.org/10.37387/ipc.v8i2.144>.

25 Enriqueta Vila Vilar, «Las ferias de Portobelo: apariencia y realidad del comercio con Indias», *Anuario de estudios americanos,* vol. 39, 1982, p. 281.

26 Isabel Paredes, «La carrera del Paraguay a fines del siglo XVIII», *América Latina en la historia económica,* vol. 21-1, 2014 [en línea]

(14 de enero de 2021), p. 74, <http://www.scielo.org.mx/pdf/alhe/v21n1/v21n1a3.pdf>.

27 Javier Barrientos Grandón, *Joaquín del Pino y Rozas, un virrey del Río de la Plata*, Madrid, LID, 2015, pp. 135-136.

28 Marcia Bianchi Villelli, Silvana Buscaglia y María Marschoff, «Trapitos al sol. Análisis de textiles de la colonia española de Floridablanca (Patagonia, siglo XVIII)», *Intersecciones en Antropología*, vol. 7, 2006, p. 3; María Laura Casanueva, «Inmigrantes tempranos: maragatos en la Patagonia argentina. Las cuevas del Fuerte Nuestra Señora de El Carmen», *Revista Española de Antropología Americana*, vol. 43, 2013, pp. 118-119.

29 Ignacio González Tascón, *Ingeniería española en ultramar, siglos XVI-XIX*, Madrid, CEHOPU, 1992, p. 108.

30 Fray Reginaldo de Lizárraga, *Descripción colonial*, Buenos Aires, Librería La Facultad, 1916 [en línea] (14 de enero de 2021), p. 46, <http://www.cervantesvirtual.com/obra-visor/descripcion-colonial-libro-primero--0/html/ff687904-82b1-11df-acc7-002185ce6064_6.html#I_0_>.

31 David R. Radell y James J. Parsons, «Realejo: A Forgotten Colonial Port and Shipbuilding Center in Nicaragua», *The Hispanic American Historical Review,* vol. 51-2, 1971, pp. 298-302; Guadalupe Pinzón Ríos, «Frontera meridional novohispana o punto de encuentro intervirreinal. El espacio marítimo entre Nueva España y Guatemala a partir de sus contactos navales», en Carmen Yuste López y Guadalupe Pinzón Ríos, coords., *A 500 años del hallazgo del Pacífico. La presencia novohispana en el Mar del Sur*, México, UNAM, 2016, p. 349, <www.historicas.unam.mx/publicaciones/publicadigital/libros/hallazgo_pacifico/novohispana.html>.

32 Pinzón Ríos, «Frontera meridional novohispana o punto de encuentro intervirreinal», p. 357.

33 Alberto Baena Zapatero, «Reflexiones en torno al comercio de objetos de lujo en el Pacífico. Siglos XVII y XVIII», en Yuste López y Pinzón Ríos, coords., *A 500 años del hallazgo del Pacífico*, p. 226; Gustavo Curiel, «De cajones, fardos y fardillos. Reflexiones en torno a las cargazones de mercaderías que arribaron desde el Oriente a la Nueva España», en Ibídem, pp. 196-198, <www.historicas.

unam.mx/publicaciones/publicadigital/libros/hallazgo_pacifico/novohispana.html>.

34 José Antonio Calderón Quijano, «Nueva cartografía de los puertos de Acapulco, Campeche y Veracruz», *Anuario de estudios americanos*, vol. 25, 1968, p. 516.

35 Ibídem, p. 518.

36 Myron J. Echenberg, *Humboldt's Mexico: In the Footsteps of the Illustrious German Scientific Traveller*, Montreal, McGill-Queen's University Press, 2017, pp. 3-4.

37 Antonio Julián, *La perla de la América, provincia de Santa Marta*, Bogotá, Academia Colombiana de la Historia, 1980, p. 229.

38 Vivas Pineda, *La aventura naval*, p. 254.

39 Andrés Galera Gómez, *Las corbetas del rey. El viaje alrededor del mundo de Alejandro Malaspina (1789-1794)*, Bilbao, Fundación BBVA, 2010, p. 71.

40 Juan Carlos Cádiz y Fernando Duque de Estrada, «La construcción naval: las instalaciones en tierra», *Puertos y fortificaciones en América y Filipinas*, Madrid, CEHOPU, 1985, pp. 109-110.

41 Erich Bauer Manderscheid, *Los montes de España en la historia*, Madrid, Ministerio de Agricultura, 1980, pp. 167-168.

42 José Manuel Serrano, «El astillero militar de La Habana durante el S. XVIII», en Marchena y Cuño, eds., *Vientos de guerra*, vol. 3, p. 351.

43 Pablo E. Pérez Mallaína, «Generales y almirantes de la Carrera de Indias. Una investigación pendiente», *Chronica Nova*, vol. 33, 2007, p. 289.

44 José Luis Casado Soto, «Barcos para la guerra. Soporte de la monarquía hispánica», *Cuadernos de Historia Moderna,* Anejos, vol. 47, 2006, pp. 30-35.

45 Esteban Mira Caballos, *Las armadas del imperio. Poder y hegemonía en tiempo de los Austrias*, Madrid, La Esfera de los Libros, 2019, pp. 82-85.

46 Marina Alfonso Mola, «Navegar sin botar. El mercado de embarcaciones de segunda mano en la Carrera de Indias (1778-1797)», *Jahrbuch für Geschichte Lateinamerikas*, vol. 34, 1997, pp. 156-157.

47 Serrano, «El astillero militar de La Habana», p. 321.

48 María Baudot Monroy, «"Navíos, navíos, navíos". La política naval de Julián de Arriaga. El periodo de los grandes cambios: 1750-1760», en Marchena y Cuño Bonito, eds., *Vientos de guerra*, vol. 1, p. 116; González Enciso, «Les infraestructures: Le développement des chantiers navals et des arsenaux», pp. 100-114.

49 Antonio Bethencourt Massieu, «El Real Astillero de Coatzacoalcos (1720-1735)», *Anuario de estudios hispanoamericanos*, vol. 15, 1958, p. 373.

50 Serrano, «El astillero militar de La Habana», pp. 323-324.

51 Ibídem, p. 343.

52 Mauricio Nieto Olarte, *Las máquinas del imperio y el reino de Dios*, Bogotá, Universidad de los Andes, 2013, pp. 261-264.

53 Elena A. Schneider, *The Occupation of Havana: War, Trade, and Slavery in the Atlantic World*, Chapel Hill, University of North Carolina Press, 2018, pp. 124 y ss.

54 Serrano, «El astillero militar de La Habana», p. 357.

55 José Gregorio Cayuela y Ángel Pozuelo Reina, *Trafalgar. Hombres y naves entre dos épocas*, Barcelona, Ariel, 2004, pp. 140-147 y 333.

56 Julián Simón Calero, «Construcciones, ingeniería y teóricas en la construcción naval», en Manuel Silva Suárez, ed., *Técnica e ingeniería en España. El Siglo de las Luces. De la ingeniería a la nueva navegación*, Zaragoza, Real Academia de Ingeniería, 2005, p. 600.

57 Manuel Lucena Giraldo, «Defensa del territorio y conservación forestal en Guayana (1758-1793)», en Manuel Lucena Giraldo, ed., *El bosque ilustrado. Estudios sobre la política forestal española en América*, Madrid, ICONA-Instituto de la Ingeniería de España, 1991, pp. 142-145.

58 María Luisa Laviana Cuetos, «La Maestranza del astillero de Guayaquil en el siglo XVIII», *Temas americanistas*, vol. 4, 1984, p. 26.

59 Ibídem, p. 32.

60 Iván Valdez-Bubnov, «Comercio, guerra y tecnología: la construcción naval para la Carrera de Filipinas (1577-1757)», en Antonio José Rodríguez Hernández, Julio Arroyo Vozmediano y Juan A. Sánchez Belén, eds., *Comercio, guerra y finanzas en una época en transición (siglos XVII-XVIII)*, Valladolid, Castilla, 2017, p. 241.

61 Francisco Fernández González, «La construcción naval en la Real Armada entre 1750 y 1820», en Marchena y Cuño, eds., *Vientos de guerra*, vol. 1, pp. 531-532.

62 José Vargas Ponce, *Elogio histórico de D. Antonio de Escaño*, Madrid, Naval, 1962, p. 13.

VIII - COMPONIENDO LA ESFERA PÚBLICA. INFRAESTRUCTURA SOCIAL Y ECONÓMICA

1 Johann Wolfgang Goethe, *Afinidades electivas*, Santa Fe, El Cid, 2003, p. 307.

2 Nicolaas A. Rupke, *Alexander von Humboldt. A metabiography*, Chicago, The University of Chicago Press, 2008, pp. 185-186.

3 Tamar Herzog, *Frontiers of possession. Spain and Portugal in Europe and the Americas*, Cambridge, Harvard University Press, 2015, pp. 120-121.

4 Manuel Sánchez García, *Granada des-granada. Raíces legales de la forma urbana morisca e hispana*, Bogotá, Universidad de los Andes, 2018, pp. 141-149.

5 Xavier Gil, «City, Communication and Concord in Renaissance Spain and Spanish America», en Paschalis M. KitroMilides, ed., *Athenian Legacies, European Debates on Citizenship*, Florencia, Leo S. Olschki Editore, 2014, pp. 196-204; Jorge Díaz Ceballos, «New World civitas, contested jurisdictions and intercultural conversation in the construction of the Spanish Monarchy», *Colonial Latin American Review*, vol. 27, n.º 1, 2018, p. 33, DOI: <10.1080/10609164.2018.1448541>.

6 Ignacio González Tascón, *Ingeniería española en ultramar, Siglos XVI-XIX*, Madrid, CEHOPU, 1992, p. 397.

7 Jorge Juan y Antonio de Ulloa, en Luis Javier Ramos Gómez, ed., *Noticias secretas de América*, Madrid, CSIC, 1985, vol. 2, pp. 219-227.

8 Manuel Lucena Giraldo, *A los cuatro vientos. Las ciudades de la América Hispánica*, Madrid, Marcial Pons, 2006, p. 90.

9 Alain Musset, *Ciudades nómadas del Nuevo mundo*, México, FCE, 2011, pp. 29-40.

10 Felipe Fernández-Armesto, «The Romans Whom We Have to Imitate: Retrospection in Spanish American Civic Works», en Andrew Wallace-Hadrill *et al.*, eds., *Origins and Influence of the Urban Grid-plan* (en prensa).

11 Luisa Durán Rocca, «La malla urbana en la ciudad colonial iberoamericana», *Apuntes. Instituto Carlos Arbeláez Camacho para el patrimonio arquitectónico y urbano*, vol. 19-1, 2006, pp. 117-118.

12 Kris Lane, *Potosí: the Silver City that Changed the World*, Oakland, University of California Press, 2019, pp. 92-117.

13 «Contribución del cabildo de Quito a la adquisición de un reloj público», en Francisco de Solano Pérez-Lila, ed., *Normas y leyes de la ciudad hispanoamericana, 1601-1821*, Madrid, CSIC, 1996, vol. 2 (13 de enero de 1612), pp. 35-36.

14 Serge Gruzinski, *La ciudad de México. Una historia*, México, FCE, 2004, pp. 335-337.

15 Manuel Lucena Salmoral, «Las tiendas de la ciudad de Quito, *circa* 1800», *Revista ecuatoriana de historia*, vol. 9, 1996, pp. 126-135.

16 Cecilia Restrepo Manrique, *La alimentación en la vida cotidiana del Colegio mayor de nuestra señora del Rosario, 1653-1773. 1776-1900*, Bogotá, Ministerio de Cultura, 2012, p. 131.

17 Joseph M. H. Clark, «Environment and the Politics of Relocation in the Caribbean Port of Veracruz, 1519-1599», en Ida Altman y David Wheat, eds., *The Spanish Caribbean and the Atlantic World in the Long Sixteenth Century*, Lincoln, University of Nebraska Press, 2019, pp. 189-210.

18 Javier Barrientos Grandón y Claudia Castelleti Font, «De las nieves y su disciplina jurídica en el derecho indiano», *Revista de historia del derecho privado*, vol. 6, 2006, pp. 65-69.

19 Frontinus, en Mary B. McElwain, ed., Charles E. Bennett, trad., *The Stratagems: the Aqueducts of Rome*, Cambridge, Harvard University Press, 1925, pp. 357-359.

20 «Antecedentes y documentos de la apertura del canal», *Informe o noticia histórica sobre la apertura del canal de Maipo: formación y progresos de la sociedad*, Santiago, Imprenta del Correo, 1859, vol. 6 [en línea] (24 de febrero de 2021), p. 9, <http://www.memoriachilena.gob.cl/602/w3-article-80836.html>.

21 José Antonio de Villaseñor y Sánchez, en Ramón María Serrera, ed., *Suplemento al Theatro americano (La ciudad de México en 1755)*, México, UNAM, 1980, p. 136.

22 González Tascón, *Ingeniería española en ultramar*, p. 235.

23 De Villaseñor y Sánchez, *Suplemento al Theatro americano*, p. 155.

24 *Obras hidráulicas de la Ilustración*, Madrid, Ministerio de Fomento-Fundación Juanelo Turriano, 2014, p. 189.

25 María Clara Torres, Hugo Delgadillo y Andrés Peñarete, «Obras en Bogotá», *Fray Domingo de Petrés en el Nuevo reino de Granada*, Bogotá, Instituto Distrital de Patrimonio Cultural, 2012, p. 59.

26 José Sala Catalá, *Ciencia y técnica en la metropolización de América*, Aranjuez, Doce Calles, 1994, p. 41.

27 Ana María Calavera, comp., *Documentos relativos a la desecación del valle de México*, Madrid, INTEMAC, 1991, pp. 113 y ss.

28 Alfredo Castillero Calvo, *Los metales preciosos y la primera globalización*, Panamá, Banco de Panamá, 2008, p. 37.

29 Elías Trabulse, *Ciencia mexicana. Estudios históricos*, México, Textos Dispersos, 1993, p. 103.

30 Ernesto Shäfer, *El consejo real y supremo de las Indias*, Salamanca, Junta de Castilla y León-Marcial Pons, 2003, vol. 2, p. 375.

31 Jorge Cañizares-Esguerra, «Bartolomé Inga's mining technologies: Indians, Science, Cyphered Secrecy, and Modernity in the New World», *History and Technology*, vol. 34, n.º. 1, 2018, pp. 61-65, DOI: <https://doi.org/10.1080/07341512.2018.1516855>.

32 González Tascón, *Ingeniería española en ultramar,* p. 315.

33 Tristan Platt, «The Alchemy of Modernity: Alonso de Barba's Copper Cauldrons and the Independence of Bolivian Metallurgy», *Journal of Latin American Studies*, vol. 32, 2000, pp. 16 y ss.

34 Alfredo Moreno Cebrián, «Cuarteles, barrios y calles de Lima a finales del siglo XVIII», *Jahrbuch für Geschichte von Staat, Wirtschaft und Gesellshaft Lateinamerikas*, vol. 18, 1981, pp. 102 y 143.

35 Juan Marchena y Carmen Gómez Pérez, *La vida de guarnición en las ciudades americanas de la Ilustración*, Madrid, Ministerio de Defensa, 1992, pp. 152-166; José Omar Moncada Maya, «El cuartel como vivienda colectiva en España y sus posesiones durante el

siglo XVIII», *Scripta Nova*, vol. 7-146-007, 2003, <http://www.ub.es/geocrit/sn/sn-146(007).htm>.

36 Charles R. Cutter, *The Legal Culture of Northern New Spain, 1700-1800*, Albuquerque, University of New Mexico Press, 1995, pp. 56-57 y 80-105.

37 Horario Capel, Joan Eugeni Sánchez y Omar Moncada, *De Palas a Minerva: la formación científica y la estructura institucional de los ingenieros militares en el siglo XVIII*, Barcelona, Serbal, 1988, p. 322.

38 Fernando Rodríguez de la Flor, «El imaginario de la fortificación entre el Barroco y la Ilustración española», en Alicia Cámara Muñoz, coord., *Los ingenieros militares de la monarquía hispánica en los siglos XVII y XVIII*, Madrid, Ministerio de Defensa, 2005, pp. 47-50.

39 Horacio Capel Sáez, «Ciencia, técnica e ingeniería en la actividad del cuerpo de ingenieros militares. Su contribución a la morfología urbana de las ciudades españolas y americanas», en Manuel Silva Suárez, ed., *El Siglo de las Luces. De la ingeniería a la nueva navegación*, Zaragoza, Institución Fernando el Católico, 2005, pp. 359-362.

40 Aurora Rabanal Yus, «Arquitectura industrial borbónica», en Ibídem, pp. 97-105.

41 María Amparo Ros, «La Real Fábrica de Puros y Cigarros: organización del trabajo y estructura urbana», en Alejandra Moreno Toscano, coord., *Ciudad de México: Ensayo de construcción de una historia*, México, INAH, 1978, p. 49.

42 González Tascón, *Ingeniería española en ultramar*, pp. 385-387.

43 Manuel Gámez Casado, «Cañones al óleo. Una alternativa para la artillería de Cartagena de Indias a fines del siglo XVIII», *Gladius*, vol. 38, 2018, p. 165, <https://doi.org/10.3989/gladius.2018.09>.

44 Ibídem, pp. 171-172.

45 Gregorio Weinberg, «Tradicionalismo y renovación», en José Luis Romero y Luis Alberto Romero, eds., *Buenos Aires, Historia de cuatro siglos*, Buenos Aires, Altamira, 2000, vol. 1, pp. 102-104.

46 Juan Pedro Viqueira Albán, *¿Relajados o reprimidos? Diversiones públicas y vida social en la ciudad de México en el Siglo de las Luces*, México, FCE, 1987, p. 70.

47 Gruzinski, *La ciudad de México*, p. 123.

48 Clarence H. Haring, *El comercio y la navegación entre España y las Indias en época de los Habsburgo*, París, Desclée de Brouwer, 1939, p. 39.

49 Winifred Gallagher, *How the Post Office created America. A History*, Nueva York, Penguin, 2016, p. 13.

50 Rocío Moreno Cabanillas, «Cartas en pugna. Resistencias y oposiciones al proyecto de reforma del correo ultramarino en España y América en el siglo XVIII», *Nuevo Mundo, Mundos Nuevos*, 2017 [en línea] (3 de marzo de 2021), pp. 18-19, DOI: <http://journals.openedition.org/nuevomundo/71547>.

51 Cayetano Alcázar, *Historia del correo en América*, Madrid, Imprenta Sucesores de Rivadeneyra, 1920, pp. 23-74; Sylvia Sellers-García, *Distance and Documents at the Spanish Empire's Periphery*, Stanford, Stanford University Press, 2013, pp. 16-17; Nelson Fernando González Martínez, «De los "chasquis" de Nueva España: la participación de los indios en la movilización de correo y la reforma del aparato postal novohispano (1764-1780)», *Indiana*, vol. 34-2, 2017, pp. 103-104, DOI: <10.18441/ind.v34i2.85-109>.

52 Lina Cuéllar Wills, «Territorios en papel: las guías de forasteros en Hispanoamérica (1760-1897)», *Fronteras de la historia*, vol. 19-2, 2014, p. 180.

53 Casimiro Gómez Ortega, *Elogio histórico de Don Joseph Quer*, Madrid, Imprenta de Ibarra, vol. 2, 1784.

54 Olga Restrepo Forero, «José Celestino Mutis: el papel del saber en el Nuevo Reino de Granada», *Anuario colombiano de historia social y de la cultura*, vol. 19, 1991, p. 63.

55 Rainer Buschman, *Iberian Visions of the Pacific Ocean, 1507-1899*, Nueva York, Palgrave Macmillan, 2016, pp. 188-189.

56 Hipólito Ruiz, *Flores Peruvianae et Chilensis Prodromus*, Roma, Paleari, 1797, Gaspar Xuárez, Prefacio, vol. 3.

57 Felipe Fernández-Armesto, *1492: the Year the World Began*, Nueva York, Harper Collins, 2010, pp. 3-4. [Hay trad. cast.: *1492. El nacimiento de la modernidad,* Barcelona, Debate, 2019.]

58 Matthew Restall, «Black Conquistadors: Armed Africans in Early Spanish America», *The Americas,* vol. 57, 2000, pp. 171 y ss.

59 Redcliffe N. Salaman, *The History and Social Influence of the Potato*, Cambridge, Cambridge University Press, 1985, p. 148.

60 Alfred W. Crosby, *The Columbian Exchange: Biological and Cultural Consequences of 1492*, Nueva York, Praeger, 2003, pp. 64-76.

IX - ESTRUCTURAS DE LA SALUD. HOSPITALES Y SANIDAD

1 Mike Davis, *Late Victorian Holocausts*, London, Verso, 2001, pp. 163-164.

2 Horacio Figueroa Marroquín, *Enfermedades de los conquistadores*, El Salvador, Ministerio de Cultura, 1957, pp. 11-47.

3 Suzanne Austin Alchon, *Native Society and Disease in Colonial Ecuador*, Cambridge, Cambridge University Press, 1991, pp. 20-21.

4 John Robert McNeill, *Mosquito Empires: Ecology and War in the Greater Caribbean, 1620-1914*, Cambridge, Cambridge University Press, 2010, pp. 267-287.

5 David Wootton, *Bad Medicine: Doctors Doing Harm since Hippocrates*, Oxford, Oxford University Press, 2006, pp. 2-3.

6 «Para que con esta precaución no pase el contagio a otros», *Recopilación de leyes de los reinos de las Indias*, Madrid, Imprenta de Paredes, 1681, libro 1, tít. 4, vol. 18.

7 Francisco Guerra, *El hospital en Hispanoamérica y Filipinas, 1492-1898*, Madrid, Ministerio de Sanidad y Consumo, 1994, p. 390.

8 Adam Warren, *Medicine and Politics in Colonial Peru*, Pittsburgh, University of Pittsburgh Press, 2010, pp. 15-16.

9 Kenneth Mills, «The Limits of Religious Coercion in Colonial Peru», *Past and Present*, vol. 145, 1994, p. 90.

10 Mario Polía y Fabiola Chávez Hualpa, «Ministros menores del culto: shamanes y curanderos en las fuentes españolas de los siglos XVI-XVII», *Antropológica*, vol. 12, 1994, pp. 7-10.

11 Peter Burke, *Popular Culture in Early Modern Europe*, Aldershot, Ashgate, 2009, pp. 12-15. [Hay trad. cast.: *La cultura popular en la Europa moderna*, Madrid, Alianza, 2014.]

12 Fernando Cervantes, *The Devil in the New World*, New Haven, Yale University Press, 1994, p. 60.

13 Joseph A. Gagliano, «Coca and Popular Medicine in Peru: An Historical Analysis of Attitudes», en David L. Browman, ed., *Spirits, Shamans and Stars: Perspectives from South America*, La Haya, Mouton, 1979, pp. 39-54; Gonzalo Aguirre Beltran, *Medicina y magia: el proceso de aculturación en la estructura colonial*, México, Fondo de Cultura Económica, 1963, pp. 113 y ss.; Linda A. Newsom, «Medical Practice in Early Colonial Spanish America: a Prospectus», *Bulletin of Latin American Research*, vol. 25, 2006, pp. 367-391; Nicholas Griffiths, «Andean curanderos and their repressors: the persecution of native healing in late seventeenth and early eighteenth-century Peru», en Fernando Cervantes y Nicholas Griffiths, eds., *Spiritual Encounters: Interactions between Christianity and Native Religions in Colonial America*, Birmingham, Birmingham University Press, 1999, pp. 185-197; Noemí Quezada, «The Inquisition's Repression of Curanderos», en Mary E. Perry y Anne J. Cruz, eds., *Cultural Encounter: the Impact of the Inquisition in Spain and the New World*, Berkeley, University of California Press, 1991, pp. 37-57.

14 Ryan A. Kashanipour, *A World of Cures: Magic and Medicine in Colonial Yucatán*, Tesis doctoral, Tucson, University of Arizona, 2012, pp. 192-193.

15 Kenneth Mills, *Idolatry, and its Enemies: Colonial Andean Religion and Extirpation, 1640-1750*, Princeton, Princeton University Press, 1997, pp. 259-262.

16 Andrés Reséndez, *A Land so Strange: The Epic Journey of Cabeza de Vaca*, Nueva York, Basic Books, 2007, pp. 133 y ss.

17 David Arnold, «Introduction», en David Arnold, ed., *Imperial Medicine, and Indigenous Societies*, Manchester, Manchester University Press, 1988, p. 14.

18 Kashanipour, *A World of Cures*, pp. 187-188.

19 Emanuele Amodio, «Curanderos y médicos ilustrados: la creación del protomedicato en Venezuela hacia finales del s. XVIII», *Asclepio*, vol. 69, 1997, p. 124.

20 Carmen Martín Martín y José Luis Valverde, *La farmacia en la América colonial: el arte de preparar medicamentos*, Granada, Univer-

sidad de Granada-Hermandad Farmacéutica Granadina, 1995, p. 28.

21 Ibídem, pp. 49-50.

22 Ibídem, pp. 23-25.

23 Luis Martin, *The Intellectual Conquest of Peru: the Jesuit College of San Pablo, 1568-1767*, Nueva York, Fordham University Press, 1968, p. 102.

24 Martín Martín y Valverde, *La farmacia en la América colonial*, pp. 94-95.

25 Woodbury Lowery, *The Spanish Settlements within the Present Limits of the United States: Florida, 1562-1574*, Nueva York, G. P. Putnam, 1901, p. 354.

26 Martín Martín y Valverde, *La farmacia en la América colonial*, p. 26.

27 David Weber, *The Spanish Frontier in North America*, New Haven, Yale University Press, 1991, p. 263. [Hay trad. cast.: *La frontera española en América del Norte,* México D. F., Fondo de Cultura Económica de España, 2000.]

28 Ignacio González Tascón, *Ingeniería española en ultramar, Siglos XVI-XIX*, Madrid, CEHOPU, 1992, pp. 260-261.

29 John T. Lanning, *The Royal Protomedicato: The Regulation of the Medical Profession in the Spanish Empire*, Durham, Duke University Press, 1985, pp. 352-358.

30 Thomas Gage, *The Traveller*, Woodbridge, James Parker Publisher, 1758, vol. 1, p. 49.

31 Francisco González de Cossío, *Historia de las obras públicas en México*, México, Secretariado de Obras Públicas, 1971, vol. 1, p. 278.

32 González Tascón, *Ingeniería Española en ultramar*, p. 262.

33 Guerra, *El hospital en Hispanoamérica y Filipinas*, p. 55.

34 Warren, *Medicine and Politics in Colonial Peru*, p. 20.

35 Guerra, *El hospital en Hispanoamérica y Filipinas*, p. 55.

36 Ibídem, p. 432.

37 Ibídem, p. 432.

38 Ibídem, pp. 221-222, 447.

39 Ibídem, p. 193.

40 Ibídem, pp. 68-75, 433.

41 Ibídem, pp. 348, 102.

42 Ibídem, pp. 95-96, 188-189.

43 Ibídem, pp. 291, 349.

44 Ibídem, p. 78.

45 González de Cossío, *Historia de las obras públicas en México*, p. 245.

46 Ibídem, p. 194.

47 Ibídem, p. 175; Eusebio Buenaventura Belena, *Recopilación sumaria de los autos acordados de la Real audiencia y sala del crimen de esta Nueva España y providencias de su superior gobierno*, México, Imprenta de Zúñiga y Ontiveros, 1787, vol. 1, p. 374.

48 Guerra, *El hospital en Hispanoamérica y Filipinas*, pp. 45, 96, 104, 366.

49 Ibídem, pp. 371-373, 430.

50 González de Cossío, *Historia de las obras públicas en México*, p. 171.

51 Ibídem, pp. 176-177.

52 Guerra, *El hospital en Hispanoamérica y Filipinas*, pp. 541-543.

53 Ibídem, p. 225.

54 Warren, *Medicine and Politics in Colonial Peru*, pp. 20 y ss.

55 Guerra, *El hospital en Hispanoamérica y Filipinas*, p. 229.

56 Lanning, *The Royal Protomedicato*, pp. 24-27, 29, 60, 145.

57 Warren, *Medicine and Politics in Colonial Peru*, p. 8.

58 T. Lanning, *The Royal Protomedicato*, pp. 184, 286-287.

59 Warren, *Medicine and Politics in Colonial Peru*, p. 19.

60 Lanning, *The Royal Protomedicato*, pp. 32-33, 44, 201-202.

61 Ibídem, p. 36.

62 Ibídem, p. 38.

63 Cynthia E. Milton, *The Many Meanings of Poverty: Colonialism, Social Compacts, and Assistance in Eighteenth-century Ecuador*, Stanford, Stanford University Press, 2007, p. 160.

64 Sean P. Phillips, *Pox and the Pulpit: The Catholic Church and the Propagation of Smallpox Vaccination in Early Nineteenth-Century France*, Tesis doctoral, South Bend, University of Notre Dame 2016 [en línea], <https://curate.nd.edu/show/b5644q79m6q>.

65 Warren, *Medicine and Politics in Colonial Peru*, pp. 371-380.

66 Guerra, *El hospital en Hispanoamérica y Filipinas*, pp. 413, 433.

X - LAS MISIONES COMO INFRAESTRUCTURA IMPERIAL

1 Felipe Fernández-Armesto, *The World: A History*, Upper Saddle River, Pearson, 2010, pp. 554-560, 616-625.

2 Cameron D. Jones, *In Service of Two Masters: The Missionaries of Ocopa. Indigenous Resistance and Spanish Governance in Bourbon Peru*, Stanford, Stanford University Press, 2018, p. 35.

3 Valerie Fraser, *The Architecture of Conquest: Building in the Viceroyalty of Peru, 1535-1635*, Cambridge, Cambridge University Press, 1990, pp. 25 y ss.

4 Georges Baudot, *Utopie et historie au Mexique*, Toulouse, Privat, 1977, pp. 118 y ss; John L. Phelan, *The Millennial Kingdom of the Franciscans in the New World*, Berkeley, University of California Press, 1970, pp. 69 y ss.; Alain Milhou, *Colón y su mentalidad mesiánica en el ambiente franciscanista español*, Valladolid, Universidad de Valladolid, 1983, p. 8.

5 Jones, *In Service of Two Masters*, pp. 25-26.

6 Ibídem, p. 28.

7 Francis X. Hezel, «From Conversion to Conquest: The Early Spanish Mission in the Marianas», *Journal of Pacific History*, vol. 17, 1982, pp. 115-137.

8 Luke Clossey, *Salvation and Globalization in the Early Jesuit Missions*, Cambridge, Cambridge University Press, 2008, pp. 81-83, 125-126.

9 Magnus Mörner, *The Political and Economic Activities of the Jesuits in the La Plata Region: the Habsburg Era*, Estocolmo, Institute of Ibero-American Studies, 1953, p. 66.

10 Eugenio Ruidíaz y Caravia, *La Florida: su conquista y colonización por Pedro Menéndez de Avilés*, Madrid, Imprenta hijos de J. A. García, 1893, vol. 2, p. 104.

11 David Weber, *The Spanish Frontier in North America*, New Haven, Yale University Press, 1992, pp. 67-72. [Hay trad. cast.: *La frontera española en América del Norte,* México D. F., Fondo de Cultura Económica de España, 2000.]

12 Luis Jerónimo de Oré, en Raquel Chang-Rodríguez y Nancy Vogeley, eds., *Account of the Martyrs in the Provinces of La Florida*, Albuquerque, University of New Mexico Press, 2016, p. 148.

13 Ibídem, pp. 100, 120.
14 Woodbury Lowery, *The Spanish Settlements within the Present Limits of the United States: Florida, 1562-74*, Nueva York, Putnam, 1905, p. 354.
15 Weber, *The Spanish Frontier in North America*, p. 42.
16 John J. TePaske, *The Governorship of Spanish Florida, 1700-63*, Durham, Duke University Press, 1964, p. 197.
17 Weber, *The Spanish Frontier in North America*, p. 304.
18 Ibídem, p. 300.
19 Ibídem, p. 282.
20 Philip Caraman, *The Lost Paradise*, Londres, Sidgwick & Jackson, 1975, p. 37.
21 Martin Dobrizhoffer, *An Account of the Abipones, an Equestrian People of Paraguay*, Londres, Murray, 1822, p. 35.
22 David Cannadine, *Ornamentalism. How the British Saw their Empire*, Oxford, Oxford University Press, 2001, pp. 3-10; Dobrizhoffer, *An Account of the Abipones*, p. 101.
23 Cecilia Martínez, «Las reducciones jesuitas en Chiquitos. Aspectos espacio-temporales e interpretaciones indígenas», *Boletín americanista*, vol. 71, 2015, pp. 133-154.
24 Werner Hoffmann, *Las misiones jesuíticas entre los Chiquitanos*, Buenos Aires, Fundación para la Educación, la Ciencia y la Cultura, 1979, pp. 153-154.
25 George O'Neill, *Golden Years in Paraguay*, Londres, Burns Oates & Washbourne, 1934, pp. 134-136.
26 John E. Groh, «Antonio Ruiz de Montoya and the Early Reductions in the Jesuit Province of Paraguay», *The Catholic Historical Review*, vol. 56, 1970, pp. 501-533.
27 John Hemming, *Red Gold*, Londres, Weidenfeld, 1978, pp. 266-271.
28 Caraman, *The Lost Paradise*, p. 255.
29 Ibídem, pp. 132-142.
30 Ibídem, p. 136.
31 Eliane C. Deckmann Fleck, «From Traditional Practices to Reduction Practices: Rituals of Healing, Grief and Burial at the Jesuit-Guarani Reductions (Jesuit Province of Paraguay, 17th Century)», *Espaço ameríndio*, vol. 5, 2011, pp. 9-44.

32 Pablo Pastells, *Historia de la Compañía de Jesús en la provincia de Paraguay*, Madrid, Librería de Victoriano Suárez, 1912, vol. 1, p. 163.

33 Eliane C. Deckmann Fleck, «From Devil´s Concubines to Devout Churchgoers: Women and Conduct in Transformation (Jesuit-Guarani Reductions in the Seventeenth Century)», *Estudos feministas*, vol. 16, 2006, pp. 617-634.

34 O'Neill, *Golden Years in Paraguay*, p. 131.

35 Charles S. Maier, *Once within Borders: Territories of Power, Wealth, and Belonging since 1500*, Cambridge, Harvard University Press, 2017, pp. 25 y ss.

36 Richard Gott, *Land Without Evil. Utopian Journeys Across the South American Watershed*, Londres, Verso, 1993, pp. 150-151.

37 Ibídem, p. 24.

38 Douglas Monroy, *Thrown Among Strangers. The Making of Mexican Culture in Northern California*, Berkeley, University of California Press, 1993, p. 66.

39 William Shaler, «Journal of a Voyage between China and the North-west Coast of America, made in 1804», *American Register*, vol. 3, 1808, p. 153.

40 Weber, *The Spanish Frontier in North America*, p. 263.

41 Monroy, *Thrown Among Strangers*, p. 107.

42 Ibídem, pp. 50, 61.

43 Robert F. Heizer, ed., *The Indians of Los Angeles County: Hugo Reid's letters of 1852*, Los Ángeles, Southwest Museum, 1968, pp. 74-76, 101-102.

44 Robert F. Heizer y Alan F. Almquist, *The Other Californians: Prejudice and Discrimination under Spain, Mexico, and the United States to 1920*, Berkeley, University of California Press, 1971, p. 40.

45 Thomas Blackburn, «The Chumash Revolt of 1824: A Native Account», *The Journal of California Anthropology*, vol. 2, 1975, pp. 225-227.

46 F. Heizer y Almquist, *The Other Californians*, pp. 8-9.

47 Ibídem, p. 48.

48 Monroy, *Thrown Among Strangers*, p. 25.

49 Benedict Leutenegger y Marion B. Habig, «Report on the San Antonio Missions in 1792», *Southwestern Historical Quarterly*, vol. 77, 1974, pp. 487-498.

XI - EL ÚLTIMO SIGLO. INGENIEROS EN LAS POSTRIMERÍAS DEL IMPERIO

1 Michael A. Codding, ed., *Tesoros de la Hispanic Society of America*, Madrid, Museo Nacional del Prado-The Hispanic Society of America, 2017, pp. 314 y ss.; Jean-Louis Augé, «L'Assemblée de la Compagnie royale des Philippines», 1815, DOI: <https://musees-occitanie.fr/musees/musee-goya-musee-d-art-hispanique/collections/peinture-hispanique/francisco-de-goya-y-lucientes/l-assemblee-de-la-compagnie-royale-des-philippines/>.

2 Emilio La Parra, *Fernando VII, un rey deseado y detestado*, Barcelona, Tusquets, 2018, pp. 15-35.

3 Samuel Smiles, *Lives of the Engineers*, Londres, Murray, 1862, vol. 3, 5 y ss.

4 Sergio Mejía, *Cartografía e Ingeniería en la Era de las Revoluciones. Mapas y obras de Vicente Talledo y Rivera en España y el Nuevo Reino de Granada (1758-1820)*, Madrid, Ministerio de Defensa (en prensa), pp. 97, 449.

5 Frank Safford, *El ideal de lo práctico. El desafío de formar una élite técnica y empresarial en Colombia*, Medellín, EAFIT, 2014, pp. 197-252.

6 Leandro Prados de la Escosura, «La pérdida del imperio y sus consecuencias económicas», en Leandro Prados de la Escosura y Samuel Amaral, eds., *La independencia americana. Consecuencias económicas*, Madrid, Alianza, 1993, pp. 253-255.

7 María Dolores Elizalde Pérez-Grueso y Xavier Huetz de Lemps, «Imperios, comunidades e historia social filipina», en María Dolores Elizalde Pérez-Grueso y Xavier Huetz de Lemps, coords., *Filipinas, siglo XIX. Coexistencia e interacción entre comunidades en el Imperio español*, Madrid, Polifemo, 2017, pp. 9-39.

8 María Dolores Elizalde, «El Pacífico del siglo XIX», en Carmen Yuste López y Guadalupe Pinzón Ríos, coords., *A 500 años del hallazgo del Pacífico. La presencia novohispana en el Mar del Sur*, México, UNAM, 2016, pp. 390-393; Rainer F. Buschmann, *Iberian Visions of the Pacific Ocean, 1507-1899*, Basingstoke, Palgrave Mac Millan, 2014, pp. 2-3.

9 Jesús Sánchez Miñana, «Del semáforo al teléfono: los sistemas de telecomunicación», en Manuel Silva Suárez, ed., *El ochocientos. De las profundidades a las alturas*, Zaragoza, Institución Fernando el Católico, 2013, vol. 7-2, p. 84.

10 José María Fernández Palacios, «España y Filipinas en la expansión telegráfica a Ultramar: el cable submarino entre Manila y Hong Kong», *Revista española del Pacífico*, vol. 23-XX, 2010, p. 131.

11 David Marcilhacy, *Raza hispana. Hispanoamericanismo e imaginario nacional en la España de la restauración*, Madrid, Centro de Estudios Políticos y Constitucionales, 2010, pp. 115-116.

12 Cecilio Garriga Escribano y Francesc Rodríguez Ortiz, «Lengua, ciencia y técnica», en Silva Suárez, ed., *El ochocientos*, vol. 6, p. 111.

13 Jürgen Osterhammel, *The Transformation of the World. A Global History of the Nineteenth Century*, Princeton, Princeton University Press, 2014, pp. 710-724.

14 José Ignacio Muro Morales, «Ingenieros militares en España en el siglo XIX. Del arte de la guerra en general a la profesión del ingeniero en particular», *Scripta Nova. Revista electrónica de geografía y ciencias sociales*, libro 6, vol. 119, n.º 93, 2002 [en línea] (11 de marzo de 2021), DOI: <http://www.ub.edu/geocrit/sn/sn119-93.htm>.

15 Erich Bauer Manderscheid, *Los montes de España en la historia*, Madrid, Ministerio de Agricultura, 1980, p. 519.

16 Miguel Alonso Baquer, *Aportación militar a la cartografía española en la historia contemporánea*, Madrid, CSIC, 1972, pp. 199-200.

17 Vicente Casals Costa, *Los ingenieros de montes en la España contemporánea, 1848-1936*, Barcelona, Ediciones del Serbal, 1996, pp. 251-252.

18 Manuel Silva Suárez, «Presentación. Sobre la institucionalización profesional y académica de las carreras técnicas civiles», en Silva Suárez, ed., *El ochocientos*, vol. 5, pp. 21-28.

19 Ignacio J. López Hernández, «El Cuerpo de Ingenieros Militares y la Real Junta de Fomento de la isla de Cuba. Obras públicas entre 1832 y 1854», *Espacio, tiempo y forma*, vol. 7-4, 2016, p. 490.

20 Muro Morales, «Ingenieros militares en España en el siglo XIX».

21 Ibídem.

22 Ignacio J. López Hernández, «El cuerpo de ingenieros militares y la real junta de fomento de la isla de Cuba», p. 487.

23 Ignacio J. López Hernández, «Carlos Benítez y los puentes de la ciudad cubana de Matanzas en 1849», *Laboratorio de Arte*, vol. 26, 2014, p. 302, DOI: <http://dx.doi.org/10.12795/LA.2014.i26.15>.

24 Ignacio J. López Hernández, *Ingeniería e ingenieros en Matanzas: defensa y obras públicas entre 1693 y 1868*, Madrid, Athenaica, 2019, p. 200.

25 Ignacio González Tascón, *Ingeniería española en ultramar, Siglos XVI-XIX*, Madrid, CEHOPU, 1992, p. 641.

26 Ibídem, p. 377.

27 Consuelo Naranjo Orovio, «La otra Cuba: colonización blanca y diversificación agrícola», *Contrastes*, vol. 12, 2001-2003, p. 5.

28 María Dolores González-Ripoll Navarro, *Cuba. La isla de los ensayos. Cultura y sociedad (1760-1815)*, Madrid, CSIC, 1999, pp. 25 y ss.; *Real Comisión de Guantánamo a la Isla de Cuba (1796-1802)*, Biblioteca Virtual de Polígrafos, Fundación Ignacio Larramendi [en línea] (11 de marzo de 2021), DOI: <http://www.larramendi.es/es/consulta_aut/registro.do?id=62617>.

29 Paul B. Niell, «Rhetorics of Place and Empire in the Fountain Sculpture of 1830s Havana», *The Art Bulletin*, vol. 95-3, 2013, p. 440, DOI: <10.1080/00043079.2013.10786083>.

30 Miguel Ángel Castillo Oreja, «El abastecimiento y la creación de nuevos espacios públicos en La Habana del siglo XIX», *Quiroga*, vol. 5, 2014, p. 35.

31 Ibídem, p. 40.

32 Styliane Philippou, «La Habana del siglo XIX: Todo lo sólido se desvanece en el aire», *Quiroga*, vol. 5, 2014, p. 116; Consuelo Naranjo Orovio y María Dolores González-Ripoll Navarro, «Perfiles del crecimiento de una ciudad: La Habana a finales del siglo XVIII»,

Tebeto. Anuario del Archivo Histórico Insular de Fuerteventura, vol. 5-1, 1992, pp. 236-238.

33 Philippou, «La Habana del siglo XIX», p. 118.

34 Xavier Huetz de Lemps, «La capitalidad de Manila y el archipiélago filipino a finales del siglo XIX», en Xavier Huetz de Lemps, Françoise Moulin-Civil y Consuelo Naranjo Orovio, eds., *De la isla al archipiélago en el mundo hispano*, Madrid, CSIC, 2009, p. 90.

35 Julio Pérez Serrano, «Características de la población de las Islas Filipinas en la segunda mitad del siglo XIX», *La crisis española del 98: aspectos navales y sociológicos*, Madrid, Instituto de Historia y Cultura Naval, 1998, p. 15.

36 José María Fernández Palacios, «De la aventura incierta al placer de viajar en el siglo XIX: la evolución de las comunicaciones navales entre España y Filipinas a través del relato de los viajeros», *Revista española del Pacífico*, vol. 24, 2011, p. 106.

37 Guillermo Martínez Taberner, «Comercio intra-asiático y dinámicas inter-imperiales en Asia oriental: el Japón Meiji y las colonias asiáticas del imperio español», *Millars*, vol. 39-2, 2015, p. 125, DOI: <http://dx.doi.org/10.6035/Millars.2015.39.7>.

38 Dídac Cubeiro Rodríguez, *Comunicacions i desenvolupament a Filipines: De l'administració espanyola a la nord-americana (1875-1935)*, Tesis doctoral, Universidad Pompeu Fabra, vol. 5, 2011, pp. 419-424.

39 Guillermo Gaudin y Pilar Ponce Leiva, «Introduction au dossier: El factor distancia en la flexibilidad y el cumplimiento de la normativa en la América Ibérica», *Les Cahiers de Framespa*, 2019 [en línea] (19 febrero de 2019), p. 30, <http://journals.openedition.org/framespa/5553>.

40 Manuel Pérez Lecha, «Los últimos años de la Nao de China: pervivencia y cambio en el comercio intercolonial novohispano-filipino», *Millars*, vol. 39, 2015, p. 50, DOI: <http://dx.doi.org/10.6035/Millars.2015.39.3>.

41 José Rizal, *El filibusterismo. Continuacion de Noli me tangere. Novela filipina*, Barcelona, F. Granada y cía. editores, vol. 1, 1911, p. 183, DOI: <http://www.cervantesvirtual.com/obra/el-filibusterismo--continuacion-del-noli-me-tangere-novela-filipina-tomo-i/>.

42 Ander Permanyer Ugartemendia, «Una presencia no tan singular: españoles en la economía del opio en Asia oriental (1815-1843)», *Millars*, vol. 39-2, 2015, p. 81, DOI: <http://dx.doi.org/10.6035/Millars.2015.39.4>.
43 Secundino José Gutiérrez Álvarez, *Las comunicaciones en América*, Madrid, Mapfre, 1992, p. 291.
44 González Tascón, *Ingeniería española en ultramar*, pp. 659-660.
45 Ibídem, p. 664.
46 López Hernández, *Ingeniería e ingenieros en Matanzas*, pp. 212-217.
47 Ibídem, p. 262.
48 Lizette Cabrera Salcedo, *De los bueyes al vapor. Caminos de la tecnología en Puerto Rico y el Caribe*, San Juan, Universidad de Puerto Rico, 2010, pp. 92 y ss.
49 Fernando Sáenz Ridruejo, «Ingenieros de caminos en Puerto Rico, 1866-1898», *Anuario de estudios atlánticos*, vol. 55, 2009, p. 315.
50 Cubeiro Rodríguez, *Comunicacions i desenvolupament*, p. 317.
51 María Isabel Piqueras Villaldea, *Las comunicaciones en Filipinas durante el siglo XIX. Caminos, carreteras y puentes*, Madrid, Archiviana, 2002, p. 229.
52 González Tascón, *Ingeniería española en ultramar*, p. 664.
53 Antonio Santamaría, *Historia de los ferrocarriles de Cuba, 1830-1995*, Madrid, Fundación de los Ferrocarriles Españoles, 1992, pp. 294-295.
54 Rolando Lloga, «La arquitectura asociada a los ferrocarriles en el occidente de cuba (1837-1898)», *Quiroga*, vol. 5, 2014, pp. 91 y ss.
55 Carmen Navasquillo Sarrión, *Gobierno y política de Filipinas, bajo el mandato del general Terrero (1885-1888),* Madrid, Universidad Complutense, 2002, Memoria para optar al grado de doctor, p. 427.
56 Cubeiro Rodríguez, *Comunicacions i desenvolupament*, p. 283.
57 José María Fernández Palacios, «España y Filipinas en la expansión telegráfica a Ultramar. El cable submarino entre Manila y Hong-Kong», *Revista española del Pacífico*, vol. 23, 2010, p. 143.
58 González Tascón, *Ingeniería española en ultramar*, p. 632.
59 Miguel Ángel Sánchez Terry, *Faros españoles de Ultramar*, Madrid, Ministerio de Obras Públicas, 1992, p. 75.

60 José Antonio Rodríguez Esteban y Alicia Campos Serrano, «El cartógrafo Enrique D'Almonte, en la encrucijada del colonialismo español de Asia y África», *Scripta Nova*, vol. 22, 2018, p. 586, 13.

61 Juan Carlos Guerra Velasco y Henar Pascual Ruiz-Valdepeñas, «Dominando la colonia: cartografía forestal, negocio de la madera y apropiación del espacio en la antigua Guinea Continental española», *Scripta Nova*, vol. 19, 2015, p. 4; Agustín R. Rodríguez González, «Prólogo a una colonia: la estación naval de Guinea (1858-1900)», *Cuadernos de Historia Contemporánea*, vol. 244, 2003, pp. 237-246.

62 Richard H. Grove, *Green imperialism: colonial expansion, tropical island Edens and the origins of environmentalism, 1600-1860*, Cambridge, Cambridge University Press, 1995, pp. 474 y ss; John Prest, *The Garden of Eden. The Botanic Garden and the Re-creation of Paradise*, New Haven, Yale University Press, 1981, pp. 38 y ss.

63 Susana Pinar, «Sociedades económicas e ingenieros de montes en Filipinas. Sobre el aprovechamiento forestal durante el periodo de administración española», *Revista de Indias*, vol. 59, pp. 216, 434.

64 Casals Costa, *Los ingenieros de montes en la España contemporánea*, p. 371.

ALGUNAS MEDIDAS DE LONGITUD Y SUPERFICIE

Caballería de tierra: Rectángulo de 1.104 varas de largo por 552 varas de ancho; en México, 7.956 metros cuadrados; en Costa Rica, 2.521; en Cuba, 4.202; en Guatemala, 1.266; en Honduras y Puerto Rico, 4.908.
Caballería urbana: Solar para casa de 200 pies de largo por 100 de ancho.
Celemín: Paralelogramo de 537 metros cuadrados.
Codo: Longitud de 0,4180 metros.
Estadal: Cuatro varas.
Estancia de ganado mayor: Cuadrado de 5.000 varas de largo por 5.000 varas de ancho.
Estancia de ganado menor: Cuadrado de 3.333 varas de largo por 3.333 varas de ancho.
Fanega: Rectángulo de 576 estadales cuadrados; en México, 5.663 metros cuadrados.
Huebra: Superficie que se ara en un día.
Labor: Paralelogramo de 7,22 metros cuadrados.
Legua: De acuerdo con la *Nueva Recopilación* correspondía a 5.572,6 metros, pero las variedades conceptuales y regionales eran muy grandes. La legua común valía 5.565; la de camino 6.620, y la marina 5.555; también se definió como la distancia recorrida a caballo en una hora.
Peonía: Solar de 100 pies de largo por 50 de ancho.
Pie: 16 dedos: 0,278 centímetros.
Quintal: 46 kilos, medida de carga de las mulas.

Sitio: Paralelogramo de 1.755 metros cuadrados.
Solar para casa, molino o venta: Cuadrado de 50 varas de largo por 50 varas de ancho.
Suerte de tierra: Un cuarto de caballería.
Tarea: Paralelogramo de 69 metros cuadrados en Cuba.
Vara castellana: 3 pies o 4 palmos: 0,835 milímetros.
Vara mexicana: 0,848 milímetros.

CRÉDITOS DE LAS ILUSTRACIONES

En el cuadernillo, por orden de aparición:

Propuesta de uniforme para el cuerpo de ingenieros remitida por Juan Martín Zermeño al marqués de la Ensenada, 1751. Archivo General de Simancas, MPD, 15, 055.

Detalle del biombo de la Conquista de México y la muy noble y leal ciudad de México, *c.* 1675-1692. Madrid, colección particular.

Pueblo de Teotenango en el valle de Matalcingo, Nueva España, 1589. Ministerio de Cultura y Deporte. Archivo General de Indias, MP-MEXICO ,33.

Escudo de armas concedido por Felipe II a la ciudad de Nuestra Señora de Zacatecas, la gran urbe minera de la Nueva España, 1588. Ministerio de Cultura y Deporte. Archivo General de Indias, MP-ESCUDOS, 102BIS.

Tabla central del retablo de la capilla de la Casa de la Contratación, con la Virgen de los mareantes, Alejo Fernández, 1531. Alcázar de Sevilla.

Plano del galeón Nuestra Señora de la Mar, 1695. Ministerio de Cultura y Deporte. Archivo General de Indias, MP-INGENIOS, 318.

Sierra hidráulica del Arsenal de La Habana. Colección de maquetas de historia de las obras públicas de CEDEX-CEHOPU.

Plano del pueblo-misión de San Fernando de Cumaná, 1690. Ministerio de Cultura y Deporte. Archivo General de Indias, MP-VENEZUELA, 65.

Plano de la nueva plataforma construida sobre la antigua de Santángel en Tierrabomba, Cartagena de Indias, por Cristóbal de Roda

Antonelli, 1617. Ministerio de Cultura y Deporte. Archivo General de Indias, MP-PANAMA, 32.

Fortificación de Puerto Cabello, Venezuela, 1736. Ministerio de Cultura y Deporte. Archivo General de Indias, MP-VENEZUELA, 102.

Zanja Real de La Habana, 1786. Ministerio de Cultura y Deporte. Archivo General de Indias, MP-SANTO_DOMINGO, 527.

Acueductos de Pínula y Mixco, Nueva Guatemala, por José Bernardo Ramírez, 1773. Ministerio de Cultura y Deporte. Archivo General de Indias, MP-GUATEMALA, 203.

Acueducto de Chapultepec, México, por Lorenzo Rodríguez y otros, 1754. Ministerio de Cultura y Deporte. Archivo General de Indias, MP-MEXICO, 545.

El Camino de los Virreyes: México-Veracruz, 1590. Ministerio de Cultura y Deporte. Archivo General de Indias, MP-MEXICO, 39.

Camino de Nueva Valencia y Valledupar a Santa Marta, Colombia, 1767. Ministerio de Cultura y Deporte. Archivo General de Indias, MP-PANAMA, 354.

Camino de Esmeraldas, Ecuador, por Antonio Fernández, 1785. Ministerio de Cultura y Deporte. Archivo General de Indias, MP-PANAMA, 204.

Camino interoceánico de Valparaíso, Chile, a Buenos Aires, Argentina, según observaciones de José Espinosa y Felipe Bauzá, 1810. Biblioteca Nacional de Francia.

Puente de cantería sobre el río Apurímac, por Bernardo Florines y Diego Guillén, 1619. Ministerio de Cultura y Deporte. Archivo General de Indias, MP-PERU_CHILE, 203.

Puente colgante, técnica mixta, 1811. Ministerio de Cultura y Deporte. Archivo General de Indias, MP-PERU_CHILE, 167.

Canal de riego o zanja de Ixmiquilpan, 1655. Ministerio de Cultura y Deporte. Archivo General de Indias, MP-MEXICO, 389.

Canal de Nicaragua, por Sebastián de Arancibia, 1716. Ministerio de Cultura y Deporte. Archivo General de Indias, MP-GUATEMALA, 17.

Desagüe de las minas de Guanajuato, México, 1704. Ministerio de Cultura y Deporte. Archivo General de Indias, MP-MEXICO, 96

Ingenios hidráulicos en minas de Oaxaca, México, por Manuel Antonio Jijón, 1787. Ministerio de Cultura y Deporte. Archivo General de Indias, MP-MEXICO, 721.

Molino harinero de rueda, por Francisco Antonio de Horcasitas, 1786. Ministerio de Cultura y Deporte. Archivo General de Indias, MP-INGENIOS, 193.

Batán en paños de dos mazos, por Baltasar Martínez Compañón, *Códice Trujillo del Perú. Vol II*, Lámina 94. Biblioteca del Palacio Real (Madrid).

Proceso de producción de tabaco en Orizaba, México, *c.* 1785. Ministerio de Cultura y Deporte. Archivo General de Indias, MP-INGENIOS, 162.

Fábrica de papel en Filipinas, por Domingo de Roxas, 1822. Ministerio de Cultura y Deporte. Archivo General de Indias, MP-INGENIOS, 108B.

Faro del Morro, La Habana, 1796. Ministerio de Cultura y Deporte. Archivo General de Indias, MP-SANTO_DOMINGO, 584.

Muelle de Santiago de Cuba, por Carlos Boudet, 1810. Ministerio de Cultura y Deporte. Archivo General de Indias, MP-SANTO_DOMINGO, 689.

Ferrocarril en ingenio azucarero de Cuba, 1857. Museo Naval.

ÍNDICE ALFABÉTICO

Este libro
se terminó de imprimir en
Móstoles, Madrid
en el mes de abril de 2022

«**Para viajar lejos no hay mejor nave que un libro.**»

EMILY DICKINSON

Gracias por tu lectura de este libro.

En **penguinlibros.club** encontrarás las mejores recomendaciones de lectura.

Únete a nuestra comunidad y viaja con nosotros.

penguinlibros.club

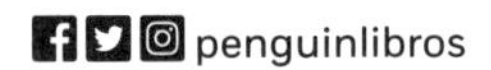